普通高等教育 "十一五" 规划教材

PUTONG GAODENG JIAOYU SHIYIWU GUIHUA JIAOCAI

CHENGSHI GONGRE GONGCHENG

城市供热工程

主　编　刘学来
副主编　赵淑敏　张金和
编　写　周守军　孟广辉　戎卫国
　　　　张敬亭　杨吉民　陈明九
主　审　李永安

中国电力出版社
CHINA ELECTRIC POWER PRESS

内 容 提 要

本书为普通高等教育"十一五"规划教材。

全书共分十章,主要包括绪论、城市供热热负荷计算、城市供热管网的布置及敷设、供热管网的水力计算、供热管材及其附件、管道的热应力计算、供热管道安装、换热站、供热管网保温及防腐、供热管网的运行与调节。

本书内容主要讲述供热管网和换热站两部分设计、施工的相关知识,在内容取舍和结构编排上既能满足在校学生学习的要求,同时又对工程技术人员的设计、施工等方面起指导作用;在理论上,对原理进行简单明了的阐述,力求做到深入浅出、简明扼要。对提高热能的利用效率和能源的可持续性发展等问题做了一定深度的阐述。同时强调近几年新技术、新工艺的理论和实践,既注重基本的理论教学,又兼顾基本技能的训练,以便使学生在掌握基本理论和基本方法的基础上,获得解决实际问题的能力。

本书可作为高等院校建筑环境与设备工程和热能与动力工程专业的选用教材,也可作为从事供暖和集中供热工作的工程技术人员参考用书。

图书在版编目 (CIP) 数据

城市供热工程/刘学来主编 . —北京:中国电力出版社,2009.8
(2020.7 重印)

普通高等教育"十一五"规划教材
ISBN 978 - 7 - 5083 - 9094 - 9

Ⅰ. 城… Ⅱ. 刘… Ⅲ. 城市供热—高等学校—教材 Ⅳ. TU995

中国版本图书馆 CIP 数据核字(2009)第 114087 号

中国电力出版社出版、发行

(北京市东城区北京站西街 19 号 100005 http://www.cepp.sgcc.com.cn)
北京九州迅驰传媒文化有限公司印刷
各地新华书店经售

*

2009 年 8 月第一版 2020 年 7 月北京第五次印刷
787 毫米×1092 毫米 16 开本 21.75 印张 533 千字 2 插页
定价 55.00 元

前　言

　　为贯彻落实教育部《关于进一步加强高等学校本科教学工作的若干意见》和《教育部关于以就业为导向深化高等职业教育改革的若干意见》的精神，加强教材建设，确保教材质量，中国电力教育协会组织制订了普通高等教育"十一五"教材规划。该规划强调适应不同层次、不同类型院校，满足学科发展和人才培养的需求，坚持专业基础课教材与教学急需的专业教材并重、新编与修订相结合。本书为新编教材。

　　随着我国城市集中供热的迅速发展，城市热力管网以及换热站数量得以迅速增加，新工艺、新材料、新设备不断出现，并且已经在工程中得到应用，而对于城市热力管网及换热站的设计资料目前相对匮乏，应用于教学的教材更是缺少。为了适应目前快速发展的城市供热的需求，也为了广大热能工程、建筑环境与设备工程等专业学生学习的需要，笔者结合多年的教学、设计、施工等方面的理论经验和体会，参考有关资料特编写本书。

　　美国早在 1877 年就建成了最早的区域供热系统，即由一个锅炉房供给全区许多栋建筑物供热以及生产、生活所用的热能。进入 20 世纪，一些发达国家，开始利用发电厂中汽轮机的废气，供给生活、生产用热。其后逐渐发展为现代化的热电厂，联合生产电能、热能，显著地提高了燃料的利用率。20 世纪 60 年代，世界能源的消耗，随着城市工业的发展和城市人口的增加而快速增加。在这一时期，发达国家的能源消耗不同程度地增加了 2～4 倍。同时，锅炉房多建于人口稠密区，煤烟粉尘、CO_2 和 SO_2 气体等造成了城市环境的严重污染。

　　我国自 1959 年建设完成第一座城市热电厂（北京东郊热电厂），在其后的 30 年中，我国的城市供热发展比较缓慢，到 1980 年，我国也只有七个城市有集中供热。1980 年后，我国城市区域供热的发展进入"快车道"，1981 年一年就增加了 7 个城市。进入 21 世纪，发展速度有增无减，逐渐向县级城市，甚至向乡镇发展。特别在我国的三北地区（东北、华北、西北）有许多工业企业建立了各种形式的热电联产系统，充分利用低值燃料和热能综合利用技术，形成了国家、企业、个人的综合热电联产的梯级格局。

　　在区域供热系统中，采用大型现代化锅炉，燃烧效率高，特别是综合生产热能和电能的热电厂可以大大提高能源的利用率，扩大供热的区域半径，使热源远离城市中心人口稠密区，便于集中进行煤的燃烧，集中处理排入大气的、对环境污染严重的燃烧产物（粉尘、SO_2 等）。

　　本书主要讲述供热管网和换热站两部分设计、施工的相关知识，在内容取舍和结构编排上既能满足在校学生学习的要求，同时又对工程技术人员的设计、施工等方面起指导作用；在理论上，对原理进行简单明了的阐述，力求做到深入浅出、简明扼要。对提高热能的利用效率和能源的可持续性发展等问题做了一定深度的阐述。同时强调近几年新技术、新工艺的理论和实践，既注重基本的理论教学，又兼顾基本技能的训练，以便使学生在掌握基本理论和基本方法的基础上，获得解决实际问题的能力。

　　为了方便学生学习，本书在部分重要章节编写了例题，各例题经过精心挑选，着眼于工程实际，强调实用性，突出解题思路。建议授课老师根据例题布置适当的练习，以提高学生解决实习问题的能力。本书按照 48 学时的教学内容编写。

本书承请山东建筑大学李永安教授主审，李永安教授对初稿提出了许多宝贵意见和建议，对本书质量的提高有很大的帮助，在此谨致以深切的感谢！

本书由山东建筑大学刘学来教授主编，负责制定编写大纲，对各章节通稿、审改和定稿工作，并编写了第 1、2 章；第 3 章由山东建筑大学刘学来和山东建筑大学陈明九共同编写；第 4、10 章由山东建筑大学赵淑敏和戎卫国编写；第 5、7、9 章由山东建筑大学张金和编写；第 6 章由莱州市建筑质量监督站孟广辉高级工程师和山东省城乡规划设计研究院张敬亭高级工程师编写；第 8 章由山东建筑大学周守军和青岛农业大学杨吉民编写。

限于编者水平，加之时间仓促，书中难免会有疏漏和不妥之处，恳请读者批评指正。

编　者

2009 年 5 月

目　　录

第1章 绪　　论

1.1　城市供热工程的发展

1.1.1　我国城市供热行业的发展

　　我国的城市供热工程是新中国成立以后发展起来的，从第一个五年计划开始，随着我国将工作重心转移到经济建设上来，我国的经济和电力建设得到了较快的发展，北京、太原、吉林、兰州和哈尔滨等城市建设了一批热电厂，向工厂、住宅、学校等提供生产和生活用热。特别是改革开放以来，在政府的政策和资金的大力支持下，集中供热事业得到了飞速发展。

　　目前，我国城市供热行业发展的热点是一些大、中型城市，如北京、沈阳、长春、太原、哈尔滨、济南等城市已经建成了大规模的城市供热设施，具有一定规模的热源、热网和较完善的自动控制装置，同时具有一定规模的、稳定的热用户及用户设备。集中供热的发展，为提高城市人民的生活水平、改善城市大气环境、提高能源的利用率等方面发挥了重要作用，城市集中供热设施成了城市重要的基础设施。

　　我国建国初期，供热行业得到迅速发展，1953～1965 年，新增单机 6MW 以上的热电机组容量 2.4GW，占同期新增火电机组容量的 27%。截至 1965 年底，全国供热机组容量占火电机组总容量的比重达 20%。但是 1966～1976 年期间，由于历史原因，我国的供热事业发展缓慢。改革开放以来，城市集中供热得到了迅速发展，目前在城市供热中，热电厂供热占总集中供热的 62.9%，区域锅炉房供热方式占 35.1%，其他供热方式共占 1.35%。全国集中供热面积中，公共建筑占 33.1%，民用建筑占 59.8%，其他占 7.1%。

　　截至 2005 年，我国集中供热面积有 25.2 亿 m^2，具体供热面积分配见附表 1 - 2，集中供热普及率为 25%，取得了长足的进步，但是这与发达国家如瑞典、芬兰等国家的 50% 左右相比，还存在着很大的差距。同时我国目前的供热设备老化、落后，供热方式不适应现代经济、环境的发展要求，能源浪费、漏热现象严重。今后应加大技术改造，进一步提高城市供热覆盖率，使我国供热系统得到快速升级。

1.1.2　国外城市供热的发展

　　世界各国供热事业发展较为先进的国家，大都根据各自情况因地制宜。国外的城市集中供热的发展大都经历了四个阶段：单纯的管理阶段、基础建设阶段、综合发展阶段和自动化控制阶段。集中供热是丹麦、挪威、俄罗斯、波兰、德国等国家城市的主要供热形式。这些国家集中供热普及率高，供热规模大。自 20 世纪 70 年代，世界能源危机后，各供热先进国家开始大力投入各种供热能源的开发，它们基本都是采用因地制宜、发展多种能源的集中供热。丹麦、挪威、波兰等将天然气、燃料油、垃圾、生物油以及热泵等作为集中供热的热源，节能效益及经济效益显著。同时，它们还非常重视减少废渣对周围环境的影响，积极采取措施，减少燃煤比重，增加天然气、地热等各种清洁能源的比重，减少 CO_2 等温室气体的排放。美国、日本、俄罗斯、德国等国家集中供热系统均已经实现了系统自动检测和控制。各国政府对集中供热的发展给予了强有力的支持，采取强有力的法律手段确保居民参入集中供热，在经济上给予参加集中供热的热用户以投资补贴，并积极监督最节省投资的城市供热计划的实施。

世界发达国家越来越重视供热系统节能技术的开发应用，即不仅围绕供热机组开发应用节能技术，同时对供热管网、采暖系统和住宅采暖开发应用节能技术也非常重视。为了使供热管网节能，这些国家非常重视管网敷设和管网隔热保温技术的研究。在采暖系统方面，主要采用双管系统，设有多种动态变流量自动调节控制设备和热量计量仪表，用户可以按照自己的需求设置室内温度。各国非常重视节能标准的制定，近 20 年来，节能标准逐步提高。

在热计量和供热价格方面，西方发达国家实行热计量已经有几十年的历史，这些国家热价管理及定价政策的制定是建立在其供热体制、供热技术、市场发育程度、法制化程度的基础上的，其定价形式基本上有两种：固定热价管理模式和成本热价管理模式。

1.2　城市供热工程的组成、分类、形式

1.2.1　城市供热工程

城市供热管道是由供热企业经营、对多个用户进行供热的，自热源至城市供热站（或热用户）输送热水或水蒸气的管道系统。城市供热管道主要由管道、管路附件和安全计量仪表等组成。管路附件是指安装在管路上用来调节、控制、保证管道运行等功能的附属部件，具体有阀门、疏水器、排气装置、减压阀、补偿器、管道支架等。安全计量仪表有压力表、温度计、流量计等。

1.2.2　城市供热工程的分类

根据城市供热管道中输送的介质不同，城市供热管道可分为热水管道、蒸汽管道和凝结水管道。

城市供热管道系统按其管道根数不同，又可分为单管、双管、三管和四管系统。

城市供热管道系统根据系统中热介质的密封程度不同，又可分为开式系统和闭式系统。闭式系统中热介质是在完全封闭的系统中循环，热介质不被取出而只是放出热量；而在开式系统中，热介质被部分取出或全部取出，直接用于生产或生活（如淋浴）。

确定城市供热管道系统时，必须根据热源的种类及热介质的种类不同而定。常见的集中供热系统的热源有热电厂、区域锅炉房、集中锅炉房，其中设置蒸汽锅炉或热水锅炉，也有设置蒸汽—热水两用锅炉的，分别供应蒸汽或热水。

集中供热系统热介质的选择，主要取决于各用户热负荷的特点和参数要求，也取决于热源的种类。采用热水或水蒸气作为热媒各自有不同的特点。

水作为热介质，与蒸汽比较有下列优点：

（1）系统跑、冒、漏差，热能利用率高，可节约燃料（质量分数）20%～40%。

（2）能够远距离输送，作用半径大。

（3）在热电厂供热负荷大，可充分利用低压抽汽，提高热电厂的经济效果。

（4）蓄热能力大。因为热水系统中水的流量大，其比热容比蒸汽大，所以当热水系统中水力工况和城市供热工况发生短期失调的情况时，不至于影响整个热水系统的供热工况。

（5）热水系统可以进行全系统的质调节，而蒸汽系统则不能。

蒸汽作为热介质，与水比较有下列优点：

（1）蒸汽作为热介质适用面广，能满足各种用户的用热要求。

（2）单位数量蒸汽的焓值高，蒸汽的放热量大，可节约用户室内散热器的面积，相应节省工程初投资。

（3）与热水系统比较，可节约输送热介质的电能消耗。

（4）蒸汽密度小，在高层建筑物中或地形起伏不平的区域蒸汽系统中，不会产生像水系统那样大的静压力。因此用户入口连接方式比较简单。

城市供热管道与热用户的连接方式有直接连接和间接连接。直接连接是采暖用户没有换热站，城市供热管道自热源直接至建筑供热入口。间接连接是采暖用户设有换热站，城市供热管道自热源至换热站。

1.2.3 城市供热工程的形式

以热水为热媒的区域锅炉房集中供热系统如图1-1所示。

该系统利用热水循环水泵2使水在系统中循环，水在锅炉1中被加热到需要的温度后，通过供水管道8输送到各热用户，满足各热用户采暖或加热生活用热水。循环水在各热用户冷却降温后，再经回水管道流回锅炉重新被加热。系统中的热水供、回水管道即为热水城市供热管道。

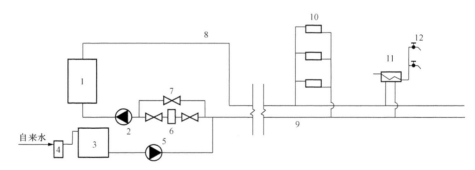

图1-1 区域热水锅炉房集中供热系统

1—热水锅炉；2—循环水泵；3—补水箱；4—软水器；5—补水泵；6—除污器；7—阀门；8—热水供水管道；
9—热水回水管道；10—供暖散热器；11—生活热水换热器；12—热水用水装置

以蒸汽为热媒的区域锅炉房集中供热系统如图1-2所示。蒸汽锅炉1产生的蒸汽通过蒸汽管道15输送到各热用户，供生产、生活、采暖用热。各用户的凝结水经过凝结水管道16流回锅炉房的凝结水箱13中。锅炉产生的蒸汽也可以通过汽水换热器18转换成热水以满足热水用热的用户。系统中蒸汽管道、凝结水管道即为城市供热管道。

以蒸汽为热媒的热电厂区域供热系统如图1-3所示。由图1-3可知，其供热原理与区域锅炉房基本相同。只是热电厂具有发电功能，供热是热电厂的功能之一，是利用汽轮机的乏气或中间抽气实现城市供热，其热能可以得到梯级利用，热效率更高。

城市供热管道按其布置的场所不同可分为输送干线、输配干线和支线。输送干线是指自热源至主要负荷区、长度超过2km且无分支管的干线；输配干线是指有分支管接出的干线；支线是指经过调压站或换热站后向各热用户输送热媒的管线。

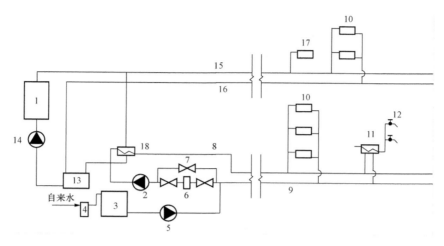

图 1-2　区域蒸汽锅炉房集中供热系统

1—蒸汽锅炉；2—循环水泵；3—补水箱；4—软水器；5—补水泵；6—除污器；7—阀门；8—热水供水管道；
9—热水回水管道；10—供暖散热器；11—生活热水换热器；12—热水用水装置；13—凝结水箱；
14—锅炉给水泵；15—蒸汽管道；16—凝结水管道；17—生产热用户；18—汽水换热器

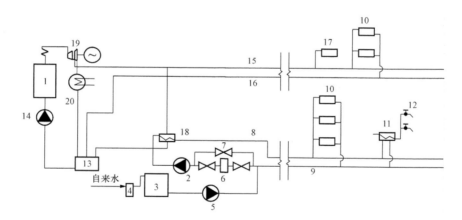

图 1-3　热电厂区域供热系统

1—电站锅炉；2—循环水泵；3—补水箱；4—软水器；5—补水泵；6—除污器；7—阀门；
8—热水供水管道；9—热水回水管道；10—供暖散热器；11—生活热水换热器；
12—热水用水装置；13—凝结水箱；14—锅炉给水泵；15—蒸汽管道；
16—凝结水管道；17—生产热用户；18—汽水换热器；
19—汽轮机组；20—冷凝器

1.3　城市供热介质

1.3.1　热水系统

1.3.1.1　供水温度及回水温度的选择

（1）低温水在压力为 0.101 325MPa（一个标准大气压）下，汽化温度为 100℃，因此低温水系统的供水温度应小于或等于 95℃为宜，回水温度一般为 70℃。对于某些炸药工厂，宜采用供水温度为 70℃、回水温度为 50℃的热水采暖系统。

（2）高温热水系统的供水温度，可采用 110、130、150℃，相应的回水温度为 70～90℃。当生产特殊需要高温热水时，供水温度可高于 150℃。

1.3.1.2 热水制备方式

（1）利用锅炉制备热水。

（2）利用热交换器（换热器）制备热水。以蒸汽为热介质，通过换热器将水加热；或以高温热水为热介质，通过换热器将低温热水加热后供应各采暖用户。换热器可集中设置在锅炉房内、独立换热站或分散设置在用户入口处。

（3）利用蒸汽喷射器制备热水。以蒸汽为热介质，通过蒸汽喷射器将低温水加热和加压；或通过汽水混合器将水加热；也可通过蒸汽喷射器和汽水混合加热器两级加热和加压。此种热水制备方式，可通过集中设站或分散设站实现。

1.3.2 蒸汽系统

1.3.2.1 蒸汽系统的种类

蒸汽系统是热源、室外蒸汽管网、室内蒸汽管网及散热器或用汽设备四部分组成。

大型工厂的热源是自备热电厂或集中锅炉房，中、小型工厂的热源则是工厂自备锅炉房，也可以是远离工厂的区域锅炉房或热电厂。

由于各种工厂的生产性质及工艺设备不同，因此各用热设备对蒸汽参数（压力、温度等）要求不一，厂区蒸汽管网有单管制、双管制及多管制等系统。

1.3.2.2 蒸汽系统的选择

（1）凡是用户用汽参数相同的中、小型工厂，均可采用单管蒸汽系统（如图 1-4 所示）。

（2）凡是用户用汽参数相差较大的工厂，可采用双管蒸汽系统（如图 1-5 所示）。

（3）采暖期短、采暖通风用汽量占全厂总用汽量 50%以下时，为节约初投资费用，可采用单管

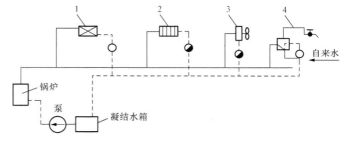

图 1-4 单管蒸汽系统
1—生产工艺用户；2—蒸汽采暖用户；
3—热水采暖用户；4—生活用热用户

蒸汽系统。采暖期长、采暖通风用汽量超过全厂用汽量 50%时，则可选用双管蒸汽系统，其中一根蒸汽管供采暖通风用汽，另一根蒸汽管专供生产用汽，全年运行。

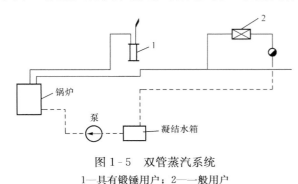

图 1-5 双管蒸汽系统
1—具有锻锤用户；2——一般用户

（4）全厂绝大多数用户以蒸汽为热介质，只有个别用户采暖通风以热水为热介质，则全厂统一采用单管蒸汽系统，而在某一用户建一换热站利用蒸汽加热低温水（95℃以下）供个别一个或几个用户热水作为采暖用。

总之，根据用户性质、热介质的种类、热负荷大小、用户分散程度等综合因素，并通过技术经济比较后才能正确选择

供热系统。

1.3.2.3　工业废汽

　　机械工厂锻工车间蒸汽锻锤的废汽,其压力为 0.04～0.06MPa,温度为 110℃左右,可经过除油净化后用于建筑物的低压蒸汽采暖、低温水采暖、淋浴及加热锅炉给水等。由于锻锤废汽中含有少量的杂质及油污,因此在利用废汽前必须经填料分离器及油分离器进行净化和除油处理,图 1-6 所示为锻锤废汽利用系统。

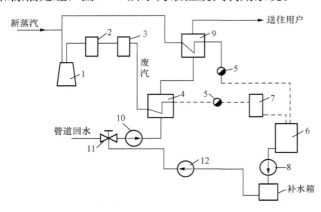

图 1-6　锻锤废汽利用系统
1—蒸汽锻锤;2—填料分离器;3—油分离器;4—第一级加
热器;5—疏水阀;6—凝结水箱;7—活性炭过滤器;
8—凝结水泵;9—第二级加热器;10—循环
水泵;11—补水调节器;12—补水泵

　　由锻锤 1 排出的废汽,首先通过填料分离器 2 及油分离器 3 除去锻锤活塞杆填函碎片和油质后,进入第一级加热器 4 利用废汽的余热加热热水采暖的回水。当锻锤停止工作或废汽量不足时,应设第二级加热器 9。利用集中锅炉房引来的新蒸汽(压力为 0.6MPa)在第二级加热器 9 中加热热水系统中的循环水,以满足用户对供水温度的要求。如需加热锅炉的补充水,则将废汽经过填料分离器和油分离器处理后,直接引至锅炉房加热补充水。一般锻工车间作为用汽大户都是紧临锅炉房,所以锻锤废汽处理设备设在锻工车间,经过净化处理过的废汽沿一根很短的废汽管道送往锅炉房。废汽凝结水经过活性炭过滤器处理后,其各项技术指标符合锅炉给水质量标准后,方能送至锅炉房的补水箱中。

1.3.3　凝结水

1.3.3.1　凝结水回收原则

　　(1)凡是符合锅炉给水水质要求的凝结水,都应尽可能回收,力争回水率达到 80%以上。

　　(2)凡是加热油槽或有毒物质的凝结水,当有生活用汽时严禁回收;当无生活用汽时,也不宜回收。此类凝结水,也不能未经净化处理就直接排入室外排水管网,以免造成环境污染。

　　(3)高温凝结水宜尽可能回收或利用其二次蒸汽,不宜回收的凝结水也应回收其热量。

　　(4)对可能被污染的凝结水,应装设水质监测仪器和净化装置,确保返回锅炉房补水箱的凝结水水质达到锅炉给水的水质标准。

1.3.3.2　凝结水系统的分类

　　(1)按照凝结水管道系统是否与大气相通,可分为开式系统和闭式系统两种。凡是凝结水箱上面设有放气管并使凝结水系统与大气相通的都是开式系统,其特点是产生二次蒸汽未加以利用就排入大气中,造成能源浪费并污染环境,同时外部空气侵入系统中造成管道腐蚀。但因此种开式凝结水系统结构简单、操作方便、初投资少,目前仍被广泛用于工程设计中。

凡是凝结水箱不设排气管，使系统呈封闭状态的即为闭式系统，其特点是从用户的用热设备到凝结水箱，以及由凝结水箱到热源，所有管段都必须处于 5kPa 压力之下，闭式凝结水系统管路腐蚀较轻。由于此种闭式凝结水系统结构复杂，维护管理不方便，初投资较大，使其推广使用较困难。从减轻系统中管道腐蚀的观点出发，凝结水回收宜采用闭式系统。

（2）按凝结水流动的动力不同，分为自流式、余压及加压回水三种凝结水系统。

1.4 教材内容及学习方法

1.4.1 城市供热工程的主要内容

本课程主要内容有三大部分：供热负荷统计及计算、城市供热管网、换热站。

1.4.1.1 供热负荷统计及计算

主要介绍城市供热工程热负荷的组成，热负荷的统计方法，热负荷日、年统计分析曲线，热负荷分析计算方法。

1.4.1.2 城市供热管网

主要介绍城市供热管网的布置原则、敷设形式、水力计算、供热调节、管材、管路附件、管道防腐及保温、水压图的绘制及作用等。

1.4.1.3 换热站

主要介绍城市供热工程中间转换环节换热站的规模确定、换热站的选址、换热站设备选择、换热站流程、换热站内控制技术、换热站设计等方面的内容。

1.4.2 《城市供热工程》课的学习方法

1.4.2.1 要有明确的学习目的

首先要明确作为暖通空调或热能动力工程的技术人员必须掌握扎实的城市供热设计、施工的基础知识，具有综合考虑和合理处理各种城市管线之间关系的能力。

通过上述介绍，可以了解到，城市供热工程对我国北方的大多数城市是必要的，对于协调热电厂热、电比例，城市供热规划，民用供热的普及与实施等技术问题非常重要。

我国的城市供热发展经历了非常曲折的过程，新中国成立以后，从无到有，在运行体制上逐步完善，从技术上逐步成熟。自 2005 年开始了注册设备工程师制度，其中城市供热工程是一门重要的课程。所以，在学习城市供热工程时，应了解其重要性，学习目的明确了，在学习过程中遇到困难也就相对容易解决了。

1.4.2.2 学习方法

（1）结合课程特点，抓住一线一点。对于暖通空调及热能动力工程专业，主要掌握各种能源设备系统的组成，对于城市供热工程课程应抓住城市供热管网这条线，掌握供热管线的负荷、布置、敷设、材料、水力、附件、保温、防腐等与其相关的基础知识，为能够规划、设计城市供热管网，确定热、电合适的比例奠定扎实的基础。另外，还要抓住"换热站"这一点，换热站是城市供热工程的枢纽，对于不合适的城市供热热源，都是通过它进行调整的，掌握换热站的规模确定原则、换热站的选址原则、换热站设备的选择方法，了解换热站设备的选择与布置等基本知识，为能够进行换热站设计、选址奠定基础。

（2）结合本专业、本地区的特点。我国幅员辽阔，气候、生活习惯和经济发展状况差异很大，所以应该结合本地区的情况进行教学、学习，还应该根据当地的集中供热覆盖率、供热主要形式，有重点地引导学习。结合本专业的特点进行学习，不仅能够提高学习兴趣，而且能够培养综合运用和协调各专业技术的能力。

（3）理论结合实际。城市供热工程是一门专业性很强的课程，其直接讲述城市供热实用技术。而单纯的停留在纸上谈兵，只能是事倍功半，应该非常紧密地结合现场教学的方法，组织大量的现场教学，使学生充分体会实际工程的魅力，体验现场技术的威力，提高学生对工程技术的兴趣和感性认识，培养学生热爱专业的思想。

复 习 思 考 题

1. 城市供热工程主要研究的内容有哪些？
2. 城市供热工程是如何分类的？
3. 我国城市供热工程的发展历程如何？
4. 我国城市供热工程与发达国家相比具有哪些特点？
5. 城市供热用热水都有哪些制备方式？
6. 蒸汽和热水管道各具有哪些特点？
7. 凝结水管道是如何分类的？
8. 什么是主供热输送管道、支供热输送管道、主供热输配管道？
9. 如何学好城市供热工程这门课程？

第 2 章 城市供热热负荷计算

一般新建生产厂或新建的规划供热区、城市供热网支线及热用户、城市供热站设计时，热负荷是根据供热区设计和规划设计的热负荷进行核算的。对于采暖、通风、空调及生活热水热负荷，宜采用经核实的建筑物设计热负荷。近年来，为满足我国供热迅速发展的要求，对已建成的供热设施进行合并或扩大供热范围，有的还对原局部采暖改为集中采暖等。供暖情况比较复杂，在对热负荷的资料收集整理时，应仔细认真、逐项整理，以求获得准确可靠的热负荷数据，从而更准确地确定城市供热工程的设备、管道，避免造成浪费或供热能力的不足。

按照用途不同，热负荷可分为三种：生产热负荷、采暖通风热负荷（包含空调、制冷热负荷）、生活热水供应热负荷。

2.1 热负荷资料的收集

热负荷资料的收集是获得可靠、准确的热负荷的基础，应该认真仔细。热负荷资料具体包括：①供热介质及参数要求；②生产、采暖、通风、生活小时最大及小时平均用热量；③热负荷曲线；④回水率及其参数；⑤余热利用的小时最大、小时平均产汽量及参数；⑥热负荷的发展情况等。

2.1.1 工业热负荷资料的收集

工业热负荷是全年性的热负荷，包括生产工艺热负荷、生活热负荷和工业建筑的采暖、通风、空调热负荷。由于生产工艺的要求，有的昼夜负荷变化较大，有的则是生产班次不连续使热负荷产生波动。因此需要对负荷变化的依据进行分析，以便在负荷汇总时对数据进行妥善处理。收集的热负荷资料可按照表 2-1 样式填写。

表 2-1   生 产 热 负 荷 调 查 表

用热单位	负荷性质	供热介质	介质参数		用热方式		用汽量（t/h）		停产或检修期	现有锅炉情况				回水情况		发展情况		备注
			压力（MPa）	温度（℃）	直接或间接	用热班制	冬季最大	冬季平均		台数	容量	参数	效率（%）	回水量	温度（℃）	采暖期	非采暖期	

在表 2-1 中，负荷性质的规定为：一类负荷是指停汽后发生人身或设备事故；二类负荷是指停汽后影响生产；三类负荷是指允许短时间停汽；四类负荷是指不能改为用热水采暖的汽负荷。

为了更详尽地对热负荷进行分析，在有可能的情况下，还需要搜集设计产品的数量、产品用热或单位标准煤的指标、生产班次、季节性生产的特性、设备检修周期和时间等。此外，还需搜集各季度具有代表性的典型生产日的小时热负荷资料，并应收集生产工艺系统不同季节的典型日（周）负荷曲线。

对各热用户提供的热负荷资料进行整理汇总时，应通过下列方法对由热用户提供的热负荷数据分别进行平均热负荷的验算。

2.1.1.1　按年燃料耗量验算

（1）全年采暖、通风、空调及生活燃料耗量

$$B_2 = \frac{Q_a}{Q_L \eta_b \eta_s} \qquad (2-1)$$

式中　B_2——全年采暖、通风、空调及生活燃料耗量，kg；

Q_a——全年采暖、通风、空调及生活耗热量，kJ；

Q_L——燃料平均低位发热量，kJ/kg；

η_b——用户原有锅炉年平均运行效率；

η_s——用户原有供热系统的热效率，可取 $0.9 \sim 0.97$。

（2）全年生产燃料耗量

$$B_1 = B - B_2 \qquad (2-2)$$

式中　B——全年总燃料耗量，kg；

B_1——全年生产燃料耗量，kg。

（3）生产平均耗汽量

$$D = \frac{B_1 Q_L \eta_b \eta_s}{[h_b - h_{ma} - \phi(h_{rt} - h_{ma})] T_a} \qquad (2-3)$$

式中　D——生产平均耗汽量，kg/h；

h_b——锅炉供汽焓，kJ/kg；

h_{ma}——锅炉补水焓，kJ/kg；

h_{rt}——用户回水焓，kJ/kg；

ϕ——回水率；

T_a——年平均负荷利用小时数，h。

2.1.1.2　按产品单耗验算

$$D = \frac{W b Q_n \eta_b \eta_s}{[h_b - h_{ma} - \phi(h_{rt} - h_{ma})] T_a} \qquad (2-4)$$

式中　W——生产年产量，t 或件；

b——单位产品耗标煤量，kg/t 或 kg/件；

Q_n——标准煤发热量，kJ/kg，取 $29\,308$kJ/kg。

当无工业建筑采暖、通风、空调、生活及生产工艺热负荷的设计资料时，对现有企业，应采用生产建筑和生产工艺的实际耗热数据，并考虑今后可能的变化；对规划建设的工业企业，可按不同行业项目估算指标中典型生产规模进行估算，也可按同类型、同地区企业的设计资料或实际耗热定额计算。

城市供热管网最大生产工艺热负荷，应取经核实后的各热用户最大热负荷之和乘以同时使用系数。同时使用系数可取 $0.6 \sim 0.9$。

2.1.2　采暖、空调热负荷资料的收集

采暖、空调热负荷资料的收集，需要根据该地区采暖期的划分、采暖空调期各月份的室

外平均温度、室内采暖空调计算温度、当地采暖空调室外计算温度以及该地区各类建筑物的采暖空调热指标等，按表 2-2 和表 2-3 的要求逐项填写。其中，用热单位一栏可按建筑物的不同类别分别填写。

表 2-2　　　　　　　　　　　采暖（空调）热负荷调查表

单位名称	采暖介质	采暖总热量(MJ/h)	采暖面积		采暖指标		室外采暖计算温度(℃)	室内采暖温度(℃)	采暖起止时间	采暖期情况			现有锅炉情况					年耗煤量(t/a)	×至×年采暖面积(m²)		备注
			公用(m²)	民用(m²)	公用(W/m²)	民用(W/m²)				月份			台数	容量	压力(MPa)	温度(℃)	锅炉效率(%)		公用	民用	
										室外平均温度(℃)	采暖小时数										
											公用	民用									

在表 2-2 中，年耗煤量是指目前采暖用锅炉供给上述热负荷所耗用的煤，并且还要说明煤的低位发热量。

表 2-3　　　　　　　　　　　制 冷 负 荷 调 查 表

制冷单位	制冷方式	制冷面积(m²)	制冷指标(W/m²)	制冷量(GJ/h)	要求制冷最低温度(℃)	制冷机形式及规格	制冷机台数	制冷时间		备 注
								×月×日起至×月×日	每日×点至×点	

此外，还应向当地气象部门收集采暖期室外温度从 10℃ 至采暖室外计算温度间各温度的延续小时数（或气候特征曲线），以便绘制采暖年热负荷曲线图。

集中空调和蒸汽制冷系统热负荷与采暖热负荷资料相类似，它们都属于季节性热负荷，因此，可以参照采暖热负荷的要求进行收集、计算和整理。

2.1.3　生活热水热负荷资料的收集

生活热水供应热负荷是全年性的热负荷，带有一定的季节性变化特征，可按生产工艺热负荷方式采用表 2-1 进行资料收集。

2.1.4　热负荷资料收集应注意的事项

对建设单位或其他部门所提供的热负荷资料应进行认真的分析和核实，在热负荷核实和调查时应注意以下几点：

（1）有无不允许中断供汽的一级热负荷用户，此类用户的生产班次和同时使用率。

（2）对于供热连续性的要求及中断供汽后对生产的影响。

（3）热用户生产用原材料的来源是否落实，产品是否适销对路，有无转产、停产的可能以及转产、停产后的热负荷资料。

（4）对新增热用户的热负荷，应通过其初步设计以及国家核准部门核准的建设规模进行计算。

（5）对分散供热改为集中供热的热用户，可以通过验算进行核实。

2.2　热负荷资料的核算

收集来的热负荷资料，一般来讲其载热介质的参数和数量随热用户的不同而千差万别，必须换算成热电站出口或供热锅炉房锅炉出口处载热介质的参数和数量，才能进行不同单位热负荷的几何相加，其换算公式见式（2-5）～式（2-7）。

（1）按热电站出口换算

$$D_{ck} = \frac{D_{yh}(h_{yh} - \varphi h'_w)}{\eta_w(h_{ck} - \varphi h_w)} \tag{2-5}$$

式中　D_{ck}——热电站出口蒸汽量，kg/h；

　　　D_{yh}——用户需要的蒸汽量，kg/h；

　　　h_{ck}——热电站出口蒸汽质量焓，kJ/h；

　　　h_{yh}——用户需要的蒸汽质量焓，kJ/h；

　　　h'_w——用户处的回水质量焓，kJ/h；

　　　h_w——热电站处回水质量焓，kJ/h；

　　　φ——回水率；

　　　η_w——热网效率，一般取 0.96。

（2）按供热锅炉房锅炉出口换算

$$D = \frac{D_1}{1 + \dfrac{h - h_1}{h_1 - h_2}} \tag{2-6}$$

式中　D——换算后新蒸汽量，kg/h；

　　　D_1——用户在各种压力下所用蒸汽量，kg/h；

　　　h——新蒸汽质量焓，kJ/h；

　　　h_1——用户在各种压力下所用蒸汽焓，kJ/h；

　　　h_2——锅炉给水质量焓，kJ/h。

（3）已知热用户的耗热量，则可以按照下式计算

$$D_{ck} = \frac{Q_{yh}}{\eta_w(h_{ck} - \varphi h_w)} \tag{2-7}$$

式中　Q_{yh}——热用户的耗热量，kJ/h。

2.3　热负荷典型曲线图绘制

2.3.1　生产热负荷曲线

热负荷曲线可按用汽量及耗热量绘制。按用汽量绘制的热负荷曲线的目的是保证用户用汽量，从而决定热源的运行方式；而按耗热量绘制的热负荷曲线是为了计算热源的总耗热量。

2.3.1.1　典型日热负荷曲线

生产热负荷资料一般是以对用热企业内各车间用热装置进行分析的，按照表 2-1 的要求收集，并按式（2-5）～式（2-7）换算后绘制出各车间的各季度（月份）典型日负荷曲线，将相同时间内各车间曲线进行叠加，即可绘制出该企业单位的各季度（月份）典型日生产热负荷曲线，如图 2-1 所示。

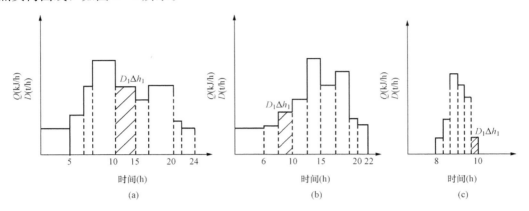

图 2-1　典型日生产热负荷曲线

(a) 三班制典型日负荷图；(b) 二班制典型日负荷图；(c) 一班制典型日负荷图

2.3.1.2　月负荷曲线

有了每日的小时负荷，就可以用上述方法绘制出逐日的负荷曲线，也可以绘制出月负荷曲线。事实上，收集各热用户的逐日小时负荷资料是非常困难的，所以，往往采用典型日平均负荷绘制出月负荷曲线，曲线的形状与典型日负荷曲线的形状完全相同，因此，把小时数的横坐标改为 $30 \times 24 = 720h$，就得到月负荷曲线图。

2.3.1.3　年生产热负荷曲线

用逐月的平均热负荷曲线可以绘制出年生产热负荷曲线，如图 2-2 所示。图中的 11、12、1 月时段正是图 2-1 中的三班制图形，2、3 月时段正是图 2-1 中两班制图形，除了 7、8 月大修以外其他月份时段是图 2-1 中的一班制图形。

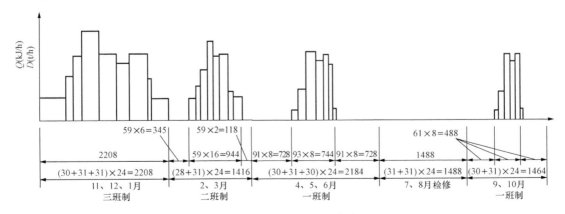

图 2-2　年生产热负荷曲线

如果考虑每月的四个周末的休息，另外考虑节假日 n 天，则 11、12、1 三个月的负荷曲线图就应扣除这些节假日的负荷，每一小块面积（$D_i \Delta h_i$）变成 $[D_i \Delta h_i - 24(8+n)D_i]$，其他各负荷面积依此类推。将上述年负荷曲线由高到低排列，则可以得出图 2-3 的图形。

根据各阶段的用汽量，按照式（2-7）可以换算成相应的耗热量，并且可以将其表示在图 2-2 和图 2-3 上。

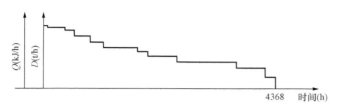

图 2-3　年生产热负荷曲线（由高到低排列）

2.3.2　采暖、空调热负荷曲线

采暖、空调热负荷是随着室外气候条件的变化而变化的，一日之内的每一个小时都在变化，其日负荷变化如图 2-4 所示。采暖负荷高峰在早晨 5～6 时，低谷则出现在下午 14～15 时。空调负荷的高峰在下午 14～15 时，低谷则在早晨 5～6 时。平均负荷率均在 50%～60% 之间。这样就可以利用相应的技术措施（如蓄热设备）降低设备的容量，尤其是空调系统不必用高峰值选择设备。国内外已经广泛地采用冰蓄冷技术，在电网低谷的夜间制冷，在电网高峰的白天用在空调上来调节和平衡电网的峰谷负荷，同时也降低了空调设备容量。

采暖、空调负荷在全年中通常都是有季节性的，如图 2-5 是某城市采暖、空调年热负荷变化情况。采暖负荷一般集中在当年的 11 月至第二年的 4 月，高峰值出现在 1 月；而空调负荷则集中在 6～10 月，高峰出现在 7～8 月。在规划供热、空调系统时，应该通盘考虑，如采用高温热水吸收式制冷机，则在冬季可以供热，而夏季可以制冷，这样就大大提高了管网的小时利用率，从而提高了热源厂的经济性。

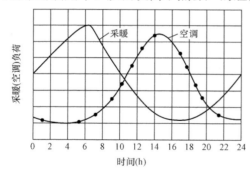

图 2-4　采暖、空调日负荷变化

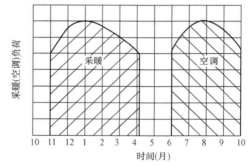

图 2-5　采暖、空调年负荷变化

我国 GB 50019—2003《采暖通风与空气调节设计规范》规定，采暖起始室外温度为 +5℃，采暖室外计算温度采用历年平均不保证 5 天的日平均温度，室内采暖计算温度根据房间的用途确定，可以按式（2-8）计算各室外温度相对应的小时耗热量，即

$$Q_{cp} = \frac{t_n - t_{cp}}{t_n - t_w} Q \qquad (2-8)$$

式中　Q_{cp}——采暖、空调平均热负荷，t/h；

t_n——采暖、空调室内计算温度，℃；

t_{cp}——采暖、空调期室外平均温度，℃；

t_w——采暖期采暖、空调室外计算温度，℃；

Q——采暖、空调最大热负荷，t/h。

以热负荷为纵坐标，室外空气温度为左方横坐标，可以绘制出小时热负荷曲线图，如图 2-6（a）所示。

一般地，小时热负荷曲线和年热负荷延续曲线可以绘制在一张图上。这是因为，热负荷 Q 是室外空气温度 t_0 的函数，而每一个室外空气温度 t_0 有给定的延续小时数 τ，故热负荷 Q 也是延续小时数 τ 的函数，即 $Q=f(\tau)$。这样就可以在小时热负荷曲线的基础上，以右方横坐标为延续小时数 τ 绘制出，如图 2-6（b）所示。

在实际工程中，由于采暖期内历年平均温度延续小时数 τ 不容易获得（可以由当地气象部门提供），因而可以采用下列方法计算，即

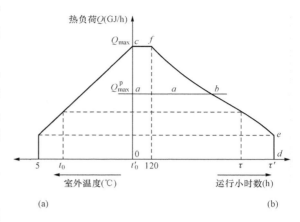

图 2-6　年采暖热负荷延续曲线

$$t_0 = \begin{cases} t_0' & N \leqslant 5 \\ t_0' + (5 - t_0')R_n^b & 5 < N \leqslant N' \end{cases} \qquad (2\text{-}9)$$

$$Q = \begin{cases} Q' & N \leqslant 5 \\ (1 - \beta_0 R_n^b)Q' & 5 < N \leqslant N' \end{cases} \qquad (2\text{-}10)$$

$$R_t = \begin{cases} 0 & N \leqslant 5 \\ R_n^b & 5 < N \leqslant N' \end{cases} \qquad (2\text{-}11)$$

$$R_n = \frac{N-5}{N'-5} = \frac{\tau-120}{\tau'-120} \qquad (2\text{-}12)$$

$$b = \frac{5 - \mu t_{aV}}{\mu t_{aV} - t_0'} \qquad (2\text{-}13)$$

$$\mu = \frac{N'}{N'-5} = \frac{\tau'}{\tau'-120} \qquad (2\text{-}14)$$

$$\beta_0 = \frac{5 - t_0'}{t_i - t_0'} \qquad (2\text{-}15)$$

式中　t_0——某一室外温度，℃；

　　　t_0'——采暖室外计算温度，℃；

　　　t_{aV}——采暖期室外平均温度，℃；

　　　t_i——室内采暖计算温度，按照 GB 50019—2003 确定，可以概略取 18℃；

　　　Q'——采暖设计热负荷，GJ/h；

　　　Q——某一室外温度下的采暖热负荷，GJ/h；

　　　R_t——无因次室外温度系数；

　　　R_n——无因次延续天（小时）数系数；

　　　N'——采暖期天数，d；

　　　N——延续天数，d；

β_0——温度修正系数；

μ——延续天（小时）修正系数；

τ'——采暖小时数，h；

τ——延续小时数，h。

全年采暖总热负荷是年热负荷延续曲线的面积之和。

2.3.3　生活热水供应热负荷曲线

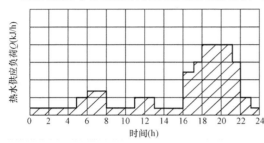

图 2-7　生活热水供应典型日负荷变化曲线

生活热水供应热负荷是稳定的热负荷，只有在冬季时稍微大一些，但是其在每天的变化很大，典型的日负荷变化曲线如图 2-7 所示。由图 2-7 可知，卫生热水热负荷高峰是在下午 18～22 时，早晨 6～9 时用水量也较大，其他时间用水量较小。这样在设计时，就可以采用蓄热槽，在用热低谷时制备热水，在用热高峰时使用热水，这既可以减少热水供应设备的容量，又可以避开采暖、空调用热的高峰。

2.3.4　年热负荷延续图上的热化系数

热负荷的延续图（见图 2-6）上热化系数 α 按式（2-16）计算，即

$$\alpha = \frac{\text{纵坐标 } Q_a}{\text{纵坐标 } Q_c} = \frac{Q_{max}^p}{Q_{max}} \tag{2-16}$$

式中　Q_{max}^p——热电厂最大供热量，GJ/h；

Q_{max}——供热区最大供热量，GJ/h。

而年热化系数 α_y 按式（2-17）计算，即

$$\alpha_y = \frac{\text{面积 } oabedo}{\text{面积 } ocfedo} = \frac{Q_{max(y)}^p}{Q_{max(y)}} \tag{2-17}$$

式中　$Q_{max(y)}^p$——热电厂总供热量，GJ；

$Q_{max(y)}$——供热区总供热量，GJ。

2.4　热 负 荷 的 计 算

根据生产、采暖、通风（空调）、生活等需要的热负荷，计算出换热站（锅炉房）及输送管网的最大计算热负荷、平均热负荷，以作为选择换热器（锅炉）类型、台数，确定换热站（锅炉房）规模和计算各种耗热量之用。为此，必须对各种热负荷进行细致地调查研究。

2.4.1　最大计算热负荷及平均热负荷

根据各热用户的热负荷曲线相加求得总热负荷曲线，其最大值及平均值乘以 K（管网热损失及换热站用汽系数），即求得换热站（锅炉房）的最大计算热负荷 Q_{max} 及平均热负荷 Q_{cp}。

2.4.2　如果不能取得热负荷曲线，则可以采用热负荷资料进行计算

2.4.2.1　最大计算热负荷计算

最大计算热负荷 Q_{max} 为

$$Q_{max} = K(K_1 Q_1 + K_2 Q_2 + K_3 Q_3 + K_4 Q_4) \tag{2-18}$$

式中　Q_1、Q_2、Q_3、Q_4——全厂生产、采暖、通风（空调）、生活最大热负荷，t/h；

$\qquad\qquad$ K——管网热损失及换热站（锅炉房）用汽系数，一般取值为 1.1～1.2，换热站（锅炉房）用汽量一般应经过计算求得，此时，管网热损失系数大约按 1.05 计算；

$\qquad\qquad$ K_1——生产热负荷同时使用系数，视具体情况采用 0.7～0.9，或分别计算；

$\qquad\qquad$ K_2——采暖热负荷同时使用系数，一般取 1.0；

$\qquad\qquad$ K_3——通风（空调）热负荷同时使用系数，根据具体情况选用 0.7～1.0，或分别计算；

$\qquad\qquad$ K_4——生活热负荷同时使用系数，可采用 0.5，若生产、生活热负荷使用时间可完全错开，则 $K_4=0$（$Q_1 > Q_2$ 时），如换热站（锅炉房）仅为民用时，$K_4 = 0.7$～0.9。

2.4.2.2　平均热负荷 Q_{cp} 计算

$$Q_{cp} = K(Q_{1cp} + Q_{2cp} + Q_{3cp} + Q_{4cp}) \tag{2-19}$$

式中　$\qquad\qquad Q_{cp}$——平均热负荷，t/h；

Q_{1cp}、Q_{2cp}、Q_{3cp}、Q_{4cp}——生产、采暖、通风（空调）、生活平均热负荷，t/h。

（1）生产平均热负荷，应根据各热用户的实际使用情况确定。

（2）采暖及通风（空调）平均热负荷 Q_{2cp}、Q_{3cp} 按式（2-8）计算。

（3）生活平均热负荷 Q_{4cp} 为

$$Q_{4cp} = \frac{1}{8}Q_4 \tag{2-20}$$

式中　Q_{4cp}——生活平均热负荷，t/h；

$\qquad$ Q_4——生活最大热负荷，t/h。

2.4.2.3　全年热负荷计算

$$Q = K(h_1 Q_{1cp} + h_2 Q_{2cp} + h_3 Q_{3cp} + h_4 Q_{4cp}) \tag{2-21}$$

式中　h_1、h_2、h_3、h_4——生产、采暖、通风（空调）、生活热负荷年利用小时数。

2.4.2.4　热负荷的估算

当热用户提不出设计热负荷时，可以采用估算的方法计算。民用建筑的采暖、通风（空调）、及生活热水热负荷的估算方法及具体取值，应根据 CJJ 34—2002《城市热力网设计规范》确定。

（1）采暖热负荷为

$$Q_h = q_h A \times 10^{-3} \tag{2-22}$$

式中　Q_h——采暖设计热负荷，kW；

$\qquad$ q_h——采暖热指标，W/m²，按表 2-4 取用；

$\qquad$ A——采暖建筑物的建筑面积，m²。

（2）通风热负荷为

$$Q_V = K_V Q_h \tag{2-23}$$

式中　Q_V——通风设计热负荷，kW；

$\qquad$ K_V——建筑物通风热负荷系数，可取 0.3～0.5。

表 2 - 4 　　　　　　　　　采暖热指标推荐值 q_h 　　　　　　　　　　　W/m²

建筑物类型	住宅	居住区综合	学校办公	医院托幼	旅馆	商店	食堂餐厅	影剧院展览馆	大礼堂体育馆
未采取节能措施	58～64	60～67	60～80	65～80	60～70	65～80	115～140	95～115	115～165
采取节能措施	40～45	45～55	50～70	55～70	50～60	55～70	100～130	80～105	100～150

注　1. 表中数值适用于我国东北、华北、西北地区。
　　2. 热指标中已包括约 5% 的管网热损失。

（3）空调热负荷。

1）空调冬季热负荷为

$$Q_a = q_a A \times 10^{-3} \tag{2-24}$$

式中　Q_a——空调冬季设计热负荷，kW；

　　　q_a——空调热指标，W/m²，按表 2-5 取用。

表 2 - 5 　　　　　空调热指标 q_a、冷指标 q_c 推荐值 　　　　　　　W/m²

建造物类型	办公	医院	旅馆、宾馆	商店、展览馆	影剧院	体育馆
热指标	80～100	90～120	90～120	100～120	115～140	130～190
冷指标	80～110	70～100	80～110	125～180	150～200	140～200

注　1. 表中数值适用于我国东北、华北、西北地区。
　　2. 寒冷地区热指标取较小值，冷指标取较大值；严寒地区热指标取较大值，冷指标取较小值。

2）空调夏季热负荷为

$$Q_c = \frac{q_c A \times 10^{-3}}{COP} \tag{2-25}$$

式中　Q_c——空调夏季设计热负荷，kW；

　　　q_c——空调冷指标，W/m²，按表 2-5 取用；

COP——吸收式制冷机性能系数，可取 0.7～1.2。

（4）生活热水热负荷。

1）生活热水平均热负荷。生活热水平均热负荷可以按照 GBJ 50015—2003《建筑给水排水设计规范》规定的方法进行计算，当资料不全时也可以按照热指标的计算方法计算，即

$$Q_{w,a} = q_w A \times 10^{-3} \tag{2-26}$$

式中　$Q_{w,a}$——生活热水平均热负荷，kW；

　　　q_w——生活热水热指标，W/m²，居住区住宅无生活热水设备，只对公共建筑供热水时取 2～3W/m²；全部住宅有淋浴设备，并供给生活热水时取 5～15W/m²。

2）生活热水最大热负荷。

a. 住宅、旅馆、医院等建筑计算可以按式（2-27）进行计算，即

$$Q_{w,max} = K_h Q_{w,a} \tag{2-27}$$

式中　$Q_{w,max}$——生活热水最大热负荷，kW；

　　　K_h——小时变化系数，根据热水计算单位数按表 2-6～表 2-8 选取。

表 2-6　　　　　　　　　　　　　住宅、别墅的热水小时变化系数 K_h 值

居住人数 m	≤100	150	200	250	300	500	1000	3000	≥6000
K_h	5.12	4.49	4.13	3.88	3.70	3.28	2.86	2.48	2.34

表 2-7　　　　　　　　　　　　　旅馆的热水小时变化系数 K_h 值

床位数 m	≤150	300	450	600	900	≥1200
K_h	6.84	5.61	4.97	4.58	4.19	3.90

表 2-8　　　　　　　　　　　　　医院的热水小时变化系数 K_h 值

床位数 m	≤50	75	100	200	300	500	≥1000
K_h	4.55	3.78	3.54	2.93	2.60	2.23	1.95

注　招待所、培训中心、宾馆的客房（不含员工）、养老院、幼儿园、托儿所（有住宿）等建筑的 K_h 可参照表 2-8 选用；办公楼的 K_h 可取 1.2～1.5。

　　b. 工业企业生活间、公共浴室、学校、剧院、体育馆等建筑可按式（2-28）计算，即

$$Q_{w,max} = \sum \frac{q_h c(t_r - t_e) nb}{3600} \times 10^{-3} \qquad (2-28)$$

式中　q_h——卫生器具的热水小时用水定额，L/h，按附表 2-1 选取；

　　　　c——水的比热容，J/(kg·℃)；

　　　　t_r——热水温度，℃，按附表 2-1 选取；

　　　　t_e——冷水温度，℃，按附表 2-2 选取；

　　　　n——同类型卫生器具个数；

　　　　b——卫生器具同时使用百分数；公共浴室和工业企业卫生间、学校、剧院及体育馆等的淋浴器和洗脸盆均按 100% 取用。

　　当医院、疗养院、旅馆等已经有卫生器具数时，可以按式（2-28）计算生活热水最大热负荷，其卫生器具同时使用百分数及旅馆客房卫生间内浴盆可按 30%～50% 计算，其他器具不计；医院、疗养院病房内卫生间的浴盆可按 25%～50% 计算，其他器具不计。

2.5　工业热负荷

　　工业热负荷包括生产工艺热负荷、生活热水热负荷和工业建筑的采暖、通风、空调热负荷，生产工艺热负荷的最大、最小、平均热负荷和凝结水回收率应尽量采用热用户提供的设计资料，并按 CJJ 34—2002 的方法进行验算。

　　当没有设计资料时，对现有企业，应采用生产建筑和生产工艺实际的耗热数量，并考虑今后的可能变化；对于规划建设的企业，可以按照不同行业项目估算指标中典型生产规模进行估算，也可按同类型、同地区企业的设计资料或实际耗热数量估算。

2.6　城市供热管网热负荷

　　城市供热管网包括蒸汽输送管道、热水输送管道、凝结水回水管道三部分，各种管道的

热负荷计算如下。

2.6.1 蒸汽管道和热水管道热负荷

$$G = K_1 K_2 G_{max} \qquad (2 - 29)$$

式中　K_1——损耗系数（包括热损失及漏损），一般蒸汽为 $1.05 \sim 1.15$，废汽为 $1.20 \sim$
1.25，热水为 1.05；

　　K_2——同时使用系数，生产热负荷为 $0.8 \sim 0.9$，采暖热负荷为 1.0，通风热负荷为
$0.8 \sim 1.0$，生活热负荷为 $0 \sim 0.4$（根据负荷交叉使用情况确定）；

　　G_{max}——最大热负荷（或最大耗水量），t/h。

2.6.2 凝结水回水管道热负荷

（1）凝结水自流回水管道

$$G = 1.5 G_{max} \qquad (2 - 30)$$

式中　G_{max}——凝结水最大回水量，t/h。

（2）凝结水余压回水管道

$$G = G_{max} \qquad (2 - 31)$$

复 习 思 考 题

1. 什么是供热热负荷，其在城市供热工程设计中具有什么作用？
2. 城市供热热负荷是如何分类的？各种热负荷是如何确定的？
3. 工业热负荷统计应注意哪些问题？
4. 采暖、通风热负荷具有哪些特点？
5. 生活卫生热水热负荷具有哪些特点？
6. 生产热负荷曲线是如何形成的，其具有哪些作用？
7. 采暖热负荷曲线和采暖热负荷延续曲线两者之间有什么关系？
8. 热负荷校核都有哪些方法？如何进行校核计算？
9. 如何进行热负荷估算？
10. 何谓同时使用系数，其在热负荷计算中具有什么意义？

第 3 章　城市供热管网的布置及敷设

城市规划建设是百年大计，关乎到国计民生。城市供热工程在我国既关系到人民的切身生活问题，又关系到社会的稳定、城市发展等各方面的问题。因此，城市供热管网布置、敷设方式的选择和确定就应该全面考虑，科学规划和布局，既要考虑城市的美观，又要满足管网的技术要求，还要考虑经济实用等各种因素。本章主要讲述城市供热管网的布置原则、技术要求和管网的敷设方法等方面的基本知识。

3.1　城市供热管道的布置

3.1.1　城市供热管道的布置原则

城市供热管网的布置应该充分考虑管网布置厂区的技术条件、其他专业管网布置情况及当地的地质等条件后，根据下列资料，综合考虑城市供热管道进行布置：

（1）厂区或建筑区域的总平面布置图。

（2）厂区或建筑区域的水文地质及气象资料。

（3）各建筑物及构筑物的生产、采暖、空调以及生活等热负荷资料。

（4）厂区或建筑区域的近期及远期的发展规划。

（5）厂区或建筑区域的地下电缆、给排水管道及煤气管道、工业管道等布置概况。

城市供热管道总的布置原则是技术上可靠、经济上合理和施工维修方便，其具体要求如下：

（1）城市供热管道的布置力求短直，主干线应通过热用户密集区，并靠近热负荷大的用户。

（2）管道的走向宜平行于厂区或建筑区域的干道或建筑物。

（3）管道布置不应穿越电石库等由于汽、水泄漏将会引起事故的场所，也不宜穿越建筑扩建地和物料堆场，并尽量减少与公路、铁路、沟谷和河流的交叉，以减少交叉时必须采取的特殊措施。当城市供热管道穿越主要交通线、沟谷和河流时，可采用拱形管道。

（4）管道布置时，应尽量采用管道自然弯角作为管道热伸长的自然补偿。采用方形伸缩器时，则方形伸缩器应尽可能布置在两固定支架之间的中心点上。如因地方限制不可能把方形伸缩器布置在两固定支架之间的中心点上，则应保证较短的一边直线管道的长度，不宜小于该段全长的 1/3。

（5）一般在城市供热地沟分支处应设置检查孔或人孔，当直线管长度在 100~150m 的距离内，虽无地沟支管，也应设置检查孔或人孔。所以，管道上必须设置的阀门都应安装在检查井或人孔内。

（6）在从主干线上分出的支管上，一般情况下都应设置截止阀，以便在建筑物内部管道发生事故时，可进行截断检修，不至于影响其他管线供热。

（7）在下列地方，蒸汽管道必须设置疏水器。

1）蒸汽管道最低点。

2）被阀门截断的各蒸汽管道最低点。

3）垂直升高管段前的最低点。

4）直线管段每隔 100～150m 的距离内设置一个疏水阀。

（8）热水管道和凝结水管道应在最低点设置放水阀，在最高点设置放出空气装置。

3.1.2 城市供热管道的布置方式

城市供热管道按布置形式可分为枝状管网和环状管网，但是一般采用枝状布置。枝状管网的优点是系统简单，造价较低，运行管理较方便；其缺点是没有供热的后备性能，即当管路上某处发生故障时，在损坏地点以后的所有用户供热中断，甚至造成整个系统停止供热，进行检修。

对要求严格的某些化工企业，在任何情况下都不允许中断供汽，可以采用两根主干线的方式，即从热源送出两根蒸汽管道作为蒸汽主干线，每根蒸汽管道的供汽能力为全厂总用汽量的 50%～75%。此种复线枝状管网的优点是大大提高了厂区供汽能力的可靠性，从而提高了厂区供汽的安全性。

环状管网（主干线呈环形）的优点是具有供热的后备性能。但是环状管网的投资和金属消耗量都很大，因此实际工作中很少采用。

在一些小型工厂中，城市供热管道布置采用辐射状管网，即从锅炉房内分别引出一根供热管道直接送往各热用户，全部管道上的截止阀都安装在锅炉房内的蒸汽分气缸上。该方式控制方便，并可分片供热，但投资和金属消耗量都将增大。对于占地面积较小且厂房密集的小型工厂，可以采用此种管道布置方式。

地处山区的城市供热管道，应注意地形的特点，因地制宜地布置管线，还应注意地质滑坡和洪峰口对管线的影响，一般可采用下列几种布置方式：

（1）城市供热管道应根据山区地区的特点，采取沿山坡或道路低支架布置。

（2）城市供热管道 DN≤150mm，可沿建筑物外墙敷设。

（3）爬山城市供热管道宜采用阶梯形布置。

（4）城市供热管道跨越冲沟或河流时，宜采用沿桥或沿栈桥布置或拱形管道，但应特别注意管道底标高应高于最高洪水位。

城市供热管道的位置应符合下列规定：

（1）城市道路上的城市供热管道应平行于道路中心线，并宜敷设在车行道以外的地方，同一条管道应只沿街道的一侧敷设。

（2）穿过厂区的城市供热管道应敷设在易于检修和维护的位置。

（3）通过非建筑区的城市供热管道应沿公路和铁道敷设。

（4）城市供热管道选线时，宜避开土质松软地区、地震断裂带、滑坡危险地带以及高地下水位区等不利地段。

城市供热管道可以与自来水管道、电压 10kV 以下的电力电缆、通信线路、压缩空气管道、压力排水管道和重油管道一起敷设在综合管沟内。但是城市供热管道应高于自来水管道和重油管道，并且自来水管道应做绝热层和防水层。

3.1.3 城市供热管道间距，城市供热管道与建筑物、构筑物的间距

按照 CJJ 34—2002 规定，地下敷设城市供热管道的管沟外表面、直埋敷设的热水管道

的保温结构表面与建筑物、构筑物、交通线路、电缆、架空导线和其他管道之间的最小水平
净距、垂直净距见表 3-1。

表 3-1　城市供热网管道与建筑物（构筑物）或其他管线的最小距离

建筑物、构筑物或管线名称	与城市供热网管道最小水平净距（m）	与城市供热网管道最小垂直净距（m）
地下敷设城市供热管道		
建造物基础：对于管沟敷设城市供热网管道	0.5	—
对于直埋闭式热水城市供热网管道 DN≤250	2.5	—
DN≥300	3.0	—
对于直埋开式热水城市供热网管道	5.0	—
铁路钢轨	钢轨外侧为 3.0	轨底为 1.2
电车钢轨	钢轨外侧为 2.0	轨底为 1.0
铁路、公路路基边坡地角或边沟的边缘	1.0	—
通信、照明或 10kV 以下电力线路的电杆	1.0	—
桥墩（高架桥、栈桥）边缘	2.0	—
架空管道支架基础边缘	1.5	—
高压输电线铁塔基础边缘 35~220kV	3.0	—
通信电缆管块	1.0	0.15
直埋通信电缆（光缆）	1.0	0.15
电力电缆和控制电缆 35kV 以下	2.0	0.5
110kV	2.0	1.0
燃气管道		
压力小于 0.005MPa，对于管沟敷设城市供热网管道	1.0	0.15
压力小于或等于 0.4MPa，对于管沟敷设城市供热网管道	1.5	0.15
压力小于或等于 0.8MPa，对于管沟敷设城市供热网管道	2.0	0.15
压力大于 0.8MPa，对于管沟敷设城市供热网管道	4.0	0.15
压力小于或等于 0.4MPa，对于直埋敷设热水城市供热网管道	1.0	0.15
压力小于或等于 0.8MPa，对于管沟敷设热水城市供热网管道	1.5	0.15
压力大于 0.8MPa，对于管沟敷设热水城市供热网管道	2.0	0.15
给水管道	1.5	0.15
排水管道	1.5	0.15
地铁	5.0	0.18
电气铁路接触网电杆基础	3.0	—
乔木（中心）	1.5	—
灌木（中心）	1.5	—
车行道路面	—	0.7
地上敷设城市供热网管道		

建筑物、构筑物或管线名称	与城市供热网管道 最小水平净距（m）	与城市供热网管道 最小垂直净距（m）
铁路钢轨	钢轨外侧为 3.0	轨顶一般为 5.5 电气铁路为 6.55
电车钢轨	钢轨外侧为 2.0	—
公路边缘	1.5	—
公路路面	—	4.5
架空输电线 1kV 以下	导线最大风偏时为 1.5	城市供热管网在下面交叉通过导线最大垂度时为 1.0
1～10kV	导线最大风偏时为 2.0	同上 2.0
35～110kV	导线最大风偏时为 4.0	同上 4.0
220kV	导线最大风偏时为 5.0	同上 5.0
330kV	导线最大风偏时为 6.0	同上 6.0
500kV	导线最大风偏时为 6.5	同上 6.5
树冠	0.5（到树中不小于 2.0）	—

注 1. 表中不包括直埋敷设蒸汽管道与建筑物（构筑物）或其他管线的最小距离的规定。
　　2. 当城市供热管道的埋设深度大于建（构）筑物基础深度时，最小水平净距应按土壤内摩擦角计算确定。
　　3. 城市供热网管道与电力电缆平行敷设时，电缆处的土壤温度与月平均土壤自然温度比较，全年任何时候对于电压为 10kV 的电缆不高出 10℃，对于电压为 35～110kV 的电缆不高出 5℃时，可减少表中所列距离。
　　4. 在不同深度并列各种管道时，各种管道间的水平净距也应符合表中的规定。
　　5. 城市供热网管道检查室、方形补偿器壁龛与燃气管道最小水平净距应符合表中规定。
　　6. 当条件允许时，可采取有效技术措施并经有关单位同意后，减小表中规定的距离，或采取用埋深较大的暗挖法、盾构法施工。

3.2　城市供热管道的地上敷设

3.2.1　城市供热管道的敷设方式

　　城市供热管道的敷设方式应考虑工程所在地区的气候、水文地质、地形特征、建筑物（构筑物）和交通线路的密集程度，还要兼顾技术经济合理、维修管理方便等因素。

　　城市供热管道的敷设方式分为下列两种：

　　（1）地上架空敷设。地上架空敷设按支架的高度分为低支架、中支架、高支架。

　　（2）地下敷设。地下敷设可以分为地沟敷设和无沟敷设（直埋敷设）。地沟敷设按地沟的情况不同可分为不通行地沟、半通行地沟和通行地沟三种。

3.2.2　架空敷设

　　在下列情况下，应首先考虑采用架空敷设方式。

　　（1）厂区地形复杂（如遇到河流、丘陵、峡谷等）或铁路密集。

　　（2）厂区地下水位距离地面小于 1.5m。

（3）厂区地质为湿陷性黄土层或腐蚀性大的土壤，以及永久性的冻土层。

（4）厂区地下管道纵横交错，密集复杂，难于再敷设城市供热管道。

（5）厂区存在其他的架空管道，可以考虑与城市供热管道共架敷设，采用架空敷设既经济又节省空间。

3.2.2.1　低支架敷设

在厂区内不影响交通的情况下，沿铁路、公路干线、厂区围墙等处可以考虑采用低支架敷设。低支架敷设时，管道保温结构底部距地面的净高不小于 0.3m，以防雨、雪水的侵蚀，如图 3-1 所示。

低支架构筑的材料一般采用毛石或钢筋混凝土。低支架敷设是最经济的敷设方式，其具体优点如下：

（1）管道支架材料除管道固定支架需要钢筋混凝土浇筑以外，其他都可以采用毛石或砖作为支架的材料，这样就可以就地取材，大大节省工程造价。

（2）低支架敷设施工和维修都比较方便，缩短工程周期，同时还降低工程费用。

（3）对于热水管道，可用套管伸缩器代替方形伸缩器，以节约钢材和降低管道流体阻力，从而降低循环水泵的电耗。

3.2.2.2　中支架敷设

在人行交通频繁地段宜采用中支架敷设。中支架敷设时，管道保温层外面至地面的距离一般为 2.5～4m。中支架的材料一般为钢材、钢筋泥凝土浇筑或预制，如图 3-2 所示。

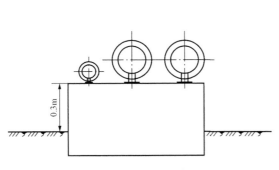

图 3-1　低支架示意图

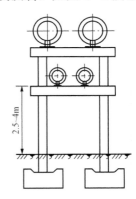

图 3-2　中支架示意图

3.2.2.3　高支架敷设

城市供热管道在穿越交通要道如铁路、公路干线时，应采用高支架敷设。高支架敷设时，管道保温层外表面至地面的净距一般为 4.5～6m。高支架敷设的缺点是耗钢材量大，基建投资高，建设周期长，且维修管理不方便。在管道阀门等附件处需要设置专用平台和扶梯以便对管网附件进行维修管理，相应地加大了基建投资，如图 3-3 所示。

支架的形式很多，图 3-1、图 3-2 所示的支架属于独立式支架。为了加大支架跨距，可采用各种形式的组合支架，如图 3-4 所示。图 3-4（c）、（d）较为适合于小管径的管道上。在厂区，架空管道应尽量利用建筑物的外墙或其他永久性的构筑物，把管道架设在埋于外墙或构筑物上的支架上。这是一种最简便，也是最经济的方法，但是在地震频繁的地区，采用独立支架或者地沟（直埋）敷设更加可靠。

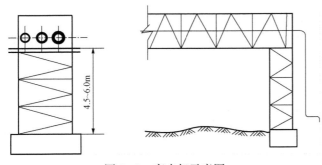

图 3-3 高支架示意图

支架按照承受的荷载可以分为中间支架和固定支架。中间支架主要承受管道、管道中热媒以及保温材料、管道附件等的重量荷载；管道由于温度发生变化而产生管道伸缩时所产生的摩擦水平荷载。固定支架处的管道不允许移动，故固定支架主要承受水平推力及不大的管道、阀门等的重量荷载。由于温度变化造成管道膨胀、收缩时，固定支架所承受的水平推力可能达到很高的值。所以，固定支架通常做成空间的立体结构。支架在特殊情况下还应考虑风力、潮汐、水力以及雪等荷载的作用。

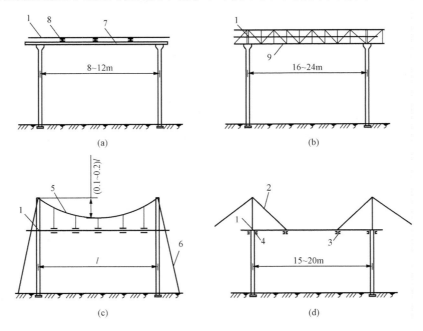

图 3-4 几种支架形式

(a) 梁式；(b) 桁架式；(c) 悬索式；(d) 桅缆式

1—管道；2—斜拉杆；3—吊架；4—支架；5—钢索；
6—钢拉杆；7—纵梁；8—横梁；9—桁架

对于中间支架，按照其结构力学的特点，可大致分为三种不同受力特性的支架形式：

(1) 刚性支架。它的柱脚与基础的连接在管道的径向和轴向都是嵌固的；支架的刚度大、柱顶位移值很小，不能适应管道的热变形，因而所承受的水平推力就很大。因此，它是一种靠自身的刚性抵抗管道热膨胀引起的水平推力的结构，它的力学简图如图 3-5 (a) 所示。

(2) 铰接支架。这种支架的柱脚与基础的连接，在管道的轴向为铰接，在径向为固接，将一根或两根管子和支托横梁也铰接起来，使其接触面不产生相对位移。这样，柱顶在轴向的允许位移较大，能适应管道热变形，是一种可以忽略或大大减少轴向水平推力的支架。该支架仅承受垂直荷载，支架的断面和基础便可缩小。在管道径向力学分析时作为刚架考虑，它的力学简图如图 3-5 (b) 所示。

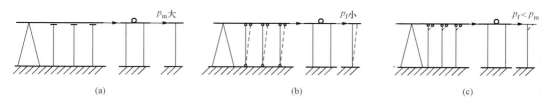

(a)　　　　　　　　　(b)　　　　　　　　　(c)

图 3-5　几种支架的力学简图
(a) 刚性支架；(b) 铰接支架；(c) 柔性支架
p_m—摩擦推力；p_f—弹性反力

(3) 柔性支架。该支架下端为固定，上端为自由，支架沿管道轴线的柔性大（刚度小），柱顶依靠支架本身的柔度，允许发生一定的变位，从而适应管道的热膨胀位移。这种支架承受支架变位时所产生的反弹力，使其径向刚度大，一般按刚架考虑，其力学简图如图 3-5 (c) 所示。

3.3　城市供热管道的地下敷设

城市街道或厂区交通特别频繁、大中型城市对美观要求较高的场所；在蒸汽供热系统中，凝结水是靠高度差自流回收时，适于采用地下敷设。地下敷设分为有沟敷设和无沟敷设两种。有沟敷设又可分为不通行地沟、半通行地沟和通行地沟三种。

3.3.1　地沟敷设

地沟能保护管道不受外力和水的侵袭，保护管道的保温结构不被破坏，并允许管道在内自由地热胀冷缩。

3.3.1.1　通行地沟敷设

在下列条件下，可以考虑采用通行地沟敷设：

(1) 当城市供热管道通过不允许挖开的路面处时，如公路、铁路等处。

(2) 当城市供热管道数量多或管径较大，管道垂直排列高度大于或等于 1.5m 时。

通行地沟敷设的优点是维护管道方便，缺点是基建投资大、占地面积大。

在通行地沟内布置管道有单侧布管和双侧布管两种方法（如图 3-6 所示）。管子保温层外表面至沟壁的距离为 120～150mm，至沟顶的距离为 300～350mm，至沟底的距离为 150～200mm。无论单侧布管还是双侧布管，通道的宽度均不应小于 0.7m，通行地沟的净高不低于 1.8m。

通行地沟弯角处和直线段处的蒸汽管道不超过 100m（热水不超过 400m）距离应设一个安装孔，安装孔的长度应能安下长度为 12.5m 的热轧钢管，应保证该线段最大一根管子和附件装卸所需要的条件。安装孔的位置可以选择下列各处：地沟转弯处、地沟交

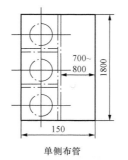

单侧布管

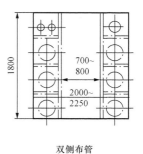

双侧布管

图 3-6　通行地沟

叉处、地沟分支处以及地沟开始或尽头处。当检修管道时，把安装孔上的盖板打开，即可进行自然通风。

通行地沟要求设有照明设施，具体应根据运行维护的频繁程度和经济条件决定。供生产用的城市供热管道，设永久性的照明；以采暖为主的管道，设临时性照明。一般每隔8～12m距离或在阀门、仪表等管道附件处，装设照明设备，还应注意电气线路免受水蒸气的影响，而采取必要的防护措施。照明电压不高于36V。沟内空气温度按工人检修条件的要求不应超过40℃，当自然通风不能满足要求时，应设机械通风。

地沟盖板需做出0.03～0.05的横向坡度，以排除雨水或融化的雪水。在地下水位较高的地区，地沟壁、盖板和底板都应设置可靠的防水层。地沟内底板应有不小于0.002的纵向坡度，将积水顺沟底板坡度排至安装孔的集水坑内，然后用排水管或水泵将水排出地沟。

3.3.1.2 半通行地沟

在下列情况下，可以考虑采用半通行地沟敷设：

(1) 当城市供热管道通过的地面维修时不允许开挖，且采用架空敷设不合理时。

(2) 当管子的数量较多，采用不通行地沟敷设由于管道单排水平面布置，地沟宽度受到限制时。

由于维修人员需要进入半通行地沟内对城市供热管道进行维修，因此半通行地沟的高度一般为1.2～1.4m。当采用单侧布管时，通道净宽不小于0.5m；当采用双侧布管时，通道宽度不小于0.7m。在直线长度超过60m时，应设置一个人孔，人孔应高出周围地面。

半通行地沟内管道或保温层外表面至地沟各结构的净距离应符合表3-2的要求。

表3-2　　　　　　　　半通行地沟内管道或保温层与地沟结构的净距离

地沟结构	沟　壁	沟　底	沟　顶
净距离（mm）	100～150	100～200	200～300

半通行地沟内管道布置尺寸可参见全国通用建筑标准设计《室外城市供热管道安装—地沟敷设》（图集号87SR16-1）。

从安全角度考虑，半通行地沟只宜用于低压蒸汽管道和温度低于130℃的热水管道。在决定敷设方案时，应充分考虑尊重管理、运行工人的意见，并应充分调查当地、当时的具体条件。半通行地沟如图3-7所示。

3.3.1.3 不通行地沟

不通行地沟是应用最为广泛的一种敷设形式。它适用于下列情况：

(1) 土壤干燥，地下水位较低时。

(2) 管道根数不多，管径较小且维修量不大时。

(3) 在地下直接埋设城市供热管道时，在管道转弯及安装补偿器处宜采用不通行地沟。

不通行地沟外形尺寸较小，占地面积

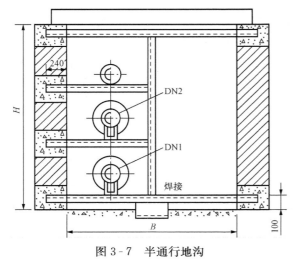

图3-7　半通行地沟

小，并能保证管道在地沟内自由变形，同时地沟所耗费的材料较少。它的最大缺点是难于发现管道中的缺陷和事故，维护检修不方便。

不通行地沟的横剖面形状有矩形、半圆形和圆形三种，常用的不通行地沟为矩形剖面。地沟的材料有砖、混凝土以及钢筋混凝土等材料。图 3 - 8 所示为矩形剖面不通行地沟，图 3 - 9 为预制钢筋混凝土椭圆拱形地沟。

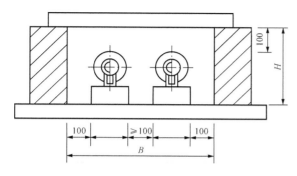

　　　图 3 - 8　矩形剖面不通行地沟　　　　　图 3 - 9　预制钢筋混凝土椭圆拱形地沟

不通行地沟的沟底应设纵向坡度，坡度和坡向应与敷设的管道相一致。地沟盖板上部应有覆土层，并应采取措施防止地面水渗入。

地沟敷设的管道与沟的相应位置应保持合理的间距，以满足管道施工及维修所需要的距离，具体尺寸见表 3 - 3。

表 3 - 3　　　　　　　　　　　　　　　　管沟敷设有关尺寸

管沟类型	有关尺寸名称					
	管沟净高（m）	人行通道宽（m）	管道保温表面与沟墙净距（m）	管道保温表面与沟顶净距（m）	管道保温表面与沟底净距（m）	管道保温表面间的净距（m）
通行地沟	≥1.8	≥0.6	≥0.2	≥0.2	≥0.2	≥0.2
半通行地沟	≥1.2	≥0.5	≥0.2	≥0.2	≥0.2	≥0.2
不同行地沟			≥0.1	≥0.05	≥0.15	≥0.2

注　1. 当必须在沟内更换钢管时，人行通道宽度不应小于管子外径加 0.1m。

　　2. 本表摘自 CJJ 34—2002。

3.3.2　直埋敷设

3.3.2.1　国内外直埋敷设技术概况

国内外直埋技术的发展已经有 60 余年的历史。20 世纪 80 年代，我国出现了两种新型预制保温管：一类是保温结构为"氰聚塑"形式的保温管；另一类是"管中管"形式的预制保温管。目前，这两种预制保温管已经先后在我国许多城市大批量地生产，并广泛地应用于城市供热管道中。

国际上直埋城市供热管道输送蒸汽的温度由过去的 150～250℃ 发展到 600℃，蒸汽压力由饱和或过热状态提高到 2.5MPa；我国直埋城市供热管道的蒸汽温度也达到了 320℃ 以上，蒸汽压力达到了 2.5MPa。德国等欧洲国家于 20 世纪 80 年代开始将真空技术应用于蒸汽管道保温工程中，我国 2001 年引入了钢外护管真空复合预制直埋城市供热管道。直埋城市供热管道保温性能的优劣是影响热网输送效率、保证蒸汽或高温热水等高温热媒热工参数的关键。直埋城市供热管道如图 3-10 所示，其具体埋地沟槽尺寸见表 3-4。

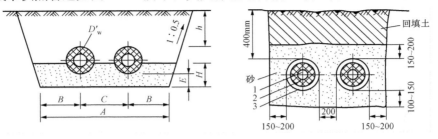

图 3-10　城市供热管道直埋管道
1—热介质输送管；2—保温材料；3—外套管

表 3-4　　　　　　　　　　　　埋地城市供热管道沟槽尺寸

公称直径 DN（mm）		25	32	40	50	65	80	100	125	150	200	250	300	350	400	450	500	600
保温管外径 D_w（mm）		95	110	110	140	140	160	200	225	250	315	365	420	500	550	630	655	760
沟槽尺寸（mm）	A	800	800	800	800	800	800	1000	1000	1000	1240	1240	1320	1500	1500	1870	1870	2000
	B	250	250	250	250	250	250	300	300	300	360	360	360	400	400	520	520	550
	C	300	300	300	300	300	300	400	400	400	520	520	600	700	700	830	830	900
	E	100	100	100	100	100	100	100	100	100	100	100	150	150	150	150	150	150
	H	200	200	200	200	200	200	200	200	200	200	200	300	300	300	300	300	300

3.3.2.2　氰聚塑直埋保温管

氰聚塑直埋保温管由钢管、防腐层、保温层和保护层四部分组成。

（1）钢管。钢管用于输送热介质，一般采用无缝钢管，大口径钢管可以采用螺旋焊接管，常用钢管的规格为 DN25～DN800mm。

（2）防腐层。在钢管外表面上涂上一层氰凝。氰凝是一种高效防腐防水材料，具有较强的附着力和渗透力，能与钢管外表面紧密结合，甚至可以透过钢材表面浮锈，把浮锈和钢材牢固地结合成一个整体。氰凝在室温下能够吸收空气中的水分而固化，固化后的氰凝具有很强的防水、防腐能力。由于氰凝又具有强极性，能和聚氨酯泡沫牢固结合，从而将钢管和聚氨酯泡沫塑料牢固地结合成一个完整的保温体。

（3）保温层。保温层材料采用硬质聚氨酯泡沫塑料。它是一种热固性泡沫塑料，在化学反应过程中，能够形成无数微孔，体积膨胀几十倍，同时固化成硬块。硬质聚氨酯泡沫塑料具有密度小、热导率小、闭孔率高、抗压强度比其他塑料高、耐温性能比其他泡沫塑料强等优点，并具有良好的耐水、耐化学腐蚀、耐老化等性能。在化学反应过程中还具有很强的黏合力，能与钢管牢固地结合成一体。

（4）保护层。氰聚塑直埋预制保温管的保护层为玻璃钢。玻璃钢是一种纤细增强复合材料，它具有强度高、密度小、热导率低、耐水、耐腐蚀等优点。同时，玻璃钢尚具有良好的电绝缘性能及较高的机械性能。当预制保温管受外力作用时，玻璃钢保护层可将应力均匀分散地传递到聚氨酯泡沫塑料上，使局部受力转化为均匀受力，从而保证了保温管在运输、施工和使用过程中不受损伤。尤其在地下水位较高的地区，敷设预制保温管时，由于玻璃钢能够承受地下水的侵蚀，从而使保温管能够正常工作。

通用型氰聚塑直埋保温管的使用温度小于或等于120℃，高温型保温管的使用温度小于或等于150℃，适用于输送热水、低压蒸汽或其他热介质，也可以输送冷介质。对氰聚塑直埋保温管进行实物解剖分析以及人工老化实验，推测保温管的使用寿命在15年以上。经过在北京、天津、济南等地冬季采暖运行期多次实地监测，每千米保温管中介质温降不超过1℃。

近几年，为了提高氰聚塑直埋管道的使用温度，开始采用复合保温，内保温层采用耐高温的材料，在外层再用聚氨酯泡沫塑料和保护层。

3.3.2.3 "管中管"预制保温管

"管中管"预制保温管由钢管、导线、保温层和保护层四部分组成。

（1）钢管。常用的钢管为无缝钢管或螺旋焊接钢管。常用钢管的规格为 DN50～DN500mm。

（2）导线。导线又称报警线，国外引进的直埋保温预制管结构内均设有导线，国内产品根据用户要求而定。报警线可使检测渗漏自动化，用于检测管道渗漏的导线共两根：一根为裸铜线，另一根为镀锌铜线。保温管上的报警线与报警显示器连接，当城市供热网中某段直埋管发生泄漏时，立即在报警显示器上清晰地显示出发生故障的地点，其结构如图 3-11 和图 3-12 所示。对于重要的城市供热管网工程，应设置直埋管道的事故报警系统，而对一些小型城市供热管网工程，限于投资可不设报警系统，可采用超声波检漏仪等设备进行检漏。

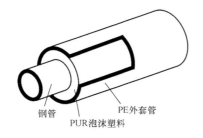

钢管
PUR泡沫塑料
PE外套管

图 3-11　整体预制保温管

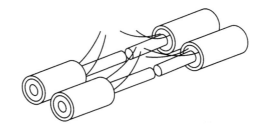

图 3-12　带导线的整体预制保温管

（3）保温层。"管中管"预制保温管是由外套管、保温层和钢管三部分黏结成一个整体。正常情况下，由于钢管外表面有保温层和保护层两道防水防腐保护，所以，在钢管除锈后无需再涂氰凝进行防腐处理。

保温材料同样采用聚氨酯泡沫塑料，耐温在 120℃以下。

预制直埋管分为单一型和复合型，单一型适用于温度为－50～150℃的供热、制冷管道，复合型管（中间有两种保温材料复合而成）适用于温度 310℃以下的高温供热管道。

"管中管"的保护层是高密度聚乙烯管，高密度聚乙烯具有较高的机械性能，耐磨损抗冲击性能好，化学稳定性好，具有良好的耐腐蚀和抗老化性能，可以采用焊接，施工方便，如图 3-13 和图 3-14 所示。

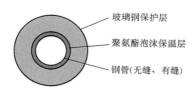

图 3-13 　单一型保温管

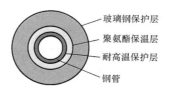

图 3-14 　复合型保温管

3.3.2.4 　设置空气层的钢套钢预制保温管

设置空气层的钢套钢预制保温管由工作钢管、保温材料层、空气层、钢外护管和防腐层等组成，保温材料常采用离心玻璃棉，其结构如图 3-15 所示。

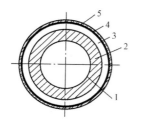

在设空气层的钢套钢预制城市供热管道中，设置空气层或将空气层抽成真空形成真空层，其作用表现在：①利用空气较好的绝热性能减少直埋城市供热管道的热损失；②提高直埋城市供热管道的防腐性能；③监视管道运行过程中泄漏情况。

图 3-15 　设置空气层的直埋城市
供热管道的多层复合结构
1—工作钢管；2—保温材料层；
3—空气层；4—钢外护管；
5—防腐层

3.3.2.5 　直埋城市供热管道泄漏监测报警系统

我国目前有些公司生产的预制保温管带有自动监测报警系统。该产品在设计时充分考虑了用户的各种使用环境，如高温、高湿、电磁、噪声干扰等留有足够的性能裕度，有着较高的可靠性，适用于树枝状或环形城市供热管网。该种产品采用模块化配置，用户可以根据投资情况及需求状况进行不同的组合选择，从而保证监测测量。在一个完整的直埋城市供热管网系统中完成基本的监测任务，其最低配置见表 3-5。

表 3-5 　　　　　　　　　　　　直埋城市供热管道最低监测系统配置

设备型号	BJX-8810	BJX-8831	BJX-8833	BJX-GXT-8851 或 BJX-8861A	BJX-DW-8811
设备名称	监测总站	智能监测分站	非智能监测分站	管线探测仪/管线定位仪	电源
数量	1	若干	若干	1	1

3.3.2.6 　直埋管道的敷设方式

根据国内外文献介绍及实际应用，直埋管道的敷设有两种方式：无补偿方式和有补偿方式。

（1）无补偿方式。无补偿直埋管道敷设设计理论建立在两种不同理论基础之上：一种是安定性分析理论；另一种是弹性分析理论。

1）安定性分析理论。安定性分析理论是 20 世纪 60 年代由美国机械工程师协会提出的按应力分类法和塑性力学中安定性分析概念为基础的新的强度设计规范（简称 ASME 规范）。该规范所采用的应力分为一次应力、二次应力和峰值应力。

由城市供热管道内压及外部荷载所产生的应力为一次应力，此应力不是自限性的。由温差引起的热应力称为二次应力，这种应力是自限性的。上述规范对不同应力规定不同的应力强度限定值，在设计计算中，以一次应力和二次应力的组合形式进行校核。实践证明，对于DN500mm 以下的城市供热管道的敷设，采用这种理论进行设计是可行的，也是最简单的，并证明温度在 150℃ 以下的直埋管道的直线段完全可以不设置补偿装置。

2) 弹性分析理论。弹性分析理论是北欧各国设计直埋管道的依据，其主要特点是城市供热管网在工作之前必须进行预热，预热温度在管道运行温度和限制的最低温度之间。要求预热温度与工作温度及最低温度的温差所产生的热应力不得超过管材的许用应力。

管道预热方式有两种：敞开式和覆盖式。敞开式预热的特点是管沟在管道预热时是敞开的。这种方式不需补偿，不必设固定点，工程造价低；其缺点是管沟敞开时间较长。覆盖式预热是在管沟回填完毕之后，由于回填土摩擦力的影响，管道在预热状态下的热应力，不能完全为管道的自然转角所补偿，因此要设补偿器，同时这种补偿器必须在预热后焊死，使其同管道浑然一体，此补偿器又称一次补偿器。补偿器可以用波纹补偿器或套管补偿器。补偿器之间的距离不得大于最大安装长度的两倍，并需在直线管段两端设固定点，以防止管道应力集中的弯头部分受到破坏。补偿器至固定点之间的距离不得超过管道的最大安装长度。

（2）有补偿方式。当管道温度过高或难以找到热源时，即城市供热管网不具备采用无补偿方式的条件，则需要采用有补偿的方式。有补偿方式可分为两种：有固定点方式和无固定点方式。

1) 有固定点方式。在补偿器两侧设置固定点，补偿器至固定点的间距不得超过管道最大安装长度，固定点所承受的推力与架空和地沟敷设时的不同之处是将活动支架的水平摩擦力反力产生的水平推力改为土壤对管道的摩擦力。

设计时，还应考虑由于土壤条件的变化而造成摩擦系数的变化及管线埋深的变化对移动的影响。施工安装时，也要特别注意确保设计计算的热膨胀位移在运行时能够实现，在管网中采用固定支架来控制膨胀位移。

2) 无固定点方式。对于无固定点有补偿的敷设，首先应在管网平面布置及纵剖面图上校核两个直管段是否超过最大安装长度 L_{max} 的两倍。如 $L \leqslant 2L_{max}$，则需校核直管段两自由末端的自然弯管是否能吸收掉直管段的实际热伸长量。若直线管段长度 $L \geqslant 2L_{max}$，则还需在直线管段上设置补偿器，直至所有不带任何补偿器的直管段长度均不超过 $2L_{max}$ 为止。

（3）直埋管道敷设方式的选择。在直埋管道的各种敷设方式中，无补偿方式优于有补偿方式。而在无补偿方式中，敞开式预热优于覆盖式预热。所以，在城市供热管道设计时，应优先考虑选用无补偿敞开式预热敷设方式。在有补偿敷设方式中，虽然无固定点敷设方式计算工作量大，但是，它具有投资少、占地面积小、运行安全等优点，这是在城市供热管道设计中应优先考虑的直埋管道敷设方式。

3.3.2.7　直埋城市供热管道的设计计算

（1）土壤摩擦力计算。土壤摩擦力 p_m 计算按式（3-1）、式（3-2）计算，即

$$p_m = \pi DL F_m \tag{3-1}$$

$$p_m = 9.8 \mu \rho h \tag{3-2}$$

式中　p_m——土壤摩擦力，N；

D——管道外套管直径，m；

　L——管道长度，m；

　F_m——单位面积的摩擦力，N/m²，可取 4500N/m²；

　μ——土壤摩擦系数；

　ρ——土壤的密度，kg/m³；

　h——管道中心的埋设深度，m。

（2）弹性力计算。弹性力 p_i 值按式（3-3）计算，即

$$p_i = \sigma_D F = 10^{-5} E\alpha\Delta t \times \frac{\pi}{4}(D_w^2 - D_n^2)$$
$$= \frac{10^{-5}\pi E\alpha\Delta t(D_w^2 - D_n^2)}{4} \tag{3-3}$$
$$F = \frac{\pi}{4}(D_w^2 - D_n^2)$$

式中　p_i——弹性力，N；

　σ_D——管道预热产生的轴向热应力，N/mm²；

　F——管壁截面积，mm²；

　α——按预热温度选取的管材膨胀系数，mm/(m·℃)；

　Δt——管道预热温度与预热前温差，℃；

　D_w——钢管外径，mm；

　D_n——钢管内径，mm；

　E——材料的弹性模量，N/cm²。

（3）两补偿器最大间距计算。根据摩擦力应该小于弹性力的原则，即 $p_m < p_i$，也即 $\pi DLF_m < p_i$，则两补偿器最大间距 L_{max} 按式（3-4）计算为

$$L_{max} < \frac{p_i}{\pi DF_m} \tag{3-4}$$

（4）最大安装长度计算。直埋管道受热膨胀伸长，由于外壳管与砂层之间的摩擦力约束，进而在管道断面上产生了轴向应力。在自由补偿端处，轴向应力为零；在管道固定点处轴向应力达到最大。设固定点处距自由端的距离为 L，则轴向力 p 可以按式（3-5）计算为

$$p = \pi DLF_m = \sigma_{ax}A \tag{3-5}$$

式中　p——轴向力，N；

　F_m——单位面积的摩擦力，N/m²；

　σ_{ax}——管道断面上的轴向应力，N/cm²；

　A——管子的截面积，cm²；

　D——外壳管的外径，m；

　L——管子的长度，m。

钢管在 120℃ 时的屈服应力为 24 000N/cm²，在 20℃ 时为 26 000N/cm²，并且可选用的许用应力为 $[\sigma] = 13\,000$N/cm²。将此值代入式（3-4）中，即可求出在许用应力范围内的最大安装长度，也即从自由补偿端到固定点之间的最大间距，可以按式（3-5）计算，也可以按照表 3-6 选取。

表 3 - 6　　　　　　　　　　城市供热管道最大安装长度

钢管外径 (mm)	钢管壁厚 (mm)	外壳外径 (mm)	最大安装 长度 (m)	钢管外径 (mm)	钢管壁厚 (mm)	外壳外径 (mm)	最大安装 长度 (m)
26.9	2.3	90	21	219.1	4.5	315	84
33.7	2.3	90	27	273	5.0	400	84
42.4	2.3	110	27	323.9	5.6	450	96
48.3	2.3	110	30	355.6	5.6	500	96
60.3	2.6	125	36	406.4	6.3	520	108
76.1	2.6	140	45	457.2	6.3	560	108
88.9	2.9	160	51	508	6.3	631	108
114.3	3.2	200	57	558.8	6.3	710	108
139.7	3.6	225	66	609.6	8.0	780	120
168.3	4.0	250	72				

（5）管道纵向稳定最小覆土深度 H。直埋管道在运行时处于轴向压缩状态，如同一根既长且细的压杆，其稳定是依靠上部覆土维持的。因此，在直埋管道上部要保持一定的覆土深度。

作用在直埋管道上的轴向力 p 可以按式（3-6）计算为

$$p = 3.97 \sqrt[11]{C^2 q^4 F^2 E^5 J^3} \tag{3-6}$$

若取 $C=0.3q$，则式（3-6）表示为

$$q = \frac{p^{\frac{11}{6}}}{8.37 F^{\frac{1}{3}} E^{\frac{5}{6}} J^{\frac{1}{2}}} \tag{3-7}$$

$$H = \frac{kq - G}{D_w \rho} \tag{3-8}$$

式中　p——作用在管道上的轴向力，N；

k——安全系数，$k=1.5$；

q——为防止纵向失稳所必须保持的垂直荷载（管道自重＋上部土重），N/cm；

C——与土壤情况有关的参数，取 $C=0.3q$；

F——管壁截面积，cm^2；

E——材料的弹性模量，N/cm^2；

J——惯性矩，cm^4；

D_w——外壳管的外径，cm；

G——管道的自重，N/cm。

根据上述公式计算的 H 值见表 3-7。

表 3 - 7　　　　　　　　　　直埋管道最小覆土深度 H 值

$D_w \times \delta$	57×3.5	89×4	108×4	133×4	159×4.5	219×6
H (cm)	46.34	37.15	30.50	24.00	22.30	16.46

由表 3-7 可知，通过计算的 H 值数值很小，在工程中所采用的覆土深度应按照地区的实际情况，如冻土层深度、地面荷载等情况确定，一般取值不小于 60~120cm。

复 习 思 考 题

1. 城市供热管道的布置应考虑哪些因素？

2. 城市供热管网在什么情况下采用支状布置？

3. 城市供热管网在什么情况下采用环状布置？

4. 供热管道的双主干线和辐射状布置分别应用于何处？

5. 城市供热管网的布置原则是什么？

6. 城市供热管道具有哪些敷设方式，分别适合什么情况？

7. 架空敷设的城市供热管道具有哪些特点，应用于什么情况？

8. 地沟敷设的城市供热管道都有哪些具体要求，应用于什么场合？

9. 直埋敷设的城市供热管道结构如何，各具有哪些特点？

10. 直埋敷设的城市供热管道保温有哪些具体要求？

11. 试计算输送 0.6MPa 饱和蒸汽 $\phi133\times5$ 管道（选用 20 号碳钢无缝钢管）直埋敷设的最大安装长度和埋设深度。

第 4 章   供热管网的水力计算

4.1   热 水 管 网 水 力 计 算

室外热水供热管网水力计算的主要任务如下：

（1）按已知的热媒流量和允许压力降，确定管道的直径。

（2）按已知的热媒流量和管道直径，计算管道的压力损失。

（3）按已知的管道直径和允许压力损失，计算或校核管道中的流量。

（4）根据管网水力计算结果，确定管网循环水泵的流量和扬程。

在水力计算的基础上绘出水压图，确定管网与用户的连接方式，选择管网和用户的自控措施，并进一步对管网工况，即对管网热媒的流量和压力状况进行分析，从而掌握管网中热媒流动的变化规律。

4.1.1   热水管网水力计算公式

4.1.1.1   热水管网的沿程损失

每米管长的沿程损失（比摩阻）R_m 可按式（4-1）计算为

$$R_m = 6.25 \times 10^{-2} \frac{\lambda}{\rho} \frac{G_t^2}{d^5} \qquad (4-1)$$

式中 R_m——比摩阻，Pa/m；

G_t——管段的水流量，t/h；

d——管段的内径，m；

ρ——水的密度，kg/m³；

λ——管道的摩擦阻力系数。

热水管网的水流速度大于 0.5m/s，它的流动状况大多处于阻力平方区，其摩擦阻力系数为

$$\lambda = \left(1.14 + 2\lg\frac{d}{K}\right)^{-2} \qquad (4-2)$$

对于管径 $d \geq 40$mm 的管道，也可用式（4-3）计算为

$$\lambda = 0.11\left(\frac{K}{d}\right)^{0.25} \qquad (4-3)$$

将式（4-3）代入式（4-1）中，可得 R_m、G_t 及 d 三者的关系为

$$R_m = 6.88 \times 10^{-3} K^{0.25} \frac{G_t^2}{\rho d^{5.25}} \qquad (4-4)$$

式中 K——管壁的当量绝对粗糙度，mm；对热水网路，取 $K = 0.5$mm。

在设计工作中，为简化计算，将 R_m、G_t 及 d 三者的关系按式（4-4）编制成水力计算表供设计时使用，见附表 4-1。

在使用计算表时，要注意制表条件，若实际热媒的当量绝对粗糙度 K 和密度 ρ 与附表4-1中的不同时，则应对比摩阻 R_m 进行修正。一般情况下水的密度变化不大，可不进行修正。K 不同时，可按式（4-5）修正为

$$R_{sh} = \left(\frac{K_{sh}}{K_{bi}}\right)^{0.25} R_{bi} = m R_{bi} \tag{4-5}$$

式中　R_{bi}、K_{bi}——附表 4-1 中的比摩阻，Pa/m 和绝对粗糙度，mm，$K_{bi} = 0.5$mm；

　　　　K_{sh}、R_{sh}——水力计算中采用的实际当量绝对粗糙度，mm 和相应 K_{sh} 条件下的实际比摩阻，Pa/m；

　　　　　　m——K 值修正系数，见表 4-1。

表 4-1　　　　　　　　　　　　　　K 值修正系数 m 和 β 值

K (mm)	0.1	0.2	0.5	1.0
m	0.669	0.795	1.00	1.189
β	1.495	1.26	1.00	0.84

4.1.1.2　热水管网局部损失

热水管网管路局部阻力损失，可按式（4-6）计算为

$$\Delta p_j = \sum \zeta \frac{\rho v^2}{2} \tag{4-6}$$

在热水网路计算中，常采用当量长度法，即将管段的局部损失折合成相当长度管段的沿程损失来计算。局部损失的当量长度 l_d 可用式（4-7）求出

$$l_d = \sum \zeta \frac{d}{\lambda} = 9.1 \frac{d^{1.25}}{K^{0.25}} \sum \zeta \tag{4-7}$$

式中　$\sum \zeta$——管段的总局部阻力系数；

　　　　d——管道的内径，m；

　　　　λ——管道内壁的摩擦阻力系数；

　　　　K——管道的当量绝对粗糙度，m。

附表 4-2 给出了热水网路的一些管件和附件的局部阻力系数和 $K = 0.5$mm 时的局部阻力当量长度值。

当实际管道的当量绝对粗糙度 K_{sh} 与附表 4-2 中 K_{bi} 不同时，应按式（4-8）对 l_d 进行修正

$$l_{sh,d} = \left(\frac{K_{bi}}{K_{sh}}\right)^{0.25} l_{bi,d} = \beta l_{bi,d} \tag{4-8}$$

式中　$l_{bi,d}$——附表 4-2 中局部阻力当量长度，m；

　　　　$l_{sh,d}$——相应 K_{sh} 条件下的局部阻力当量长度，m；

　　　　β——K 值修正系数，见表 4-1。

在进行估算时，热水网路局部阻力当量长度 l_d 可按管道实际长度 l 的百分数来计算，即

$$l_d = \alpha_j l \tag{4-9}$$

式中　α_j——局部阻力当量长度百分数，%，见表 4-2；

　　　　l——管道的实际长度，m。

表 4-2　　　　热网允许比压降概算时管线当量长度占直管线长度的百分数 α_j 值

热介质	管道补偿器形式		
	套管及波形补偿器	光滑的方形补偿器	焊接的方形补偿器
蒸汽	0.3～0.4	0.5～0.6	0.7～0.8
热水、凝结水	0.2～0.3	0.3～0.4	0.5～0.7

注　热水网路 DN≤100mm 时，α_j 值可取 0.15；当管径在 DN125～DN200mm 之间时，$\alpha_j = 0.25～0.3$；DN>200mm 时按表内数值选用。

4.1.1.3　热水网路中管段的总压降

当采用当量长度法进行水力计算时，热水网路中管段的总压降为

$$\Delta p = R_m(l + l_d) = R_m l_{zh} \tag{4-10}$$

式中　l_{zh}——管段的折算长度，m。

则热网资用比摩阻估算式为

$$R_m = \frac{\Delta p}{l(1 + \alpha_j)} \tag{4-11}$$

4.1.2　室外热水管网水力计算的方法

在进行热水网路水力计算之前，首先应按比例绘制管网平面布置图。图中标明热源位置、管道上所有的附件和配件、每个计算管段的热负荷及其长度等。

热水网路水力计算的方法及步骤如下：

（1）确定热水网路中各管段的计算流量。管段的计算流量为该管段所负担的各个用户的计算流量之和，以此计算流量确定管段的管径和压力损失。

对只有供暖热负荷的热水供热系统，用户的计算流量可用式（4-12）确定为

$$G'_n = \frac{Q'_n}{c(t'_1 - t'_2)} = A\frac{Q'_n}{t'_1 - t'_2} \tag{4-12}$$

式中　Q'_n——供暖用户系统的设计热负荷，GJ/h 或 MW；

t'_1、t'_2——网路的设计供、回水温度，℃；

c——水的比热容，$c = 4.1868\text{kJ}/(\text{kg} \cdot \text{℃})$；

A——采用不同单位计算的系数，见表 4-3。

表 4-3　　　　　　　　　　　采用不同单位计算的系数

采用的计算单位	Q'_n——GJ/h=10^9J/h c——kJ/（kg·℃）	Q'_n——MW=10^6W c——kJ/（kg·℃）
A	238.8	860

对具有多种热用户的并联闭式热水供热系统，采用按供暖热负荷进行集中质调节时，网路计算管段的设计流量应按式（4-13）计算为

$$G'_{zh} = G'_n + G'_t + G'_r$$
$$= A\left(\frac{Q'_n}{t'_1 - t'_2} + \frac{Q'_t}{t'''_1 - t'''_{2,t}} + \frac{Q'_r}{t''_1 - t''_{2,r}}\right) \tag{4-13}$$

式中　G'_{zh}——计算管段的设计流量，t/h；

G'_n、G'_t、G'_r——计算管段担负的供暖、通风和热水供应热负荷的设计流量，t/h；

Q'_n、Q'_t、Q'_r——计算管段担负的供暖、通风和热水供应的设计热负荷，GJ/h 或 MW；

t''_1——供热开始（$t_w = +5℃$）或开始间歇调节时的网路供水温度（一般取 70℃），℃；

$t''_{2,r}$——供热开始（$t_w = +5℃$）或开始间歇调节时，流出热水供应的水—水换热器的网路回水温度，℃；

t'''_1——在冬季通风室外计算温度 $t'_{w,t}$ 时的网路供水温度，℃；

$t'''_{2,t}$——在冬季通风室外计算温度 $t'_{w,t}$ 时，流出空气加热器的网路回水温度，采用与供暖热负荷质调节时相同的回水温度，℃。

式（4‑13）中所有温度表示如图 4‑1 所示。

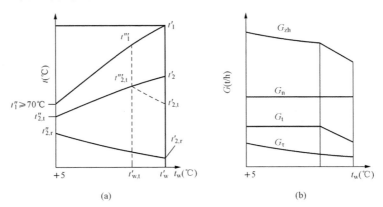

图 4‑1　热水管路温度流量变化图

(a) 并联闭式热水供热系统供热综合调节水温曲线示意图；(b) 各热用户和网路总水流量图

t'_w —供暖室外计算温度，℃；$t'_{w,t}$ —冬季通风室外计算温度，℃；

G_n、G_t、G_τ —网路向供暖、通风、热水供应用户系统供给的水流量，t/h；G_{zh} —网路的总循环水量，t/h

按式（4‑13）确定计算管段的总设计流量时，由于整个系统的所有热水供应用户不可能同时使用，用户越多，热水供应的全天最大小时用水量越接近于全天的平均小时用水量。因此，对热水网路的干线，式（4‑13）的热水供应设计热负荷 Q'_r 可按热水供应的平均小时热负荷 $Q'_{r,p}$ 计算；对热水网路的支线，当用户有储水箱时，按平均小时热负荷 $Q'_{r,p}$ 计算；对无储水箱的用户，按最大小时热负荷 $Q'_{r,max}$ 计算。

对具有多种热用户的闭式热水供热系统，当供热调节不按供暖热负荷进行质调节，而采用其他调节方式时，热水网路计算管段的总设计流量，应先绘制供热综合调节曲线，将各种热负荷的网路水流量曲线相叠加，得出某一室外温度 t_w 下的最大流量值，以此作为计算管段的总设计流量。

（2）确定热水网路的主干线及其沿程比摩阻。管网中平均比摩阻最小的一条管线称为主干线（最不利环路），一般是从热源到最远用户的管线。水力计算从主干线开始。

主干线的平均比摩阻 R_m 值，对确定整个外网管径和系统的循环压力损失起着决定性作用。它关系到管网投资及运行等技术、经济问题。如选用比摩阻 R_m 值越大，则需要的管径越小，降低了管网的基建投资和热损失，但网路循环水泵的基建投资及运行电耗随之增大。因此需要确定一个经济的比摩阻，使得在规定的计算年限内总费用为最小。影响经济比摩阻值的因素很多，理论上应根据工程具体条件通过计算确定。

根据 CJJ 34—2002（以下简称《热网规范》），在一般的情况下，热水网路主干线的设计平均比摩阻可取 40～80Pa/m。

（3）根据网路主干线各管段的计算流量和初步选用的平均比摩阻 R_m 值，利用附表 4‑1 的水力计算表确定主干线各管段的标准管径和相应的实际比摩阻。

（4）根据选用的标准管径和管段中局部阻力形式，由附表 4‑2 查出各管段局部阻力的当量长度 l_d，并求出各管段的折算长度 l_{zh}。

（5）根据管段的折算长度 l_{zh} 和实际比摩阻，计算出各管段的压力损失及主干线总压降。

（6）主干线水力计算完成后，进行热水网路支干线、支线的水力计算。按支干线、支线的资用压力确定出它们的管径，对 DN≥400mm 的管道，管内热水流速不应大于 3.5m/s；而对 DN<400mm 的管道，控制其比摩阻 R_m 不应大于 300Pa/m（见《热网规范》规定）。室外热水网路的限定流速见表 4-4。

表 4-4　　　　　　　　　　　　　　室外热水网路的限定流速

公称直径（mm）	15	20	25	32	40	50	100	200 以上
限定流速（m/s）	0.60	0.80	1.00	1.30	1.50	2.00	2.30	2.50～3.00

用户支管剩余压头除了用调整支管管径的办法消耗外，还可在用户引入口的供水管上或热力站处安装调压板、调压阀门或流量调节器。调压板安装在两个闸阀的法兰之间。

流体流过调压孔板，其水流线收缩，然后压力有所回升，其压力恢复程度与孔板直径与管子内径的比例有关。

对选用 $d/DN<0.2$ 的孔板，调压板的孔径可近似用式（4-14）计算，即

$$d = 10^4\sqrt{\frac{G_t^2}{H}} \qquad (4-14)$$

式中　d——调压孔板的孔径，mm，为防止堵塞，孔径不小于 3mm；

　　　G_t——管段的计算流量，t/h；

　　　H——调压板需消耗的剩余压头，mH_2O。

对 $d/DN>0.2$ 的调压板，宜根据有关节流装置的专门资料，利用计算公式或线算图选择调压板的孔径。

调压板的孔径较小时，易于堵塞，而且调压板不能随意调节。手动式调节阀门运行效果较好。手动式调节阀门阀杆的启升程度能调节要求消除的剩余压头值，并对流量进行控制。此外，装设自控型的流量调节器，能自动消除剩余压头，保证用户的流量。

用于热水网路的调压板，一般用不锈钢或铝合金制作。不锈钢制的调压板的厚度，一般为 2～3mm。调压板通常安装在供水管上，也可装在回水管上，这取决于热水网路的水压图状况。图 4-2 所示为调压板制作安装示意图。

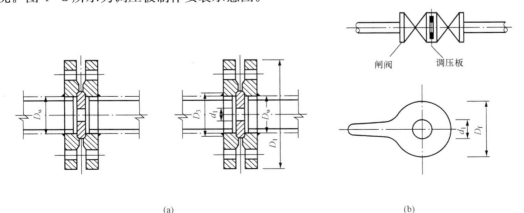

(a)　　　　　　　　　　　　　　　　　(b)

图 4-2　调压板制作安装示意图

(a) 调压板安装图；(b) 调压板制作图

D_f——法兰凸缘直径

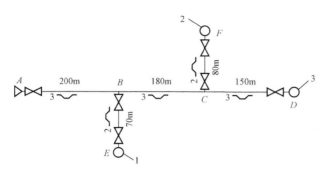

图 4-3　[例 4-1] 附图

4.1.3　热水网路水力计算例题

【例 4-1】　某工厂厂区热水供热系统，其网路平面布置图（各管段的长度、阀门及方形补偿器的布置）如图 4-3 所示。网路设计供水温度 $t_1'=130℃$，设计回水温度 $t_2'=70℃$。用户 E、F、D 的设计热负荷 Q_n' 分别为 3.518 GJ/h、2.513 GJ/h 和 5.025GJ/h。热用户内部的阻力损失为 $\Delta p_n = 5 \times 10^4$ Pa。试进行该热水网路的水力计算。

解　（1）确定各用户的设计流量 G_n'。对热用户 E，根据式（4-12）有

$$G_n' = A \frac{Q_n'}{t_1' - t_2'} = 238.8 \frac{3.518}{130 - 70} = 14(\text{t/h})$$

其他用户和各管段的设计流量计算方法同上。各管段的设计流量列入表 4-5 中，并将已知各管段的长度也列入表 4-5 中。

（2）热水网路主干线计算。因各用户内部的阻力损失相等，所以从热源到最远用户 D 的管线是主干线。

首先取主干线的平均比摩阻在 $R_m = 40 \sim 80 \text{Pa/m}$ 范围之内，确定主干线各管段的管径。

管段 AB：计算流量 $G_n' = 14 + 10 + 20 = 44(\text{t/h})$。

根据管段 AB 的计算流量和 R_m 值的范围，由附表 4-1 可确定管段 AB 的管径和相应的比摩阻 R_m 值，即

$$d = 150\text{mm}, \quad R_m = 44.8\text{Pa/m}$$

管段 AB 中局部阻力的当量长度 l_d 可由附表 4-2 查出，得

闸阀　　　$1 \times 2.24 = 2.24\text{m}$　　　方形补偿器　　　$3 \times 15.4 = 46.2\text{m}$

局部阻力当量长度之和　　　$l_d = 2.24 + 46.2 = 48.44(\text{m})$

管段 AB 的折算长度　　　$l_{zh} = 200 + 48.44 = 248.44(\text{m})$

管段 AB 的压力损失　　　$\Delta p = R_m l_{zh} = 44.8 \times 248.44 = 11\ 130(\text{Pa})$

同理，可计算主干线的其余管段 BC、CD，确定其管径和压力损失。计算结果列入表 4-5 中。

管段 BC 和 CD 的局部阻力当量长度 l_d 的值如下：

管段 BC	DN=125mm	管段 CD	DN=100mm
直流三通	$1 \times 4.4 = 4.4\text{m}$	直流三通	$1 \times 3.3 = 3.3\text{m}$
异径接头	$1 \times 0.44 = 0.44\text{m}$	异径接头	$1 \times 0.33 = 0.33\text{m}$
方形补偿器	$3 \times 12.5 = 37.5\text{m}$	方形补偿器	$3 \times 9.8 = 29.4\text{m}$
		闸阀	$1 \times 1.65 = 1.65\text{m}$
总当量长度	$l_d = 4.4 + 0.44 + 37.5$ $= 42.34\text{m}$	总当量长度	$l_d = 3.3 + 0.33 + 29.4 + 1.65$ $= 34.68\text{m}$

表 4 - 5 [例 4 - 1] 水力计算表

管段编号	计算流量 G' (t/h)	管段长度 l (m)	局部阻力当量长度之和 l_d (m)	折算长度 l_{zh} (m)	公称直径 d (mm)	流速 v (m/s)	比摩阻 R_m (Pa/m)	管段的压力损失 Δp (Pa)
1	2	3	4	5	6	7	8	9
主干线								
AB	44	200	48.44	248.44	150	0.74	44.8	11 130
BC	30	180	42.34	222.34	125	0.73	54.6	12 140
CD	20	150	34.68	184.68	100	0.76	79.2	14 627
支线								
BE	14	70	18.6	88.6	70	1.09	278.5	24 675
CF	10	80	18.6	98.6	70	0.77	142.2	14 021

（3）支线计算。管段 BE 的资用压差为

$$\Delta p_{BE} = \Delta p_{BC} + \Delta p_{CD} = 12\,140 + 14\,627 = 26\,767 (\text{Pa})$$

设局部损失与沿程损失的估算比值 $\alpha_j = 0.6$，则比摩阻大致可控制为

$$R' = \Delta p_{BE} / [l_{BE}(1 + \alpha_j)]$$
$$= 26\,767 / [70 \times (1 + 0.6)] = 239 (\text{Pa/m})$$

根据 R' 和 $G'_{BE} = 14\text{t/h}$，由附表 4 - 1 得出

$$d_{BE} = 70\text{mm}, \quad R_{BE} = 278.5\text{Pa/m}, \quad v = 1.09\text{m/s}$$

管段 BE 中局部阻力的当量长度 l_d，查附表 4 - 2 得

三通分流　　　　　$1 \times 3.0 = 3.0\text{m}$

方形补偿器　　　　$2 \times 6.8 = 13.6\text{m}$

闸阀　　　　　　　$2 \times 1.0 = 2.0\text{m}$

总当量长度　　　　$l_d = 3.0 + 13.6 + 2.0 = 18.6\text{m}$

管段 BE 的折算长度　$l_{zh} = 70 + 18.6 = 88.6\text{m}$

管段 BE 的压力损失　$\Delta p_{BE} = R_m l_{zh} = 278.5 \times 88.6 = 24\,675 (\text{Pa})$

用同样方法计算支管 CF，计算结果见表 4 - 5。

（4）计算系统总压力损失为

$$\sum \Delta p = \Delta p_{AD} + \Delta p_n = 11\,130 + 12\,140 + 14\,627 + 5 \times 10^4 = 87\,897 (\text{Pa})$$

4.2　管网系统压力分布

　　热水网路水力计算只能确定热水管网中各管段的压力损失（压差）值，但不能确定热水管道上各点的压力（压头）值。而在使用中，不仅对流量分配有定量的要求，还对流体的压力有所要求，否则可能发生故障而影响管网系统的正常运行。而且管网的压力分布也决定了管网某处的流量值。所以，管网系统中流体压力分布既可反映管网中流体的流动规律，也可从中判断整个管网系统是否可靠、合理、安全地运行。

　　通过绘制水压图的方法，可以清晰地表示出热水管网中各点的压力。

4.2.1 管流能量方程及压头表达式

在热水管网中任取一等管径的管段，如图 4-4 所示，根据流体力学中的伯努利能量方程式，可列出断面 1 和 2 之间的能量方程式为

$$p_1 + Z_1 \rho g + \frac{\rho v_1^2}{2} = p_2 + Z_2 \rho g + \frac{\rho v_2^2}{2} + \Delta p_{1\text{-}2} \tag{4-15}$$

或

$$\frac{p_1}{\rho g} + Z_1 + \frac{v_1^2}{2g} = \frac{p_2}{\rho g} + Z_2 + \frac{v_2^2}{2g} + \Delta H_{1\text{-}2} \tag{4-16}$$

式中　p_1、p_2——断面 1、2 的压力，Pa；

　　　　Z_1、Z_2——断面 1、2 的管中心线离某一基准面 $O\text{-}O$ 的位置高度，m；

　　　　v_1、v_2——断面 1、2 的水流平均速度，m/s；

　　　　　　ρ——水的密度，kg/m³；

　　　　　　g——重力加速度，为 9.81m/s²；

　　　$\Delta p_{1\text{-}2}$——水流经管段 1-2 的压力损失，Pa；

　　　$\Delta H_{1\text{-}2}$——水流经管段 1-2 的压头损失，mH₂O。

由流体力学知，Z_1、Z_2 为热水在 1、2 点位置的水头，$\dfrac{p_1}{\rho g}$、$\dfrac{p_2}{\rho g}$ 为 1、2 点的压力水头（简称压头），$\dfrac{v_1^2}{2g}$、$\dfrac{v_2^2}{2g}$ 为 1、2 点的流速水头。位置水头、压力水头和流速水头之和，即为总水头 H，即

$$H = \frac{p_1}{\rho g} + Z_1 + \frac{v_1^2}{2g} = \frac{p_2}{\rho g} + Z_2 + \frac{v_2^2}{2g} + \Delta H_{1\text{-}2}$$

在图 4-4 中，线 AB 称为总水头线，断面 1 与 2 的总水头差值就是代表水流过管段 1-2 的水头损失 $\Delta H_{1\text{-}2}$。

4.2.2 管网的压力分布图

在图 4-4 中，线 CD 称为测压管水头线。管道中任意一点的测压管水头高度，就是该点距基准面 $O\text{-}O$ 的位置高度 Z 与该点的测压管水柱高度 $p/(\rho g)$ 之和（或称位置水头与压力水头之和）。

在热水管路中，将管路各节点的测压管水头高度顺次连接起来的曲线称为热水管路的水压曲线，如图 4-4 中 CD 线，其可直观地表达管路中热水压力的分布状况，又称其为水压图。

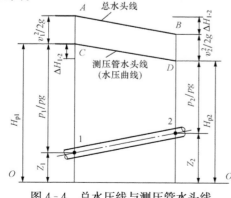

图 4-4　总水压线与测压管水头线

利用水压图分析热水供热（暖）系统中管路的水力工况时，以下几方面是很重要的。

（1）利用水压曲线，可以确定管道中任何一点的压力（压头）值。

管道中任意点的压头等于该点测压管水头高度和该点所处的位置标高之间的高差（mH₂O），即 $p/(\rho g) = H_p - Z$。

（2）利用水压曲线，可表示出各段的压力损失值。由于热水管网中各处的流速差别不大，式（4-16）可改写成

$$\left(\frac{p_1}{\rho g} + Z_1\right) - \left(\frac{p_2}{\rho g} + Z_2\right) = \Delta H_{1-2} \qquad (4-17)$$

即管道中任意两点的测压管水头高度之差就等于水流过该两点之间的管道压力损失值。

（3）根据水压曲线的坡度，可以确定管段的单位管长的平均压降的大小。水压曲线越陡，管段的单位管长的平均压降就越大。

（4）由于热水管路系统是一个水力连通器，因此，只要已知或固定管路上任意一点的压力，则管路中其他各点的压力也就已知或确定了。

下面以一个简单的机械循环室内热水供暖系统为例，说明绘制水压曲线的方法，并分析该系统在工作和停止运行时的压力状况。

设有一机械循环热水供暖系统，如图 4-5 所示。膨胀水箱 1 连接在循环水泵 2 进口侧 O 点处，如设其基准面为 $O\text{-}O$，并以纵坐标代表供暖系统的高度和测压管水头的高度，横坐标代表供暖系统水平干线的管路计算长度。图 4-5 中绘制了室内热水供暖系统的水压图。

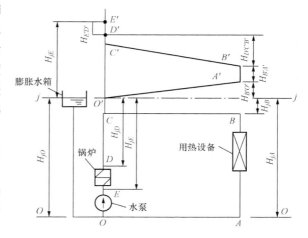

图 4-5　室内热水供暖管网的水压图

设膨胀水箱的水位高度为 $j\text{-}j$。如系统中不考虑漏水或加热时水膨胀的影响，在循环水泵运行时，膨胀水箱的水位是不变的。O 点处的压头（压力）就等于 H_{jO}（mH_2O）。

当系统工作时，由于循环水泵驱动水在系统中循环流动，A 点的测压管水头必然高于 O 点的测压管水头，其差值应为管段 OA 的压力损失值。根据系统水力计算结果或运行时的实际压力损失，同理就可确定 B、C、D 和 E 各点的测压管水头高度，即 B'、C'、D' 和 E' 各点在纵坐标上的位置。

如顺次连接各点的测压管水头的顶端，就可组成热水供暖的水压图。其中，线 jA' 代表回水干线的水压曲线，线 $D'C'B'$ 代表供水干线的水压曲线。系统工作时的水压曲线，称为动水压曲线。

如以 $H_{A'O'}$ 代表动水压曲线图上 O、A 两点的测压管水头的高度差，即水从 A 点流到 O 点的压力损失，则

$H_{B'A'}$——水流经供水管 B、A 的压力损失；

$H_{D'C'B'}$——水流经供水管 D、B、C 的压力损失；

$H_{E'D'}$——从循环水泵出口侧到锅炉出水管段的压力损失；

$H_{jE'}$——循环水泵的扬程。

利用动水压曲线，可清晰地看出系统工作时各点的压力大小。如 A 点的压头就等于 A 点测压管水头 A' 点到该点的位置高度差 $H_{A'A}$。同理，B、C、D、E 和 O 点的压头分别为 $H_{B'B}$、$H_{C'C}$、$H_{D'D}$、$H_{E'E}$ 和 H_{jO}。

当系统循环水泵停止工作时，整个系统的水压曲线呈一条水平线。各点的测压管水头都相等，其值为 H_{jO}。系统中 A、B、C、D、E 和 O 点的压头分别为 H_{jA}、H_{jB}、H_{jC}、H_{jD}、

H_{jE} 和 H_{jO}。系统停止工作时的水压曲线，称为静水压曲线。

分析可知，当膨胀水箱的安装高度超过用户系统的充水高度，而膨胀水箱的膨胀管又连接在靠近循环水泵进口侧时，就可以保证整个系统，无论在运行或停运时，各点的压力都超过大气压力。这样，系统中不会出现负压，以致引起热水汽化或吸入空气等，从而保证系统可靠地运行。

应当注意，热水供热（暖）系统水压曲线的位置取决于定压装置对系统施加压力的大小和定压点的位置。采用膨胀水箱定压的系统各点压力取决于膨胀水箱安装高度和膨胀管与系统的连接位置。

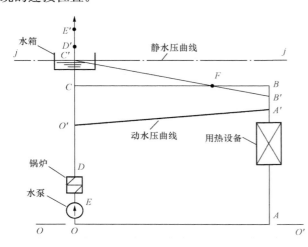

图 4-6　膨胀水箱连接在液体系统供水干管上的水压图

如将膨胀水箱连接在热水供暖系统的供水干管上，如图 4-6 所示，其水压曲线的位置不同于图 4-5。运行时，整个系统各点的压力都降低了，如供暖系统的水平供水干管过长，阻力损失较大，则有可能在干管上出现负压。在图 4-6 中，若 FB 段供水干管的压力低于大气压力，就会吸入空气或发生水的汽化，从而影响系统正常运行。因此，在机械循环热水供暖系统中，应将膨胀水箱的膨胀管连接在循环水泵吸入口侧的回水干管上。

对于自然循环热水供暖系统，由于系统的循环作用压头小，水平供水干管的压力损失也小，膨胀水箱水位与水平供水干线的标高差足以克服水平供水干管的压力损失，不会出现负压现象，所以可将膨胀水箱连接在供水干管上。

利用膨胀水箱安装在用户系统的最高处对系统定压的方式称为高位水箱定压方式。高位水箱定压方式的设备简单，工作安全可靠。它是机械循环低温水供暖系统最常用的定压方式。

对于工厂或街区较大型的集中供热系统，特别是采用高温水的供热系统，由于系统要求的压力高，以及往往难以在热源或靠近热源处安装比所有用户都高并保证高温水不汽化的膨胀水箱来对系统定压，因此需要采用其他的定压方式。最常用的是利用压头较高的补给水泵代替膨胀水箱定压。

4.2.3　水压图在热水管网设计中的重要作用

在热水管网系统中连接着许多用户。这些用户对热水的供水温度、压力及流量的要求可能各有不同。在管网的设计阶段必须对整个网路的压力状况有个整体的考虑。因此，通过绘制热水网路的压力分布图（也称为水压图），用以全面反映管网和各用户的压力状况，并确定保证使它实现的技术措施。在运行中，通过网路的实际水压图，可以全面了解整个系统在调节过程中或出现故障时的压力状况，从而揭示关键性的影响因素和采取必要的技术措施，保证安全运行。

此外，通过绘制水压图，根据网路的压力分布及其波动情况，可以确定网路与各热用户的连接方式，选择网路和用户的控制措施，以保证供热系统安全经济地运行。因此，水压图是热水网路设计和运行的重要工具，应掌握绘制水压图的基本要求、步骤和方法，并会利用水压图分析热水网路系统的运行状况。

4.2.3.1 热水网路压力状况的基本技术要求

热水供热系统在运行或停运时，系统内热媒的压力必须满足下列基本技术要求：

（1）与热水网路直接连接的各用户系统内的压力，都不得超过该用户系统用热设备及其管道构件的承压能力。

（2）为保证高温水网路和用户系统内不发生汽化现象，在水温超过100℃的地点，热媒压力应不低于该水温下的汽化压力。不同水温下的汽化压力见表4-6。

表4-6 不同水温下的汽化压力

水温（℃）	100	110	120	130	140	150
汽化压力（mH₂O）	0	4.6	10.3	17.6	26.9	38.6

按 CJJ 34—2002 规定，除上述要求外还应留有30～50kPa 的富余压力，以考虑压力波动，保证系统安全运行。

（3）为了保证用户系统不发生倒空现象，破坏供热系统正常运行和腐蚀管道，与热水网路直接连接的用户系统，无论在网路循环水泵运转或停止工作时，其用户系统回水管出口处的压力必须高于用户系统的充水高度，一般取建筑物的总高度。

（4）为保证循环水泵不发生汽蚀现象，一般循环水泵吸入口侧的压力不低于3～5mH₂O。网路回水管内任何一点的压力都应比大气压力至少高出5mH₂O，以免吸入空气。

（5）在热水网路的热力站或用户引入口处，供、回水管的资用压差应满足热力站或用户所需要的作用压头。

4.2.3.2 绘制热水网路水压图的方法与步骤

根据管网平面布置图和管网所在区域的地形图、各用户屋顶标高、管网水力计算结果、系统定压方式、定压点（恒压点）位置，以及散热器等用热设备承压能力等条件，按照对热水网路压力状况的基本技术要求，绘制热水网路水压图。

下面以［例4-2］说明水压图的绘制方法与步骤。

【例4-2】 图4-7所示为一个连接着四个供暖热用户的高温水供热系统。图中，下部是网路的平面图，上部是网路的水压图。网路设计供、回水温度为130℃/70℃。用户1、2采用低温水供暖，用户3、4直接采用高温水供暖。用户楼高分别为15、33、13、12m，地面标高分别为+1、+7、−5、+1m。试绘制该小区的热水网路水压图。

解 （1）建立坐标系，画出沿干管的地形变化纵剖面图，标出各点及各用户建筑物标高。以热水网路循环水泵的中心线高度（或其他方便的高度）为基准面，以热源出口为起点建立坐标系，纵坐标表示各点标高或网路各点测压管水头高度（m），横坐标表示管线各点至热源的计算长度（m）。

按照网路上的各点和各用户从热源出口起沿管路计算的距离，在 $o\text{-}x$ 轴上相应点标出网路相对于基准面的标高和房屋高度。各点地面高度的连接线就是图4-7上带有阴影的线，其表示沿管线的纵剖面。

（2）选定静水压曲线位置。静水压曲线是热水网路循环水泵停止工作时，网路上各点的测压管水头的连线。它是一条水平的直线，静水压线的高度必须满足下列的技术要求。

1）与热水网路直接连接的供暖用户系统内，底层散热器所承受的静水压力应不超过散热器的承压能力。

2）热水网路及与它直接连接的用户系统内，不会出现汽化或倒空现象。

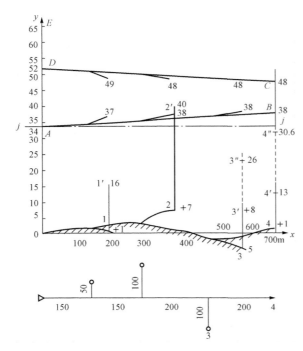

图 4-7　热水网路的水压图

如图 4-7 所示，如全部采用直接连接，并保证所有用户都不会出现汽化或倒空，静水压曲线的高度需要定在不低于 43m 处（用户 2 处再加上 3m 的安全余度）。由图 4-7 可知，静水压线定的这样高，将使用户 1、3、4 底层散热器承压能力都超过一般铸铁散热器的承压能力，从而使这些用户必须采用间接连接方式，增加了基建投资费用。

为使大多数用户采用比较简单而造价低的直接连接，对用户 2 采用间接连接方式。

当用户 2 采用间接连接，系统的高温水可能达到的最高点是在用户系统 4 的顶部。$4'$ 点的标高是 $1+12=13m$，加上 130℃ 水的汽化压力 17.6mH$_2$O，再加上 30～50kPa 的富余值（防止压力波动），则静水压线的高度值约为 $1+12+17.6+3=34m$，如图 4-7 中静水压线 j-j。

这样，当网路循环水泵停止运行时，所有用户均不会出现汽化，而且它们底层散热器也不会超过允许压力。

选定的静水压线位置靠系统所采用的定压方式保证。目前在国内的热水供热系统中，最常用的定压方式是采用高位水箱或采用补给水泵定压。同时，定压点的位置通常设置在网路循环水泵的吸入端。

（3）选定回水管的动水压曲线位置。网路循环水泵运行时，网路回水管内各点的测压管水头的连线称为回水管动水压曲线。水在管中流动时，需要消耗能量克服流动阻力，因此回水管动水压线在网路水泵入口处最低，在回水干管末端最高。

在热水网路设计中，如要预先分析在选用不同的主干线比摩阻情况下网路的压力状况，可根据给定的比摩阻值和局部阻力所占的比例，确定一个平均比压降（每米管长的沿程损失和局部损失之和），即确定回水管动水压的坡度，初步绘制回水管动水压线。如已知热水网路水力计算结果，则可按各管段的实际压力损失确定回水管动水压线。

回水管的动水压线的位置应满足下列要求：

1）回水管动水压曲线最高位置应满足上述基本技术要求中的第一条的规定。

2）按照网路热媒压力必须满足的技术要求中的第三条和第四条的规定，回水管动水压曲线应保证所有直接连接的用户系统不倒空和网路上任何一点的压力不低于 50kPa

（5mH$_2$O）的要求。这是控制回水管动水压曲线最低位置的要求。

为使回水管动水压线处于设计中确定的合适位置，需要用定压装置使回水管上某点（无论是运行还是停止）压力恒定不变，这个点称为定压点，在水压图上为动水压线与静水压线的交点，在系统中为定压装置与系统的连接点。

定压装置对系统施加压力的大小一定，定压点位置一定，则回水管动水压线的位置也随之被确定。

在图 4-7 中，假设热水网路采用高位水箱或补给水泵定压方式，定压点设在网路循环水泵的吸入端。采用高位水箱定压时，为了保证静水压线 j-j 的高度，高位水箱的水面高度应比循环水泵中心线高出 34m，这往往难以实现。如果采用补给水泵定压，只要补给水泵施加在定压点处的压力维持在 34mH$_2$O 的压力，就能保证系统循环水泵在停止运行时对压力的要求了。

如定压点设在网路循环水泵的吸入端，在网路循环水泵运行时，定压点的压力不变，设计的回水管动水压曲线在 A 点的标高上仍是 34m，而回水主干线末端 B 点的动水压线的水位高度应高于 A 点，其高度差应等于回水主干线的总压降。

［例 4-2］中回水干管的总压力损失，通过水力计算已知为 4mH$_2$O（如未计算，可按经济比摩阻和 α_j 估算），则回水干管末端动水压线 B 点的水位高度为 34＋4＝38m。这就可初步确定回水主干管的动水压曲线的末端位置。

回水干管动水压线见图 4-7 中 AB 曲线。

（4）选定供水管动水压曲线的位置。在热水网路循环水泵运行时，网路供水管内各点的测压管水头连线称为供水管动水压曲线。供水管动水压曲线沿着水流方向逐渐下降，它在每米管长上降低的高度反映了供水管的比压降值。

供水管动水压曲线的位置应满足下列要求：

1）网路供水干管以及与网路直接连接的用户系统的供水管中，任何一点都不应出现汽化。

2）在网路上任何一处用户引入口或热力站的供、回水管之间的资用压差，应能满足用户引入口或热力站所需要的作用压力。

以上两个要求实质上就是限制供水管动水压线的最低位置。

用户系统及其入口所需作用压力与热水网路和用户连接方式有关，可参考下列数值：对于与网路直接连接的供暖系统，约为 1～2mH$_2$O；对于与网路直接连接的暖风机供暖系统或大型散热器系统，约为 2～5mH$_2$O；对于采用水喷射器的供暖系统，约为 8～12mH$_2$O；对于采用水—水换热器间接连接的用户系统，约为 3～8mH$_2$O。

在［例 4-2］中，由于假定定压点位置在网路循环水泵的吸入端，前面确定的回水管动水压线全部高出静水压线 j-j，所以在供水管上不会出现汽化现象。

网路供、回水管之间的资用压差在网路末端最小。因此，只要选定网路末端用户引入口或热力站处所要求的作用压头，就可确定网路供水干管末端的动水压线的水位高度。根据给定的供水干管的平均比压降或根据供水干管的水力计算结果，便可绘出供水干管的动水压曲线。

在［例 4-2］中，设末端用户 4 所需循环压力为 5mH$_2$O，预留的资用压差为 10mH$_2$O。因而供水干管末端 C 点的水位高度应为 38＋10＝48m。设供水干管的总压力损失与回水干管相等，即 $4mH_2O$，在热源出口处供水管动水压曲线的水位高度，即 D 点的标高应为 $48+4=52m$。

最后考虑热源内部的压力损失，[例 4-2] 中为 $13m$，可得循环水泵出口测压管水头高为 $52+13=65m$，即 E 点的标高为 $65m$。由此可得出网路循环水泵的扬程应为 $65-34=31mH_2O$。

这样绘出的动水压曲线 $ABCDE$ 线和静水压曲线 $j-j$ 线，就组成了设计网路主干线的水压图。

各分支线的动水压曲线，可根据各分支线在分支点处的供、回水管的测压管水头高度和分支线的水力计算结果，按上述同样的方法和要求绘制。

4.2.3.3　用户系统的压力状况和与热网连接方式的确定

当热水网路水压图的水压线位置确定后，就可以确定用户系统与网路的连接方式及其压力状况。

用户系统 1 为一个低温热水供暖的热用户（外网 130℃水经与回水混合后再进入用户系统）。

用户系统 1 位于网路的前端。热水网路提供给前端热用户的资用压头 ΔH，往往超过用户系统的设计压力损失 ΔH_1。

在 [例 4-2] 中，假设网路给用户 1 入口处提供的资用压力为 $12mH_2O$，而用户系统内压力损失为 $1\sim2mH_2O$。在此情况下，可以考虑与热网采用水喷射器的直接连接方式。这种连接方式示意图和其相应的水压图如图 4-8（a）所示。图中 ΔH_p 表示水喷射器为抽引回水本身的能量损失。运行时，作用在用户系统的供水管压力，仅比回水管的压力高出 ΔH_j（mH_2O）。因此，可将回水管的压力近似地视为用户系统所承受的压力。

当用户系统 1 内压力损失较大，假设 $\Delta H_j=3mH_2O$，网路供、回水压差不足以保证水喷射器正常工作时，此时就要采用混合水泵的直接连接方式，其连接方式示意图及其相应水压图如图 4-8（b）所示。混合水泵的流量应等于其抽引的回水量。混合水泵的扬程 ΔH_B 应等于用户系统（或二级网路系统）的压力损失值（$\Delta H_B=\Delta H_j$）。

由网路和用户水压图分析可知，在网路循环水泵停止和运行时，其相应的静水压线和动水压线都能保证用户 1 满足不汽化、不倒空和不超压的技术要求。

用户系统 2 为一个高层建筑的低温水供暖的热用户。为使作用在其他用户的散热器的压力不超过允许压力，对用户 2 与热网采用水—水换热器的间接连接方式。它的连接方式示意图及其相应的水压图如图 4-8（c）所示。

该例中，假设热网给该用户入口处提供的资用压力为 $10mH_2O$，水—水换热器的设计压力损失为 $4mH_2O$，此时只需将进入用户 2 的供水管用阀门节流掉 $6mH_2O$，使阀门后的水压线标高下降到 $42m$ 处，即可满足设计工况的要求。

在该例给定的水压图条件下，如在设计或运行上采取一些措施，用户 2 也可考虑与网路直接连接。

在设计用户入口时，该用户 2 若在回水管上安装一个阀前压力调节阀，在供水管上安装止回阀，则可与网路直接连接，见图 4-7（d）。其中 ΔH_{ab} 代表供水管阀门节流的压力损失，ΔH_{bc} 表示用户系统的压力损失，c 点的水压线位置应比用户系统的充水高度超出 $3\sim5mH_2O$。ΔH_{cd} 表示阀前压力调节阀的压力损失。由水压图可知，它满足了用户系统与网路

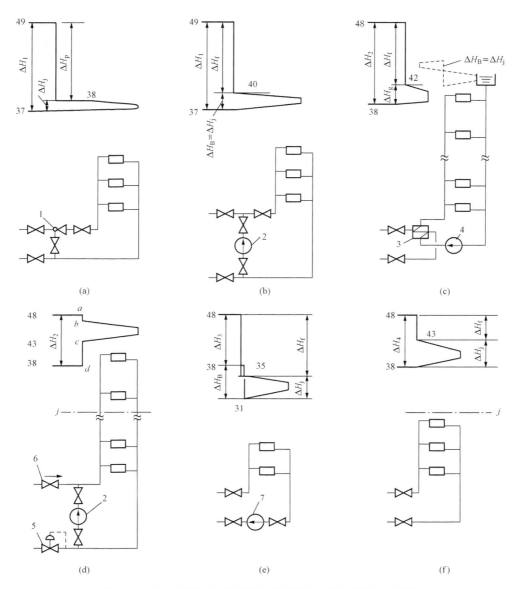

图 4 - 8　热水网路与供暖热用户的连接方式和相应的水压图

1—水喷射器；2—混合水泵；3—水—水换热器；4—用户循环水泵；

5—阀前压力调节阀；6—止回阀；7—回水加压水泵

ΔH_1、ΔH_2……—用户 1、2 等的作用压头；ΔH_f—阀门节流损失；ΔH_j—用户阻力损失

ΔH_B—水泵扬程；ΔH_g—水—水换热器阻力损失；ΔH_p—水喷射器本身的能量损失。

注：图中数字表示该处的测压管水头标高。

直接连接的所有基本技术要求。

　　阀前压力调节阀的结构如图 4-9 所示，其工作原理为：当回水管的压力作用在阀瓣上的力超过弹簧的平衡拉力时，阀才能开启。弹簧的选用拉力要大于用户系统静压力 3～5mH$_2$O，因此，保证用户系统不会出现倒空。当网路循环水泵停止运行时，弹簧的平衡拉力超过用户系统的水静压力，就将阀瓣拉下使阀关闭，它与安装在供水管上的止回阀一起将

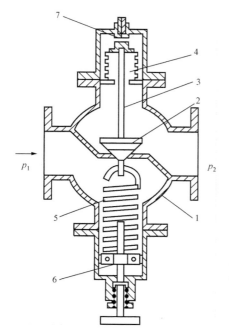

图 4-9　阀前压力调节阀的结构

1—阀体；2—阀瓣；3—阀杆；4—薄膜；
5—弹簧；6—调紧器；7—调节杆

用户系统 2 与网路截断。

如在用户 2 的引入口处没有安装阀前压力调节阀，而又欲采用直接连接方式，则在网路正常运行时，必须将用户引入口处回水管上的阀门节流，使其节流压降等于 ΔH_{cd}，也即使用户系统处的回水压力高于静水压力。这样用户 2 在运行时能充满水且正常运行。当网路循环一旦停止运转时，必须立即关闭用户 2 回水管上的电磁阀（供水管上仍安装止回阀），用户系统 2 完全与网路截断，避免使低处用户承受过高的压力。这种方法不如采用间接连接方式或安装阀前压力调节阀安全可靠。

用户系统 3 为高温水供暖用户，它位于地势最低点。在循环水泵停止运行时，静水压线 j-j 的位置不会使底层散热器压坏。底层散热器承受的压力为 34 －（－5）＝39mH₂O。但在运行工况时，用户系统 3 处的回水管压力为 38 －（－5）＝43mH₂O，超过了一般铸铁散热器所允许承受的压力。

为了安全，应将进入用户 3 的供水管内压力用阀门节流到－5＋40＝35mH₂O 处。假设用户系统 3 的设计压力损失为 4mH₂O，回水管出口处动水压线降到 35－4＝31mH₂O。这样，用户系统的作用压头不但不足，反而成为负值了。因此，应在用户入口的回水管上安装水泵，抽引用户系统的回水，压入外网。回水加压泵的扬程应等于 38－31＝7mH₂O。用户系统 3 与热网的连接方式及其相应的水压图如图 4-8（e）所示。

用户系统回水泵加压的连接方式，主要用在网路提供用户或热力站的资用压头，小于用户或热力站所要求的压力损失 ΔH_j 的场合，如常用在热水网路末端的一些用户或热力站上。因为当热水网路上连接的用户热负荷超过设计负荷，或网路没有很好地进行初调节时，末端一些用户或热力站很容易出现作用压头不足的情况。此外，当利用热水网路再向一些用户供暖时（例如工厂的回水再向生活区供暖，这种方式也称为"回水供暖"），也多需用回水泵加压的方式。

在实践中，利用用户或热力站的回水泵加压的方式，往往由于选择水泵的流量或扬程过大，而影响邻近热用户的供热工况，形成网路的水力失调。因而需要慎重考虑和正确选择回水加压泵的流量和扬程。

用户系统 4 为一个高温水供暖用户。网路提供用户的作用压力 ΔH_4＝10mH₂O，大于用户所需的资用压力 ΔH_j（5mH₂O），因此只需在用户 4 入口的供水管上节流，使用户供水管测压管水头降到 38＋5＝43mH₂O 处，就可满足对水压图的一切要求，并正常运行，如图 4-8（f）所示。

4.2.4　管网系统的定压

由水压图的分析可知，在具有流动特性的闭式循环热水管网中，定压点位置及其压力值决定了整个管网系统的静压高度和动压线的相对位置及高度。因而，欲使管网按水压图给定的压力状况运行，应正确确定定压方式、定压点的位置和控制好定压点所要求的压力。下面是几种较为常见的定压方式。

4.2.4.1　补给水泵定压方式

　　关于热水管网的定压方式，简单而可靠的高架开口水箱（膨胀水箱）的定压方式只适用于低温水系统（如图 4-5 和图 4-6 所示）。

　　对于高温水系统，往往会遇到没有适当的架设位置的困难。如果用闭式膨胀水箱定压，压力则不好控制。利用补给水泵定压方式，设备简单，容易实现，但补给水泵定压方式的可靠性完全依赖于电源，它是目前国内集中供热系统中最常用的一种定压方式。补给水泵定压方式主要有三种形式。

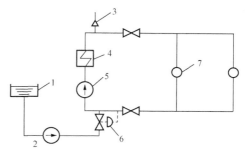

图 4-10　补给水泵连续补水定压方式
1—补给水箱；2—补给水泵；3—安全阀；
4—加热装置（锅炉或换热器）；5—管网循环水泵；
6—压力调节阀；7—热用户

　　（1）补给水泵连续补水定压方式。图 4-10 所示为补给水泵连续补水定压方式，定压点设在网路循环水泵的吸入端，利用压力调节阀保持定压点恒定的压力。

　　目前，压力调节阀多采用直接作用式的压力调节阀。图 4-11 所示为由薄膜杠杆、重锤和调节阀组成的直接作用阀后式压力调节阀的结构。当网路水加热膨胀，或网路漏水量小于补给水量以及其他原因使定压点的压力升高时，作用在调节阀膜室上的压力增大，克服重锤所产生的压力后，阀芯向下移动，阀孔流动截面减少，补给水量减少，直到阀后压力等于定压点控制的压力值为止。相反过程的作用原理相同，同样可使阀孔流动截面积增大，增加补给水量，以维持定压点的压力。

　　（2）补给水泵间歇补水定压方式。图 4-12 所示为补给水泵间歇补水定压方式。补给水泵 2 的启动和停止是由电接点式压力表 6 表盘上的触点开关控制的。压力表 6 的指针到达相当于 H_A 的压力时，补给水泵停止运行；当管网循环水泵的吸入口压力下降到 H'_A 的压力时，补给水泵就重新启动补水。于是管网循环水泵吸入口处压力保持在 H_A 和 H'_A 之间的范围内。

　　间歇补水定压方式要比连续补

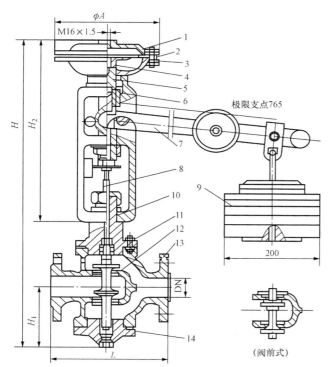

图 4-11　直接作用阀后式压力调节阀的结构
1—上膜盖；2—薄膜；3—下膜盖；4—托盘；5—调节主轴；
6—平键；7—杠杆；8—阀杆；9—重锤；10—上阀盖；
11—阀芯；12—阀座；13—阀体；14—下阀盖

水定压方式节电，设备简单，但其动水压曲线上下波动，不如连续补水方式稳定。通常取 H_A 和 H'_A 之间的波动范围为 $5mH_2O$ 左右，不宜过小，否则触点开关动作过于频繁而易于损坏。

间歇补水定压方式宜用于系统规模不大、供水温度不高、系统漏水量较小的供热系统中。对于系统规模较大、供水温度较高的供热系统，应采用连续补水定压方式。

（3）旁通管定压点补水定压方式。对于大型的热水供热系统，为了适当地降低网路的运行压力和便于调节网路的压力工况，可采用定压点设在旁通管的连续补水定压方式，如图 4-13 所示。

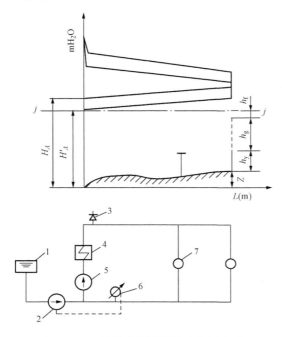

图 4-12　补给水泵间歇补水定压方式

1—补给水箱；2—补给水泵；3—安全阀；4—加热装置
（锅炉或换热器）；5—管网循环水泵；6—电接点压力表；
7—热用户；Z—地势高差；h_y—用户系统充水高度；
h_g—汽化压力值；h_f—富余值（$3\sim5mH_2O$）

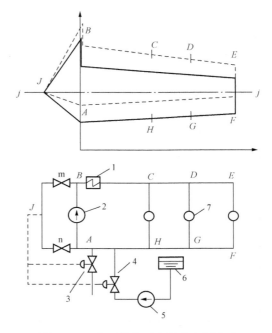

图 4-13　旁通管定压点补水定压方式

1—加热装置（锅炉或换热器）；2—网路循环水泵；
3—泄水调节阀；4—压力调节阀；5—补给水泵；
6—补给水箱；7—热用户

注：虚线为关小阀门 m 时的水压图。

在热源的供、回水干管之间连接一根旁通管，利用补给水泵使旁通管上 J 点保持符合静水压线要求的压力。在网路循环水泵运行中，当定压点 J 的压力低于控制值时，压力调节阀4的阀孔开大，补水量增加；当定压点 J 的压力高于控制值时，压力调节阀关小，补水量减少。如由于某种原因（如水温不断急剧升高等原因），即使压力调节阀完全关闭，压力仍不断地升高，则泄水调节阀3开启，泄放网路中的水，一直到定压点的压力恢复到正常为止。当网路循环水泵停止运行时，整个网路压力先达到运行时的平均值然后下降，通过补给水泵的补水作用，使整个系统压力维持在定压点 J 的静压力。

利用旁通管定压点连续补水定压方式，可以适当地降低运行时的动水压曲线，网路循环水泵吸入端 A 点的压力低于定压点 J 的静压力。同时，靠调节旁通管上的两个阀门 m 和 n 的开启度，可控制网路的动水压曲线升高或降低。如将旁通管上阀门 m 关小，旁通管段

BJ 的压降增大，J 点的压力通过脉冲管传递到压力调节阀 4 的膜室上压力降低，调节阀的阀孔开大，作用在 A 点上的压力升高，从而整个网路的动水压曲线升高到如图 4-13 虚线的位置。如将阀门 m 完全关闭，则 J 点压力与 A 点压力相等，网路整个动水压曲线位置都高于静压力线。反之，如将旁通管上的阀门 n 关小，网路的动水压曲线则可降低。另外，如要改变所要求的静压力线的高度，可通过调整压力调节器内的弹簧弹性力或重锤平衡力实现。

利用旁通管定压点连续补水定压方式，可以灵活地调节系统的运行压力，但旁通管内的水流量也应计入网路循环水泵的计算流量，从而使循环水泵多消耗些电能。

（4）变频调速泵补水定压（或称微机自动补水定压）。此方式也属于连续补水定压方式，其定压方式原理与图 4-10 相同，只是补水泵的转数可调，即通过调节电动机供电频率调节电动机的转速，使水泵的轴功率适应补水量和补水压力的增减变化，从而使水泵始终在高效区工作，达到节能的目的。

变频调速是目前常用的一种调速方法，不仅调速范围宽、效率高，而且变频装置体积小，便于安装。

水泵的轴功率与转速关系为

$$\frac{N_1}{N_2} = \left(\frac{n_1}{n_2}\right)^3 \tag{4-18}$$

可见，转速的改变，对轴功率影响很大，电动机的转速 n 与交流电的频率 f 和电动机的极对数 p 有如下关系

$$n = 6f\frac{1-s}{p} \tag{4-19}$$

式中　s——电动机运行的转差数。

由此可知，改变电动机的 p 或 s 以及频率 f 均可调节转速。

在闭式热水供热系统中，采用上述的补给水泵定压时，补给水泵的流量主要取决于整个系统的渗漏水量。系统的渗漏水量与供热系统的规模、施工安装质量和运行管理水平有关，难以有准确的定量数据。CJJ 34—2002 规定：闭式热水网路的补水率，不宜大于总循环水量的 1%。但在选择补给水泵时，整个补水装置和补给水泵的流量，应根据供热系统的正常补水量和事故补水量确定，一般取正常补水量的 4 倍计算。对开式热水供热系统，应根据热水供应最大设计流量和系统正常补水量之和确定。

采用补给水泵定压时，补给水泵的扬程应根据保证水压图水静压线的压力要求确定。闭式热水供热系统的补给水泵的台数，宜选用两台，可不设备用泵，正常时一台工作，事故时两台全开。

4.2.4.2　气体定压

补给水泵定压方式的可靠性完全依赖于电源。在电力供应紧张的地区常会突然停电，使补给水泵及循环水泵不能正常运行。在大型高温水供热系统中可安装柴油发电机组自用，或由内燃机带动备用循环水泵和补给水泵。但一般供热系统可改用气体定压方式维持系统压力，并采取缓解系统出现汽化的措施。

气体定压是一种利用密闭压力缸内气体的可压缩性进行定压的方式。定压点的压力靠气压缸中的气体压力维持。气压缸的位置不受高度限制，其优点是投资小，灵活性大，便于隐

蔽和搬迁，建设速度快，而且与大气隔绝，改善了水中溶气对管道的腐蚀作用，还能消除一定的水锤和噪声；但其压力变化较大，仅适用于小型管网系统。

根据气体是否与水接触，气体定压可分为气水接触式和隔膜式两种方式。使用压缩空气的一般宜采用隔膜式，使用惰性气体（一般为氮气）的可为气水接触式。

图 4-14 所示为热水供热系统采用氮气定压方式的原理。图 4-15 所示为氮气定压的热水供热系统运行水压图。

另外，还有蒸汽定压方式，一般只能在有蒸汽源的系统中使用，其定压比较简单，工程实际中有蒸汽锅筒定压、外置蒸汽罐定压和采用淋水式换热器的蒸汽定压。

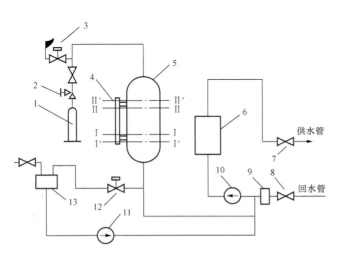

图 4-14　热水供热系统采用氮气定压方式的原理
1—氮气瓶；2—减压阀；3—排气阀；4—水位控制阀；
5—氮气罐；6—热水锅炉；7—供水总阀；8—回水
总阀；9—除污器；10—循环水泵；11—补给水泵；
12—排水阀的电磁阀；13—补给水箱

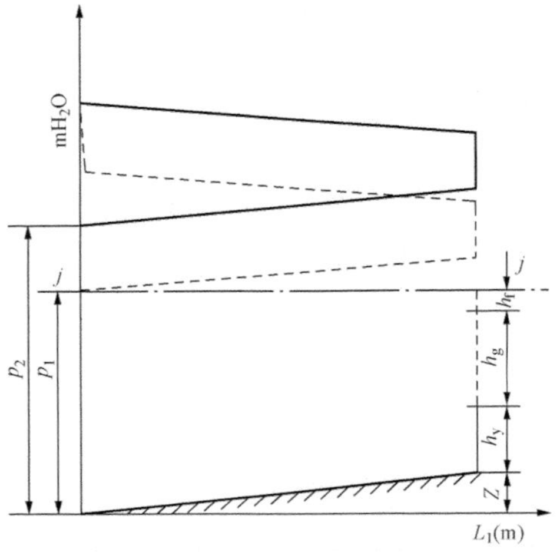

图 4-15　氮气定压的热水供热
系统运行水压图

4.3　蒸汽管网水力计算

室外蒸汽管网水力计算的任务，是在保证各热用户要求的蒸汽流量和用汽参数前提下，选定蒸汽管网各管段管径。

室外蒸汽管道内，蒸汽压力高，流速大，管线长，蒸汽在流动中因压力损失和管壁沿途散热引起的蒸汽密度的变化已不能够忽略。在设计中，为简化计算，蒸汽管道采用分段取蒸汽平均密度进行水力计算的方法，即取计算管段的始点和终点蒸汽密度的平均值作为该计算管段蒸汽的计算密度，逐段进行水力计算的方法。

在各种压力下的饱和蒸汽及过热蒸汽密度值见附表 4-3。

4.3.1　蒸汽供热管网水力计算方法

4.3.1.1　沿程损失计算

在计算蒸汽管道的沿程压力损失时，比摩阻 R_m、流量 G_t 及管径 d 三者的关系式，与热水管网水力计算的基本公式完全相同，即

$$R_{\mathrm{m}} = 6.88 \times 10^{-3} K^{0.25} \frac{G_{\mathrm{t}}^2}{\rho d^{5.25}} \qquad (4-20)$$

式中　R_{m}——每米管长的沿程压力损失（比摩阻），Pa/m；

　　　G_{t}——管段的蒸汽质量流量，t/h；

　　　d——管道的内径，m；

　　　K——蒸汽管道的当量绝对粗糙度，mm，取 $K=0.2$mm；

　　　ρ——管段中蒸汽的密度，kg/m³。

在设计中为了简化蒸汽管道水力计算，通常也利用计算表进行计算，见附表 4-4，制表条件是蒸汽密度 $\rho=1$kg/m³，$K=0.2$mm。

设计计算中，若蒸汽管道的当量绝对粗糙度 K 与附表 4-4 中不同时，必须对比摩阻进行修正，修正方法与热水管网完全相同。

水力计算时，对密度进行修正的公式为

$$v_{\mathrm{sh}} = \left(\frac{\rho_{\mathrm{bi}}}{\rho_{\mathrm{sh}}}\right) v_{\mathrm{bi}} \qquad (4-21)$$

$$R_{\mathrm{sh}} = \left(\frac{\rho_{\mathrm{bi}}}{\rho_{\mathrm{sh}}}\right) R_{\mathrm{bi}} \qquad (4-22)$$

式中　ρ_{bi}、R_{bi}、v_{bi}——附表 4-4 中采用的蒸汽密度及在表中查出的比摩阻，Pa/m 和流速，m/s；

　　　ρ_{sh}——水力计算中蒸汽的实际密度，kg/m³；

　　　R_{sh}、v_{sh}——相应于实际 ρ_{sh} 条件下的实际比摩阻，Pa/m 和流速，m/s。

在水力计算中，如欲保持附表 4-4 中的质量流量 G_{t} 和比摩阻 R_{m} 不变，而蒸汽密度不是 ρ_{bi} 而是 ρ_{sh} 时，则对管径进行如下的修正

$$d_{\mathrm{sh}} = \left(\frac{\rho_{\mathrm{bi}}}{\rho_{\mathrm{sh}}}\right)^{0.19} d_{\mathrm{bi}} \qquad (4-23)$$

式中　d_{bi}——根据水力计算表附表 4-4 的 ρ_{bi} 条件下查出的管径值；

　　　d_{sh}——实际密度 ρ_{sh} 条件下的管径值。

4.3.1.2　局部损失计算

常采用当量长度法计算。室外蒸汽管道附件局部阻力当量长度（$K=0.2$mm）见附表 4-5。

4.3.1.3　蒸汽在管道内的最大允许流速

按 CJJ 34—2002，蒸汽在管道内的最大允许流速不得大于下列规定：

过热蒸汽：公称直径 DN>200mm 时，最大允许流速为 80m/s；公称直径 DN≤200mm 时，最大允许流速为 50m/s；

饱和蒸汽：公称直径 DN>200mm 时，最大允许流速为 60m/s；公称直径 DN≤200mm 时，最大允许流速为 35m/s。

为了保证热网正常运行，在计算中，通常根据经验限制蒸汽流速为表 4-7 中的值。

表 4-7　　　　　　　　　　　　　限 制 蒸 汽 流 速 表

蒸汽性质	管径（mm）		
	>200	100～200	<100
饱和蒸汽	30～40	25～35	15～30
过热蒸汽	40～60	30～50	20～30

4.3.2 蒸汽供热管网水力计算步骤与例题

蒸汽供热管网水力计算的具体方法和步骤与室外热水管网基本相同。下面通过例题说明蒸汽管网水力计算的方法和步骤。

【例4-3】 如图4-16所示，试进行蒸汽管网水力计算。已知热源压力为1MPa的饱和蒸汽，各用户用汽参数及管网构造注于图中。

解 在进行蒸汽网路水力计算前，应绘制出室外蒸汽管网平面布置图（如图4-16所示），图中注明各热用户的设计热负荷（或计算流量）、蒸汽参数、各管段长度、阀门、补偿器等管道附件。

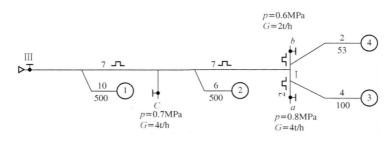

图 4-16　［例4-3］附图

（1）根据各热用户的计算流量，确定蒸汽网路各管段的计算流量。各热用户的计算流量，应根据各热用户的蒸汽参数及其设计热负荷按式（4-24）确定，即

$$G_t = A\frac{Q}{r} \tag{4-24}$$

式中　G_t——热用户的计算流量，t/h；

　　　Q——热用户的设计热负荷，GJ/h 或 MW；

　　　r——用汽压力下的汽化潜热，kJ/kg；

　　　A——采用不同单位计算的系数，见表4-8。

表4-8   采用不同单位计算的系数

采用的计算单位	Q—GJ/h=10^9J/h r—kJ/kg	Q—MW=10^6W r—kJ/kg
A	1000	3600

蒸汽网路中各管段的计算流量为各管段所负担的各热用户的计算流量之和。网路干线的计算流量，应等于各用户支管计算流量之和。网路主干线管段，应根据具体情况乘以各热用户的同时使用系数 k，见表4-9。

表4-9   同 时 使 用 系 数 k

热负荷性质	供暖负荷	通风负荷	生活用汽	生产工艺用汽
同时使用系数 k	1.0	0.8~1.0	0.5	0.7~0.9

该例中已给出各用户的计算流量，蒸汽管网各管段的计算流量计算值列于表4-10中。

（2）确定蒸汽网路主干线及其平均比摩阻。热网主干线是从热源到某一用户的平均比摩阻最小的一条管线。该例题主干线为热源出口到用户 a 的管线，其平均比摩阻为

$$R_{pj} = \frac{\Delta p}{\sum l(1 + \alpha_j)} = \frac{(10 - 8) \times 10^5}{(500 + 500 + 100)(1 + 0.5)} = 121.2 \, (Pa/m)$$

（3）进行主干线管段的水力计算，确定主干线管径，并求出管段总压力损失。通常从热源出口（热网始端）开始，逐段计算。热源出口蒸汽压力为已知。

首先计算热源出口的管段 1。

1）假定管段 1 末端的蒸汽压力为

$$p_{m,1} = p_{s,1} - \frac{\Delta p}{\sum l} L_1$$

$$= 10 \times 10^5 - \frac{(10 - 8) \times 10^5}{1100} \times 500 = 9.09 \times 10^5 \, (Pa)$$

2）根据始、末端蒸汽压力求出管段 1 蒸汽的平均密度 $\rho_{pj,1}$ 为

$$\rho_{pj,1} = \frac{\rho_{s,1} + \rho_{m,1}}{2} = \frac{5.63 + 5.184}{2} = 5.41 \, (kg/m^3)$$

3）将 R_{pj} 换算成水力计算表 $\rho_{bi} = 1 kg/m^3$ 条件下的值，即

$$R_{pj,bi,1} = 121.2 \times \frac{5.41}{1} = 655.7 \, (Pa/m)$$

4）根据管段 1 的流量 $G_{t1} = 10 t/h$ 和 $R_{pj,bi,1}$ 的值，查附表 4-4 得

管径 $D \times \delta = 194 \times 6, R_{bi,1} = 628.6 Pa/m, v_{bi,1} = 107 m/s$

5）将附表 4-4 中查得的 $R_{bi,1}$ 和 $v_{bi,1}$ 值，代入式（4-21）和式（4-22）换算成实际 $\rho_{pj,1}$ 下的值，即

$$v_{sh,1} = 107 \times \frac{1}{5.41} = 19.78 \, (m/s)$$

$$R_{sh,1} = 628.2 \times \frac{1}{5.41} = 116.1 \, (Pa/m)$$

流速符合要求，没有超过限定流速。

6）计算管段 1 的局部阻力当量长度。

1 个截止阀，7 个方形补偿器，查附表 4-5 得

$$l_{bi,d,1} = 49.3 + 16.2 \times 7 = 162.7 \, (m)$$

管段 1 总折算长度 $l_{zh,1} = 500 + 162.7 = 662.7 \, (m)$

7）管段 1 的总压力损失为

$$\Delta p_1 = R_{sh,1} l_{zh,1} = 116.1 \times 662.7 = 76\,952 \, (Pa)$$

管段 1 末端压力为　　$p_{m,1} = (10 - 0.76952) \times 10^5 = 9.235 \times 10^5 \, (Pa)$

管段 1 蒸汽平均密度为　　$\rho_{pj,1} = \frac{5.63 + 5.262}{2} = 5.446 \, (kg/m^3)$

（4）验算假定的管段末端蒸汽压力或平均蒸汽密度，是否与实际的末端蒸汽压力或平均蒸汽密度近似。当两者基本相同时，该管段计算结束，开始进行下一管段的计算。否则，应重新计算，通常以计算得出的蒸汽平均密度 ρ_{pj} 作为该管段的假设蒸汽平均密度，再重复以上计算方法，直到两者相等或相差很小为止。

由计算可知，$\rho_{pj,1} = 5.446 kg/m^3$ 与原假定的 $\rho_{pj,1} = 5.41 kg/m^3$ 基本相符，则管段 1 计算

完毕。计算结果列入表 4 - 10 中。

（5）主干线的总压力损失。考虑 15％的安全余度后，主干线（热源出口到用户 a 处）的总压力损失为

$$10\times10^5-1.253\times10^5=8.747\times10^5(Pa)$$

高于要求值，剩余压力可在用户 a 入口处调节。

（6）蒸汽管网分支线的水力计算。以上面计算结果得出的管段 1 末端蒸汽压力 9.235×10^5Pa（表压力）作为管段 2 的始端蒸汽表压力，按上述计算方法和步骤进行管段 2 和其他管段的计算。计算结果列入表 4 - 10 中。

确定支管管径时，应尽量将资用压头消耗掉，但不得使管内蒸汽流速超过限制流速。

分支干线该例中只计算了管段 4，由表 4 - 10 可知，当选用最小管径时，流速已超过限定值，但压降仍然较小，用户 b 处压力仍比要求值高，只好用阀门调节或装设减压装置。

表 4 - 10　　　　　　　　　　　室外高压蒸汽管网水力计算例题

管段编号	蒸汽流量 G_t (t/h)	管段长度 L (m)	假定计算			管段选择计算									检验计算		
			蒸汽始端压力 $p_s\times10^5$ (Pa)	蒸汽末端压力 $p_s\times10^5$ (Pa)	蒸汽平均密度 ρ_{pj} (kg/m³)	平均比摩阻 $R_{pj,bi}$ (Pa/m)	管径 $D\times\delta$ (mm)	比摩阻 R_{bi} (Pa/m)	流速 v_{bi} (m/s)	比摩阻 R_{sh} (Pa/m)	流速 v_{sh} (m/s)	当量长度 l_d (m)	总计算长度 l_{zh} (m)	管段压力损失 Δp (Pa)	蒸汽始端压力 $p_s\times10^5$ (Pa)	蒸汽末端压力 $p_s\times10^5$ (Pa)	蒸汽平均密度 ρ_{pj} (kg/m³)
1	2	3	4	5	6	7	8	9	10	11	12	13	14	15	16	17	18
1	10	500	10	9.09	5.41 5.44	655.7	194×6	628.2	107	116.1 115.5	19.78 19.67	162.7	662.7	76952 76542	10 10	9.23 9.235	5.445 5.446
2	6	500	9.235	8.32	5.037 5.19	609.2	194×6	226.4	64.1	45.1 43.7	12.80 12.40	123.9	623.9	28138 27264	9.235 9.235	8.954 8.962	5.193 5.195
3	4	100	8.962	8.77	5.08 5.07	614.6	133×4	715.9	90.8	140.9 141.2	17.9 17.9	52.3	152.3	21459 21504	8.962 8.962	8.747 8.747	5.075 5.075
4	2	53	8.962	6.00	4.39 4.90 4.93	896	73×3.5	5214	105	1187.7 1064.1 1057.6	23.9 21.4 21.3	22	75	89 077.5 79 807.5 79 320	8.962 8.962 8.962	8.071 8.164 8.168	4.908 4.93 4.93

注　局部阻力当量长度：7 个方形补偿器，一个截止阀：16.2×7+49.3=167m；7 个方形补偿器，一个直流三通：16.2×7+10.5=123.9m；2 个方形补偿器，一个分流三通，一个截止阀：10×2+8.5+23.8=52.3m；1 个方形补偿器，一个分流三通，一个截止阀：6+4+12=22m。

4.4　凝结水管网水力计算

4.4.1　凝结水回收系统

凝结水回收系统按其是否与大气相通，可分为开式凝结水回收系统和闭式凝结水回收系统。

按凝结水流动形式不同，可分为单相凝水满管流（凝结水靠水泵或位能差，充满整个管

道断面的有压流动）、非满管流（凝水并没有充满整个管道断面，而是汽水分层或汽水充塞，有时还有空气的流动方式）和蒸汽与凝结水两相混合物流动的形式。

按驱动凝结水流动的动力不同，可分为机械回水（指利用水泵动力驱使凝结水满管有压流动的形式）、重力回水（指利用凝结水位能差或管线坡度，驱使凝水满管或非满管流动的方式）和余压回水（指凝结水依靠疏水器后剩余压力的流动）。

在余压回水方式下，可近似为汽水两相乳状混合物满管流动。

4.4.2　凝结水管网水力计算的基本原则

高压蒸汽供热系统的凝结水管，根据凝结水回收系统的各部位管段内凝结水流动形式不同，水力计算方法也不同。

（1）单相凝水满管流动的凝结水管路，其流动规律与热水管路相同，水力计算公式与热水管路相同。因此，水力计算可按热水管路的水力计算方法和图表进行。

（2）汽水两相乳状混合物满管流的凝水管路，近似认为流体在管内的流动规律与热水管路相同。因此，在计算压力损失时，采用与热水管网相同的公式，只需将乳状混合物的密度代入计算式即可。

（3）非满管流动的管路，流动复杂，较难准确计算，一般不进行水力计算，而是采用根据经验和实验结果制成的管道管径选用表，直接根据热负荷查表确定管径，见表 4 - 11。

表 4 - 11　　　　　　　凝结水管网非满管流动的凝结水管管径选择表

凝水管径（mm）	形成凝水时，由蒸汽放出的热（kW）		
	低压蒸汽		高压蒸汽
	水平管段	垂直管段	
1	2	3	4
15	4.7	7	8
20	17.5	26	29
25	33	49	45
32	79	116	93
40	120	180	128
50	250	370	230
76×3	580	875	550
89×3.5	870	1300	815
102×4	1280	2000	1220
114×4	1630	2420	1570

4.4.3　凝结水管网水力计算方法及例题

下面以几个不同凝结水回收方式的凝结水管网为例，分析各种凝结水管网水力计算的步骤和方法。

【例 4 - 4】　图 4 - 17 所示为一闭式满管流凝结水回收系统示意图。用热设备的凝结水计算流量 $G_{t1} = 2.0$ t/h。疏水器前凝结水表压力 $p_1 = 0.2$ MPa，疏水器后凝结水表压力 $p_2 = 0.1$ MPa，二次蒸发箱的最高蒸汽表压力 $p_3 = 0.02$ MPa，闭式凝水箱的蒸汽垫层压力 $p_4 =$

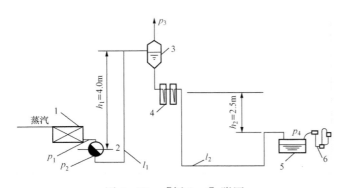

图 4 - 17　［例 4 - 4］附图

1—用气设备；2—疏水器；3—二次蒸发箱；
4—多级水封；5—闭式凝水箱；6—安全水封

5kPa。管段的计算长度 $l_1 = 120\text{m}$，外网的管段长度 $l_2 = 120\text{m}$。疏水器后凝结水的提升高度 $h_1 = 4.0\text{m}$。二次蒸发箱下面减压水封出口与凝水箱的回形管标高差 $h_2 = 2.5\text{m}$。试进行该凝结水管网的水力计算。

解　（1）管段 1～2。由用热设备出口至疏水器入口的管段。

凝结水流动状态属非满管流。疏水器的布置应低于用热设备，凝结水向下沿不小于 0.005 的坡度流向疏水器。

根据凝水管段所担负的热负荷，确定这种干凝水管的管径。

（2）管段 2～3。从疏水器出口到二次蒸发箱的凝结水管段。计算余压凝结水管段的资用压力及允许平均比摩阻 R_{pj} 值。

1）余压凝结水管的资用压力 Δp_1 可按式（4 - 25）计算，即

$$\Delta p_1 = (p_2 - p_3) - h_1 \rho_n g \qquad (4 - 25)$$
$$= (1.0 - 0.2) \times 10^5 - 4 \times 10^3 \times 9.81$$
$$= 40\ 760 (\text{Pa})$$

该管段的允许平均比摩阻 R_{pj} 值为

$$R_{pj} = \frac{\Delta p_1 (1 - \alpha)}{l_1}$$
$$= \frac{40\ 760 \times (1 - 0.2)}{120} = 271.7 (\text{Pa/m})$$

式中　α——局部阻力与总阻力损失的比例，查设计手册得 $\alpha = 0.2$。

2）求余压凝水管中汽水混合物的密度 ρ_r 值。凝结水通过疏水器阀孔及凝结水管道后，由于压力降而产生二次蒸汽量 x_2（百分数）。根据热平衡原理，x_2 可按式（4 - 26）计算，即

$$x_2 = (h_1 - h_3)/r_3$$
$$= 0.054 \qquad (4 - 26)$$

式中　h_1——疏水器前 p_1 压力下饱和凝结水的焓，kJ/kg；

　　　h_3——在凝结水管段末端，或凝水箱（或二次蒸发箱）p_3 压力下饱和凝结水的焓，kJ/kg；

　　　r_3——在凝结水管段末端，或凝水箱（或二次蒸发箱）p_3 压力下蒸汽的汽化潜热，kJ/kg。

设疏水器漏汽量为 $x_1 = 0.03$（根据疏水器类型、产品质量、工作条件和管理水平而异，一般采用 0.01～0.03），则在该余压凝结水管的二次含汽量（1kg 汽水混合物中所含蒸汽的质量百分数）为

$$x = x_1 + x_2$$

$$= 0.03 + 0.054 = 0.084 (\text{kg/kg}) \tag{4-27}$$

汽水混合物的密度 ρ_r 值可按式（4-28）计算，即

$$\rho_r = \frac{1}{v_r} = \frac{1}{x(v_q - v_s) + v_s}$$

$$= \frac{1}{0.084 \times (1.4289 - 0.001) + 0.001} = 8.27 (\text{kg/m}^3) \tag{4-28}$$

式中　v_r——汽水乳状混合物的比体积，m^3/kg；

　　　v_q——在凝结水管段末端或凝水箱（或二次蒸发箱）压力下的饱和蒸汽比体积，m^3/kg；

　　　v_s——凝结水比体积，可近似取 $v_s = 0.001 \text{m}^3/\text{kg}$。

3）确定凝结水管管径。首先将平均比摩阻 R_{pj} 值换算为与凝结水管水力计算表（$\rho_{bi} = 10\text{kg/m}^3$）等效的允许比摩阻 $R_{bi,pj}$ 值，即

$$R_{pj,bi} = \left(\frac{\rho_r}{\rho_{bi}}\right) R_{pj}$$

$$= \left(\frac{8.27}{10}\right) \times 271.7 = 224.7 (\text{Pa/m})$$

根据凝结水计算流量 $G_{t1} = 2.0 \text{t/h}$，查凝结水管水力计算表，见附表 4-6。选用管径为 $89 \times 3.5 \text{mm}$，相应的 R 及 v 值为：$R_{bi} = 217.5 \text{Pa/m}$，$v_{bi} = 10.52 \text{m/s}$。

4）确定实际的比摩阻 R_{sh} 和流速 v_{sh} 值，即

$$R_{sh} = \left(\frac{\rho_{bi}}{\rho_r}\right) R_{bi}$$

$$= \left(\frac{10}{8.27}\right) \times 217.5 = 263 (\text{Pa/m}) < 271.7 (\text{Pa/m})$$

$$v_{sh} = \left(\frac{\rho_{bi}}{\rho_r}\right) v_{bi}$$

$$= \left(\frac{10}{8.27}\right) \times 10.52 = 12.7 (\text{m/s})$$

（3）3～5 管段。从二次蒸发箱到凝结水箱的外网凝结水管段。

1）该管段流凝结水，可利用的作用压头 Δp_2 和允许的平均比摩阻 R_{pj} 值，按式（4-29）计算，即

$$\Delta p_2 = \rho_n g (h_2 - 0.5) - p_4 \tag{4-29}$$

$$= 1000 \times 9.81 \times (2.5 - 0.5) - 5000 = 14\,620 (\text{Pa/m})$$

式（4-29）中的 0.5m 代表减压水封出口与设计动水压线的标高差。此段高度的凝结水管为非满管流，留一富余值后，可防止产生虹吸作用，使最后一级水封失效。

$$R_{pj} = \frac{\Delta p_2}{l_2(1 + \alpha_j)} = \frac{14\,620}{200(1 + 0.6)} = 45.7 (\text{Pa/m})$$

式中　α_j——室外凝结水管网局部压力损失与沿程压力损失的比值，查表 4-2 得 $\alpha_j = 0.6$。

2）确定该管段的管径。按流过最大量过冷却凝结水考虑，$G_{t2} = 2.0 \text{t/h}$。利用附表 4-1，按 $R_{pj} = 45.7 \text{Pa/m}$ 选择管径。取 DN $= 50\text{mm}$，相应的比摩阻及流速值为：$R_m = 31.9 \text{Pa/m}$，$v = 0.3 \text{m/s}$。

具有多个疏水器并联工作的余压凝结水管网，其水力计算比较繁琐。如同蒸汽管网水力

计算一样，需要逐段求出各管段汽水混合物的密度。在余压凝结水管网水力计算中，为便于设计安全，通常以管段末端的密度作为该管段的汽水混合物的平均密度。

首先进行主干线的水力计算。通常从凝结水箱的总干管开始进行主干线各管段的水力计算，直到最不利用户。

主干线各计算管段的二次汽量可按式（4-30）计算，即

$$x_2 = \frac{\sum G_i x_i}{\sum G_i} \tag{4-30}$$

式中　　x_2——计算管段由于凝结水压降产生的二次蒸发汽量，kg/kg；

　　　　$\sum G_i$——计算管段所连接的用户的凝结水计算流量，t/h；

　　　　x_i——计算管段所连接的用户，由于凝结水压降产生的二次蒸发汽量，kg/kg。

以下例题进一步介绍室外余压凝结水管网的水力计算方法和步骤。

【例 4-5】 某工厂的余压凝结水回收系统如图 4-18 所示。用户 a 的凝结水计算流量 $G_a = 7.0$t/h，疏水器前凝结水表压力 $p_{a,1} = 0.25$MPa。用户 b 的凝结水计算流量 $G_b = 3$t/h，疏水器前凝结水表压力 $p_{b,1} = 0.3$MPa。各管段长度标在图上。凝结水借疏水器后的压力集中输送到热源的开式凝结水箱。总凝结水箱 I 回形管与疏水器标高差为 1.5m。试进行该凝结水管网的水力计算。

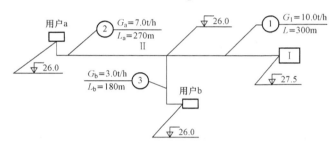

图 4-18　[例 4-5]附图
I—总凝结水箱；II—凝结水管节点

解　（1）确定主干线和允许的平均比摩阻。

通过分析可知，从用户 a 到总凝结水箱的管线的平均比摩阻最小，此主干线的允许平均比摩阻 R_{pj} 可按下式计算为

$$R_{pj} = \frac{10^5(p_{a,2} - p_I) - (H_I - H_a)\rho_n g}{\sum l(1 + \alpha_j)}$$

$$= \frac{10^5(0.25 \times 0.5 - 0) - (27.5 - 26.0) \times 1000 \times 9.81}{(300 + 270)(1 + 0.6)} = 120.9(\text{Pa/m})$$

式中　　$p_{a,2}$——用户疏水器后凝结水表压力，采用 $p_{a,2} = 0.5 p_{a,1}$，MPa；

　　　　p_I——开式凝集水箱的表压力，$p_I = 0$MPa；

　　H_I、H_a——总凝结水箱回形管和用户 a 疏水器出口处的位置标高，m。

（2）管段①的水力计算。

1）确定管段①的凝结水含汽量。从用户 a 疏水器前的表压力 0.25MPa 降到开式水箱的压力时，查设计手册得 $x_a = 0.074$kg/kg；同理，$x_b = 0.083$kg/kg。

根据式（4-30）得

$$x_{1,2} = \frac{G_a x_a + G_b x_b}{G_a + G_b}$$

$$= \frac{7.0 \times 0.074 + 3.0 \times 0.083}{7.0 + 3.0} = 0.077(\text{kg/kg})$$

加上疏水器的漏汽量 $x_1 = 0.03$kg/kg，由此可得管段①的凝结水含汽量为

$$x_{1,1} = 0.077 + 0.03 = 0.107(\text{kg/kg})$$

2）求该管段汽水混合物的密度 ρ_r。根据式（4-28），在凝结水箱表压力 $p_r=0$MPa 的条件下，汽水混合物的计算密度 ρ_r 为

$$\rho_r = \frac{1}{x_{1,1}(v_q - v_s) + v_s}$$
$$= \frac{1}{0.107(1.6946 - 0.001) + 0.001} = 5.49(\text{kg/m}^3)$$

3）按已知管段流量 $G_t=10$t/h，管壁粗糙度 $K=1.0$mm，密度 $\rho_r=5.49$kg/m³ 条件下，根据式（4-20），可求出相应 $R_{pj}=120.9$Pa/m 时的管道计算内径 $d_{l,n}$ 值为

$$d_{l,n} = 0.387 \frac{K^{0.0476} G_t^{0.381}}{(\rho_r R_{pj})^{0.19}}$$
$$= 0.387 \frac{0.001^{0.0476} \times 10^{0.381}}{(5.49 \times 120.9)^{0.19}} = 0.196(\text{m})$$

4）确定选择的实际管径、比摩阻和流速。所选管径应尽量符合国家管道统一规格。现选用 $(D_w \times \delta)_{sh}=219 \times 6$mm，管道实际内径 $d_{sh,n}=207$mm。

下面进行修正计算。根据流过相同的质量流量 G_t 和汽水混合物密度 ρ_r，当管径 d_n 改变时，比摩阻的变化规律可按式（4-20）的比例关系确定，即

$$R_{sh} = \left(\frac{d_{l,n}}{d_{sh,n}}\right)^{5.25} R_{pj}$$
$$= \left(\frac{0.196}{0.207}\right)^{5.25} \times 120.9 = 90.8(\text{Pa/m})$$

该管段的实际流速 v_{sh} 可按下式计算为

$$v_{sh} = \frac{1000G}{900\pi d_{sh,n}^2 \rho_r}$$
$$= \frac{1000 \times 10}{900\pi 0.207^2 \times 5.49} = 15(\text{m/s})$$

5）确定管段①的压力损失及节点Ⅱ的压力。管段①的计算长度 $l=300$m，$\alpha_j=0.6$，则其折算长度 $l_{zh}=l(1+\alpha_j)=300 \times (1+0.6)=480$m。该管段的压力损失为

$$\Delta p_① = R_{sh} l_{zh} = 90.8 \times 480 = 0.0436(\text{MPa})$$

节点Ⅱ（计算管段①的始端）的表压力为

$$p_Ⅱ = p_Ⅰ + \Delta p_① + 10^{-5}(H_Ⅰ - H_Ⅱ)\rho_n g$$
$$= 0 + 0.436 + 10^{-5}(27.5 - 26.0) \times 1000 \times 9.81 = 0.0583(\text{MPa})$$

（3）管段②的水力计算。首先需要确定该管段的凝结水含汽量 $x_{2,1}$ 和相应的汽水混合物密度 ρ_r 值（从简化计算和更便于安全，也可考虑直接采用总凝结水干管的 $x_{1,1}$ 值计算）。

管段②疏水器前绝对压力 $p_1=0.35$MPa，节点Ⅱ处的绝对压力 $p_Ⅱ=0.1583$MPa，根据式（4-26）得

$$x_{2,2} = (q_{0.35} - q_{0.1583})/r_{0.1583}$$
$$= (584.3 - 473.9)/2222.3 = 0.05(\text{kg/kg})$$

设疏水器的漏汽量 $x_1=0.03$kg/kg，由此可得管段②的凝结水含汽量为

$$x_{2,1} = 0.05 + 0.03 = 0.08(\text{kg/kg})$$

相应的汽水混合物密度 ρ_r 为

$$\rho_r = \frac{1}{x_{2,1}(v_q - v_s) + v_s}$$

$$= \frac{1}{0.08(1.1041 - 0.001) + 0.001} = 11.2(\text{kg/m}^3)$$

按前述步骤和方法,可得出理论管道内径 $d_{l,n} = 0.149\text{m}$。选用管径为 $(D_w \times \delta)_{sh} = 159 \times 4.5\text{mm}$,管道实际内径 $d_{sh,n} = 150\text{mm}$。

计算结果列于表 4-12 中。用户 a 疏水器的背压 $p_{a,2} = 0.125\text{MPa}$,稍大于表中计算得出的主干线始端的表压力 $p_m = 0.109\text{MPa}$。主干线水力计算基本满足要求。

(4) 分支线③的水力计算。分支线的平均比摩阻按下式计算为

$$R_{pj} = \frac{10^5(p_{b,2} - p_{\text{II}}) - (H_{\text{II}} - H_b)\rho_n g}{\sum l(1 + \alpha_j)}$$

$$= \frac{10^5(0.30 \times 0.5 - 0.0583) - 0 \times 1000 \times 9.81}{180(1 + 0.6)} = 318.4(\text{Pa/m})$$

按前述步骤和方法,可得出该管段的汽水混合物的密度 $\rho_r = 10.1\text{kg/m}^3$,得出理论管道内径 $d_{l,n} = 0.092\text{m}$。选用管径为 $(D_w \times \delta)_{sh} = 108 \times 4\text{mm}$,实际管道内径 $d_{sh,n} = 100\text{mm}$。

计算结果列于表 4-12。用户 b 疏水器背压力 $p_{b,2} = 0.15\text{MPa}$,稍大于表中计算得出的管段始端压力 $p_m = 0.1175\text{MPa}$。水力计算基本满足要求。

表 4-12　　　　　　　　余压凝结水管网的水力计算表

管段编号	凝结水流量 G_t (t/h)	疏水器前凝结水表压力 p_1 (MPa)	管段末点和始点高差 $(H_s - H_m)$ (m)	管段末点表压力 p_s (MPa)	管段长度 (m)			管段的平均比摩阻 R_{pj} (Pa/m)	管段汽水混合物的密度 ρ_r (kg/m³)
					实际长度 l (m)	α_j	折算长度 l_{zh} (m)		
1	2	3	4	5	6	7	8	9	10
主 干 线									
①	10		1.5	0	300	0.6	480	120.9	5.49
②	7	0.25	0	0.0583	270	0.6	432	120.9	11.2
分 支 线									
③	3	0.30	0		180	0.6	288	318.4	10.1

管段编号	理论管道内径 $d_{l,n}$ (m)	选用管径 $(D_w \times \delta)_{sh}$ (mm)	选用管道内径 $d_{sh,n}$ (mm)	实际比摩阻 R_m (Pa/m)	实际流速 v_{sh} (m/s)	实际压力损失 Δp (MPa)	管段始端表压力 p_m (MPa)	管段累积压力损失 Δp_Σ (MPa)
11	12	13	14	15	16	17	18	
主 干 线								
①	0.196	219×6	207	90.8	15	0.0436	0.0583	0.0436
②	0.149	159×4.5	150	116.7	9.8	0.0504	0.109	0.094
分 支 线								
③	0.092	108×4	100	205.5	10.5	0.0592	0.1175	0.1028

复 习 思 考 题

1. 室外热水供热管网水力计算的任务是什么？
2. 热水网路水力计算的步骤包括哪些？
3. 如何绘制热水网路水压图？
4. 热水网路压力状况有哪些基本技术要求？
5. 管网系统的定压方式有哪些，各适用于什么场合？
6. 室外蒸汽管网水力计算的任务是什么？
7. 凝结水管网水力计算的基本原则是什么？

第5章　供热管材及其附件

5.1　管　道　标　准

5.1.1　标准的意义及常用标准

管道工程标准化是伴随着近代工业和现代科学技术发展起来的管理科学，这是管道工程现代化不可缺少的组成部分。管道工程标准化的目的：促进管道工程在其各个领域中获得全面的最佳经济效益；促进新技术、新工艺、新材料、新产品的推广应用；确定质量等级、促进设计、生产、施工和运行管理各个方面的协调与联系；提高管道附件的通用水平和比率。

管道工程标准化的主要内容是统一管道元件的主要参数与结构尺寸。其中，最重要的内容之一就是直径和压力的标准化和系列化，即管道工程常用的公称直径和公称压力系列。因此，管道工程标准化是根据当前的科学技术基础，结合生产实践经验，由有关方面协商一致，经主管部门批准，以特定形式发布，作为有关行业共同遵守的技术文件的总称。

管道工程标准，根据其主管部门或适用的范围不同，可分为国家标准、部颁标准、企业标准。国家标准是指对全国经济、技术发展有重大意义，且必须在全国范围内统一的标准。部颁标准（专业标准），是指不宜制订为国家标准，而又必须在某个专业（部门）范围内全国统一的标准。企业标准是我国标准化体系中一个重要的组成部分，它既是国家标准、部颁标准的基础，又是上述标准的补充。企业标准一般在下列情况下出现：尚没有或不宜制订统一的国家标准和部颁标准；高于现行有关标准要求的内部控制标准；企业内部技术的先进性和保密性。

现代各种标准的意义如下：

（1）可重复性。这一标准有关行业均可重复使用，如阀门的公称直径和公称压力确定后，不论是阀门的制造厂还是各种管件制造厂，都必须选用同一法兰的结构尺寸，以便匹配、协调。

（2）权威性。国家某一主管部门一旦颁布某项标准，在主管部门所辖的范围内有绝对的权威性。

（3）强制性。国家标准和部颁标准就是在主管部门所辖范围内的技术法律，必须贯彻执行。

（4）系统性。如管道的公称压力是根据最佳的压力类别和最佳的社会效益选定一系列指定的压力参数，管道的各种压力都以这一压力系列作为划分标准。

（5）先进性。标准的拟订是以当前的科学技术为基础，并结合生产实践，经有关方面反复调查、协商后颁布的，因而能够反映科学技术的最新成就。

（6）互换性、统一性。标准一经主管部门批准，在主管部门管辖的范围内其技术参数是统一的，工程使用中可不经核算直接互换（但它必须是同一直径、同一压力系列）。

（7）标准化、系列化。标准的颁布实施，统一了产品的大小规格，减少了产品的型号，使产品标准化、系列化，从而使之生产高效，选取方便。

综上所述，标准化就是以制订和贯彻各种标准为主要内容的全部活动过程。

我国的各种技术标准代号由三部分组成：标准代号、标准顺序号、标准批准或颁发标准的年号。例如，《管道元件 PN（公称压力）的定义和选用》标准代号为 GB/T 1048—2005，其中 GB 为标准类代号，系国家标准，即"国标"两字拼音字母的缩写，"T"表示推荐标准，1048 为标准序号，是指第 1048 号国家标准，2005 为颁发年号，指该标准是 2005年颁发的。

常用的国家标准和部颁标准代号见表 5-1，常见国外标准代号见表 5-2。

表 5-1 常用国内标准代号

序号	标准代号	标 准 名 称	序号	标准代号	标 准 名 称
1	GB	国家标准	27	CH	测绘行业标准
2	GB/T	国家推荐性标准	28	CY	新闻出版行业标准
3	GBJ	国家工程建设方面的标准	29	DA	档案工作行业标准
4	JB	机械行业标准	30	GA	社会公共安全行业标准
5	JB/Z	机械行业指导性技术文件	31	GY	广播影视行业标准
6	YB	黑色冶金行业标准	32	YD	通信行业标准
7	YB/Z	黑色冶金行业指导性技术文件	33	HB	航空行业标准
8	YS	有色冶金行业标准	34	QJ	航天工业行业标准
9	SY	石油天然气行业标准	35	MH	民用航空作业行业标准
10	SYJ	石油天然气行业工程建设标准	36	MZ	民政工业行业标准
11	SH	石油化工行业标准	37	NY	农业行业标准
12	HG	化工行业标准	38	QC	汽车行业标准
13	HGJ	化工行业建设标准	39	WJ	兵工民品行业标准
14	SJ	电钻行业标准	40	YC	烟草行业标准
15	DL	电力行业标准	41	YY	医学行业标准
16	CJ	城市建设行业标准	42	WH	文化行业标准
17	JC	建材行业标准	43	SB	国内贸易行业标准
18	MT	煤炭行业标准	44	SN	进出口商品检验行业标准
19	JT	交通行业标准	45	SD	原水利电力部标准
20	TB	铁道行业标准	46	YD	原邮电部标准
21	SL	水利行业标准	47	SC	原农牧渔业部标准
22	EJ	核工业行业标准	48	WS	卫生部标准
23	QB	轻工行业标准	49	SB	原商业部标准
24	FZ	纺织行业标准	50	GN	公安标准
25	DZ	地质矿业行业标准	51	JJ	建设部标准
26	LD	劳动和劳动安全行业标准	52	JJG	国家计量检定规程

表 5 - 2　　　　　　　　　　　　常 见 国 外 标 准 代 号

序号	标准代号	标 准 名 称	序号	标准代号	标 准 名 称
1	ISA	国际标准协会标准	7	BS	英国国家标准
2	ISO	国际标准（国际标准化组织发布的）	8	NF	法国国家标准
3	IEC	国际标准（国际电工委员会发布的）	9	DIN	德国国家标准
4	ANSI	美国国家标准	10	JIS	日本工业标准
5	NSI	美国国家标准局标准	11	CAN	加拿大国家标准
6	ASA	美国标准协会标准	12	UNI	意大利国家标准

5.1.2　管件及附件的通用标准

（1）公称直径。管道工程中，管子种类繁多，管子的大小通常用管外径 D 和管内径 d 表示，量度使用过程中，由于用途不一，需要多种直径相应的管路附件（包括管件、阀门、法兰等），这样，管材和附件的直径尺寸就相当多，就给制造、设计和施工造成了不便。为了能大批生产、降低成本、提高效益，使管子和管路附件具有通用性和互换性，必须对管子和管路附件实行标准化，而公称直径又是管道工程标准化的重要内容。所谓公称直径就是各种管道元件的通用口径，又称公称通径、公称口径、公称尺寸（现在国际上普遍使用公称尺寸这一称谓），用符号 DN 表示，DN 是用于管道系统元件的字母和数字组合的尺寸标识。它由字母 DN 和后跟无因次的整数数字组成。现行管道元件的公称直径按 GB/T 1047—2005《管道元件 DN（公称尺寸）的定义和选用》的规定，见表 5 - 3。

表 5 - 3　　　　　　　　管道元件的 DN（公称直径）（GB/T 1047—2005）

DN6	DN40	DN200	DN600	DN1400	DN2600	DN4000
DN8	DN50	DN250	DN700	DN1500	DN2800	
DN10	DN65	DN300	DN800	DN1600	DN3000	
DN15	DN80	DN350	DN900	DN1800	DN3200	
DN20	DN100	DN400	DN1000	DN2000	DN3400	
DN25	DN125	DN450	DN1100	DN2200	DN3600	
DN32	DN150	DN500	DN1200	DN2400	DN3800	

（2）公称压力、试验压力、工作压力。

1）公称压力。制品在基准温度下的耐压强度称为公称压力，用符号 PN 表示，PN 是与管道系统元件的力学性能和尺寸特性相关、用于参考的字母和数字组合的标识。它由字母 PN 和后跟无因次的数字组成。例如，公称压力为 1.0MPa，记为 PN10。制品的材料不同，其基准温度也不同，铸铁和铜的基准温度为 120℃，钢的基准温度为 200℃，合金钢的基准温度为 250℃。塑料制品的基准温度为 20℃，制品在基准温度下的耐压强度接近常温时的耐压强度，故公称压力也接近常温下材料的耐压强度。管道的公称压力见表 5 - 4。

表 5 - 4　　　　　　　管道元件的 PN（公称压力）（GB/T 1048—2005）

DIN 系列	PN2.5	PN6	PN10	PN16	PN25	PN40	PN63	PN100
ANSI 系列	PN20	PN50	PN110	PN150	PN260	PN420	—	—

注　必要时允许选用其他 PN 值。

2）工作压力。管子和管路附件在正常条件下所承受的压力用符号 p 表示，这个运行条件必须是指某一操作温度，因而说明某制品的工作压力应注明其工作温度，通常是在 p 的下角附加数字，该数字是最高工作温度除以 10 所得的整数值，如介质的最高温度为 300℃，工作压力为 10MPa，则记为 $p_{30}10MPa$。

3）试验压力。管子与管路附件在出厂前，必须进行压力试验，检查其强度和密封性，对制品进行强度试验的压力称为强度试验压力，用符号 p_s 表示，如试验压力为 4MPa，记为 p_s4MPa。从安全角度考虑，试验压力必须大于公称压力。

制品的公称压力按照它的定义是指基准温度下的耐压强度，但在很多情况下，制品并非在基准温度下工作，随着温度的变化，制品的耐压强度也发生变化，所以隶属于某一公称压力的制品，究竟能承受多大的工作压力，要由介质的工作温度决定，因此就需要知道制品在不同的工作温度下公称压力和工作压力的关系。为此，必须通过强度计算找出制品的耐压强度与温度之间的变化规律。在工程实践中，通常是按照制品的最高耐温界限，把工作温度分成若干等级，并计算每个温度等级下制品的允许工作压力。例如，用优质碳素钢制造的制品，工作温度分为 11 个等级，在每一个工作温度等级下，列出在该温度等级下的工作压力，见表 5-5。其他材料的制品，同样可以分成不同的工作温度等级并计算出在每一工作温度下所允许承受的最大工作压力。这样可以制订出各种制品的公称压力、工作温度和最大工作压力的换算关系，编制成便于应用的表格，以便按照制品的公称压力和介质的工作温度确定所允许承受的最大工作压力，或者按照介质的工作压力选择管材和管路附件。附表 5-1～附表 5-3 分别列出了碳钢及合金钢制件、铸铁制件、铜制件的公称压力、工作温度和最大工作压力的关系。这些表称为制件的"温压表"，在选择管材、管路附件时经常用到。

表 5-5　　　　　　　　优质碳素钢制品公称压力与工作压力的关系

序号	温度等级	温度范围（℃）	最大工作压力	序号	温度等级	温度范围（℃）	最大工作压力
1	1	0～200	PN	7	7	351～375	0.67PN
2	2	201～250	0.92PN	8	8	376～400	0.64PN
3	3	251～275	0.86PN	9	9	401～425	0.55PN
4	4	276～300	0.81PN	10	10	426～435	0.50PN
5	5	301～325	0.75PN	11	11	436～450	0.45PN
6	6	326～350	0.71PN				

5.2　常　用　管　材

供热管道常用钢管，按照制造方法可分为无缝钢管和焊接钢管（有缝钢管），按照用途分为一般钢管和专用钢管。

5.2.1　输送流体用无缝钢管

无缝钢管按制造方法可分为热轧管和冷拔（轧）管。冷拔（轧）管受加工条件的限制不宜制造大口径的，最大规格为 DN200；热轧管可以制造大口径的，最大规格至 DN1000。无缝钢管按用途可分为输送流体用无缝钢管和专用无缝钢管。

　　习惯上把输送流体用无缝钢管简称无缝钢管。而专用无缝钢管需另外附加专用名称，如低中压锅炉用无缝钢管，高压锅炉用无缝钢管，锅炉、热交换器用不锈钢无缝钢管，化肥用无缝钢管，石油裂化用无缝钢管等。

　　输送流体用无缝钢管是按照 GB/T 8163—2008《输送流体用无缝钢管》用 10、20、Q295、Q345 牌号的钢材制造而成的，适用于输送冷、热水，蒸汽、燃气等流体，是用量最大、应用最广的无缝钢管。

　　（1）尺寸、外形、质量。

　　1）外径和壁厚。无缝钢管分为热轧管和冷拔（轧）管，其外径和壁厚应符合 GB/T 17395—2008《无缝钢管尺寸、外形、及允许偏差》的规定，常用无缝钢管规格、尺寸及质量见附表 5-4。

　　2）外径和壁厚的允许偏差。钢管的外径和壁厚的允许偏差应符合表 5-6 的规定。

表 5-6　　　　　　　　钢管外径和壁厚的允许偏差 GB/T 8163—2008　　　　　　　　mm

钢管种类	钢管尺寸		允　许　偏　差	
			普通级	高　级
热轧（挤压、扩）管	外径 D	全部	±1%（最小±0.50）	—
	壁厚 S	全部	+15%（最小+0.45） −12.5%（−0.40）	—
冷拔（轧）管	外径 D	6～10	±0.20	±0.15
		>10～30	±0.40	±0.20
		>30～50	±0.45	±0.30
		>50	±1%	±0.8%
	壁厚 S	≤1	±0.15	±0.12
		>1～3	+15% −10%	+12.5% −10%
		>3	+12.5% −10%	±10%

　　注　对外径不小于 351mm 的热扩管，壁厚允许偏差为±18%。

　　3）长度。钢管的通常长度：热轧钢管为 3000～12 000mm，冷拔钢管为 3000～10 500mm。

　　4）弯曲度。钢管的弯曲度不得大于以下规定：壁厚 $\delta \leqslant 15$mm，弯曲度为 1.5mm/m；壁厚 $\delta > 15$mm，弯曲度为 2.0mm/m；外径 $D \geqslant 351$mm，弯曲度为 3.0mm/m。

　　5）端头外形。钢管的两端端面应与钢管轴线垂直，切口毛刺应予以清除。

　　6）钢管标记。钢管标记应标出钢种、规格和长度倍尺。例如，用 10 号钢制造的外径为 73mm、壁厚为 3.5mm 的无缝钢管，标记如下。

　　a. 热轧钢管，长度为 3000mm 倍尺，记为 10−73×3.5×3000——GB/T 8163—2008。

　　b. 冷拔（轧）钢管，直径为高精度，壁厚为普通级精度，长度为 5000mm，记为冷 10−73 高×3.5×5000——GB/T 8163—2008。

　　（2）技术要求。

　　1）钢的牌号和化学成分。钢管由 10、20、Q295、Q345 牌号的钢制造。钢的牌号及化学成分应符合 GB/T 699—1999《优质碳素结构钢》或 GB/T 1591—1994《低合金高强度结构钢》的规定。钢管按熔炼成分验收。

2）力学性能。钢管的纵向力学性能应符合表 5-7 的规定。

表 5-7　　　　　　　　钢管的纵向力学性能（摘自 GB/T 8163—2008）

序号	牌号	抗拉强度 σ_b（MPa）	屈服点 σ_s（MPa）		断后伸长率 δ_5（%）
			$S \leqslant 16$	$S > 16$	
			不小于		
1	10	335～475	205	195	24
2	20	410～550	245	235	20
3	Q295	430～610	295	285	22
4	Q345	490～665	325	315	21

3）工艺试验。

a. 压扁试验。$22\text{mm} \leqslant D \leqslant 400\text{mm}$，并且壁厚与外径比值不大于 10% 的钢管应进行压扁试验，其平板间距 H 应按式（5-1）确定，即

$$H = \frac{(1+\alpha)S}{\alpha + S/D} \tag{5-1}$$

式中　H——压扁试验的平板间距，mm；

　　　S——钢管的公称壁厚，mm；

　　　D——钢管的公称外径，mm；

　　　α——单位长度的变形系数，10 号钢为 0.09，20 号钢为 0.07，Q295、Q345 钢为 0.06。

压扁试验后，试样应无裂缝或裂口。

b. 扩口试验。根据需方要求，经供需双方协商，并在合同中注明，对于壁厚不大于 8mm 的钢管可做扩口试验，顶心锥度为 30°、45°、60° 中的一种，扩口后试样不得出现裂缝或裂口。扩口试样外径的扩口率应符合表 5-8 的规定。

表 5-8　　　　　　　　钢管外径扩口率（GB/T 8163—2008）

钢　　种	钢管外径扩口率 内径/外径		
	$\leqslant 0.6$	$> 0.6 \sim 0.8$	> 0.8
优碳钢	10	12	17
低合金钢	8	10	15

c. 弯曲试验。根据需方要求，供需双方协商，在合同中注明，外径不大于 22mm 的钢管可做弯曲试验，弯曲角度为 90°，弯曲半径为钢管外径的 6 倍，弯曲处不得出现裂缝或裂口。

d. 液压试验。钢管应逐根进行液压试验，试验压力按式（5-2）确定，最高压力不超过 19MPa。

$$p = \frac{2SR}{D} \tag{5-2}$$

式中 p——试验压力，MPa；

S——钢管的公称壁厚，mm；

D——钢管的公称外径，mm；

R——允许应力，规定屈服点的60％，MPa。

在试验压力下，应保证试压时间不少于5s，钢管不得出现渗漏现象。

4）表面质量。钢管的内外表面不得有裂纹、折叠、轧折、离层和结疤。这些缺陷必须消除，其清除处的实际壁厚不得小于壁厚所允许的最小值。

5.2.2 低压流体输送用焊接钢管

除无缝钢管外，在管道工程中还大量采用焊接钢管（又称有缝钢管）。这类管子，由于管身上有焊接的接缝，因此不能承受高压，一般适用于公称压力 PN≤1.6MPa 的管路。

焊接钢管由 Q195、Q215A、Q215B、Q235A、Q235B、Q295A、Q295B、Q345A、Q345B 等牌号的钢制造。

低压流体输送用焊接钢管可用来输送水、污水、空气、蒸汽、燃气等低压流体。

（1）外形尺寸及质量。公称外径小于或等于 168.3 的钢管，其公称直径、公称外径、公称壁厚及理论质量应符合表 5-9 的规定。公称外径大于 168.3mm 且小于或等于 610mm 的钢管，其公称外径、公称壁厚及理论质量应符合表 5-10 的规定。公称外径大于 660mm 的钢管，其公称外径、公称壁厚及理论质量应符合表 5-11 的规定。

表 5-9　　　　　　低压流体输送用焊接钢管 （GB/T 3091—2008）

公称直径 DN	公称外径 （mm）	普 通 钢 管		加 厚 钢 管	
		公称壁厚（mm）	理论质量（kg/m）	公称壁厚（mm）	理论质量（kg/m）
6	10.2	2.0	0.40	2.5	0.47
8	13.5	2.5	0.68	2.8	0.74
10	17.2	2.5	0.91	2.8	0.99
15	21.3	2.8	1.28	3.5	1.54
20	26.9	2.8	1.66	3.5	2.02
25	33.7	3.2	2.41	4.0	2.93
32	42.4	3.5	3.36	4.0	3.79
40	48.3	3.5	3.87	4.5	4.86
50	60.3	3.8	5.29	4.5	6.19
65	76.1	4.0	7.11	4.5	7.95
80	88.9	4.0	8.38	5.0	10.35
100	114.3	4.0	10.88	5.0	13.48
125	139.7	4.0	13.39	5.5	18.20
150	168.3	4.5	18.18	6.0	24.02

注　GB/T 3091—2008《低压流体输送用焊接钢管》替代 GB/T 3091—2001。

表 5-10　　　　钢管的公称外径、公称壁厚及理论质量（GB/T 3091—2008）

公称外径（mm）	公称壁厚（mm）														
	4.0	4.5	5.0	5.5	6.0	6.5	7.0	8.0	9.0	10.0	11.0	12.5	14.0	15.0	16.0
	理　论　质　量（kg/m）														
177.8	17.14	19.23	21.31	23.37	25.42										
193.7	18.71	21.00	23.27	25.53	27.77										
219.1	21.22	23.82	26.40	28.97	31.53	34.08	36.61	41.65	46.63	51.57					
244.5	23.72	26.63	29.53	32.42	35.29	38.15	41.00	46.66	52.27	57.83					
273.0			33.05	36.28	39.51	42.72	45.92	52.28	58.60	64.86					
323.9			39.32	43.19	47.04	50.88	54.71	62.32	69.89	77.41	84.88	95.99			
355.6				47.49	51.73	55.96	60.18	68.58	76.93	85.23	93.48	105.77			
406.4				54.38	59.25	64.10	68.95	78.60	88.20	97.76	107.26	121.43			
457.2				61.27	66.76	72.25	77.72	88.62	99.48	110.29	121.04	137.09			
508				68.16	74.28	80.39	86.49	98.65	110.75	122.81	134.82	152.75			
559				75.08	81.83	88.57	95.29	108.71	122.07	135.39	148.66	168.47	188.17	201.24	214.26
610				81.99	89.37	96.74	104.10	118.77	133.39	147.97	162.49	184.19	205.78	220.10	234.38

表 5-11　　　　钢管的公称外径、公称壁厚及理论质量（GB/T 3091—2008）

公称外径（mm）	公称壁厚（mm）														
	6.0	6.5	7.0	8.0	9.0	10.0	11.0	13.0	14.0	15.0	16.0	18.0	19.0	20.0	22.0	25.0
	理　论　质　量（kg/m）															
660	96.77	104.76	112.73	128.63	144.49	160.30	176.06	207.43	223.04	238.60	254.11	284.99	300.35	315.67	346.15	391.50
711	104.32	112.93	121.53	138.70	155.81	172.88	189.89	223.78	240.65	257.47	274.24	307.63	324.25	340.82	373.82	422.94
762	111.86	121.11	130.34	148.76	167.13	185.45	203.73	240.13	258.26	276.33	294.36	330.27	348.15	365.98	401.49	454.39
813	119.41	129.28	139.14	158.82	178.45	198.03	217.56	256.48	275.86	295.20	314.48	352.91	372.04	391.13	429.16	485.83
864	126.96	137.46	147.94	168.88	189.77	210.61	231.40	272.83	293.47	314.06	334.61	375.55	395.94	416.29	456.83	517.27
914	134.36	145.47	156.54	178.75	200.87	222.94	244.96	288.86	310.73	332.56	354.34	397.74	419.37	440.95	483.96	548.10
1016	149.45	161.82	174.18	198.87	223.51	248.09	272.63	321.56	345.95	370.29	394.58	443.02	467.16	491.26	539.30	610.99
1067	157.00	170.00	182.99	208.93	234.83	260.67	286.47	337.91	363.56	389.16	414.71	465.66	491.06	516.41	566.97	642.43
1118	164.54	178.17	191.79	218.99	246.15	273.25	300.30	354.26	381.17	408.02	434.83	488.30	514.96	541.57	594.64	673.88
1168	171.94	186.19	200.42	228.86	257.24	285.58	313.87	370.29	398.43	426.52	454.56	510.49	538.39	566.23	621.77	704.70
1219	179.49	194.36	209.23	238.92	268.56	298.16	327.70	386.64	416.04	445.39	474.68	533.13	562.28	591.38	649.44	736.15
1321	194.58	210.71	226.84	259.04	291.20	323.31	355.37	419.34	451.26	483.12	514.93	578.41	610.08	641.69	704.78	799.03
1422	209.52	226.90	244.27	278.97	313.62	348.22	382.77	451.72	486.13	520.48	554.79	623.25	657.40	691.51	759.57	861.30
1524	224.62	243.25	261.88	299.09	336.26	373.38	410.44	484.43	521.34	558.21	595.03	668.52	705.20	741.82	814.91	924.19
1626	239.71	259.61	279.49	319.22	358.9	398.53	438.11	517.13	556.56	595.95	635.28	713.80	752.99	792.13	870.26	987.08

钢管外径、壁厚的允许偏差应符合表 5 - 12 的规定。

钢管不圆度应不超过外径的 ±0.75%。

表 5 - 12 　　　　　　　　**钢管外径、壁厚的允许偏差 (GB/T 3091—2008)**

公称外径 D (mm)	管体外径允许偏差	管端外径允许偏差 (mm) (距管端100mm 范围内)	壁厚允许偏差
D≤48.3	±0.5mm	—	
48.3<D≤273.1	±1.0%D	—	
273.1<D≤508	±0.75%D	+2.4 -0.8	±10%t
D>508	±1.0%D 或±10.0, 两者取较小值	+3.2 -0.8	

（2）长度。

1）通常长度。电阻焊（ERW）钢管的通常长度为 4000～12 000mm，埋弧焊（SAW）钢管的通常长度为 3000～12 000mm。

2）定尺长度。钢管的定尺长度应在通常长度范围内，其允许偏差为 $^{+20}_{0}$ mm。

3）倍尺长度。钢管的倍尺长度应在通常长度范围内，其允许偏差为 $^{+20}_{0}$ mm，每个倍尺应留出 5～10mm 的切口余量。

（3）弯曲度。公称外径小于 114.3mm 的钢管，钢管应平直；公称外径大于或等于 114.3mm 的钢管，弯曲度不应大于钢管全长的 0.2%。

（4）管端。钢管的两端面应与钢管轴线垂直，且不应有切口毛刺，其切口斜度不应大于 3mm。根据需方要求，经供需双方协议，壁厚大于 4mm 的钢管管端可加工坡口，坡口角度为 30°，坡口钝边为 (1.6±0.8)mm。

（5）质量。未镀锌钢管按实际质量交货，也可按理论质量交货。未镀锌钢管每米理论质量按式（5-3）计算（钢的密度为 $\rho=7.85kg/dm^3$），即

$$W = 0.024\ 661\ 5(D-S)S \tag{5-3}$$

式中　W——未镀锌钢管的每米理论质量，kg/m；

　　　D——钢管的公称外径，mm；

　　　S——钢管的公称壁厚，mm。

镀锌钢管以实际质量交货，也可按理论质量交货。镀锌钢管的每米理论质量按式（5-4）计算（钢的密度为 $\rho=7.85kg/dm^3$），即

$$W = c[0.024\ 661\ 5(D-S)S] \tag{5-4}$$

式中　W——镀锌钢管的每米理论质量，kg/m；

　　　c——镀锌钢管比非镀锌钢管增加的质量系数，见表 5-13；

　　　D——钢管的公称外径，mm；

　　　S——钢管的公称壁厚，mm。

（6）标记。低压流体输送用镀锌钢管的标记，应表示出钢种、公称外径、公称壁厚和长度。

1）用 Q235B 沸腾钢制造的公称外径为 323.9mm、公称壁厚为 7.0mm、长度为 12 000mm

的电阻焊钢管，标记为：Q235B·F323.9×7.0×12 000 ERW GB/T 3091—2008。

表 5-13 镀锌钢管的质量系数（GB/T 3091—2008）

公称壁厚 S（mm）	0.5	0.6	0.8	1.0	1.2	1.4	1.6	1.8	2.0	2.3
系数 c	1.255	1.112	1.159	1.127	1.106	1.091	1.080	1.071	1.064	1.055
公称壁厚 S（mm）	2.6	2.9	3.2	3.6	4.0	4.5	5.0	5.4	5.6	6.3
系数 c	1.049	1.044	1.040	1.035	1.032	1.028	1.025	1.024	1.023	1.020
公称壁厚 S（mm）	7.1	8.0	8.8	10	11	12.5	14.2	16	17.5	20
系数 c	1.018	1.016	1.014	1.013	1.012	1.010	1.009	1.008	1.009	1.006

2）用 Q345B 钢制造的公称外径为 1016mm、公称壁厚为 9.0mm、长度为 12 000mm 的埋弧焊钢管，标记为：Q345B1016×9.0×12 000 ASW GB/T 3091—2008。

3）用 Q345B 钢制造的公称外径 88.9mm、公称壁厚为 4.0mm、长度为 12 000mm 的镀锌电阻焊钢管，标记为：Q345B·Zn88.9×4.0×12 000 ERW GB/T 3091—2008。

（7）技术要求。

1）牌号和化学成分。低压流体输送用焊接钢管由 Q195、Q215A、Q215B、Q235A、Q235B、Q295A、Q295B、Q345A、Q345B 等牌号的钢制造。钢管用钢的牌号和化学成分（熔炼分析）应符合 GB/T 700—2006《碳素结构钢》中 Q215A、Q215B、Q235A、Q235B 和 GB/T 1591—1994 中 Q295A、Q295B、Q345A、Q345B 的规定，经供需双方协议，也可采用其他焊接的软钢制造。

低压流体输送用焊接钢管是采用电阻焊或埋弧焊的方法制造的。

2）力学性能。低压流体输送用焊接钢管的力学性能应符合表 5-14 的规定。

表 5-14 低压流体输送用焊接钢管的力学性能（GB/T 3091—2008）

牌　　号	抗拉强度 σ_b（MPa）	屈服点 σ_s（MPa）		断后伸长率 δ_5（％）	
		S≤16mm	S＞16mm	D≤168.3	D＞168.3
		不小于			
Q195	315	195	185		
Q215A、Q215B	335	215	205	15	20
Q235A、Q235B	370	235	225		
Q295A、Q295B	390	295	275	13	18
Q345A、Q345B	470	345	325		

3）工艺性能。

a. 弯曲试验。公称外径不大于 60.3mm 的电阻焊钢管应进行弯曲试验。弯曲试验时不带填充物，未镀锌钢管弯曲半径为公称外径的 6 倍，镀锌钢管弯曲半径为公称外径的 8 倍，弯曲角度为 90°，焊缝位于弯曲方向的侧面。试验后试样上不应出现裂纹。镀锌钢管不应有锌层剥落现象。

b. 压扁试验。公称外径大于 60.3mm 的电阻焊钢管应进行压扁试验。公称外径不大于 168.3mm 的电阻焊钢管，当两压平板间距离为钢管公称外径的 3/4 时，焊缝处不应出现裂纹；两平板间距离为钢管公称外径的 3/5 时，焊缝以外的其他部位不应出现裂纹。公称外径大于 168.3mm 的电阻焊钢管，当两平板间距离为钢管公称外径的 2/3 时，焊缝处不应出现裂纹；两平板间距离为钢管公称外径的 1/3 时，焊缝以外的其他部位不应出现裂纹。

c. 液压试验。钢管应逐根进行液压试验，试验压力应符合表 5-15 的规定。公称外径小于或等于 508mm 的钢管，稳压时间不应少于 5s，公称外径大于 508mm 的钢管，稳压时间应不少于 10s，试验压力下钢管应不渗不漏。制造厂也可用涡流探伤或超声波探伤代替液压试验。钢管涡流探伤按 GB/T 7735—2004《钢管涡流探伤检验方法》中的有关规定进行，对比试样人工缺陷（钻孔）为 A 级；超声波探伤按 GB/T 11345—1989《钢焊缝手工超声波探伤方法和探伤结果分级》的有关规定进行，检验等级为 A 级，评定等级为三级。仲裁时以液压试验为准。

表 5-15　　　　　　液压试验压力值（GB/T 3091—2008）

钢管公称外径 D（mm）	$D{\leqslant}168.3$	$168.3{<}D{\leqslant}323.9$	$323.9{<}D{\leqslant}508$	$D{>}508$
液压试验压力值（MPa）	3	5	3	2.5

4）表面质量。

a. 电阻焊钢管的毛刺高度。钢管焊缝的外毛刺应清除，其剩余高度不应大于 0.5mm。根据需方要求，并经供需双方协议，焊缝内毛刺可清除或压平，其剩余高度不应大于 1.5mm，当壁厚小于等于 4mm 时，清除毛刺后刮槽深度不应大于 0.2mm；当壁厚大于 4mm 时，刮槽深度不应大于 0.4mm。

b. 埋弧焊钢管的内外焊缝剩余高度。当钢管壁厚小于或等于 12.5mm 时，超过钢管原始表面轮廓的焊缝剩余高度不应大于 3.0mm；当钢管壁厚大于 12.5mm 时，应不大于 3.5mm。焊缝剩余高度部分应允许修磨。

c. 错边。对于壁厚小于或等于 12.5mm 的埋弧焊钢管，焊缝外钢带边缘的径向错位（错边）应不大于 1.6mm，壁厚大于 12.5mm 的钢管，径向错位不应大于公称壁厚的 0.125 倍。

d. 焊缝缺陷的修补。公称外径小于或等于 168.3mm 的钢管不允许补焊。公称外径大于 168.3mm 的钢管，对焊缝处的缺陷，补焊前应将补焊处清理干净，使之符合焊接要求。补焊焊缝最短长度不应小于 50mm。电阻焊钢管补焊焊缝最大长度不应大于 150mm，每根钢管的修补不应超过 3 处。在距离管端 200mm 以内不允许补焊。补焊焊缝应修磨，修磨后的剩余高度应与原焊缝一致。修补后的钢管应按规定进行液压试验。

e. 表面缺陷。钢管内外应光滑，不允许有折叠、裂缝、分层、搭焊等缺陷存在，允许有不超过壁厚负偏差的其他缺陷存在。

5）埋弧焊钢管对接。钢管对接时应符合焊接要求，对接钢管的纵焊缝相错的弧长应为 50～200mm，对接焊缝应均匀一致。

6）镀锌钢管。钢管镀锌应采用热浸镀锌法。镀锌钢管应做镀锌层均匀性试验。钢管试样在硫酸铜溶液中连续浸渍 5 次不应变红（镀铜色）。

镀锌钢管的内外表面应有完整的镀锌层，不应有未镀上锌的黑斑和气泡存在，允许有不大的粗糙面和局部的锌瘤存在。

根据需方要求，经供需双方协议，并在合同中注明，镀锌钢管可进行镀锌层的重量测定，其平均值不应小于 $500g/m^2$，但其中任何一个试样不应小于 $480g/m^2$。

钢管镀锌前应进行力学性能和工艺性能试验。

5.2.3　螺旋缝焊接钢管

螺旋缝焊接钢管分为自动埋弧焊接和高频电弧焊接两种。螺旋缝焊接钢管适用于水、污水、空气、采暖蒸汽等常温低压流体的输送。螺旋缝埋弧焊钢管的常用规格见附表 5-5。

5.2.4　供热管道用管材

供热管道常用钢管见表 5-16。

表 5-16　　　　　　　　　　　供热管道常用钢管

介质种类	介质工作参数		管道材料	钢管名称	钢管标准号
	压力 p (MPa)	温度 t (℃)			
热水供应管道	$p \leqslant 1.6$	$t \leqslant 200$	Q215-A、Q215B	低压流体输送用焊接钢管	GB/T 3091—2008
	$p \leqslant 1.0$	$t \leqslant 150$	Q215-A、Q215B	低压流体输送用焊接钢管	GB/T 3091—2008
饱和蒸汽、热水	$p \leqslant 1.6$	$t \leqslant 300$	Q235A、Q235B 10 号、20 号 20g、20R	螺旋缝埋弧焊钢管 输送流体用无缝钢管	CJ/T 3022—1993 《城市供热用螺旋缝埋弧焊钢管》 GB/T 8163—2008
	$p \leqslant 2.5$	$t \leqslant 425$			
过热蒸汽	$p \leqslant 2.5$	$250 \leqslant t \leqslant 425$	16Mn	无缝钢管 无缝钢管	GB/T 8163—2008 GB/T 8163—2008
	$p \leqslant 4.0$	$300 \leqslant t \leqslant 450$			

5.3　城市供热管道常用阀门

阀门是用来控制管道内介质流动的具有可动机构的机械产品的总称。

阀门是石油、化工、供热、电站、长输管线、造纸、核工业、各种低温工程、宇航以及海洋采油等流体输送系统中的控制部件，具有导流、截止、调节、节流、防止逆流、分流或溢流卸压等功能。

用来启闭管路的阀门是闭路阀门。热力管道常用的闭路阀门有截止阀、闸阀、球阀、蝶阀、止回阀等。

5.3.1　截止阀

启闭件为阀瓣，由阀杆带动，沿阀座（密封面）轴线做升降运动的阀门，称为截止阀。

截止阀具有结构简单、安装尺寸小、密封性能好、密封面检修方便等优点；缺点是介质流动阻力大；常用于 DN≤200mm 的管路上。

截止阀是最常用的阀门之一，可广泛应用于各种参数的蒸汽、水、空气、氨、氧气、油品以及腐蚀性介质的管路上。由于截止阀大量应用于蒸汽管路，所以截止阀有"汽阀"、"汽门"之称。

截止阀按连接方式的不同可分为螺纹截止阀（如图 5-1 所示）和法兰截止阀（如图 5-2 所示）。

截止阀安装有方向性，一般阀门上都标有箭头，箭头方向代表介质流动的方向。若无标注，则应按"低进高出"的原则进行安装。截止阀宜采用水平安装，阀杆不得朝下安装。

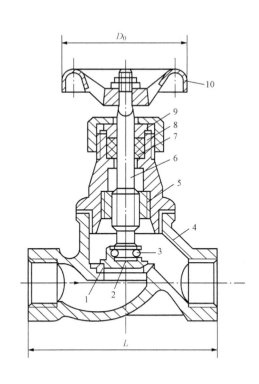

图 5-1　螺纹截止阀　　　　　　　　　　图 5-2　法兰截止阀

1—阀座；2—阀盘；3—铁丝圈；4—阀体；5—阀盖；

6—阀杆；7—填料；8—填料压盖螺母；

9—填料压盖；10—手轮

5.3.2　闸阀

闸阀又称闸板阀，启闭件为闸板，由阀杆带动阀板做升降运动。

闸阀的优点：流体流动阻力小，启闭所需力矩小，介质流向不受限制，启闭无水击现象，形体结构比较简单，制造工艺性较好。闸阀的缺点：外形尺寸和安装高度较大，所需的安装空间也较大；在启闭过程中，密封面有相对摩擦，磨损较大，甚至在高温时容易引起擦伤现象。闸阀一般都有两个密封面，给加工、研磨和维修增加了一些困难。

闸阀应用范围广泛，通常用于公称直径 DN≥50mm 的给水管路。

闸阀按连接方式可分为螺纹闸阀、法兰闸阀和焊接闸阀，按结构特征可分为平行式闸板和楔式闸板，按阀门阀杆结构可分为明杆（升降杆）闸阀和暗杆（旋转杆）闸阀。

（1）明杆平行式双闸板闸阀。明杆平行式双闸板闸阀如图 5-3 所示，闸板由两块对称平行放置的两圆盘组成，当阀板下降时靠置于闸板下部的顶楔使两闸板向外扩张紧压在阀座上，使阀门关严。当闸板上升时，楔块脱离圆盘，待圆盘上升到一定高度时，楔块就被圆盘上的凸块托起，并随闸板一起上升。该型阀门结构简单，密封面的加工、研磨、检修都比楔式闸阀简便，但密封性较差，适用于压力不超过 1.0MPa，温度不超过 200℃ 的介质。

（2）暗杆楔式闸板闸阀。图 5-4 所示为暗杆楔式闸板闸阀，该阀的密封面是倾斜的，并形成一个夹角，介质温度越高，夹角越大。楔式闸板分单闸板、双闸板、弹性闸板，如图 5-4（a）、（b）、（c）所示。楔形闸板的加工、研磨、检修比平行式闸板繁琐，但其密封性较好。

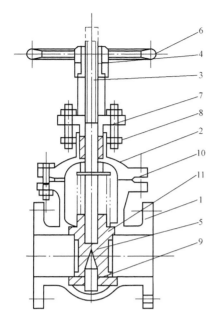

图 5-3　明杆平行式双闸板闸阀

1—阀体；2—阀盖；3—阀杆；4—阀杆螺母；

5—闸板；6—手轮；7—填料压盖；8—填料；

9—顶楔；10—垫片；11—密封圈

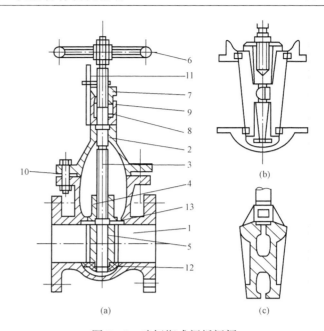

图 5-4　暗杆楔式闸板闸阀

1—阀体；2—阀盖；3—阀杆；4—阀杆螺母；5—闸板；

6—手轮；7—压盖；8—填料；9—填料箱；10—垫片；

11—指示器；12、13—密封圈

弹性闸板闸阀如图 5-5 所示，它具有结构简单，使用可靠等优点，同时它又能产生微小的弹性变形，增加了关闭的严密性。

明杆闸阀，阀杆的螺纹与附有手轮的套筒螺母相配合，阀杆的下端有方头，嵌于闸板中，旋转手轮时，阀杆和闸板做上下的升降运动。开启时，阀杆伸出手轮，优点是，从阀杆的外伸长度能判断出阀门的开启程度，阀杆不直接与输送介质接触；缺点是阀门开启高度大，安装场所必须有阀杆外伸的足够空间。现场安装时，一定要注意这一点。暗杆闸阀的阀杆外螺纹与嵌在阀门内的内螺纹相配合，故旋转手轮时，阀杆做旋转运动，使得阀门内的闸板做升降运动，而阀杆不能上下升降。暗杆闸阀安装占据空间小，输送介质与阀杆直接接触，不能通过阀杆判断阀门的开启程度。不管是明杆闸阀还是暗杆闸阀，闸阀安装

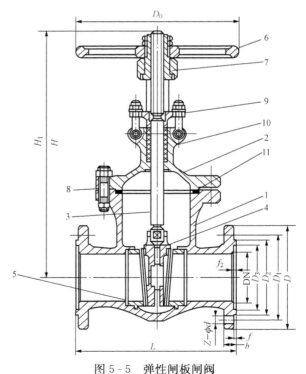

图 5-5　弹性闸板闸阀

1—阀体；2—阀盖；3—阀杆；4—阀板；5—密封圈；6—手轮；

7—阀杆螺母；8—连接螺栓；9—填料压盖；10—填料；11—垫片

均需水平安装。阀杆垂直向上，不应倾斜，严禁阀杆朝下安装。

5.3.3　球阀

启闭件为球体，绕垂直于通路的轴线转动的阀门称为球阀。

球阀如图 5-6 所示，球体中部有一圆形孔道，操纵手柄旋转 90°即可全开或全关，它具有结构简单、体积小、流动阻力小、密封性能好、操作方便、启闭迅速、便于维护等优点；缺点是高温时启闭困难，水击严重，易磨损。

球阀按连接方式可分为螺纹球阀、法兰球阀、对夹球阀、卡套球阀、卡箍球阀、焊接球阀等。球阀按结构形式可分为浮动球式、固定球式、带浮动球和弹性活动套筒阀座式、升降杆式、变孔径式、三通浮动球式、夹套浮动球式等。

5.3.4　蝶阀

启闭件为蝶板，绕固定轴转动的阀门为蝶阀。

蝶阀如图 5-7 所示，它具有结构简单、体积小、质量轻、节省材料，安装空间小，而且驱动力矩小、操作简便、迅速等特点。传统意义上的蝶阀是一种简单的且关闭不严的挡板阀，通常用于水管路系统中作为流量调节和阻尼用。近十几年来，蝶阀制造技术发展迅速，使用非常广泛，其使用品种也在不断扩大，并向高温、高压、大口径、高密封、长寿命、优良的调节性以及一阀多功能的方向发展，其密封性及安全可靠性均达到了较高的水平，并已部分地取代截止阀、闸阀和球阀。因此，蝶阀广泛应用于给水、油品、燃气等管路。

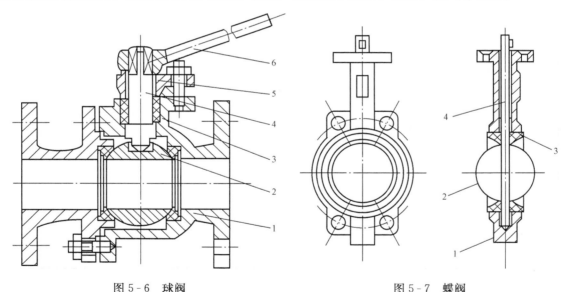

图 5-6　球阀
1—阀体；2—球体；3—填料；4—阀杆；5—阀盖；6—手柄

图 5-7　蝶阀
1—阀体；2—蝶板；3—密封圈；4—阀杆

蝶阀按结构形式可分为对称轴蝶阀、偏心轴蝶阀、管状蝶阀、转动式蝶阀、倾斜旋转式蝶阀等。蝶阀按其密封面材料可分为软密封（密封副由非金属软质材料对非金属软质材料或金属硬质材料对非金属软质材料构成）、硬密封（密封副由金属硬质材料对金属硬质材料构成）。

5.3.5　止回阀

启闭件为阀瓣，能自动阻止介质逆流的阀门为止回阀。

止回阀按结构及其关闭件与阀座的相对位移方式可分为旋启式止回阀、升降式止回阀、蝶式止回阀、管道式止回阀、空排止回阀、缓闭式止回阀、隔膜式止回阀、无磨损球形止回阀、浮球式衬氟塑料止回阀、高效无声止回阀、调流缓冲止回阀等。常用的止回阀有旋启式止回阀和升降式止回阀。

（1）旋启式止回阀。旋启式止回阀的启闭件——阀瓣绕置于阀座外的销轴旋转，如图5-8所示。图5-8（a）所示为单瓣旋启式止回阀，规格为 DN50～DN500mm，图5-8（b）所示为大口径的多瓣旋启式止回阀，规格为 DN≥600mm。

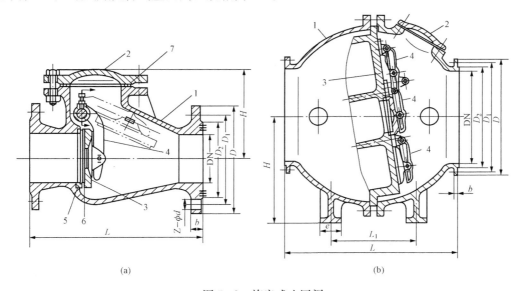

(a)　　　　　　　　　(b)

图 5-8　旋启式止回阀

（a）单瓣旋启式止回阀；（b）多瓣旋启式止回阀

1—阀体；2—阀盖；3—阀瓣；4—摇杆；5—阀体密封圈；6—阀瓣密封圈；7—垫片

（2）升降式止回阀。升降式止回阀的启闭件——阀瓣沿着阀体中腔轴线移动，升降式止回阀种类较多，常用的有一般升降式止回阀（如图5-9所示）、球瓣升降式、立式升降式、角式升降式、底阀升降式、弹簧升降式、倾斜式柱塞阀瓣升降式止回阀，多环形流道升降式止回阀，多环形流道对夹式止回阀，内压自紧密封式阀盖升降式止回阀等。

5.3.6　安全阀

管道或设备内的介质压力超过规定数值时，启闭件（阀瓣）能自动开启排放，低于规定值时，自动关闭，对管道或设备起保护作用的阀门是安全阀。

（1）安全阀的种类。安全阀的种

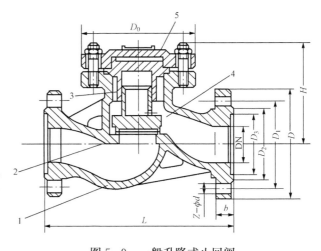

图 5-9　一般升降式止回阀

1—阀体；2—阀座；3—导向套筒；4—阀瓣；5—阀盖

类很多，通常大都以安全阀的结构特点或阀瓣最大开启高度与阀座直径之比（h/d）进行分类。安全阀一般可分为杠杆重锤式安全阀、弹簧式安全阀、脉冲式安全阀、微启式安全阀、全启式安全阀、先导式安全阀等。

1）杠杆重锤式安全阀。杠杆重锤式安全阀如图 5-10 所示，重锤的作用力通过杠杆放大后加载于阀瓣，在阀门开启和关闭过程中载荷的大小不变，因此由阀杆传来的力基本是不变的；其缺点是对振动较敏感，且回座性能差。这种结构的安全阀只能用在固定设备上，重锤的质量一般不应超过 60kg，以免操作困难。铸铁制重锤式安全阀适用于公称压力 PN≤1.6MPa、介质温度 t≤200℃；碳钢制重锤式安全阀适用于公称压力 PN≤4.0MPa、介质温度 t≤450℃。重锤式安全阀主要用于水、汽等介质。

2）弹簧式安全阀。弹簧式安全阀是利用弹簧的力平衡阀瓣的压力，并使之密封。根据阀瓣的开启高度，弹簧式安全阀又分为微启式和全启式。弹簧式安全阀的优点在于比重锤式安全阀轻便，灵敏度高，安装位置没有严格的限制；缺点是作用在阀杆上的力随弹簧的变形而产生变化，同时，当温度较高时，应注意弹簧的隔热和散热。这类安全阀的弹簧作用力一般不应超过 20 000N；过大、过硬的弹簧不适于精确的工作。

a. 微启式安全阀。阀瓣的开启高度为阀座通径的 1/20～1/40 的安全阀是微启式安全阀。微启式安全阀又分为不带调节圈的微启式弹簧安全阀（如图 5-11 所示）和带调节圈的微启式弹簧安全阀（如图 5-12 所示）。带调节圈的弹簧安全阀可利用调节圈对排放压力即启闭压差进行调节。

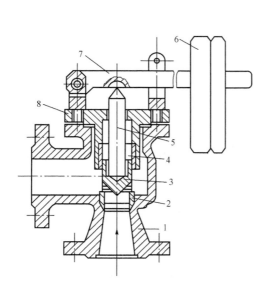

图 5-10　杠杆重锤式安全阀
1—阀体；2—阀座；3—阀盘；4—导向套筒；
5—阀杆；6—重锤；7—杠杆；8—阀盖

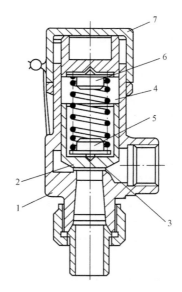

图 5-11　不带调节圈的微启式弹簧安全阀
1—阀体；2—阀瓣；3—阀座；4—弹簧；
5—下弹簧阀座；6—上弹簧阀座；7—阀盖

b. 全启式安全阀。阀瓣的开启高度为阀座通径的 1/4～1/3 的安全阀是全启式安全阀。全启式安全阀如图 5-13 所示，在安全阀的阀瓣处设有反冲盘，借助于气体介质的膨胀冲力，使阀瓣开启到足够的高度，从而达到排量要求。这种结构的安全阀使用较多，灵敏度也较高。

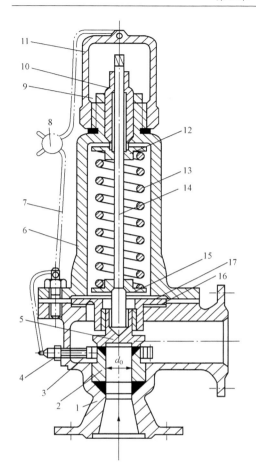

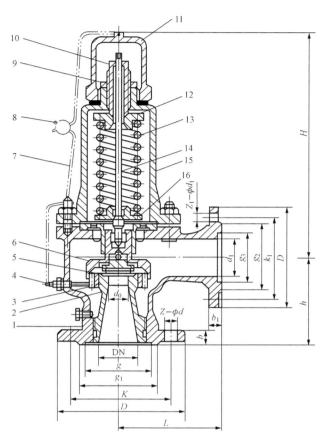

图 5-12　带调节圈的微启式弹簧安全阀
1—阀体；2—阀座；3—调节圈；4—定位螺钉；
5—阀瓣；6—阀盖；7—保险铁丝；8—保险铅封；
9—锁紧螺母；10—套筒螺栓；11—安全护罩；
12—上弹簧座；13—弹簧；14—阀杆；
15—下弹簧座；16—导向套；
17—反冲盘

图 5-13　全启式安全阀
1—阀体；2—阀座；3—调节圈；4—定位螺钉；5—阀瓣；
6—反冲盘；7—保险铁丝；8—保险铅封；9—锁紧螺母；
10—套筒螺栓；11—安全护罩；12—上弹簧座；
13—弹簧；14—阀杆；15—阀盖；
16—下弹簧座

（2）安全阀选型计算。

1）临界流动压力和临界压力比。当安全阀出口压力与进口压力的比 $p_2/p_1=\sigma_X$ 时，进一步降低出口压力 p_2 而流量却不再增加。此时的流量称为临界流量，而临界流动压力可按式（5-5）计算，即

$$p_X = p_1\sigma_X \tag{5-5}$$

式中　p_X——气体的临界流动压力（绝对压力），MPa；

σ_X——气体的临界流动压力比，仅与气体的绝热系数有关，σ_X 可按式（5-6）计算。

$$\sigma_X = \left(\frac{2}{k+1}\right)^{\frac{k}{k-1}} \tag{5-6}$$

式中　k——气体的绝热系数，$k=c_p/c_v$。

一般烃类气体 σ_X 值大都在 0.5～0.6 之间，σ_X 与 k 值的关系见表 5-17。

表 5-17　　　　　　　　　　　　　σ_X 与 k 值的关系

k	1.1	1.2	1.3	1.4	1.5	1.6	1.7	1.8
σ_X	0.585	0.564	0.546	0.528	0.512	0.497	0.482	0.469

2）喷嘴面积按式（5-7）计算，即

$$A_0 = \frac{0.1G_v}{CK_F p_m K_b}\sqrt{\frac{ZT_1}{M}} \tag{5-7}$$

$$C = 387\sqrt{k\left(\frac{2}{k+1}\right)^{\frac{k+1}{k-1}}} \tag{5-8}$$

式中　A_0——喷嘴面积，cm^2；

$\quad\quad$ G_v——气体最大泄放量，kg/h；

$\quad\quad$ K_F——流量系数，与安全阀的结构有关，通常由阀门制造厂提供，如制造厂没有提供，可按下述原则选用：全启式，$K_F = 0.6～0.7$；带调节圈的微启式，$K_F = 0.4～0.5$；不带调节圈的微启式，$K_F = 0.25～0.35$；

$\quad\quad$ p_m——最高泄放压力（绝对压力），MPa；

$\quad\quad$ T_1——进口处介质温度，K；

$\quad\quad$ M——气体分子质量；

$\quad\quad$ Z——气体在 p_m 时的压缩系数；

$\quad\quad$ k——气体的绝热系数，$k = c_p/c_v$；

$\quad\quad$ C——气体特性系数，仅与气体的绝热系数有关；

$\quad\quad$ K_b——背压校正系数，对普通型安全阀，随着 p_2 的增大，安全阀的理论泄放量将随之减少。但当 $p_2/p_1 < \sigma_X$ 时，对泄放量的影响较小。而普通结构安全阀的 p_2 值一般要求小于 $0.1p_s$，在此条件下，K_b 值可取为 1。但对波纹管式（平衡型）安全阀，K_b 可按表 5-19 选用。

不同 k 值与 C 值的关系见表 5-18。

表 5-18　　　　　　　　　　不同 k 值与 C 值的关系

k	C	k	C	k	C	k	C	k	C
1.02	236	1.22	252	1.40	265	1.58	276	1.9	293
1.06	240	1.26	255	1.42	266	1.62	278	2	298
1.1	243	1.3	258	1.46	268	1.66	280		
1.14	246	1.34	261	1.50	271	1.7	283		
1.18	250	1.38	264	1.54	274	1.8	288		

表 5-19　　　　　　　　K_b 选用表（波纹管式安全阀）

p_2/p_s [①]	0.31	0.34	0.37	0.43	0.49
K_b	1.0	0.95	0.90	0.80	0.70

①　p_s 值小于 0.34MPa 时，应与制造厂协商选用合适的 K_b 值。

3）介质为水蒸气时，安全阀喷嘴面积可按式（5-9）计算，即

$$A_0 = \frac{G_v}{450 p_m \varphi} \tag{5-9}$$

式中 φ——蒸汽过热度校正系数，当饱和蒸汽时，$\varphi = 1$。

4）介质为液体时，安全阀喷嘴面积可按式（5-10）计算，即

$$A_0 = \frac{G_L \rho_L^{0.5}}{6.9 K_b K_\mu \sqrt{p_s - p_2}} \tag{5-10}$$

式中 G_L——液体泄放量，m^3/h；

ρ_L——液体相对密度，kg/m^3；

p_s、p_2——安全阀定压、背压（绝对压力），MPa；

K_μ——黏度校正系数，可从表 5-20 中查取；

K_b——背压校正系数，对于普通型安全阀，$K_b = 1$，对于波纹管式安全阀，一般由制造厂给出 K_b 值，必要时，可从表 5-21 查得。

表 5-20　　　　　　　　　黏 度 校 正 系 数

黏度 (mm^2/s)	35	36~70	71~140	雷诺数 Re	60	100	200	400	1000	2000	3800	10 000	80 000
K_μ	1.0	0.90	0.75	K_μ	0.45	0.60	0.75	0.85	0.91	0.935	0.95	0.975	1.00

表 5-21　　　　　　　　　波纹管式安全阀 K_b 值

p_2/p_s	0.15	0.20	0.25	0.30	0.35	0.40	0.45	0.50
K_b	1.0	0.97	0.92	0.87	0.82	0.77	0.72	0.67

5）液体膨胀时的安全阀按式（5-11）计算，即

$$A_0 = \frac{G_L}{2.72 \sqrt{\rho_L (p_s - p_2)}} \tag{5-11}$$

6）介质为气、液两相流体。按前述方法分别计算气体和液体排放所需的喷嘴面积，再将两者所需面积相加即为安全阀喷嘴的总面积。

（3）安全阀的安装。

1）安全阀的整定。现以图 5-13 所示的全启式弹簧安全阀为例说明安全阀的整定。

当管路系统中没有压力时，弹簧力从上部作用于阀瓣上，使之与阀座压紧。随着系统中压力的发生，当升高到开启压力 p_K 时，阀瓣开始开启，介质急速喷出；当阀瓣开启后，如压力继续升高到排放压力 p_p 时，阀瓣完全开启，排除多余介质；此时系统压力逐渐降低，当降低到小于系统中工作压力 p，而达到回座压力 p_h 时，阀瓣关闭保持密封。安全阀的各压力之间有一定的关系，在设计、选用和定压时可按表 5-22 确定。若安装两个安全阀时，其中一个为控制用安全阀，另一个为工作用安全阀。工作安全阀的开启压力略低于控制安全阀的开启压力，避免两个安全阀同时开启，排气过多。

表 5 - 22　　　　　　　　　　　　安全阀的压力的规定　　　　　　　　　　　　　　MPa

锅炉、设备及管路 工作压力 p		安全阀 开启压力 p_K	安全阀 回座压力 p_h	安全阀 排放压力 p_p	用途
蒸汽 锅炉	<1.3	$p+0.02$ $p+0.04$	$p_K-0.04$ $p_K-0.06$	$1.03p_K$	工作用 控制用
	1.3~3.9	$1.04p$ $1.06p$	$0.94p_K$ $0.92p_K$	$1.03p_K$	工作用 控制用
	>3.9	$1.05p$ $1.08p$	$0.93p_K$ $0.90p_K$	$1.03p_K$	工作用 控制用
设备 管路	≤1.0	$p+0.05$	$p_K-0.08$	$1.1p_K$	
	>1.0	$1.05p$ $1.10p$	$0.90p_K$ $0.85p_K$	$≤1.15p_K$	工作用 控制用
省煤器		1.1 倍装设地点的工作压力	$0.90p_K$	$≤1.2p_K$	
热水锅炉		1.12p 且不应小于工作压力加 0.07	$0.90p_K$	$≤1.2p_K$	工作用
		1.14p 且不小于工作压力加 0.1	$0.90p_K$	$≤1.2p_K$	控制用

　　弹簧式安全阀的整定，首先应拆下安全阀的罩帽，顺时针方向旋紧调整螺栓，则是调高开启压力，逆时针方向旋松调整螺栓，则是调低开启压力。当调整螺栓被拧到在压力表准确的指示要求的开启压力时，安全阀便自动排放出介质，再稍微地拧紧一些，则定压完毕。然后拧上锁紧螺母。定压之后要进行调试，以检验定压的准确性，用手微扳动安全阀的扳手或将其开启压力稍微提高一点，则有介质排放出来时，即认为定压合格。然后再做安全阀的启闭试验，每个安全阀的启闭试验不少于 3 次。安全阀应有足够的灵敏性，当达到开启压力时，应无阻碍地开启，当达到排放压力时，安全阀阀瓣应全开，达到额定排放量；当压力降到回座压力时，阀门应及时关闭，并保持密封，如出现启闭不灵活，应及时进行检修和调整，直至合格。

　　安全阀安装应检验排放压力和回座压力，若排放压力或回座压力不符合要求，则可利用阀座上的调节圈进行调整。拧下调节圈固定螺钉，从露出的螺孔中插入螺钉旋具，拨动调节圈上的轮齿，使调节圈左右转动。当调节圈向右做逆时针方向旋转时，其位置升高，排放压力和回座压力都有所降低；反之，其位置降低，排放压力和回座压力都将有所提高。每一次调整时，调节圈转动的幅度不宜过大（一般在 5 齿以内）。每一次调整后，都应将螺钉拧紧，使螺钉端部位于调节圈两齿之间的凹槽内，以防止调节圈转动，但又不得对调节圈产生侧向压力。然后进行动作试验。为了安全起见，在拨动调节圈之前，应使安全阀进口压力适当降低（一般应低于开启压力的 90%），以防止在调整时阀门突然开启，发生事故。

　　安全阀调试合格后，应进行铅封，严禁乱动，并填写调试记录。

　　2）安全阀的安装。

　　a. 安全阀必须垂直安装，并尽量靠近被保护的设备或管道，自被保护的设备到安全阀入口管道最大压力损失不得超过安全阀定压的 3%。

　　b. 安全阀入口管道的管径必须大于或等于安全阀入口管径，其连接的大小头应尽量设在靠近安全阀的入口处。

　　c. 安全阀向大气排放时，排放管口要高出以排放口为中心的 7.5m 半径范围内的操作平台、设备或地面 2.5m 以上。而对于有腐蚀性、易燃或有毒的介质，排放口要高出 15m 半径范围内的操作平台、设备或地面 3m 以上。

d. 安全阀排放管排入大气时，端部要切成平口，同时，在安全阀出口弯头附近的低处要开设 $\phi6 \sim \phi10$ 的小孔，以免雨、雪或冷凝液积聚在排出管内。

e. 安全阀应装在易于检修和调节处，周围应有足够的操作空间。

f. 安全阀入口处不允许设置切断阀，若出于检修或其他方面的原因（如排放的介质中含有固体颗粒，影响安全阀跳开后不能再关闭，需要拆开检修；或用于黏性、腐蚀性介质），可加切断阀并设检查阀，切断阀必须处于全启状态，并加铅封，且应有醒目的标志。

g. 对有可能使用蒸汽吹扫的泄压管道，应考虑由于蒸汽吹扫产生的热膨胀。

5.3.7　减压阀

减压阀是通过启闭件（阀瓣）的节流，将介质压力降低，并依靠介质本身的能量，使出口压力自动保持稳定的阀门。

（1）减压阀的种类和工作原理。减压阀根据敏感元件及结构不同可分为薄膜式、弹簧薄膜式、活塞式、波纹管式、杠杆式等。

1）弹簧薄膜式减压阀。如图 5-14 所示，弹簧薄膜式减压阀的工作原理是，当调节弹簧处在自由状态时，阀瓣由于进口压力的作用和主阀弹簧 6 顶着，而处于关闭状态，拧动调整螺栓 8，顶开阀瓣 5，介质流向出口，阀后压力逐渐升至所需的压力，这样阀后压力也作用在薄膜上，调节弹簧受力向上移动，阀瓣与阀座的间隙也随之关小，直到与调节弹簧的力平衡，使阀后压力保持在一定范围内。如果阀后压力升高，使原来的平衡遭到破坏，薄膜下方的压力也随之增高，使薄膜向上移动，阀瓣与阀座的通道间隙关小，从而使流过的介质减少，压力随之下降，达到新的平衡。

弹簧薄膜式减压阀的敏感度较高，因为它没有活塞的摩擦力，与活塞式减压阀相比，薄膜的行程较小，且容易损坏；一般薄膜用橡胶或聚四氟乙烯制造，因此，使用温度受到限制。当工作温度和工作压力较高时，薄膜就需要用铜或奥氏体不锈钢制造。所以，薄膜式减压阀在水、空气等温度与压力不高的条件下使用较为普遍。

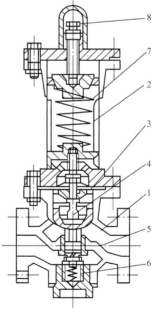

图 5-14　弹簧薄膜式减压阀
1—阀体；2—阀盖；3—薄膜；
4—阀杆；5—阀瓣；6—主阀
弹簧；7—调整弹簧；
8—调整螺栓

2）活塞式减压阀。活塞式减压阀如图 5-15（a）所示，其主要由阀体、阀盖、弹簧、活塞、主阀、副阀（脉冲阀）等部分组成。在阀体的下部装有主阀弹簧 11 用以支撑主阀 10，使主阀与阀座处于密封状态。阀体上部装有活塞 8，活塞 8 与主阀 10 的阀杆相配合，待活塞受到介质压力推动主阀，使主阀开启。阀盖内装有调整弹簧 2、脉冲阀 5 及膜片 4，帽盖内装有调整螺栓 1，调整弹簧以调节需要的工作压力。

活塞式减压阀工作原理如图 5-15（b），当阀门工作时，顺时针方向旋转调节螺栓 1，压下膜片 4，顶开脉冲阀 5，阀前压力为 p_1 的介质经过阀体内通道 a 经小室 e、d 和阀内通道 b 到达活塞 8 的上部空间，克服下弹簧力，推下活塞 8，打开主

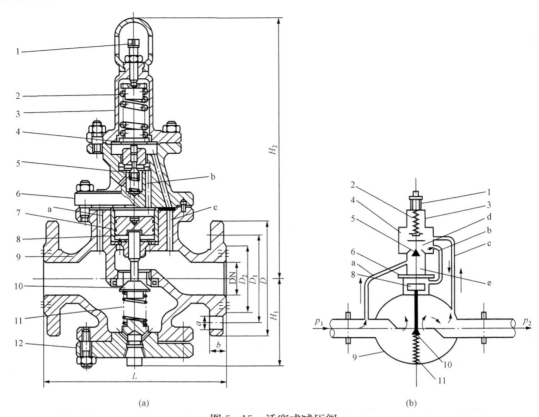

图 5 - 15　活塞式减压阀

（a）活塞式减压阀；（b）活塞式减压阀工作原理

1—调整螺栓；2—调整弹簧；3—上盖；4—膜片；5—脉冲阀；6—阀盖；7—活塞环；

8—活塞；9—阀体；10—主阀；11—主阀弹簧；12—底阀盖

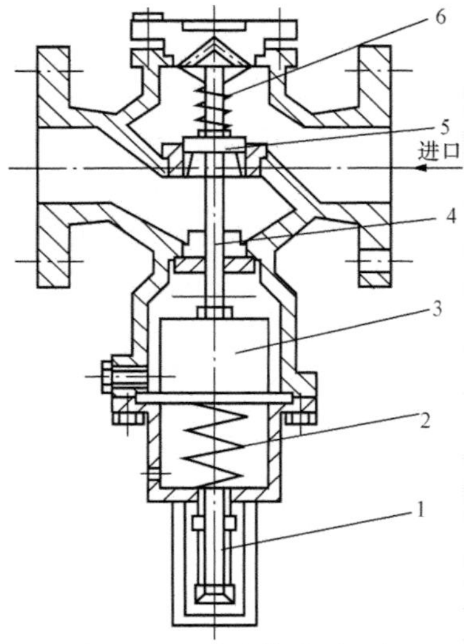

图 5 - 16　波纹管式减压阀

1—调整螺栓；2—调整弹簧；3—波纹管；

4—压力通道；5—阀瓣；6—顶紧弹簧

阀 10。介质流过主阀，压力下降为 p_2，经由阀内通道 c 进入薄膜片 4 的下部空间，作用在薄膜片上与旋紧的上弹簧力相平衡。调节旋紧螺栓，使阀后压力达到设定值。运行中，当某种原因使阀后压力 p_2 升高时，薄膜片由于下面的作用力变大而向上弯，脉冲阀关小，使得介质进入小室 e 和小室 d 的通道变窄，活塞口的下推力下降，主阀上升关小，压力 p_2 自动降下来。反之亦然。活塞式减压阀可保持压力 p_2 在一定的范围内波动。

活塞式减压阀工作可靠，维修量小，减压范围较大，占地面积小，适用范围广。活塞式减压阀工作时，由于活塞在气缸中的摩擦力较大，因此，它适用于温度较高、压力较大的蒸汽和空气等介质的管道工程上。活塞式减压阀的缺点是灵敏度较差。

3）波纹管式减压阀。波纹管式减压阀如图 5 - 16 所示，它是通过波纹管平衡压力的。当调节弹簧 2 在自然状态时，阀瓣 5 在进口处顶紧弹簧力的作用下处于关闭状态。工作时，拧动调整螺栓 1，使调整弹簧 2 顶开阀瓣 5，介质流向出口，阀后压力逐渐上升至所需压力，阀后压力经通道，作用于波纹管外侧，使波纹管向下的压力与调整弹簧向上的压力平衡，达到阀后的压力稳定在需要的压力范围内。若阀后压力过大，则波纹管向下的压力大于调整弹簧的压力，使阀瓣关小，阀后压力降低，达到要求的压力。

波纹管式减压阀的敏感度较高，因为它没有活塞的摩擦力，与薄膜式减压阀相比，波纹管的行程比较大，且不容易损坏；由于波纹管一般都用奥氏体不锈钢制造，故可用在工作温度和工作压力较高的水、空气、蒸汽等装置和管路上。但波纹管的制造工艺较为复杂。

（2）减压阀的选用计算。蒸汽流过减压阀阀孔的过程是气体绝热节流过程。通过减压阀孔口的蒸汽流量可以近似地用气体绝热流动基本方程式进行计算。

流体的临界压力 p_L 和减压阀前压力 p_1 之比称为临界压力比，用符号 β_L 表示，则 β_L 为

$$\beta_L = \frac{p_L}{p_1} = \left(\frac{2}{k+1}\right)^{\frac{k}{k-1}} \tag{5-12}$$

当蒸汽为饱和蒸汽时，绝热指数 $k=1.135$，$\beta_L = \frac{p_L}{p_1} = \left(\frac{2}{k+1}\right)^{\frac{k}{k-1}} = 0.577$；当蒸汽为过热蒸汽时，绝热指数 $k=1.3$，$\beta_L = \frac{p_L}{p_1} = \left(\frac{2}{k+1}\right)^{\frac{k}{k-1}} = 0.546$，临界压力比是确定减压阀流量的一个关键因素，计算分下述两种情况讨论。

1）当减压阀的减压比大于临界压力比，即 $\beta = p_2/p_1 > \beta_L$ 时

$$G = f\mu \sqrt{2\frac{k}{k-1}\frac{p_1}{v_1}\left[\left(\frac{p_2}{p_1}\right)^{\frac{2}{k}} - \left(\frac{p_2}{p_1}\right)^{\frac{k+1}{k}}\right]} \tag{5-13}$$

式中　G——蒸汽流量，kg/s；

$\quad\quad f$——减压阀孔流通面积，m^2；

$\quad\quad \mu$——减压阀孔的流量系数，一般取 $\mu=0.6$；

$\quad\quad k$——流体的绝热指数；

$\quad\quad p_1$——阀孔前的流体绝对压力，Pa；

$\quad\quad p_2$——阀孔后的流体绝对压力，Pa；

$\quad\quad v_1$——阀孔前的流体比体积，m^3/kg。

若将流量的单位由 kg/s 改为 kg/h，面积的单位由 m^2 改为 cm^2，压力的单位由 Pa 改为 kPa，则式（5-13）可写为

$$G = 11.38 f\mu \sqrt{2\frac{k}{k-1}\frac{p_1}{v_1}\left[\left(\frac{p_2}{p_1}\right)^{\frac{2}{k}} - \left(\frac{p_2}{p_1}\right)^{\frac{k+1}{k}}\right]} \tag{5-14}$$

将绝热指数 k 值代入式（5-14）则可简化为

饱和蒸汽（$k=1.135$）时，

$$G = 46.68 f\mu \sqrt{\frac{p_1}{v_1}\left[\left(\frac{p_2}{p_1}\right)^{1.76} - \left(\frac{p_2}{p_1}\right)^{1.88}\right]} \tag{5-15}$$

过热蒸汽（$k=1.3$）时，

$$G = 33.51 f\mu \sqrt{\frac{p_1}{v_1}\left[\left(\frac{p_2}{p_1}\right)^{1.54} - \left(\frac{p_2}{p_1}\right)^{1.77}\right]} \tag{5-16}$$

2) 当减压阀的减压比等于或小于临界压力比，即 $\beta = p_2/p_1 \leqslant \beta_L$ 时，则应按临界流量（最大流量）方程式计算，即

$$G_{\max} = 11.38 \mu f \sqrt{2 \cdot \frac{k}{k+1} \left(\frac{2}{k+1}\right)^{\frac{2}{k-1}} \cdot \frac{p_1}{v_1}} \qquad (5\text{-}17)$$

式中　$G_{\max}$——蒸汽最大流量，kg/h；

　　　　f——减压阀孔流通面积，cm²；

　　　　p_1——阀孔前的流体绝对压力，kPa。

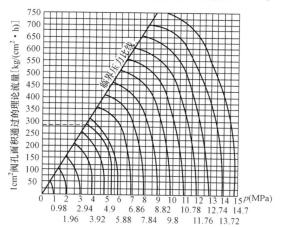

图 5-17　饱和蒸汽通过减压阀孔的流量曲线

将绝热指数 k 值代入式（5-17）则可简化为

饱和蒸汽（$k=1.135$）时

$$G_{\max} = 7.24 \mu f \sqrt{\frac{p_1}{v_1}} \qquad (5\text{-}18)$$

过热蒸汽（$k=1.3$）时

$$G_{\max} = 7.60 \mu f \sqrt{\frac{p_1}{v_1}} \qquad (5\text{-}19)$$

工程设计中，选择减压阀孔口面积，可根据式（5-14）～式（5-19）绘制的曲线图（如图 5-17～图 5-19 所示）查取，图 5-17～图 5-19 中的纵坐标为 1cm² 的阀孔通过的流量，且 $\mu=1.0$，阀孔面积为

$$f = \frac{G}{\mu q} \qquad (5\text{-}20)$$

式中　G——通过减压阀的蒸汽流量，kg/h；

　　　　q——通过 1cm² 的阀孔面积的理论流量，kg/(cm²·h)，即由图查出的 $\mu=1.0$ 时的流量；

　　　　μ——减压阀孔的流量系数，取 $\mu=0.6$。

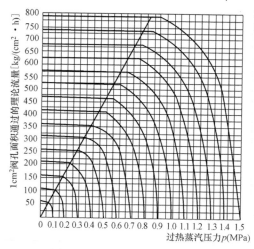

图 5-18　200℃过热蒸汽通过
减压阀孔的流量曲线

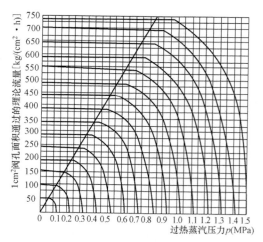

图 5-19　250℃过热蒸汽通过
减压阀孔的流量曲线

求出所需之阀孔截面积 f 后，可按表 5 - 23 选择减压阀的公称直径。

表 5 - 23　　　　　　　　　　　　　　　减压阀的公称直径选定表

公称直径 DN	25	32	40	50	65	80	100	125	150
阀孔截面积 $f/(\text{cm}^2)$	2.00	2.80	3.48	5.30	9.45	13.20	23.50	36.80	52.20

（3）减压阀安装。减压阀是功能性附件，减压阀前后必须设截断阀、控制阀，减压前后应设置压力表，为防止减压阀失灵而又确保减压阀后的管道系统处在相应的安全工作压力范围内，减压阀后一定要安装安全阀。

减压阀阀组不应设置在靠近移动设备或容易受到冲击的地方，而应设置在振动较小、便于维护检修处。减压阀主要用于降低蒸汽、压缩空气、燃气等管路，减压阀前后的截断阀应采用截止阀。

减压阀阀组的安装有两种情况：一种情况是沿墙敷设安装，另一种情况是安装在架空管路上；后者安装时应设置永久性操作平台。减压阀组的安装高度为 1.2m 左右。蒸汽减压阀阀组安装如图 5 - 20 所示。

5.3.8　疏水阀

自动排放凝结水并阻止蒸汽通过的阀门是疏水阀。在蒸汽管道系统中，疏水阀是一个自动调节阀门，它能自动排出凝结水，阻止蒸汽通过。

（1）疏水阀的种类及工作原理。

1）浮桶式蒸汽疏水阀。浮桶式蒸汽疏水阀如图 5 - 21 所示，桶状浮子的开口朝上配置。开始通汽时，产生的凝结水被蒸汽压力推动，流入疏水阀内部吊桶的四周，随着凝结水量的增加又逐渐流入桶内。当浮桶内储存的水达到所规定的数量时，浮桶失去浮力而下沉，连接在浮桶上的阀瓣打开，浮桶内的水通过集水管由疏水阀的出口排出。当浮桶内的凝结水大部分被排出之后，浮桶又恢复了浮力，向上浮起，蒸汽疏水阀关闭。

2）倒吊桶式疏水阀。倒吊桶式疏水阀如图 5 - 22 所示，这种结构的浮桶，开口朝下设置，又因其倒吊桶的形状正好呈吊钟形，所以也称为钟形浮子式疏水阀。

倒吊桶式疏水阀，开始通汽时，由于吊桶重力的作用，吊桶与杠杆连接在一起的阀瓣始终是打开的；开始通入蒸汽后，蒸汽使用设备内的空气进入疏水阀排出，随着蒸汽、凝结水的流入，吊桶下部充满了蒸汽，吊桶浮起，阀门关闭。当凝结水漫过罩口继续上升至充满了全部空间时，各部分压力达到新的平衡，钟罩因重力而下落，于是出口被打开，凝结水排出；液面下降后，新进入的蒸汽又占据了钟罩的上部空间，浮桶再次浮起，使出口关闭，阻止蒸汽跑出。

3）杠杆浮球式疏水阀。杠杆浮球式疏水阀如图 5 - 23 所示，随着凝结水面的上升，浮球也随之上升，使出口阀开启；凝结水面下降时，浮球也随之下落，并通过杠杆将出口阀关闭，这样就达到了排出凝结水阻止蒸汽的目的。这种疏水阀结构简单，疏水阻汽效果好，但长期使用浮球和杠杆容易损坏，而且因其出口小，容易被铁锈和杂质阻塞。

4）自由浮球式蒸汽疏水阀。自由浮球式蒸汽疏水阀如图 5 - 24、图 5 - 25 所示，因为这种疏水阀是将圆形浮子无约束地放置在疏水阀的阀体内部，所以称为自由浮球式疏水阀，或称为无杠杆疏水阀。这类阀门的浮球既是结构件又是启闭件。为方便空气的排出，在阀盖上部设置了空气排放阀。

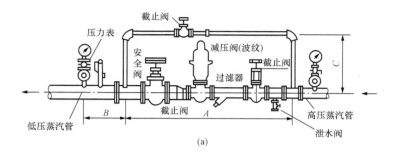

(a)

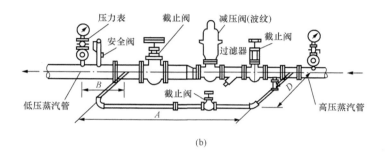

(b)

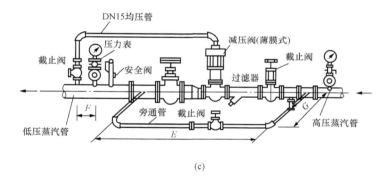

(c)

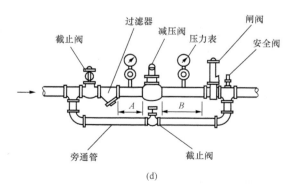

(d)

图 5 - 20　蒸汽减压阀阀组安装

(a) 波纹管减压阀（旁通管垂直安装）；(b) 波纹管减压阀（旁通管水平安装）；
(c) 薄膜式减压阀；(d) 活塞式减压阀

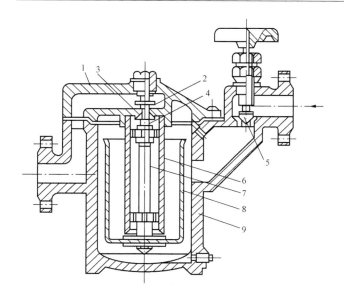

图 5-21　浮桶式蒸汽疏水阀

1—阀盖；2—止回阀阀芯；3—疏水阀座；4—疏水阀芯；
5—截止阀阀芯；6—套管；7—阀杆；8—浮桶；9—外壳

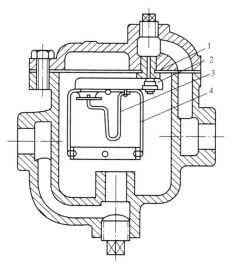

图 5-22　倒吊桶式疏水阀

1—阀座；2—阀瓣；3—双金属片；4—钟形桶

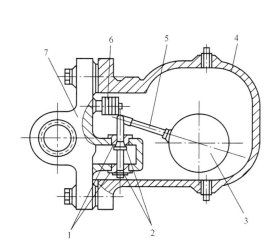

图 5-23　杠杆浮球式疏水阀

1—阀座；2—阀芯；3—浮球；4—阀体；5—杠杆机构；
6—波纹管式排气阀；7—阀盖

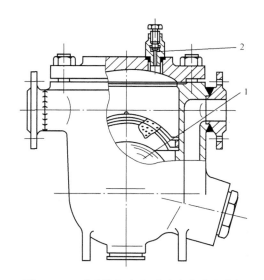

图 5-24　手动放气自由浮球式蒸汽疏水阀

1—浮球；2—手动放气阀

　　自动放气自由浮球式蒸汽疏水阀刚开始工作时，空气排放阀的双金属因温度低而呈凹状，空气排放口是开着的；开始通气时，进入疏水阀的空气由空气排放阀排出，随后流入的冷凝水使浮球上浮，浮球离开阀座的排水口，冷凝水被排出。随着凝结水温度的升高，空气排放阀的双金属反向弯曲，从而将排放阀关闭。于是，浮球便随着凝结水流入量的多寡而上下浮动，实现疏水阀的自动排放、关闭。

　　5）波纹管式疏水阀。波纹管式疏水阀如图 5-26 所示，该类疏水阀的动作元件即感温元件是波纹管。这种波纹管的形状像一个小灯笼，是一个可伸缩的壁厚为 0.1～0.2mm 的密封金属容器，其内部装有水或比水沸点低的易挥发液体（如酒精、乙醚等），这种波纹管随着液体温度的变化其形状发生显著变化，波纹管的底部有一阀瓣（多数情况下阀瓣与波纹管制成一体），波纹管的胀缩使得阀瓣闭合和离开阀口，从而使疏水阀关闭和打开。

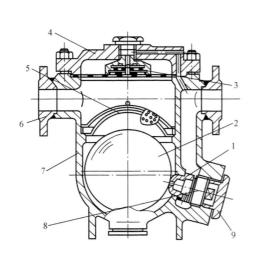

图 5-25　自动放气自由浮球式蒸汽疏水阀
1—阀座；2—浮球；3—自动放气阀；4—阀盖；5—过滤网；
6—焊接法兰；7—阀体；8—调整螺栓；9—螺栓堵

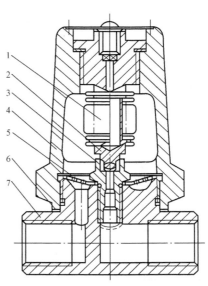

图 5-26　波纹管式疏水阀
1—波纹管；2—阀瓣；3—阀座；4—阀盖；
5—过滤网；6—密封垫片；7—阀体

波纹管疏水阀的工作原理：蒸汽系统通汽时为常温状态，波纹管内部的介质呈液体状态，没有汽化，波纹管收缩，阀瓣离开阀座，疏水阀呈开启状态，因此流入疏水阀内的空气和大量的低温凝结水通过阀座孔排出。伴随着低温凝结水的排出，较高温度的冷凝水进入疏水阀，同时还有一定量的蒸汽，这时，波纹管感温，波纹管内的液体迅速地蒸发、沸腾，使得波纹管内压力升高，波纹管膨胀、伸长，使阀瓣渐渐接近阀座，当温度达到一定值时，波纹管进一步膨胀，疏水阀关闭。随着时间的延长，阀内的水温逐渐降低，当降到波纹管内的液体凝结温度时，波纹管内的液体冷凝，波纹管内压力降低，波纹管体积缩小，波纹管缩短，阀瓣渐渐离开阀座，疏水阀打开，凝结水被排出。这一过程反复进行，实现了疏水阀的自动启闭、调节。

6）双金属片疏水阀。双金属片疏水阀如图 5-27 所示，其感温元件是双金属片。双金属片是由受热后膨胀程度差异较大的两种金属（特殊合金）薄板黏合在一起制成的，所以温度一旦发生变化，热膨胀系数大的金属比热膨胀系数小的金属胀缩大，使这种黏合的金属薄板产生较大的弯曲。双金属片能将温度变化转换成弯曲形状的变化。双金属片具有足够的机械强度，且耐冲击力较强，有着良好的使用功能。双金属片疏水阀有多种形式，图 5-27 所示的疏水阀是圆板形双金属片式蒸汽疏水阀，其工作原理是蒸汽系统通汽时，疏水阀处在环境温度下，双金属片没有感温，阀门处在开启状态，从蒸汽管路上流入的空气和大量的低温凝结水被排出。随之而来的较高温度的凝结水和汽水两相混合物进入阀门，双金属片（图

5-27 所示的双金属片是由若干块圆形的双金属片组合在一起）感温，出现变形，各个单元的双金属随温度的上升而弯向膨胀系数低的一面，沿阀杆轴向延伸，将阀杆提起，疏水阀关闭。待疏水阀内的凝结水温度降至一定程度后，双金属片又恢复原状，疏水阀打开，凝结水被排出。

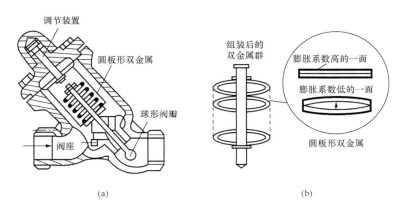

图 5-27　圆板形双金属片式蒸汽疏水阀

（a）疏水器剖面图；（b）双金属片详图

　　7）隔膜式疏水阀。隔膜式疏水阀如图 5-28 所示，该阀的下体和上体之间设有耐高温的膜片，膜片下的碗形体中充满了感温液。根据不同的工况选用不同的感温液。当膜片在周围不同温度的蒸汽和凝结水作用下，使感温液发生气液之间的相变，出现压力上升或下降，从而使膜片带动阀瓣往复位移，启闭阀门，达到排水阻汽的目的。

　　8）圆盘式蒸汽疏水阀。圆盘式蒸汽疏水阀如图 5-29 所示。圆盘式疏水阀的活动零件只有一个圆盘阀片，所以结构简单。设有圆盘阀片的中间室称为变压室，借助于变压室内的压力降有以下几种不同的开阀方法：大气冷却法（自然冷却法）、蒸汽加热凝结水冷却法（带蒸汽夹套）和空气保温式（带空气夹套），如图 5-30 所示。

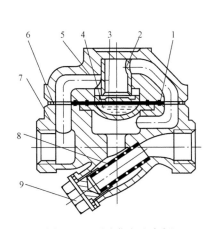

图 5-28　隔膜式疏水阀

1—隔膜；2—阀座；3—阀瓣；4—感温液；5—阀盖；
6—密封垫片；7—阀体；8—过滤网；9—螺栓

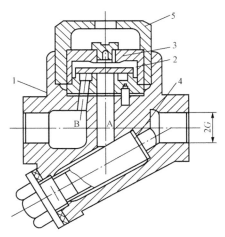

图 5-29　圆盘式蒸汽疏水阀

1—阀体；2—阀瓣；3—压盖；
4—过滤器；5—阀盖

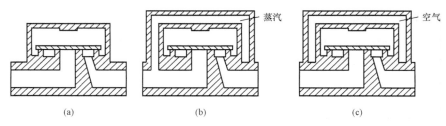

图 5 - 30　圆盘式蒸汽疏水阀的不同冷却方式

（a）大气冷却式；（b）蒸汽加凝结水冷却式；（c）空气保温式

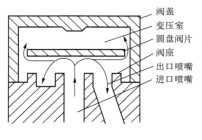

图 5 - 31　大气冷却圆盘式
蒸汽疏水阀

大气冷却圆盘式蒸汽疏水阀如图 5 - 31 所示，开始通汽时，空气和凝结水流入疏水阀内，通过进口喷嘴将圆盘阀片往上推，从出口喷嘴排出凝结水，然后蒸汽进入疏水阀。由于蒸汽从圆盘阀片下面流过的速度比凝结水流过的速度大得多，因此圆盘阀片下面的压力降低，在圆盘阀片上的关闭力作用下，使疏水阀关闭。

在关闭阀门的瞬间，变压室内的压力几乎与入口处的压力相同。由于圆盘阀片上方的全部面积承受了该压力，而圆盘阀片下方只承受进口压力的面积不会超过入口喷嘴的面积，所以圆盘阀片向下的压力大，因此，阀门关闭。

阀门关闭后，进入变压室的蒸汽向接触阀盖外侧的空气散热，随着阀盖散热，变压室内的蒸汽渐渐凝结成水，因此，压力也逐渐降低。当变压室内的压力降至某一程度之后，尽管圆盘阀片承受向下压力的受力面积大，但也不能阻止推动圆盘阀片向上的力，于是阀片升起，阀门打开，将关阀后积聚在疏水阀口处的凝结水从出口排出。当凝结水流动的时候，凝结水的冲击力将阀片冲开。

当滞留的凝结水全部排出后，流入蒸汽。蒸汽对阀片的冲击力比凝结水小得多，蒸汽流速较高，使阀片下的压力降低，从而阀门关闭。

上述过程反复进行，完成了疏水阀的自动控制、调节，达到了疏水阀的排水阻汽的目的。

9）脉冲式疏水阀。脉冲式疏水阀如图 5 - 32 所示，这种疏水阀在阀瓣上设置了孔板，接通疏水阀出口，所以又称孔板式。带有凸缘且具有通孔的纵向形阀瓣及控制缸为主要零件。阀瓣的通孔被称为第二级孔板，阀瓣凸缘与控制缸间的间隙为第一级孔板。这种疏水阀即使处在关闭状态，也会通过第一和第二级节流孔板与出口相通，它不是完全闭锁结构。

开始通汽时，空气先通过第一和第二级孔板排放出去。当凝结水通过第一级孔板时，其压力要较之在气体状态下有显著降低，因此阀瓣凸缘上部压力室的压力降低，凸缘

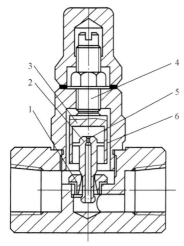

图 5 - 32　脉冲式疏水阀

1—阀座；2—阀瓣；3—控制缸；
4—调整螺栓；5—第二节流孔；
6—主阀口

下部的压力把阀瓣向上推起，使主阀口打开，排放凝结水。

凝结水排放结束，蒸汽进入。蒸汽通过第一级孔板后，其压力降较小，所以凸缘上部压力室的压力升高，把阀瓣推下，关闭疏水阀。虽然疏水阀处于关闭状态，蒸汽也会不断地通过第一级和第二级孔板漏出。

若阀内积存有凝结水，在蒸汽通过第一级孔板时，其压力下降很大，阀瓣凸缘上方压力室的压力也降低，所以凸缘下方的压力将阀瓣推上去，从而打开阀门，于是达到反复排出凝结水的目的。

（2）疏水阀的选择。疏水阀应具有的性能是能准确无误地排除凝结水，不泄漏蒸汽且具有排除空气的能力，能提高蒸汽利用率，耐用性能良好，背压容许范围大，抗水击能力强，容易维修等。

1）蒸汽疏水阀的主要特性。各种蒸汽疏水阀的主要特性见表 5 - 24。

表 5 - 24　　　　　　　　各种蒸汽疏水阀的主要特性

特性		分　类						
		机　械　型			热　静　力　型			热　动　力　型	
		浮球	浮桶	倒吊桶	膜盒	双金属片	波纹管	圆盘	脉冲
排放特性		连续排出	间歇排出		间歇排出			间歇排出	接近间歇排出
启闭速度	开启	快	较快		慢			较快	
	关闭							快	
排水温度		接近饱和温度			低于饱和温度，过冷度一般为 10～30℃			稍低于饱和温度，过冷度为 6～8℃	
最高允许背压		高，不低于进口压力的 80%			较低，不低于进口压力的 30%			中，不低于进口压力的 50%	低，不低于进口压力的 25%
排除空气能力		要设置排空气装置	有自动排空气能力		有自动排空气能力			高压时要设置排空气装置	有自动排空气能力
蒸汽损失情况		易损失蒸汽	不易损失蒸汽		不易损失蒸汽			易损失蒸汽	
凝结水排量		大			中			小	
冻结情况		易冻结，要有防冻装置			不易冻结	安装在垂直管路上，要有防冻措施	不易冻结	安装在垂直管路上，要有防冻措施	不易冻结
安装角度		只限水平安装			只限水平安装	水平、垂直安装均可	只限水平安装	水平、垂直安装均可	只限水平安装
耐用性能		不耐用	耐用		不耐用	耐用	不耐用	不耐用	
体积		大			小			小	

2) 各种疏水阀的主要优缺点见表 5-25。

表 5-25 各种疏水阀的主要优缺点

类 型		优 点	缺 点
机械型	浮桶式	动作准确，排放量大，不易泄漏蒸汽，抗水击能力强	排除空气能力差，体积大，有冻结的可能，疏水阀内的蒸汽层有热量损失
	倒吊桶式	排除空气能力强，没有空气气堵和蒸汽汽锁现象，排量大，抗水击能力强	体积大，有冻结的可能
	杠杆浮球式	排量大，排除空气性能良好，能连续排出凝结水	体积大，抗水击能力差，疏水阀内蒸汽层有热损失，排出凝结水时有蒸汽卷入
	自由浮球式	排量大，排空气性能好，能连续排出凝结水，体积小，结构简单，浮球和阀座易互换	抗水击能力差，疏水阀内蒸汽层有热损失，排出凝结水时有蒸汽卷入
热静力型	波纹管式	排量大，排空气性能良好，不泄漏蒸汽，不会冻结，可控制凝结水温度，体积小	反应迟钝，不能适应负荷的突变及蒸汽压力的变化，不能用于过热蒸汽，抗水击能力差，只适用于低压的场合
	圆板双金属式	排量大，排空气性能良好，不会冻结，不泄漏蒸汽，动作噪声小，无阀瓣堵塞事故，抗水击能力强可利用凝结水的显热	很难适应负荷的急剧变化，不适宜蒸汽压力变动大的场合，在使用中双金属的特性有变化
	圆板双金属温调式	凝结水显热利用好，节省蒸汽，不泄漏蒸汽，动作噪声小，随蒸汽压力变化变动性能好	不适用于大排量
热动力型	孔板式	体积小，重量轻，排空气性能良好，不易冻结，可用于过热蒸汽	不适用于大排量，泄漏蒸汽，易出故障，背压容许度低（背压限制在 30%）
	圆盘式	结构简单，体积小，重量轻，不易冻结，维修简单，可用于过热蒸汽，安装角度自由，抗水击能力强，可排饱和温度的凝结水	空气流入后不能动作，空气气堵较多，动作噪声大，背压容许度低（背压限制在50%），不能在低压（0.03MPa 以下）下使用，阀片有空打现象，蒸汽层放热有热损失，蒸汽有泄漏，不适用于大排量

3) 选用疏水阀应考虑的因素。

a. 疏水阀的选用倍率。疏水阀选用时首要问题是确定疏水阀的排水量，疏水阀的额定排水量等于蒸汽使用设备的凝结水量乘以选用倍率，选用倍率见表 5-26。

b. 疏水阀的技术参数。选用疏水阀应考虑的技术参数有公称压力、公称直径、最高允许压力、最高允许温度、最高工作压力、最低工作压力、最高背压率、凝结水排量等。上述参数应符合蒸汽管网的工况条件。

在凝结水回收系统中，若利用工作背压回收凝结水时，应当选用背压率较高的疏水阀，如机械型疏水阀。

如果用汽设备不允许积存凝结水，则应当选用能连续排出饱和凝结水的疏水阀，如浮球式疏水阀。

表 5 - 26　　　　　　　　　　　　　疏水阀选用倍率（推荐值）

使用场合	使 用 要 求		选用倍率 K
分汽缸下部	各种压力下应能迅速排除凝结水		3
蒸汽主管	每 100m 管路或控制阀前、管路转弯、主管末端等处应设疏水点		3
支管	支管长度大于或等于 5m 处的各种控制阀前应设疏水阀		3
汽水分离器	在汽水分离器的下部疏水		3
伴热管	一般伴热管 DN 为 15mm，在小于或等于 50m 处设泄水点		2
暖风机	工作压力（p）不变时		3
	工作压力可调时	$p \leqslant 0.2MPa$	2
		$0.2MPa < p \leqslant 0.6MPa$	3
单路盘管加热液体	快速加热		3
	不需快速加热		2
多路并联盘管加热液体			2
烘干室（箱）	压力不变时		2
	压力可调时		3
溴化锂制冷设备蒸发器	单效，压力 $p \leqslant 0.1MPa$		2
	双效，压力 $p \leqslant 1MPa$		3
浸在液体中的加热盘管	压力不变时		2
	压力可调时	$0.1MPa < p \leqslant 0.2MPa$	2
		$p > 0.2MPa$	3
列管式换热器	虹吸排水		5
	压力不变时		2
	压力可调时	$p \leqslant 0.2MPa$	2
		$p > 0.2MPa$	3
夹套锅	必须在夹套锅上方设排气阀		3
单效、多效蒸发器	凝结水量	$<20t/h$	3
		$>20t/h$	2
层压机	应分层疏水		3
消毒柜	柜上方设排气阀		3
回转干燥圆桶	表面线速度	$<30m/s$	5
		$30 \sim 80m/s$	8
		$80 \sim 100m/s$	10
二次蒸汽罐	罐体直径应保证二次蒸汽速度小于或等于 5m/s，且罐体上部设排空气阀		3

　　在凝结水回收系统中，如果要求用汽设备既排出饱和水，又能及时排除不凝性气体时，应当选用有排水、排气双重功能的疏水阀。

　　用汽设备工作压力经常波动时，应当选用不需调整工作压力的疏水阀。

4）各种蒸汽供热设备推荐采用的蒸汽疏水阀类型见表 5-27。

表 5-27　　　　　　　　**各种蒸汽供热设备推荐采用的疏水阀类型**

蒸汽供热设备		推荐采用的疏水阀类型
蒸汽主管、蒸汽夹套		圆盘式、浮球式
汽水分离器		浮球式
暖风机、热风机组		浮球式
采暖用散热器		波纹管式、双金属片式、膜盒式
换热器	蒸汽进口装有温度调节阀	浮球式
	蒸汽进口不装温度调节阀	双金属片式、浮球式
蒸发器		浮球式、敞口向下浮子式
夹套锅		双金属片式
浸在液槽中	蒸汽进口装有温度调节阀	浮球式
	蒸汽进口不装温度调节阀	双金属片式、膜盒式
加热盘管	滚筒烘干机	浮球式（带防汽锁装置）、双金属片
	熨平机	圆盘式、双金属片式、膜盒式
	干洗机	浮球式
	烘干室（箱）	浮球式
消毒器		波纹管式、双金属片式
低于大气压力的蒸汽供热设备		泵式疏水阀

5）蒸汽疏水阀的选用要求。

a. 根据实际使用工况确定蒸汽疏水阀入口与出口的压差。蒸汽疏水阀的入口压力是指蒸汽疏水阀入口处可能达到的最低工作压力；蒸汽疏水阀的出口压力则指蒸汽疏水阀后可能形成的最高工作背压。当排入大气时，实际压差按蒸汽疏水阀入口压力确定。

b. 根据蒸汽供热设备在正常工作时可能产生的凝结水量乘以选用倍率，然后对照疏水阀的排水量进行选择。

c. 凝结水量的计算方法。凝结水量分管线运行时和加热设备运行时两种进行计算。

a）管线运行时产生的凝结水量按式（5-21）计算，即

$$G = q_0 L \left(1 - \frac{Z}{100}\right) \tag{5-21}$$

式中　G——凝结水量，kg/h；

　　　q_0——光管产生的凝结水量，kg/(m·h)；

　　　L——疏水点间的距离，m；

　　　Z——保温效率，%。

b）加热设备运行时产生的凝结水量按式（5-22）计算，即

$$G = \frac{V \rho c \Delta T}{rt} \tag{5-22}$$

式中　G——加热设备运行时产生的凝结水量，kg/h；

　　　V——被加热液体的体积，m³；

ρ——被加热液体的密度，kg/m^3；

c——被加热液体的比热容，$kJ/(kg \cdot \mathrm{℃})$；

ΔT——液体温升，$\mathrm{℃}$；

r——蒸汽汽化潜热，kJ/kg；

t——加热时间，h。

（3）疏水阀的安装。

1）疏水阀组的安装。疏水阀是功能阀门，一般情况下不单独安装。通常状况下，疏水阀的安装如图 5-33 所示。由图 5-33 可知，疏水阀前后均设切断阀，疏水阀前还应设检查管、过滤器，疏水阀后还应设检查管、止回阀等，由这些组件构成的疏水装置称为疏水阀组。

疏水阀组应安装在便于检修的地方，并尽量靠近用热设备和管道及凝结水排出口之下。阀体的垂直中心线与水平面应互相垂直，不可倾斜，并使介质的流道方向与阀体一致。组装时，应注意安装好旁通管、冲洗管、检查管、止回阀和过滤器等的位置，并加设必要的可拆卸件（法兰或活接），以便于检修时拆卸。

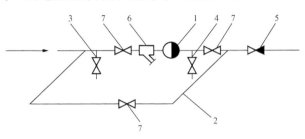

图 5-33　疏水阀的安装

1—疏水器；2—旁通管；3—冲洗阀；4—检查管；
5—止回阀；6—过滤器；7—截止阀

a. 旁通管。旁通管的主要作用是管道在开始运行时用来排放大量的凝结水。运行中，检修疏水阀时，用旁通管来排放凝结水是不适宜的，因为这样会使蒸汽窜入回水系统（凝结水排至排水沟的情况除外），影响其他用热设备和管网回水压力的平衡。如果不论疏水阀的大小，不分系统和用途一律装设旁通管，实践证明，弊多利少。所以，一般中小用汽系统、用热设备及蒸汽管道中，安装疏水阀可不装旁通管。而对于必须连续生产及对加热温度有严格要求的生产用热设备或对于用热量大、易间歇、速加热的设备，应安装旁通管。

b. 冲洗管。冲洗管的作用是用来冲洗管路和放气。冲洗管一般向下安装，也可以向上安装。

c. 切断阀。疏水阀前后应设切断阀，便于疏水阀检修时使用，切断阀常采用截止阀。如凝结水直接排入大气时，疏水阀后可不设切断阀。

d. 过滤器。疏水阀与前切断阀间应设置过滤器，防止系统中的污物堵塞疏水阀。圆盘式疏水阀本身带过滤器，其他类型的疏水阀在设计时另选配用。

e. 止回阀。止回阀的作用是防止回水管网窜汽后压力升高，甚至超过供热系统的使用压力时，凝结水倒灌。浮桶式疏水阀、圆盘式疏水阀自身带逆止结构，所以安装这类疏水阀时不需再装止回阀。

f. 检查管。检查管的作用是用于检查疏水阀的工作是否正常。如凝结水直接排入大气时，疏水阀后可不装设检查管。检查过程中，打开检查管，若发现有大量冒汽现象，则说明疏水阀损坏了，需要检修。

2）疏水阀的设置。蒸汽管网的低位点及垂直上升的管段前，应设启动疏水和经常疏水的装置。同一坡向的直线管段，顺坡时每隔 400～500m、逆坡时每隔 200～300m，应设启动疏水装置。

3）疏水阀的安装形式。疏水阀的安装形式如图 5-34 所示。

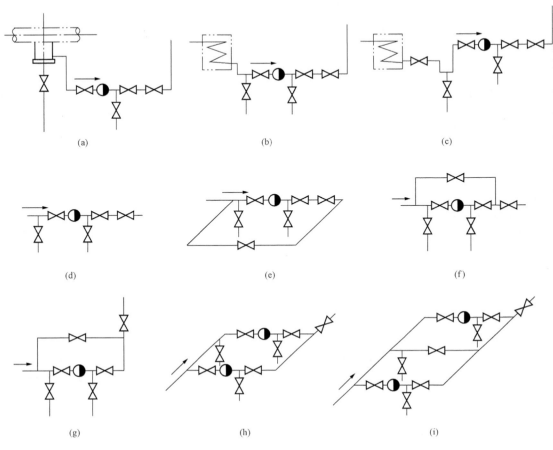

图 5-34　疏水阀的安装形式

（a）与集水管连接；（b）安装在设备之下；（c）安装在设备之上；（d）不带旁通水平安装；
（e）带旁通水平安装；（f）、（g）带旁通垂直安装；（h）、（i）并联安装

4）安装应注意的事项。

a. 疏水阀安装前应清洗管路设备，除去杂质，以免堵塞。

b. 疏水阀应尽量安装在设备的下方和易于排水的地方。

c. 疏水阀安装有方向性，不可反装，安装时应注意阀体上箭头方向与管内介质流动方向相同。

d. 蒸汽疏水阀进口应有不小于 0.003 的坡度，坡向疏水阀；出口管路应有不小于 0.003 的坡度，坡向排水点。

复 习 思 考 题

1. 我国常用的管道标准是如何分类的？

2. 管道的直径是如何规定的？

3. 何为公称压力？其是如何表示的？

4. 城市供热工程常用的管材有哪些？各具有哪些特点？如何选择管材？

5. 常见的阀门有哪些？常见的闭路阀门有哪些？

6. 截止阀有哪些特点，常用于哪些地方？

7. 闸阀具有哪些特点，常用于哪些地方？

8. 蝶阀近几年有哪些新的发展，常用于哪些地方？

9. 安全阀有哪些种类？其安装步骤和注意事项是什么？怎样选择安全阀？

10. 减压阀具有哪些作用？

11. 常用的疏水器有哪些种类？其安装形式有哪些？

第6章 管道的热应力计算

城市供热管网由管道、活动支架、固定支架、补偿器、阀门、排水和放气装置等组成。城市供热管道在内压力、管道自重、外部荷载、温度变化等因素的作用下会产生拉伸、弯曲等应力变化，管道及其附件需要承受这些应力。因此，正确合理地选用供热管道附件，对供热管道进行机械强度计算，校核管道所承受和产生的应力，确定合理的管道壁厚、支架间距，是保证供热管网安全运行的一个重要设计环节。

6.1 管道热伸长量计算

供热管道安装后，由于管道内热媒的加热作用会引起管道热膨胀。管道受热膨胀的伸长量可按式（6-1）计算，即

$$\Delta L = \alpha(t_1 - t_2)L \tag{6-1}$$

式中　ΔL——管道的热伸长量，m；

　　α——管道的线膨胀系数，见表6-1，一般钢管可取 $\alpha = 1.2 \times 10^{-5}$ m/(m·℃)；

　　t_1——管壁最高温度，可取管道内热媒的最高温度，℃；

　　t_2——管道安装时的环境温度，在这一温度不能确定时可取当地最冷月平均温度，℃；

　　L——计算管段的长度，m。

表6-1　　　　　　　　　　　各种管材的线膨胀系数 α 值

管材	α [m/(m·℃)]	管材	α [m/(m·℃)]
普通钢	1.2×10^{-5}	黄铜	1.84×10^{-5}
碳素钢	1.17×10^{-5}	紫铜	1.64×10^{-5}
镍钢	1.31×10^{-5}	铸铁	1.04×10^{-5}
镍铬钢	1.17×10^{-5}	聚氯乙烯	7.0×10^{-5}
不锈钢	1.03×10^{-5}	聚乙烯	1.0×10^{-5}
青铜	1.85×10^{-5}	玻璃	0.5×10^{-5}

6.2 供热管道的强度计算

热力管道强度计算的主要任务是计算热力管道因热胀和冷缩、内压和外部荷载作用所引起的力、力矩和应力，从而判断所设计的管道是否安全、经济，具体工作包括选定管壁厚度，确定管道支架间距，补偿器选型及应力验算，校核固定支架、管道附件所受应力是否超出许用应力等。

供热管道所受到的荷载是多种多样的，在进行供热管道强度计算时，主要考虑以下几个方面的荷载引起的应力：

（1）由于管道内的流体压力（简称内压力）作用所产生的应力。

（2）管道在外部荷载作用下所产生的应力。管道所受的外部荷载主要有管道的自重（管材及其附件、其中的热媒及保温层的重力）、风荷载（对于室外管道）和土壤的约束力（对于直埋管道）。

（3）供热管道由于热胀和冷缩所产生的应力。

由此可见，在供热管道任何一个断面上均受到多种负荷的共同作用，其所受到的应力是各种负荷共同作用所形成的综合应力。对各种负荷所形成的应力进行逐一计算，然后再求出综合应力无疑是正确的，但数据计算工作量很大、很繁琐。对于工程应用而言，没有必要计算全部负荷所产生的应力。

实践表明，在各种不同的管道强度计算要求下，只有一部分负荷所产生的应力是主要的，而其余部分负荷所产生的应力是互相抵消的。因此，在进行供热管道强度计算时，应根据具体情况进行分析，只计算一种或几种主要负荷所产生的应力，而不把所有负荷都考虑在内。例如计算补偿器时，只考虑由于管道热胀冷缩所产生的应力；计算管道壁厚时，只考虑内压力所产生的应力；而在计算管道支架间距时，只考虑外部荷载所产生的应力等。

供热管道的强度计算就是对管材、支架、管道附件等进行应力验算。所谓应力验算就是计算供热管道在各种负荷的作用下所产生的应力，校核其是否超过管材的许用应力。

针对不同的计算情况，对管材的许用应力也规定了不同的意义和数值。在管道强度计算中，许用应力分为额定许用应力 $[\sigma]$、外载许用综合应力 $[\sigma_w]$、许用合成应力 $[\sigma_h]$ 和许用补偿弯曲应力 $[\sigma_{bw}]$ 等。

（1）额定许用应力 $[\sigma]$。它取决于管材的强度特性。对各种管材做强度试验，将实验所得强度特性值除以一个大于 1 的安全系数，所得值作为管材的额定许用应力。它是应力验算中最基本的一个许用应力值。

常用钢管额定许用应力见表 6-2。

表 6-2　　　　　　　　　　　　常用钢管额定许用应力

钢号	厚度 (mm)	不同温度（℃）下材料的额定许用应力（MPa）									
		≤20	100	150	200	250	300	350	400	425	450
10	≤10	113	113	112	106	106	94	88	81	78	62
	>10~20	107	107	103	97	91	84	73	72	67	62
20	≤10	133	133	133	131	122	112	103	97	87	62
	>10~20	127	127	125	119	112	106	97	91	87	62
16Mn	≤10	167	167	167	167	156	144	135	127	95	67
	>10~20	160	160	160	159	150	138	128	122	95	67
15MnV	≤10	173	173	173	173	173	169	156	147	142	100
	>10~20	167	167	167	167	167	162	150	141	138	100
12CrMo		140	140	131	125	119	113	100	100	97	94
15CrMo		150	147	138	131	125	119	113	106	103	100
12Cr1MoV		160	147	138	131	125	119	113	106	103	100
Cr2Mo		113	107	105	103	101	98	95	92	89	85
Cr5Mo		125	113	106	103	100	97	94	91	89	88
1Cr18Ni9Ti		140	140	140	131	123	117	112	110	109	108
Cr18Ni13Mo2Ti		140	140	140	135	127	121	116	113	112	110

（2）许用外载综合应力 $[\sigma_{\mathrm{w}}]$。在热力管道强度计算中，如只考虑外部荷载引起的综合应力，则不应大于规定的许用外载综合应力 $[\sigma_{\mathrm{w}}]$ 值。

许用外载综合应力 $[\sigma_{\mathrm{w}}]$ 可按式（6-2）计算确定，即

$$[\sigma_{\mathrm{w}}] = 0.87[\sigma]\sqrt{1.2 - \left(\frac{\sigma_{\mathrm{zs}}}{[\sigma]}\right)^2} \qquad (6\text{-}2)$$

$$\sigma_{\mathrm{zs}} = \frac{p[D_{\mathrm{w}} - (s - C)]}{2\varphi(s - C)} \qquad (6\text{-}3)$$

式中 $[\sigma]$——额定许用应力，MPa；

       σ_{zs}——管道的内压折算应力，MPa；

       p——计算内压力，可采用管内热媒压力（表压力），MPa；

       D_{w}——管子外径，mm；

       s——选用管子的额定壁厚，mm；

       C——管子壁厚附加值，mm；

       φ——管子的焊缝系数，对于无缝钢管：$\varphi=1$；对于焊缝钢管：$\varphi=0.8$；对于螺旋焊缝钢管：$\varphi=0.6$。

10 号钢无缝钢管（DN<200mm）及焊缝钢管（DN≥200mm）的内压折算应力 σ_{zs} 和许用外载综合应力 $[\sigma_{\mathrm{w}}]$ 值见表 6-3。

表 6-3   供热管道的内压折算应力和许用外载综合应力值（$p=1.3\mathrm{MPa}$）

管子规格 $D_{\mathrm{w}} \times s$ (mm)	内压折算应力 σ_{zs} (MPa)	工作温度 200℃时许用外载综合应力 $[\sigma_{\mathrm{w}}]$ (MPa)	工作温度 350℃时许用外载综合应力 $[\sigma_{\mathrm{w}}]$ (MPa)
$\phi32\times2.5$	9.56	114	75.73
$\phi38\times2.5$	11.47	113.90	75.59
$\phi45\times2.5$	13.7	113.69	75.31
$\phi57\times2.5$	12.23	113.80	75.52
$\phi73\times2.5$	15.84	113.48	74.89
$\phi89\times2.5$	19.45	112.69	74.26
$\phi108\times4.0$	20.69	112.86	73.99
$\phi133\times4.0$	25.62	112.13	72.80
$\phi159\times4.5$	27.27	118.81	72.25
$\phi219\times6.0$	35.21	110.04	69.57
$\phi273\times7.0$	37.76	109.30	68.51
$\phi325\times8.0$	39.32	108.88	67.81
$\phi377\times9.0$	40.6	108.47	67.21
$\phi426\times9.0$	45.9	106.90	64.48

（3）许用合成应力 $[\sigma_{\mathrm{h}}]$。在热力管道强度计算中，如果只考虑外部荷载和热补偿同时

作用所产生的应力，则不应大于规定的许用合成应力 $[\sigma_h]$ 值。

许用合成应力 $[\sigma_h]$ 可按式（6-4）计算，即

$$[\sigma_h] = 0.87[\sigma]\sqrt{2 - \left(\frac{\sigma_{zs}}{[\sigma]}\right)^2} \qquad (6-4)$$

（4）许用补偿弯曲应力 $[\sigma_{bw}]$。在补偿器的强度计算中，如果只考虑补偿器弹性力所产生的应力，则不应大于规定的许用补偿弯曲应力 $[\sigma_{bw}]$ 值。

当采用方形补偿器时，为了增加其补偿能力，在施工安装过程中应按照施工验收规范的要求先将补偿器预拉伸。因此，供热管网在运行（热态）和停运（冷态）期间各断面所受的合成应力是不同的，而补偿器弹性力所产生的弯曲应力在总的合成应力中所占的份额和所起的作用在管网运行和停运期间也是不同的。因此，如果采用方形补偿器，在进行供热管网强度计算时，热态和冷态应力验算应采用不同的许用补偿弯曲应力 $[\sigma_{bw}]$ 值。当供热管网的热媒计算温度低于250℃时，一般可不必进行冷态的应力验算。

当采用方形补偿器或利用自然弯曲管段补偿管道的热伸长时，应力验算中许用补偿弯曲应力 $[\sigma_{bw}]$ 值见表6-4。

表6-4　　方形补偿器及自然补偿管段的许用补偿弯曲应力 $[\sigma_{bw}]$ 值（$p=1.3$MPa）

管子规格 $D_w \times s$ (mm)	方形补偿器许用补偿弯曲应力 (MPa)				自然补偿管段许用补偿弯曲应力 (MPa)	
	热 媒 参 数					
	200℃	350℃	200℃	350℃	200℃	350℃
	热态	冷态	热态	冷态	热态	
$\phi32\times2.5$	96.11	104.93	53.94	92.18	96.11	53.94
$\phi38\times2.5$	93.16	101.99	50.99	86.3	93.16	50.99
$\phi45\times2.5$	91.20	100.03	48.05	82.38	91.20	48.05
$\phi57\times2.5$	95.12	104.93	54.92	93.16	95.12	54.92
$\phi73\times2.5$	96.11	105.91	53.94	92.18	96.11	53.94
$\phi89\times2.5$	96.11	104.93	52.96	90.22	96.11	52.96
$\phi108\times4.0$	97.09	105.91	54.92	94.14	97.09	54.92
$\phi133\times4.0$	96.11	104.93	53.94	91.20	96.11	53.94
$\phi159\times4.5$	96.11	104.93	53.94	91.20	96.11	53.94
$\phi219\times6.0$	98.07	107.87	57.86	98.07	98.07	57.86
$\phi273\times7.0$	98.07	107.87	48.05	82.38	100.03	48.05
$\phi325\times8.0$	95.12	103.95	58.84	100.03	98.07	58.84
$\phi377\times9.0$	95.12	104.93	58.84	98.07	98.07	58.84
$\phi426\times9.0$	88.26	98.07	56.88	96.11	86.30	56.88

注　本表中数据使用条件为：

1. 10号钢无缝钢管。

2. 固定支架间距符合附表6-5的要求。

3. 自然补偿管段的长臂（固定支架至转弯点的最大距离）不大于附表6-5中固定支架间距的0.6倍。

4. 方形补偿器中心线至固定支架的距离不大于附表6-5中固定支架间距的0.6倍。

6.3 管壁厚度及活动支架间距的确定

6.3.1 管道壁厚的确定

供热管道的理论计算壁厚按式（6-5）计算确定，即

$$s' = \frac{pD_w}{2[\sigma]\varphi' + p} \tag{6-5}$$

式中 s'——管子的理论计算壁厚，mm；

      φ'——额定许用应力修正系数，可按表6-5、表6-6选用。

供热管道的计算壁厚按式（6-6）计算确定，即

$$s'' = s' + C \tag{6-6}$$

式中 s''——管子计算壁厚，mm；

      C——管子壁厚的附加值，mm。

管子壁厚的附加值可按式（6-7）计算，即

$$C = xs' \tag{6-7}$$

式中 x——管道壁厚负偏差系数，可按表6-7选用。

表 6-5   钢管额定许用应力修正系数

焊缝形式	φ'
无缝钢管	1.0
双面自动焊螺旋焊缝钢管	1.0
单面焊接的螺旋焊缝钢管	0.6

表 6-6   纵缝焊接钢管额定许用应力修正系数

焊接方式	焊缝形式	φ'
手工电焊或气焊	双面焊接有坡口的对接焊缝	1.00
	有氩弧焊打底的单面焊接有坡口对接焊缝	0.90
	无氩弧焊打底的单面焊接有坡口对接焊缝	0.75
熔剂层下的自动焊接	双面焊接对接焊缝	1.00
	单面焊接有坡口对接焊缝	0.85
	单面焊接无坡口对接焊缝	0.80

表 6-7   管道壁厚负偏差系数

管道壁厚偏差（%）	0	−5	−8	−9	−10	−11	−12.5	−15
x	0.050	0.105	0.141	0.154	0.167	0.180	0.200	0.235

当焊接钢管产品标准中未提供壁厚允许负偏差百分数时，管子壁厚附加值可采用下列数据：

理论计算壁厚为 5.5mm 时，$C = 0.5$mm；理论计算壁厚为 6.0～7.0mm 时，$C = 0.6$mm；理论计算壁厚为 8.0～25.0mm 时，$C = 0.8$mm。管子壁厚的附加值不得小

于 0.5mm。

如果已知管道壁厚 s，根据管道内压力验算管壁厚度时，则内压力产生的折算应力不得大于管材在计算温度下的额定许用应力，即

$$\sigma_{zs} \leqslant [\sigma] \qquad (6-8)$$

6.3.2 管道活动支架的确定

对于架空敷设和管沟敷设的供热管网，管道活动支架间距的大小决定着整个管网支架的数量，影响到供热管网的投资。因此，在确保安全的前提下，应尽量扩大活动支架的间距。

活动支架可能的最大距离（允许间距）应按下列两个原则确定，即按刚度条件和按强度条件确定。

6.3.2.1 按强度条件确定活动支架的允许间距

在活动支架间距的计算中，通常主要考虑外部荷载（自重及风荷载）的影响。这些外部荷载作用在管道断面上的最大应力不得超过管材的许用外载综合应力 $[\sigma_w]$ 值。根据这一原则所确定的活动支架允许间距，称为按强度条件确定的支架间距。

对于连续敷设的水平直管段中的活动支架允许间距，应按式（6-9）计算确定，即

$$L = \sqrt{\frac{15[\sigma_w]W\varphi}{q_d}} \qquad (6-9)$$

式中　L——活动支架的允许间距，m；

　　　W——管子断面抗弯矩，cm^3，见表 6-8；

　　　σ_w——管材的许用外载综合应力，MPa；

　　　φ——管子的横向焊缝系数，见表 6-9；

　　　q_d——管子单位长度的计算荷载，N/m，见表 6-10。

表 6-8　　　　　　　　　　　　常用管材计算数据表

公称直径 DN (mm)	外径 D_w (mm)	壁厚 S (mm)	内径 d (mm)	管子断面惯性矩 I (cm^4)	管子断面抗弯矩 W (cm^3)	管子刚度 EI $\times 10^7$ (N·cm²)	
						200℃	350℃
25	32	2.5	27	2.54	1.58	4.763	4.305
32	38	2.5	33	4.41	2.32	8.269	7.475
40	45	2.5	40	7.55	3.36	14.156	12.797
50	57	3.5	50	21.11	7.40	39.581	35.781
65	73	3.5	66	46.3	12.4	86.813	78.479
80	89	3.5	82	86	19.3	161.25	145.71
100	108	4.4	100	177	32.8	331.88	300.02
125	133	4.0	125	337	50.8	631.88	571.22
150	159	4.5	150	652	82	1222.5	1105.14
200	219	4	211	1559	142	2923.13	2642.51
		6	207	2279	208	4273.13	3862.91
250	273	4	265	3053	219	5724.38	5174.84
		7	259	5177	379	9706.88	8775.02

公称直径 DN (mm)	外径 D_w (mm)	壁厚 S (mm)	内径 d (mm)	管子断面惯性矩 I (cm⁴)	管子断面抗弯矩 W (cm³)	管子刚度 EI ×10⁷ (N·cm²) 200℃	管子刚度 EI ×10⁷ (N·cm²) 350℃
300	325	4	317	5428	334	10 177.5	9200.46
		5	315	6424	395	12 045	10 888.61
		8	309	10 010	616	18 768.75	16 966.95
350	377	4	369	8138	432	15 258.75	13 793.91
		5	367	10 092	535	18 922.5	17 105.91
		9	359	17 620	935	33 037.5	29 865.90
400	426	4	418	11 785	553	22 096.88	19 975.58
		6	414	17 460	820	32 737.5	29 594.7
		9	408	25 600	1204	48 000	43 392.0

表 6 - 9　　　　　管子的横向焊缝系数

焊接方式	φ 值	焊接方式	φ 值
手工电弧焊	0.7	手工双面加强焊	0.95
有垫环对焊	0.9	自动双面焊	1.0
无垫环对焊	0.7	自动单面焊	0.8

表 6 - 10　　　　　管子单位长度的计算荷载

公称直径 (mm)	外径×壁厚 (mm)	管子重 q_1 (N/m)	凝结水重 q_2 (N/m)	充满水重 q_3 (N/m)	不保温管计算荷载 汽体管 q_4 (N/m)	不保温管计算荷载 液体管 q_5 (N/m)	保温管道计算荷载 200℃ 汽体管 q_6 (N/m)	保温管道计算荷载 200℃ 液体管 q_7 (N/m)	保温管道计算荷载 350℃ 汽体管 q_8 (N/m)
25	32×2.5	17.6	1.1	5.7	22.4	26.8			
32	38×2.5	21.9	1.7	8.6	28.3	34.9			
40	45×2.5	26.2	2.5	12.6	34.4	44.0			
50	57×3.5	46.2	3.9	19.6	60.1	75.0			
65	73×3.5	60.0	6.8	34.2	80.2	106.2			
80	89×3.5	73.8	10.5	52.8	101.7	141.4			
100	108×4	102.6	11.8	78.5	137.3	201.6	$q_4+1.2G$	$q_5+1.2G$	$q_1+1.2G$
125	133×4	127.3	18.4	122.7	174.8	275.5			
150	159×4.5	171.5	26.5	176.7	237.6	382.5			
200	219×6	315.2	50.5	336.5	438.8	714.7			
250	273×7	459.2	79.0	527	645.8	1078.0			
300	325×8	625.4	112.5	750	885.5	1499.4			
350	377×9	816.8	152	1012	1162.6	1992.2			
400	426×9	925.5	196	1307	1346.4	2417.6			

注　表中 G 是单位长度保温结构的重力，N/m，按不同的保温材料不同的介质温度，查国家保温管道标准图。

对于室内和地沟敷设的供热管道，外部荷载就是管子的自重，即管子、保温层、水或汽的重力。对于室外敷设的管道，还应考虑风荷载的影响。

6.3.2.2　按刚度条件确定活动支架的允许间距

根据对管道挠度的限制所确定的活动支架的间距，称为按刚度条件确定的活动支架允许间距。

对于蒸汽和凝结水管道，按刚度条件确定活动支架间距时，应保证管道挠曲时不出现反坡。也就是说，管道挠曲产生的最大角变应不大于管道的坡度（如图 6 - 1 所示）。活动支架的允许间距按式（6 - 10）计算确定，即

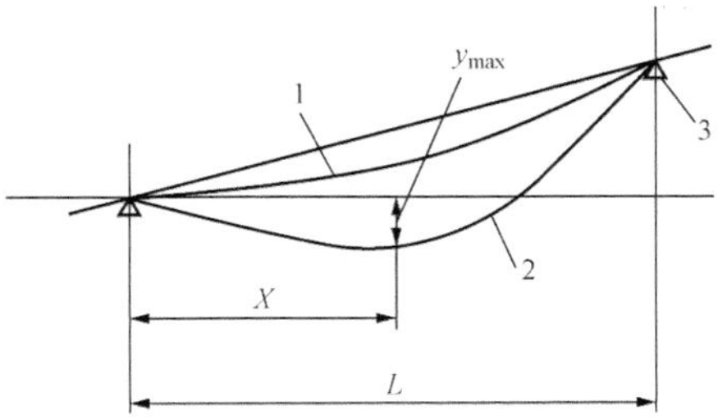

$$L = 5\sqrt[3]{\frac{iEI}{q_{\mathrm{d}}}} \qquad (6 - 10)$$

图 6 - 1　活动支架间管道变形示意图
1—管道按最大角变不大于管道坡度条件下的变形线；2—管道按允许最大挠度 y_{max} 条件下的变形线；3—支点

式中　L——按刚度条件确定的活动支架间距，m；

i——管道的坡度；

E——管道材料的弹性模量，N/m^2；

I——管道的断面惯性矩，m^4；

EI——管子的刚度，$N \cdot m^2$（见表 6 - 8）。

q_{d}——外部荷载作用下管子单位长度的计算荷载，N/m（见表 6 - 10）。

对于热水管道，可以根据管道的最大允许挠度 y_{max} 确定活动支架的间距。对于连续敷设的水平直管道，可以按式（6 - 11）和式（6 - 12）计算确定，即

$$L = L_1 = \frac{24EI}{q_{\mathrm{d}}x^3}\left(y_{max} + \frac{ix}{2}\right) + x \qquad (6 - 11)$$

$$L = L_2 = 2x + \sqrt{x^2 - \frac{24EI}{q_{\mathrm{d}}}y_{max}\frac{1}{x^2}} \qquad (6 - 12)$$

式中　L、L_1、L_2——活动支架的允许间距，m；

x——管道活动支架到管子最大挠曲面的距离，m；

y_{max}——最大允许挠度，一般情况下，$y_{max} = 0.1DN$，m。

根据式（6 - 11）和式（6 - 12），采用试算法求解，直到 $L = L_1 = L_2$ 为止。设计中，不保温管道活动支架最大允许间距见附表 6 - 1。各种保温管道的活动支架最大允许间距见附表 6 - 2、附表 6 - 3。不通行地沟内管道活动支架的最大允许间距见表 6 - 11。

表 6 - 11　　　　　　　　　**不通行地沟内管道活动支架的最大允许间距**

公称直径（mm）	25	32	40	50	65	80	100	125	150	200	250	300	350	400
蒸汽、热水管（m）	1.7	2.0	2.0	2.5	3.0	3.5	4.0	4.5	5.0	6.5	7.5	8.0	8.5	9.5
不保温凝结水管（m）	3.0	4.0	4.5	5.0	6.0	6.0	7.0	7.5	8.0	9.5	10.5	11.5	11.5	13.0

6.4　管 道 热 补 偿

如前所述，供热管网投入运行后，由于受管道内热媒的加热作用，管道会伸长。为了保

证管网在热状态下的稳定和安全运行，就需要在供热管网中设置固定支架，在固定支架间设置各种形式的补偿器，以削弱或消除因热膨胀而产生的应力，并使管道的热伸长方向得到控制。

目前，工程上常用的补偿器有方形补偿器、套管补偿器、球形补偿器、波纹管补偿器等。补偿器的选用原则：首先考虑利用管道弯曲的自然补偿，当自然补偿不能满足要求时，再考虑设置方形补偿器、套管补偿器、波形补偿器、波纹管补偿器等进行补偿。

6.4.1　方形补偿器

方形补偿器是供热管网中采用最为广泛的一种补偿器。图 6-2 所示为方形补偿器受热变形示意图。图中 A、B 两点为固定支架。实线表示方形补偿器安装时的状态，虚线表示管道受热伸长时的状态。管道变形所产生的弹性力对固定支座产生水平推力 p_d。

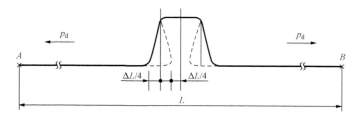

图 6-2　方形补偿器受热变形示意图

在供热管网上设置方形补偿器需要确定如下参数：

（1）方形补偿器所补偿的管道热伸长量 ΔL，按式（6-1）计算确定。

（2）选择方形补偿器的形式和几何尺寸。

（3）根据方形补偿器的几何尺寸和热伸长量，计算方形补偿器的弹性力，确定对固定支架产生的水平推力的大小。

（4）对方形补偿器进行应力验算。

补偿器的弹性力对管道最不利断面上产生的轴向弯曲应力应不大于许用补偿弯曲应力 $[\sigma_{bw}]$ 值。

6.4.1.1　减刚系数 K

方形补偿器的弯曲部分受热变形而被弯曲时，弯管的外侧受拉、内侧受压，其合力均垂直于中性轴，管的横截面因此而变得比较平直，由圆形变为椭圆形，此时管子的刚度将降低。弯管刚度降低的系数称为减刚系数。

当弯管为光滑弯管时，减刚系数可以按式（6-13）和式（6-14）计算确定，即

$$K = \frac{h}{1.65} \quad （当 \ h \leqslant 1） \tag{6-13}$$

$$K = \frac{1+12h^2}{10+12h^2} \quad （当 \ h > 1） \tag{6-14}$$

$$h = \frac{\delta R}{r_p^2} \tag{6-15}$$

$$r_p = \frac{D_w - \delta}{2} \tag{6-16}$$

式中　K——弯管减刚系数；

h——弯管尺寸系数；

δ——管壁厚度，mm；

R——管子的弯曲半径，mm；

r_{p}——管子横截面的平均半径，mm；

D_{w}——管子外径，mm。

光滑弯管的特性系数（K、h）见表 6-12。

表 6-12　　　　　　　　　　　　　　光滑弯管的特性系数

公称直径 DN （mm）	外径×壁厚 $D_{\mathrm{w}} \times \delta$ （mm）	弯管半径 R （mm）	平均半径 r_{p} （mm）	尺寸系数 h	减刚系数 K	应力系数 m
25	32×2.5	150	14.75	1.724	0.803	1.000
32	38×2.5	150	17.75	1.190	0.667	1.000
40	45×2.5	200	21.25	1.107	0.6366	1.000
50	57×3.5	200	26.75	0.978	0.593	1.000
65	73×3.5	300	34.75	0.870	0.527	1.000
80	89×3.5	350	42.75	0.670	0.406	1.175
100	108×4	500	52.00	0.740	0.448	1.100
125	133×4	500	64.50	0.481	0.291	1.466
150	159×4.5	600	77.25	0.452	0.274	1.525
200	219×6	850	106.50	0.450	0.273	1.533
250	273×7	1000	133.00	0.396	0.240	1.670
300	325×8	1200	158.50	0.382	0.232	1.710
350	377×9	1500	184.00	0.400	0.242	1.660
400	426×9	1700	208.50	0.352	0.213	1.800

6.4.1.2　方形补偿器 p_x 值的确定方法

如图 6-3 所示，方形补偿器的弹性中心坐标位置为

$$x_0 = 0$$

$$y_0 = \frac{(l_2 + 2R)\left(l_2 + l_3 + \dfrac{3.14R}{K}\right)}{L_{\mathrm{zh}}} \tag{6-17}$$

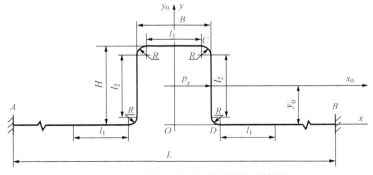

图 6-3　光滑弯管方形补偿器计算图

$$L_{zh} = 2l_1 + 2l_2 + l_3 + \frac{6.28R}{K} \qquad (6-18)$$

式中　L_{zh}——光滑弯管方形补偿器的折算长度，m；

　　　　l_1——方形补偿器两边的自由臂长，m；

　　　　l_2——方形补偿器凸出边的直管段长，m；

　　　　l_3——方形补偿器宽度边的直管段长，m。

　　所谓的自由臂是指管道受热变形时，方形补偿器两侧可以产生横向位移的管段，其余管段受导向支架和摩擦力的影响不能产生横向位移。方形补偿器的自由臂长可近似地取为 40DN。

　　根据方形补偿器弹性力和管段形变的关系，可求得

$$p_x = \frac{\Delta x E I}{I_{x0}} \qquad (6-19)$$

$$p_y = 0$$

$$I_{x0} = \frac{l_2^3}{6} + (2l_2 + 4l_3)\left(\frac{l_2}{2} + R\right)^2 + \frac{6.28R}{K}\left(\frac{l_2^2}{2} + 1.635l_2R + 1.5R^2\right) - L_{zh}y_0^2 \qquad (6-20)$$

式中　Δx——固定支架之间管道的计算热伸长量，m；

　　　　I_{x0}——折算管段对 x_0 轴的线惯性矩，m^3。

　　为了减小热状态下方形补偿器的补偿弯曲应力，增加补偿器的补偿能力，在安装时应对方形补偿器进行预拉伸（冷紧）。当热媒温度小于 200℃ 时，预拉伸量为补偿管段热伸长量的 50%。在进行预拉伸后，计算固定支架间管道的计算热伸长量 Δx 时，应考虑冷紧系数。Δx 的值按式（6-21）计算确定，即

$$\Delta x = \varepsilon \alpha (t_1 - t_2) L \qquad (6-21)$$

式中　ε——方形补偿器的冷紧系数，设计时可按表 6-13 选取；

　　　　Δx——管道的热伸长量，m；

　　　　α——管道的线膨胀系数，见表 6-1，一般钢管可取 $\alpha = 1.2 \times 10^{-5} m/(m \cdot ℃)$；

　　　　t_1——管壁最高温度，可取管道内热媒的最高温度，℃；

　　　　t_2——管道安装时的环境温度，在这一温度不能确定时可取当地最冷月平均温度，℃；

　　　　L——计算管段的长度，m。

表 6-13　　　　　　　　　　　冷 紧 系 数 ε

热媒最高温度	冷紧系数 ε	
（℃）	冷态（20℃）	热态（工作状态）
$t < 250$	0.5	0.5
$250 \leqslant t < 400$	0.7	0.5
$t \geqslant 400$	1.0	0.35

6.4.1.3　方形补偿器的应力验算

　　由于方形补偿器的弹性力 p_x 的作用，在管道某一截面上的最大弹性弯曲应力 σ_{bw} 可按式（6-22）计算确定，即

$$\sigma_{bw} = \frac{M_{max} m}{W} \qquad (6-22)$$

式中　W——管子断面抗弯矩，m^3；

$\quad\quad M_{max}$——最大弹性力的弯曲力矩，$N \cdot m$；

$\quad\quad m$——弯管应力修正系数。

方形补偿器弹性力产生的最大弹性弯曲力矩 M_{max} 按式（6-23）计算确定，即

当 $y \leqslant 0.5H$ 时，位于 C 点

$$M_{max} = (H - y_0)p_x \tag{6-23}$$

当 $y \geqslant 0.5H$ 时，位于 D 点

$$M_{max} = -y_0 p_x \tag{6-24}$$

弯管应力修正系数是用来表征由于弯管横截面不圆而引起的应力改变的参数，由式（6-25）计算确定，即

$$m = \frac{0.9}{h^{\frac{2}{3}}} \quad (h < 0.85) \tag{6-25}$$

式中　h——弯管尺寸系数，由式（6-15）计算确定。

计算所得的最大弹性弯曲应力 σ_{bw} 应小于或等于规定的许用补偿弯曲应力 $[\sigma_{bw}]$ 值，即

$$\sigma_{bw} \leqslant [\sigma_{bw}] \tag{6-26}$$

6.4.1.4　方形补偿器的尺寸计算

如图 6-4 所示，方形补偿器有四种型号，其伸出臂长 H 和开口距离 B 可按式（6-27）计算确定，即

$$H = \left[\frac{0.75 \Delta L E D_w}{[\sigma_{bw}](1 + 6K)}\right]^{\frac{1}{2}} \tag{6-27}$$

式中　H——方形补偿器伸出臂长，mm；

$\quad\quad K$——B 与 H 的比值，I 型 $K=0.5$，II 型 $K=1$，III 型 $K=2$，IV 型 $K=0$；

$\quad\quad B$——补偿器的开口距离，mm；

$\quad\quad \Delta L$——固定支架间管道的热伸长量，mm，按式（6-1）计算确定。

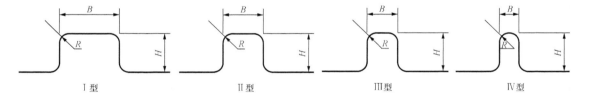

图 6-4　方形补偿器的类型

I 型—$B=2H$；II 型—$B=H$；III 型—$B=0.5H$；IV 型—$B=0$

【例 6-1】　已知 $\phi 108 \times 4mm$ 碳钢无缝钢管，管内热媒为 1.3MPa 的饱和蒸汽（$t \approx 194℃$），周围环境温度为 $-10℃$，固定支架间距离为 65m。计划选用 II 型方形补偿器，求方形补偿器的尺寸、所产生的弹性力 p_x 及补偿弯曲应力 σ_{bw} 值的大小。

解　（1）根据管子规格，查表 6-1、表 6-4、表 6-8、表 6-12、表 6-13。

管子的弯曲半径　$R=500mm$

管子的应力系数　$m=1.1$

管子的减刚系数　$K=0.448$

管子的线膨胀系数 $\quad \alpha = 1.17 \times 10^{-5}\,\mathrm{m/(m \cdot ℃)}$

管子的许用补偿弯曲应力 $\quad [\sigma_{\mathrm{bw}}] = 97.09\mathrm{MPa}$

方形补偿器的冷紧系数 $\quad \varepsilon = 0.5$

管子的断面惯性矩 $\quad I = 177\mathrm{cm}^4$

管子的弹性模量 $\quad E = 1.875 \times 10^5\mathrm{MPa}$

管子的断面抗弯矩 $\quad W = 32.8\mathrm{cm}^3$

(2) 根据式 (6-1)，计算固定支架间管道的热伸长量 ΔL 为

$$\Delta L = \alpha(t_1 - t_2)L = 1.17 \times 10^{-5}[194 - (-10)] \times 65 = 0.155(\mathrm{m})$$

(3) 根据式 (6-27) 计算确定方形补偿器的几何尺寸 B、H。

由于选用的是 Ⅱ 型方形补偿器，所以 $K = 1$，则

$$H = B = \left[\frac{0.75\Delta LED_{\mathrm{w}}}{[\sigma_{\mathrm{bw}}](1+6K)}\right]^{\frac{1}{2}} = \left[\frac{0.75 \times 155 \times 1.875 \times 10^5 \times 108}{54.92 \times (1+6 \times 1)}\right]^{\frac{1}{2}} = 2474.5(\mathrm{mm})$$

查相关设计手册，取 $H = B = 2550\mathrm{mm}$，$R = 500\mathrm{mm}$，根据图 6-3，确定方形补偿尺寸为

$$l_2 = l_3 = H - 2R = 2550 - 2 \times 500 = 1550(\mathrm{mm})$$

$$l_1 = 40\mathrm{DN} = 40 \times 100 = 4000(\mathrm{mm})$$

(4) 计算方形补偿器的折算长度 L_{zs} 和弹性中心坐标位置。根据式 (6-18)，补偿器的折算长度为

$$L_{\mathrm{zs}} = 2l_1 + 2l_2 + l_3 + \frac{6.28R}{K} = 2 \times 4 + 2 \times 1.55 + 1.55 + \frac{6.28 \times 0.5}{0.448} \approx 19.66(\mathrm{m})$$

根据式 (6-17)，方形补偿器的弹性中心坐标位置为

$$x_0 = 0$$

$$y_0 = \frac{(l_2 + 2R)\left(l_2 + l_3 + \dfrac{3.14R}{K}\right)}{L_{\mathrm{zh}}}$$

$$= \frac{(1.55 + 2 \times 0.5)\left(1.55 + 1.55 + \dfrac{3.14 \times 0.5}{0.448}\right)}{19.66} \approx 0.86(\mathrm{m})$$

(5) 根据式 (6-20)，计算折算管段对 x_0 的惯性矩为

$$I_{x0} = \frac{l_2^3}{6} + (2l_2 + 4l_3)\left(\frac{l_2}{2} + R\right)^2 + \frac{6.28R}{K}\left(\frac{l_2^2}{2} + 1.635l_2R + 1.5R^2\right) - L_{\mathrm{zh}}y_0^2$$

$$= \frac{1.55^3}{6} + (2 \times 1.55 + 4 \times 1.55)\left(\frac{1.55}{2} + 0.5\right)^2$$

$$+ \frac{6.28 \times 0.5}{0.448}\left(\frac{1.55^2}{2} + 1.635 \times 1.55 \times 0.5 + 1.5 \times 0.5^2\right) - 19.66 \times 0.86^2$$

$$\approx 21.13(\mathrm{m}^3)$$

(6) 确定固定支架间管道的计算热伸长量。根据式 (6-21) 有

$$\Delta x = \varepsilon\alpha(t_1 - t_2)L = 0.5 \times 1.17 \times 10^{-5}[194 - (-10)] \times 65 = 0.0776(\mathrm{m})$$

(7) 计算方形补偿器的弹性力 p_x。根据式 (6-19) 有

$$p_x = \frac{\Delta xEI}{I_{x0}} = \frac{0.0776 \times 18.75 \times 10^{10} \times 1.77 \times 10^{-6}}{21.13} = 1218.8(\mathrm{N})$$

（8）计算弹性力所产生的最大弹性力弯曲力矩 M_{max}。

因为 $y_0 = 0.86 < 0.5H$，根据式（6-23）有

$$M_{max} = (H - y_0)p_x = (2.55 - 0.86) \times 1218.8 = 2059.8(\text{N} \cdot \text{m})$$

（9）方形补偿器应力验算。位于方形补偿器 C 点截面上的最大弹性弯曲应力 σ_{bw} 值，可按式（6-22）计算确定为

$$\sigma_{bw} = \frac{M_{max}m}{W} = \frac{2059.8 \times 1.1}{32.8 \times 10^{-6}} = 69.08(\text{MPa})$$

$$\sigma_{bw} < [\sigma_{bw}]$$

所设计补偿器满足管网安全运行的要求。

为了减轻设计人员的工作强度，各种设计手册提供了方形补偿器的线算图、选用表格等，工程设计中可根据具体情况选择使用。

6.4.2　套管补偿器

根据式（6-1）计算出两个固定支架间管段的热伸长量后，即可选择套管补偿器。套管补偿器的适用范围见表 6-14。

套管补偿器的结构如图 6-5 所示。套管补偿器在供热管网中受拉紧螺栓产生的摩擦力和由于内压作用产生的摩擦力的共同作用。由内压产生的摩擦力的大小根据情况按式（6-28）和式（6-29）计算确定。

表 6-14	套管补偿器的适用范围	
公称直径 DN （mm）	最大热伸长量 ΔL （mm）	热媒参数
100~150	250	
200~250	300	$p_g \leqslant 1.6\text{MPa}$ $t \leqslant 300℃$
300~350	350	
400~700	400	

当 DN = 150 ~ 400mm 时　　　　$p_c = 200\pi Dp\mu B$　　　　　　（6-28）

当 DN = 400 ~ 800mm 时　　　　$p_c = 175\pi Dp\mu B$　　　　　　（6-29）

式中　p——管内热媒工作压力，MPa。

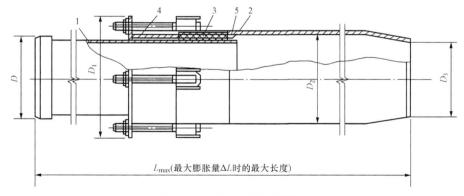

图 6-5　套管补偿器的结构

1—芯管；2—壳体；3—填料圈；4—前压兰；5—后压兰

由拉紧螺栓产生的摩擦力由式（6-30）计算确定，即

$$p_c = \frac{4000n}{f}\pi D\mu B \qquad (6-30)$$

式中　p_c——摩擦力，N；

　　　D——套管补偿器芯管的外径，cm；

μ——填料与管道的摩擦系数，橡胶填料：$\mu=0.15$；浸油和涂石墨的石棉圈：$\mu=0.1$；

B——填料的长度，cm；

f——填料的横断面积，cm^2；

n——螺栓数量。

计算时应分别计算由拉紧螺栓产生的摩擦力和由内压产生的摩擦力，取用其中的较大值选择套管补偿器。

套管补偿器的选用原则：一般用于公称直径大于100mm、安装方形补偿器受限制的热力管道上；工作压力：铸铁制为 $p_g \leqslant 1.3$MPa；钢制为 $p_g \leqslant 1.6$MPa。

单向套管补偿器应安装在固定支架附近的平直管段上，在其活动侧设导向支架。双向套管补偿器应安装在两固定支架间的中间位置，套管需要固定。

各种套管补偿器的摩擦力值也可以查附表6-4。

6.4.3 球形补偿器

球形补偿器是利用补偿器球体的角折曲吸收管道热膨胀量的，其工作原理如图6-6所示。两个球形补偿器配对成一组，具有补偿能力大（比方形补偿器大5～10倍）、所占空间小、能作空间变形、耗钢量小等优点；缺点是制作工艺要求严格。

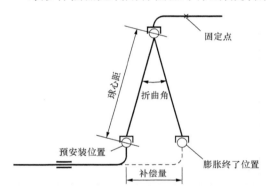

图6-6 球形补偿器动工原理

球形补偿器的规格：公称直径为DN40～DN1000mm；一般情况下，最大工作压力不大于1.6MPa，特殊制造的可达2.5MPa；一般情况下，最高工作温度不高于280℃，特殊制造的可达400℃；最大折曲角为±15°。

每组球形补偿器的补偿量 ΔL 按式（6-31）计算确定，即

$$\Delta L = 2l\sin\frac{\theta}{2} \tag{6-31}$$

式中 ΔL——每组球形补偿器的补偿量，mm；

l——球形补偿器组的中心距，mm；

θ——设计选用的折曲角（<30°）。

球形补偿器的转动摩擦力矩 M 值见表6-15。

表6-15   球形补偿器转动摩擦力矩 M 值（$p=1.6$MPa）

公称直径（mm）	转动摩擦力矩（N·m）	公称直径（mm）	转动摩擦力矩（N·m）
40	200	250	9440
50	250	300	16 020
65	500	350	24 240
80	570	400	25 680
100	1020	450	52 940
125	1800	500	66 450
150	2480	600	115 240
200	5370	700	210 000

6.4.4　波纹补偿器

波纹补偿器是由金属波纹管、短管和其他构件组成的具有补偿能力的管道补偿附件。工作时，它利用波纹变形补偿管道的热变形、机械变形和吸收机械振动。波纹补偿器具有结构紧凑、占地少、补偿能力大、安装方便、无结构性渗漏、不需维护保养等优点，同时不受工作介质、参数、工作环境和地形条件等的限制，近年来在电力、石化、冶金、供热、水泥等行业中被广泛应用。

波纹补偿器按波纹的形状分为 U 形、Ω 形、S 形、V 形。按波纹管材质分为不锈钢、碳钢和复合材料，城市供热管道中常采用不锈钢。按补偿形式分为轴向型、横向型、角向型以及三者组合的位移形式。轴向补偿器可吸收轴向位移，主要有普通轴向型、复式轴向型、内外压型、轴向无约束型、压力平衡型、直埋外压型；横向型补偿器可吸收横向（径向）位移，主要有大拉杆横向型、铰链横向型和万向铰链型；角向型可吸收角向位移，主要有单向角向型和万向角向型。按补偿位移方向的数量分为单侧补偿和双侧补偿，在热水直埋管道中常采用双侧波纹补偿器，吸收两个方向的膨胀位移。按内压力是否抵消分为压力平衡型和不平衡型波纹补偿器。按补偿器的横截面形状可分为圆形和矩形波纹补偿器，矩形补偿器主要用于低压场合，如锅炉鼓、引风管道中。

波纹补偿器种类较多，能够满足管道设计中不同管系的补偿要求。任何复杂的管段都可以用固定支架分割成若干个直管段和典型管段，如 L 形、Z 形、U 形等。几种常用波纹补偿器布置方式如图 6 - 7～图 6 - 9 所示。

图 6 - 7　轴向波纹补偿器使用情况

1—固定支架；2—波纹补偿器

（1）轴向波纹补偿器。用于补偿管道的轴向变形，补偿量大，两固定支架间只能设一组补偿器，补偿器不受工作介质、使用环境的限制。

图 6 - 8　大拉杆波纹补偿器用于平面和空间横向位移情况

（2）大拉杆横向波纹补偿器。用于补偿管道的横向变形，主要用在 L 形、U 形、Z 形空间管段中。补偿器工作时，固定支架不承受盲板力，适用于架空或地沟管道。

（3）铰链型波纹补偿器。由两个或三个组成一组使用，吸收一个或两个方向的横向位移，主要用于 L 形、U 形、Z 形、∠形管段。补偿器工作时，固定支架不承受盲板力，适用于架空或地沟管道。

不同类型的波纹补偿器由于设计原理、结构形式不同，对管架的作用力也不同。表 6 - 16 列举了常用的波纹补偿器和固定支架布置形式，并相应列出了固定支架水平推力的计算公式。一些复杂的布置形式，可以参见相关设计手册。几种常用波纹补偿器对支架作用力的计算方法，见［例 6 - 2］～［例 6 - 4］。

【例 6 - 2】　某电厂一段架空蒸汽管道，布置如图 6 - 10 所示。设计压力 $p=1.2\text{MPa}$，温度 $t_1=270\text{℃}$，管径为 $D426\times8$，材质为 Q235B，安装

图 6 - 9　铰链波纹补偿器用于平面横向位移的情况

温度 $t_0 = 5℃$。现已知 MA2 和 MA3 间距 L_1 为 100m，IA1 至 MA2 间距 L_2 为 64m，钢材线性膨胀系数 $\alpha_{270} = 13.32 \times 10^{-4}$ cm/（m·℃）。选用轴向型波纹补偿器及计算 MA2 支架受力。

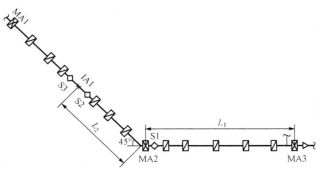
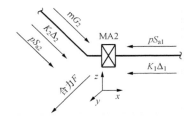

图 6-10　［例 6-2］附图　　　　图 6-11　［例 6-2］固定支架受力示意图

解　设计步骤：

（1）管道热膨胀量 ΔL 按照式（6-1）计算为

$$\Delta L_1 = \alpha L_1 (t_1 - t_0) = 353 \text{（mm）}, \quad \Delta L_2 = \alpha L_2 (t_1 - t_0) = 226 \text{（mm）}$$

根据 ΔL 值选用轴向加强自导型波纹补偿器，型号分别为 S1：SBZQd1.6-400-375（有效面积 $S_a = 1901$ cm²，有效环面积 $S'_a = 581$ cm²，刚度 $K = 106$ N/mm）和 S2、S3：SBZQd1.6-400-240（有效面积 $S_a = 1901$ cm²，有效环面积 $S'_a = 581$ cm²，刚度 $K = 168$ N/mm）。

（2）固定支架 MA2 受力（如图 6-11 所示）。

S2 补偿器方向力 $F_2 = F_{m2} + F_{t2} + f_2 = pS_{a2} + K_2\Delta L_2 + \mu q L_2 = 286\ 056$（N）

S1 补偿器方向力 $F_1 = F_{m1} + F_{t1} = pS_{a1} + K_1\Delta L_1 = 265\ 538$（N）

$$F_m = pS_a \tag{6-32}$$

$$F_t = K\Delta L \tag{6-33}$$

$$f = \mu q L \tag{6-34}$$

式中　F_m——波纹补偿器的内压推力（盲板力），N；

　　　F_t——波纹补偿器的弹性力，N；

　　　f——管道的摩擦反力，N；

　　　p——介质的设计工作压力，Pa；

　　　S_a——波纹补偿器有效面积，m²；

　　　K——波纹补偿器的刚度，N/mm；

　　ΔL——补偿量，mm；

　　　μ——管架与管座的摩擦系数，钢与钢：0.3；

　　　q——管道单位长度计算荷载，N/m；

　　　L——管道长度，m。

固定支架 MA2 所受合力 $F = \sqrt{F_1^2 + F_2^2 + 2F_1^2 F_2^2 \cos 135°} = 211\ 935$（N）

【例 6-3】　某电厂架空蒸汽管道，布置如图 6-12 所示。设计参数：压力为 1.2MPa，温度 $t_1 = 270℃$，管径 $D529 \times 8$，材质为 Q235B，安装温度 $t_0 = 5℃$，管段 L_1 为 70m，L_2 为

46m，L_3 为 8m，钢材线性膨胀系数 $\alpha_{270} = 13.32 \times 10^{-4} \text{cm}/(\text{m} \cdot \text{℃})$。试选用大拉杆波纹补偿器及计算补偿器作用在支架上的力。

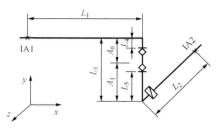

图 6-12　[例 6-3] 附图

解　（1）设计步骤。

管道热膨胀量 ΔL 计算为

$$\Delta L_1 = \alpha L_1 (t_1 - t_0) = 247 \text{(mm)}$$

$$\Delta L_2 = \alpha L_2 (t_1 - t_0) = 162 \text{(mm)}$$

合成补偿量 $\Delta L = \sqrt{\Delta L_1^2 + \Delta L_2^2} = 296 \text{mm}$。

根据 ΔL 值选用大拉杆横向波纹补偿器，型号为 SBWZ1.6-500-323（$L = 2500 \text{mm}$，横向刚度 $K = 16 \text{N/mm}$，设 $L_4 = 1000$，$L_5 = 4500$）。

（2）作用在固定支架 IA1 和 IA2 的力及力矩（50% 预拉伸计算）。

IA$_1$ 支架：

力 $F_{1x} = -K\dfrac{\Delta L_1}{2} = -1976 \text{N}$，$F_{1y} = F_{1z} = 0$

力矩 $M_{1x} = -F_{yz} A_0 = -4446 \text{N} \cdot \text{m}$，$M_{1z} = -F_{yz} A_0 = -2916 \text{N} \cdot \text{m}$，$M_{1y} = 0$

IA$_2$ 支架：

力 $F_{2x} = -F_{2y} = 0$，$F_{2z} = -K\dfrac{\Delta L_2}{2} = 1296 \text{(N)}$

力矩 $M_{2x} = -F_{yz} A_1 = -11\,362 \text{N} \cdot \text{m}$，$M_{2y} = M_{2z} = 0$

【**例 6-4**】　某化工企业生产用架空蒸汽管道，布置如图 6-13 所示。设计参数：压力为 1.2MPa，温度 $t_1 = 270℃$，管径 $D529 \times 8$，材质为 Q235-B，安装温度 $t_0 = 5℃$，管段 L_1 为 45m，L_2 为 3m，L_3 为 45m，A 为 4.6m，$a = 1.0$m，$b = 1.5$m，钢材线性膨胀系数 $\alpha_{270} = 13.32 \times 10^{-4} \text{cm}/(\text{m} \cdot \text{℃})$。试选用铰链横向型波纹补偿器及计算补偿器作用在支架上的力。

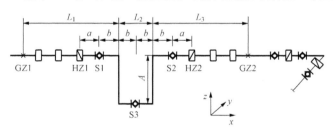

图 6-13　[例 6-4] 附图

解　（1）设计步骤。

管道热膨胀量 ΔL 计算为

$$\Delta L_1 = \alpha L_1 (t_1 - t_0)$$
$$= \Delta L_3 = \alpha L_3 (t_1 - t_0)$$
$$= 159 \text{(mm)}$$

角变形量 θ 计算为

$$\theta_1 = \theta_2 = \sin^{-1}\left(\frac{\Delta L_1}{A}\right) = 3.96°$$

$$\theta_3 = \theta_1 + \theta_2 = 7.92°$$

根据 θ 值选用铰链型横向波纹补偿器，型号分别为 SBJP2.5-500-5.6（$L = 870 \text{mm}$，

角向刚度 $K_{1,2} = 1891 \text{N} \cdot \text{m/度}$）和 SBJP2.5-500-14（$L = 1026 \text{mm}$，角向刚度 $K_3 = 757$ $\text{N} \cdot \text{m/度}$）。

（2）作用在固定支架及导向支架上的力及力矩。

作用在导向支架 HZ1 上的力矩 $M_{-y} = K_1 \theta_1 = 7488 (\text{N} \cdot \text{m})$

z 方向（竖直向下）受力 $F_{-z} = \dfrac{M_{-y}}{a} = 7488 (\text{N})$

作用在固定支架 GZ1 上的力（与 x 方向相反）$F_{1x} = -\dfrac{K_3 \theta_3}{A} = -1303 (\text{N})$

作用在导向支架 HZ2 上的力矩 $M_y = K_2 \theta_2 = 7488 (\text{N} \cdot \text{m})$

z 方向（竖直向下）受力 $F_{-z} = \dfrac{M_y}{a} = 7488 (\text{N})$

作用在固定支架 GZ2 的力（与 x 方向相同）$F_{2x} = \dfrac{K_3 \theta_3}{A} = 1303 (\text{N})$

6.4.5　自然补偿管段

常见的自然补偿管段有 L 形、Z 形、直角形三种。图 6-14 所示为常见自然补偿管段的受力示意图。

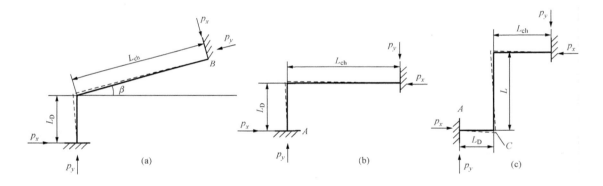

图 6-14　常见自然补偿管段的受力示意图

(a) L 形自然补偿管段；(b) 直角形自然补偿管段；(c) Z 形自然补偿管段

L_{ch}—长臂长，m；L_D—短臂长，m；L—中间臂长，m

对直角形自然补偿管段的弹性力（p_x、p_y）及轴向补偿弯曲应力 σ_{bw} 的简化计算公式为

$$p_x = A \frac{\alpha E I \Delta t}{L_D^2} \tag{6-35}$$

$$p_y = B \frac{\alpha E I \Delta t}{L_D^2} \tag{6-36}$$

$$\sigma_{bw(A)} = C_A \frac{\alpha E D_w \Delta t}{L_D} \tag{6-37}$$

$$A = \frac{3(n^3 + 4n^2 + 3)}{n(n+1)} \tag{6-38}$$

$$B = \frac{3(3n^2 + 4n + 1)}{n^3(n+1)} \tag{6-39}$$

$$C_A = \frac{1.5(n^3 + 2n^2 + 1)}{n(n+1)} \qquad (6-40)$$

$$n = \frac{L_{ch}}{L_D} \qquad (6-41)$$

式中　　Δt——管道的计算温差，℃；

L_D——短臂长，m；

L_{ch}——长臂长，m；

A、B、C_A——系数。

由于最大轴向弯曲应力 σ_{bw} 出现在短臂固定点 A 处，所以只计算 A 点的轴向弯曲应力 $\sigma_{bw(A)}$。

对于 L 形、直角形补偿器，其短臂的长度可按式（6-42）计算确定，即

$$L_D = 1.1\sqrt{\frac{\Delta L D_w}{300}} \qquad (6-42)$$

式中　　ΔL——长臂 L_{ch} 的热伸长量，mm。

L 形、直角形补偿器长臂 L_{ch} 的长度一般应取 20～25m，否则会造成短臂的侧向位移过大而失去作用。

对于 Z 形补偿器，其垂直管段长度 l 可按式（6-43）计算确定，即

$$l = \left[\frac{6\Delta t E D_w}{10^7 [\sigma_{bw}](1+12K)}\right]^{\frac{1}{2}} \qquad (6-43)$$

$$K = \frac{L_{ch}}{L_D}$$

式中　　l——Z 形补偿器垂直管段长度，m。

其他形式的自然补偿管段的计算，可查阅有关设计手册，利用设计手册提供的线算图、计算表可大大降低计算工作量。

6.5　供热管道固定支架间距及其受力计算

6.5.1　固定支架间距的确定

确定固定支架间距时，应考虑两个方面的因素：①不应使管道产生纵向弯曲；②不得使管道上的支管位移超过 50mm。工程设计中一般可按附表 6-5 确定。

6.5.2　固定支架的受力计算

固定支架一般应受到垂直压力、水平推力两个力的作用。垂直压力一般由管道自重所引起；水平推力通常由以下几方面的因素所引起：

（1）由于活动支架上的摩擦力而产生的水平推力 p_m。

（2）由于方形补偿器、自然补偿管段等的弹性力 p_d 所产生的水平推力，或者由于套管补偿器摩擦力所产生的水平推力 p_{tm}。

（3）在设置套管补偿器时，由于管道内压而引起的水平推力 p_{tn}。

（4）直埋管道由于土壤的摩擦力而产生的水平推力 p_{rm}。

在某些情况下，固定支架还会受到一些横向推力的作用。

6.5.2.1 配置方形补偿器及自然补偿管段的管道固定支架受力计算表（见表 6‑16）

表 6‑16　　　　配置方形补偿器及自然补偿管段的管道固定支架受力计算表

序号	示　意　图	计　算　公　式	备注
1		$F = p_{k1} + \mu q_1 L_1 - 0.8(p_{k2} + \mu q_2 L_2)$	
2		$F_1 = p_{k1} + \mu q_1 L_1$ $F_2 = p_{k2} + \mu q_2 L_2$ $F = F_1 - 0.8 F_2$	
3		$F = p_k + \mu q_1 L_1$	作用在干管固定支架上的侧向推力
4		$F = p_{k1} + \mu q_1 L_1$ $\quad - 0.8\left[p_x + \mu q_2 \cos\varphi \left(L_2 + \dfrac{L_3}{2} \right) \right]$ $F_y = p_y + \mu q_2 \sin\varphi \left(L_2 + \dfrac{L_3}{2} \right)$	
5		$F_1 = p_k + \mu q_1 L_1$ $F_2 = p_x + \mu q_2 \cos\varphi \left(L_2 + \dfrac{L_3}{2} \right)$ $F_y = p_y + \mu q_2 \sin\varphi \left(L_2 + \dfrac{L_3}{2} \right)$	
6		$F = p_{k1} + \mu q_1 L_1$ $\quad - 0.8\left[p_x + \mu q_2 \cos\varphi \left(L_2 + \dfrac{L_3}{4} \right) \right]$ $F_y = p_y + \mu q_2 \sin\varphi \left(L_2 + \dfrac{L_3}{4} \right)$	不利条件在热胀临终阶段

序号	示　意　图	计　算　公　式	备注
7		$F_1 = p_k + \mu q_1 L_1 - 0.8 p_x$ 或 $F_1 = p_k + p_x + \mu q \left[\cos\varphi \left(\dfrac{L_3}{2} + L_2 \right) \right]$	介质流向 2 当自然补偿管段受热后开启阀门阶段
		$F_2 = p_k + \mu q L_1$	关闭阀门
		$F_y = p_y + \mu q \sin\varphi \left(L_2 + \dfrac{L_3}{2} \right)$	F 应由两式中取大者，介质流向 1，阀门关闭
8		$F_x = p_{x1} + \mu q_1 \cos\varphi_1 \left(L_1 + \dfrac{L_3}{2} \right)$ $\quad - 0.8 \left[p_{x2} + \mu q_2 \cos\varphi_2 \left(L_2 + \dfrac{L_4}{2} \right) \right]$ $F_y = p_{y1} + \mu q_1 \sin\varphi_1 \left(L_1 + \dfrac{L_3}{2} \right)$ $\quad - 0.8 \left[p_{y2} + \mu q_2 \sin\varphi_2 \left(L_2 + \dfrac{L_4}{2} \right) \right]$	
9		$F_x = p_{x1} + \mu q \cos\varphi_1 \left(L_1 + \dfrac{L_3}{2} \right)$ $\quad - 0.8 \left[p_{x2} + \mu q \cos\varphi_2 \left(L_2 + \dfrac{L_4}{2} \right) \right]$ $F_y = p_{y1} + \mu q \sin\varphi_1 \left(L_1 + \dfrac{L_3}{2} \right)$ $\quad - 0.8 \left[p_{y2} + \mu q \sin\varphi_2 \left(L_2 + \dfrac{L_4}{2} \right) \right]$	
10		$F_x = p_{x1} + \mu q_1 \cos\varphi_1 \left(L_1 + \dfrac{L_3}{2} \right)$ $\quad - 0.8 \left[p_{x2} + \mu q_2 \cos\varphi_2 \left(L_2 + \dfrac{L_4}{2} \right) \right]$ $F_y = p_{y1} + \mu q_1 \sin\varphi_1 \left(L_1 + \dfrac{L_3}{2} \right)$ $\quad + p_{y2} + \mu q_2 \sin\varphi_2 \left(L_2 + \dfrac{L_4}{4} \right)$	
11		$p_x = A \dfrac{\alpha E I \Delta t}{10^7 L_1^2}$ $p_y = B \dfrac{\alpha E I \Delta t}{10^7 L_1^2}$	
12		$p_x = A \dfrac{\alpha E I \Delta t}{10^7 L_3^2}$ $p_y = B \dfrac{\alpha E I \Delta t}{10^7 L_3^2}$	

注　表中公式各项含义：F、F_x—固定支架所受的轴向推力，N；F_1、F_2—介质从不同方向流动时，作用在固定支架上的轴向推力，N；F_y—固定支架承受的侧向推力，N；p_k—伸缩器的弹性力，N；p_x、p_y—自然弯曲管段在 x、y 轴方向的弹性力，N；L_1、L_2、L_3、L_4—管段长度，m；μ—摩擦系数，见表 6-17；q_1、q_2—管子单位长度计算荷载，N/m；φ—管道转弯处的夹角，度；A、B—系数，参阅有关设计手册。

表 6 - 17 摩 擦 系 数

接 触 情 况		μ
滑动支架	钢与钢接触	0.3
	钢与混凝土接触	0.6
	钢与木材接触	0.28～0.4
滚柱支架	钢与钢接触	0.15
	沿滚柱轴向移动时	0.3
	沿滚柱径向移动时	0.1
滚珠支架	钢与钢接触	0.1
管道与墙		0.6
管道与保温材料		0.6
管道与橡胶填料		0.15
管道与油浸和涂石墨粉的石棉垫		0.1

6.5.2.2 带套管补偿器及波形补偿器管段的管道固定支架受力计算表（见表 6 - 18、表 6 - 19）

表 6 - 18 带套管补偿器管段固定支架受力计算表

序号	计算简图	计算公式	备注
1	 D_1 G_z D_2 L_1 L_2	$\begin{aligned} N_0 &= p_{t1} + \mu q_1 L_1 \\ &+ 100p(F_{tw1} - F_{tw2}) \\ &- 0.8(p_{t2} + \mu q_2 L_2) \end{aligned}$	加热、全开 $D_1 \geqslant D_2$
		$\begin{aligned} N_0 &= p_{t2} + \mu q_2 L_2 \\ &+ 100p(F_{tw1} - F_{tw2}) \\ &- 0.8(p_{t1} + \mu q_1 L_1) \end{aligned}$	冷却、全开 $D_1 \geqslant D_2$
		$N_0 = 0.2(p_t + \mu q L)$	全开 $D_1 = D_2$ $L_1 = L_2 = L$
		$N_0 = p_{t1} + \mu q_1 L_1 + 100 p F_{tw1}$	流向：左→右 全闭（单路）
		$N_0 = p_{t2} + \mu q_2 L_2 + 100 p F_{tw2}$	流向：右→左 全闭（单路）
		$N_0 = p_{t1} + p_{t2} + \mu q_1 L_1 + \mu q_2 L_2 + 100 p F_{tw1}$	全闭（环路）
2	 D_1 G_z D_2 L	$N_0 = p_{t1} - 0.8 p_{t2} + \mu q L + 100(F_{tw1} - F_{tw2})$	加热、全开 $D_1 \geqslant D_2$
		$N_0 = 0.2 p_t + \mu q L$	全开 $D_1 = D_2$ $L_1 = L_2 = L$
		$N_0 = p_{t1} + \mu q_1 L + 100 p F_{tw1}$	流向：左→右 全闭（单路）
		$N_0 = p_{t1} + 100 p F_{tw2}$	流向：右→左 全闭（单路）
		$N_0 = p_{t1} + p_{t2} + \mu q_1 L + 100 p F_{tw1}$	全闭（环路）

序号	计算简图	计算公式	备注
3		$N_0 = p_t + 100pF_{tw}$	
4		$N_0 = p_t + 100pF_{tw} + \mu qL$	
5		$N_h = p_t + 100pF_{tw}$	全开、全闭
6		$N_h = p_t + 100pF_{tw} + \mu qL$	全开、全闭
7		$N_h = p_{t1} + 100pF_{tw1} + \mu q_1 L_1$	流向：左→右 全开、全闭
		$N_h = p_{t2} + 100pF_{tw2}$	流向：右→左 全开、全闭
8		$N_0 = p_{t1} - 0.8p_{t2} + 100p(F_{tw1} - F_{tw2})$	加热、全开 $D_1 \geqslant D_2$
		$N_0 = 0.2p_t$	$D_1 = D_2$ 全开
		$N_0 = p_{t1} + 100pF_{tw1}$	流向：左→右 全闭（单路）
		$N_0 = p_{t2} + 100pF_{tw2}$	流向：右→左 全闭（单路）
		$N_0 = p_{t1} + p_{t2} + 100pF_{tw1}$	全闭（环路）
9		$N_0 = 100pF_{tw} + p_t - 0.8\mu q_2 L$	热始、全开 $D_1 \geqslant D_2$
		$N_0 = 100pF_{tw} - 0.8p_t + \mu q_2 L$	冷终、全开 $D_1 \geqslant D_2$
		$N_0 = 100pF_{tw} + p_t$	流向：左→右 全闭（单路）
		$N_0 = \mu q_2 L + p_x$	流向：右→左 全闭（单路）
		$N_0 = 100pF_{tw} + p_t + \mu q_2 L + p_x$	全闭（环路）
		$N_h = p_y$	

续表

序号	计算简图	计算公式	备注
10		$N_0 = \mu q_1 L_1 + 100 p F_{tw} - 0.8(p_t + \mu q_2 L_2)$	热始、全开 $D_1 \geqslant D_2$
		$N_0 = \mu q_2 L_2 + 100 p F_{tw} - 0.8(p_t + \mu q_1 L_1)$	冷终、全开 $D_1 \geqslant D_2$
		$N_0 = \mu q_1 L_1 + 100 p F_{tw} + p_t$	流向：左→右 全闭（单路）
		$N_0 = \mu q_2 L_2 + p_x$	流向：右→左 全闭（单路）
		$N_0 = \mu q_1 L_1 + 100 p F_{tw} + p_t + p_x + \mu q_2 L_2$	全闭（环路）
		$N_h = p_y$	
11		$N_0 = p_{x1} + \mu q_1 L_1 - 0.8(p_{x2} + \mu q_2 L_2)$	热终、全开
		$N_0 = p_{x2} + \mu q_2 L_2 - 0.8(p_{x1} + \mu q_1 L_1)$	
		$N_0 = p_{x1} + \mu q_2 L_2 - 0.8(p_{x2} + \mu q_1 L_1)$	冷始、全开
		$N_0 = p_{x2} + \mu q_1 L_1 - 0.8(p_{x1} + \mu q_2 L_2)$	
		图 a：$N_h = p_{y1} - 0.8 p_{y2}$ 或 $N_h = p_{y2} - 0.8 p_{y1}$ 图 b：$N_h = p_{y1} + p_{y2}$	全开
		$N_0 = p_{x1} + \mu q_1 L_1$	流向：左→右 全闭（单路）
		$N_h = p_{y1}$	
		$N_0 = p_{x2} + \mu q_2 L_2$	流向：右→左 全闭（单路）
		$N_h = p_{y2}$	
		$N_0 = p_{x1} + p_{x2} + \mu q_1 L_1 + \mu q_2 L_2$	全闭（环路）
		$N_h = p_{y1} + p_{y2}$	

表 6‑19　　　　　　　　　带波形补偿器管段的管道固定支架受力计算表

序号	计算简图	计算公式	备注
1		$N_0 = p_b + p_{bn} + \mu q_1 L_1 - 0.8\mu q_2 L_2$	热始、全开
		$N_0 = p_b + p_{bn} + \mu q_2 L_2 - 0.8\mu q_1 L_1$	冷终、全开
		$N_0 = p_b + p_{bn} + \mu q_1 L_1$	流向：左→右 全闭（单路）
		$N_0 = p_x + \mu q_2 L_2$	流向：右→左 全闭（单路）
		$N_0 = p_b + p_{bn} + \mu q_1 L_1 + \mu q_2 L_2$	全闭（环路）
		$N_h = p_y$	
2		$N_0 = p_b + p_{bn} + \mu q L$	
3		$N_0 = p_{b1} + p_{bn1} + \mu q_1 L_1 - 0.8(p_{b2} + p_{bn2} + \mu q_2 L_2)$	加热、全开 $D_1 > D_2$
		$N_0 = p_{b2} + p_{bn2} + \mu q_2 L_2 - 0.8(p_{b1} + p_{bn1} + \mu q_1 L_1)$	冷却、全开 $D_1 > D_2$
		$N_0 = 0.20(p_b + p_{bn})$	全开 $D_1 = D_2$ $L_1 = L_2 = L$
		$N_0 = p_{b1} + p_{bn1} + \mu q_1 L_1$	流向：左→右 全闭（单路）
		$N_0 = p_{b2} + p_{bn2} + \mu q_2 L_2$	流向：右→左 全闭（单路）
		$N_0 = p_{b1} + p_{bn1} + \mu q_1 L_1 + \mu q_2 L_2$	全闭（环路）
4		$N_0 = p_b + p_{bn} + \mu q L$	

6.5.2.3　带球形补偿器管段的管道固定支架推力计算表（见表 6‑20）

表 6‑20　　　　　　　　　带球形补偿器管段的管道固定支架推力计算表

序号	推 力 名 称	计 算 公 式	备注
1	滑动支架轴向摩擦力（N）	$F_m = \mu q L$	
2	球形补偿器转动力矩的反作用力（N）	$F_j = \dfrac{2M}{l}$	
3	固定支架轴向推力（N）	$F = (F_{m1} + F_{j1}) - 0.8(F_{m2} + F_{j2})$	

注　M—球形补偿器转动摩擦力矩，N·m；l—球补组的中心距，m。

6.5.2.4 配置波纹补偿器的供热管道固定支架受力计算表（见表6-21）

表6-21 配置波纹补偿器的供热管道固定支架受力计算表

序号	管道布置图	计 算 公 式	备注
1		$F = F_A + F_B - 0.7(F'_A + F'_B)$	
2		$F = F_A + F_B + \mu q L_1 - 0.7(F'_A + F'_B + \mu q L_2)$	
3		$F = F_A + F_B + \mu q L_1 + p_0 A$	阀门关闭
4		$F = F_A + F_B + p_0(A_1 - A_2) - 0.7(F'_A + F'_B + \mu q L_2)$	
5		$F = F_A + F_B + \mu q L_1 + p_0 A$	
6		$F = F_A + F_B + p_0 A_i + \mu q L_1 - 0.7\left[F_x + \mu q \cos\left(\dfrac{L_3}{2} + L_2\right)\right]$ $F_Y = F_y + \mu q \sin\left(\dfrac{L_3}{2} + L_2\right)$	
7		$F = F_A + \mu q L_1$	
8		$F = F_A + \mu q L_1 - 0.7(F'_A + \mu q L_2)$	
9		$F = F_A + \mu q L_1$	
10		$F_2 = \dfrac{0.5(K_2\theta_2 + K_3\theta_3) + [0.5(K_1\theta_1 + K_3\theta_3)/L_0][B\cos(180-\alpha) + L_1]}{L_0\cos(180-\alpha)}$ 与 L_2 管平行 $F_1 = [0.5(K_1\theta_1 + K_3\theta_3)/L_2]\sin(180° - \alpha) + F_1\cos(180° - \alpha)$ 与 L_0 管平行	

注 F—固定支架承受的轴向推力，N；F_Y—固定支架承受的侧向推力，N；F_x—自然补偿管道在 x 轴方向的弹性力，N；F_y—自然补偿管道在 y 轴方向的弹性力，N；F_A—波纹补偿器的弹性力，N；$F_A = K\Delta L$；K、K_1、K_2、K_3—波纹补偿器的刚度，N/mm；ΔL—补偿量，mm；F_B—波纹补偿器波壁承受的内压轴向力，N；p_0—管内介质的工作压力，MPa；A—管道的内截面积，mm²；A_i—波纹补偿器的有效截面积，mm²；μ—管架与管座的摩擦系数，钢与钢：0.3；q—管道单位长度计算荷载，N/m；L_1、L_2、L_3、A、B、C—管道长度，m；α—管道拐弯角度，°。

在表6-16～表6-21中，当一种计算简图有几个公式时，应结合实际情况按所列公式进行计算，以所得最大数值作为固定支架的水平荷载。对于装有阀门的管段，按阀门开启和关闭的不同条件进行计算，以所得最大值作为固定支架的水平荷载。"热始"、"热终"、"冷始"、"冷终"是指管段"开始加热"、"加热终了"、"开始冷却"、"冷却终了"四种边界工况。"加热"是介于"热始"和"热终"之间的中间过程；"冷却"是介于"冷始"和"冷终"之间的过程。"全开"是指管段上无阀门或者阀门全开，两侧管段工况相同；"全闭"是指阀门完全关闭，两侧管段工况不同。"单路"是指枝状管网，由一侧供热；"环路"是指环形热网，由两侧供热。"全闭（单路）"一侧为冷态，不计摩擦力；"全闭（环路）"一侧可能趋于冷却，管段在收缩，应计入摩擦力。

6.6　直埋热水供热管网的应力计算

由于无沟直埋热水供热管道受土壤约束力的作用，因此其受力和应力验算不同于架空敷设或地沟敷设的热力管道，应力验算采用应力分类法。

直埋敷设预制保温管道在进行受力计算与应力计算时，热水供、回水管道的计算压力应采用循环水泵最高出口压力加上循环水泵与管道最低点地形高差所产生的静水压力。管道工作循环最高温度应采用室外采暖计算温度下的热网计算供水温度；管道工作循环最低温度，对于全年运行的管网应采用 30℃，对于只在采暖季节运行的管网应采用 10℃。计算安装温度取安装时当地的最低温度。

（1）外壳与土壤间摩擦力的计算。单位长度直埋敷设预制保温管道的外壳与土壤之间的摩擦力应按式（6-44）计算确定，即

$$F = \pi \rho g \mu \left(H + \frac{D_c}{2} \right) D_c \tag{6-44}$$

式中　F——轴线方向单位长度管道所受的摩擦力，N/m；

　　　H——管顶覆土深度，m，当 $H>1.5$m 时，H 取 1.5m；

　　　ρ——土壤密度，kg/m；

　　　g——重力加速度，m/s²；

　　　μ——摩擦系数，见表 6-22；

　　　D_c——预制保温管道外壳的外径，m。

表 6-22　　　　　　　　　　　保温管外壳与土壤间的摩擦系数

保温管外壳材料	中　砂		粉质黏土或砂质粉土	
	最大摩擦系数 μ_{max}	最小摩擦系数 μ_{min}	最大摩擦系数 μ_{max}	最小摩擦系数 μ_{min}
高密度聚乙烯或玻璃钢	0.40	0.20	0.40	0.15

（2）直管段的轴向力和热伸长量的计算。根据直埋管道受热后管道变形的特点，我们将直埋管道分为锚固段和过渡段，以便于设计计算。所谓的锚固段，是在管道温度发生变化时不产生热位移的直埋管段。过渡段是指一端固定（固定点、驻点、锚固点），另一端为活动端，当管道温度发生变化时，能产生热位移的直埋管段。固定点是指管道上采用强制固定措施不能发生位移的点。管道的驻点是指两侧为活动端的直埋直线管段上，当管道温度发生变化，全管线产生朝向两端或背向两端的热位移，管段中热位移为零的点。锚固点是指管道温

度发生变化时，直埋直线管道产生热位移管段和不产生热位移管段的自然分界点。

管道在伸缩完全受阻的工作状态下，钢管管壁开始屈服时的工作温度与安装温度之差称为管道的屈服温差。屈服温差按式（6-45）计算确定，即

$$\Delta T_y = \frac{1}{\alpha E}\left[n\sigma_s - (1-\nu)\sigma_t\right] \qquad (6-45)$$

式中　ΔT_y——管道的屈服温差，℃；

$\qquad \alpha$——钢材的线膨胀系数，m/(m·℃)；

$\qquad E$——钢材的弹性模量，MPa；

$\qquad n$——屈服极限增强系数，$n=1.3$；

$\qquad \sigma_s$——钢材在计算温度下的屈服极限最小值，MPa；

$\qquad \sigma_t$——管道内压引起的环向应力，MPa；

$\qquad \nu$——泊松系数，对于钢材$\nu=0.3$。

直埋管道第一次升温到工作循环最高温度时，受到最大单位长度摩擦力的作用，此时形成的由锚固点至活动端的管段长度称为过渡段最小长度。直埋管道经若干次温度变化，单位摩擦力减至最小时，在工作循环最高温度下形成的由锚固点至活动端的管段长度，称为过渡段最大长度。直管段的过渡段长度应按式（6-46）和式（6-47）计算确定，即

$$L_{max} = \frac{\left[\alpha E(t_1 - t_0) - \nu\sigma_t\right]A \times 10^6}{F_{min}} \qquad (6-46)$$

$$L_{min} = \frac{\left[\alpha E(t_1 - t_0) - \nu\sigma_t\right]A \times 10^6}{F_{max}} \qquad (6-47)$$

式中　L_{max}——管道的过渡段最大长度，m；

$\qquad L_{min}$——管道的过渡段最小长度，m；

$\qquad F_{max}$——管道的最大单位长度摩擦力，N/m；

$\qquad F_{min}$——管道的最小单位长度摩擦力，N/m；

$\qquad A$——钢管管壁的横截面积，m²；

$\qquad t_1$——管道工作循环最高温度，℃；

$\qquad t_0$——管道计算安装温度，℃。

其他符号同前。

当 $t_1 - t_0 > \Delta T_y$ 时，取 $t_1 - t_0 = \Delta T_y$。

管道在最高工作循环温度下，过渡段内任意一截面上的最大轴向力和最小轴向力按式（6-48）和式（6-49）计算确定，即

$$N_{t,max} = F_{max}l + F_f \qquad (6-48)$$

$$N_{t,min} = F_{min}l + F_f \qquad (6-49)$$

式中　$N_{t,max}$——计算截面的最大轴向力，N；

$\qquad N_{t,min}$——计算截面的最小轴向力，N；

$\qquad l$——过渡段内计算截面距活动端的距离，m；

$\qquad F_f$——活动端对管道伸缩的阻力，N。

管道在工作循环最高温度下，锚固段内的轴向力应按式（6-50）计算确定，即

$$N_a = \left[\alpha E(t_1 - t_0) - \nu\sigma_t\right]A \times 10^6 \qquad (6-50)$$

式中　N_a——锚固段的轴向力，N。

其他符号同前。

当 $t_1-t_0>\Delta T_y$ 时，取 $t_1-t_0=\Delta T_y$。

直管段的当量应力应按式（6-51）计算确定，即

$$\sigma_j = (1-\nu)\sigma_t - \alpha E(t_2-t_1) \tag{6-51}$$

式中 σ_j——管道内压、热胀应力的当量应力，MPa。

其他符号同前。

当量应力应满足 $\sigma_j\leqslant 3[\sigma]$，当不能满足要求时，管道系统中不应有锚固段存在，并且过渡段长度应满足

$$L\leqslant \frac{(3[\sigma]-\sigma_t)A}{1.6F_{max}}\times 10^6 \tag{6-52}$$

式中 L——设计的过渡段长度，m；

$[\sigma]$——钢材在计算温度下的额定许用应力，MPa。

其他符号同前。

如图 6-15 所示，两过渡段之间的驻点位置 Z 应按式（6-53）计算确定，即

$$l_1 = \left(L-\frac{F_{f1}-F_{f2}}{F_{min}}\right)\Big/2 \tag{6-53}$$

$$L = l_1 + l_2$$

式中 L——两过渡段管线总长度，m；

l_1、l_2——驻点左、右侧过渡段的长度，m；

F_{f1}、F_{f2}——左、右侧活动端对管道伸缩的阻力，N；

F_{min}——管道的最小单位长度摩擦力，N/m。

活动端对管道伸缩的阻力与过渡段长度有关，采用迭代法计算时，F_{f1}、F_{f2} 的误差不应大于 10%。

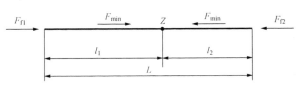

图 6-15 驻点位置计算简图

当 $t_1-t_0\leqslant\Delta T_y$ 或者 $L\leqslant L_{min}$ 时，整个过渡段处于弹性状态，管段的热伸长量为

$$\Delta l = \left[\alpha(t_1-t_0)-\frac{F_{min}L}{2EA\times 10^6}\right]L \tag{6-54}$$

式中 Δl——管段的热伸长量，m；

L——管段长度，m；当 $L\geqslant L_{max}$ 时，取 $L=L_{max}$。

其他符号同前。

当 $t_1-t_0>\Delta T_y$ 且 $L>L_{min}$ 时，管段中部分进入塑性工作状态，此时，管段的热伸长量为

$$\Delta l = \left[\alpha(t_1-t_0)-\frac{F_{min}L}{2EA\times 10^6}\right]L-\Delta l_p \tag{6-55}$$

$$\Delta l_p = \alpha(t_1-\Delta T_y-t_0)(L-L_{min}) \tag{6-56}$$

式中 Δl_p——过渡段的塑性压缩变形量，m。

其他符号与前式相同。

计算过渡段内任意一点的热位移量时，以计算点到活动端为假设过渡段，计算该段的热伸长量，整个过渡段的热伸长量与假设过渡段的热伸长量之差即为该点的热位移量。

（3）转角管段的应力验算。直埋水平弯头和纵向弯头的升温弯矩和轴向力可采用弹性抗弯铰解析法进行计算。计算弯头弯矩时，管道的计算温差应采用工作循环最高温度与工作循环最低温度之差；计算转角管段的轴向力时，管道的计算温差应采用工作循环最高温度与计算安装温度之差。

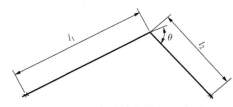

图 6-16　水平转角管段示意图

如图 6-16 所示，水平转角管段的过渡段长度应按下列公式计算确定，即

$$l_{t,\max} = \sqrt{Z^2 + \left(\frac{2Z}{F_{\min}}\right)N_a} - Z \qquad (6\text{-}57)$$

$$l_t = \sqrt{Z^2 + \left(\frac{2Z}{F_{\min}}\right)N_b} - Z \qquad (6\text{-}58)$$

$$Z = \frac{A\tan^2\dfrac{\theta}{2}}{2\kappa^3 I_p(1+C_m)} \qquad (6\text{-}59)$$

$$\kappa = \sqrt[4]{\frac{D_c C}{4EI_p \times 10^6}} \qquad (6\text{-}60)$$

$$C_m = \frac{1}{1 + K\kappa R_c(I_p/I_b)} \qquad (6\text{-}61)$$

$$N_a = [\alpha E(t_1 - t_0) - \nu\sigma_t]A \times 10^6 \qquad (6\text{-}62)$$

当 $t_1 - t_0 > \Delta T_y$ 时，取 $t_1 - t_0 = \Delta T_y$

$$N_b = [\alpha E(t_1 - t_2) - \nu\sigma_t]A \times 10^6 \qquad (6\text{-}63)$$

式中　$l_{t,\max}$——水平转角管段的过渡段最大长度，m；

l_t——水平转角管段循环工作状态下的过渡段长度，m；

C——土壤横向压缩反力系数，N/m²；

K——弯头的减刚系数；

R_c——弯头的计算曲率半径，m；

θ——转角管段的折角，rad；

I_b——弯头横截面的惯性矩，m⁴；

I_p——直管横截面的惯性矩，m⁴；

κ——与土壤特性和管道刚度有关的参数，m⁻¹。

水平转角管段的计算臂长 l_{c1}、l_{c2} 和平均计算臂长 l_{cm} 应符合下列规定：

当 $l_1 \geqslant l_2 \geqslant l_t$ 时，取 $l_{c1} = l_{c2} = l_t$；

当 $l_1 \geqslant l_t \geqslant l_2$ 时，取 $l_{c1} = l_t$，$l_{c2} = l_2$；

当 $l_t \geqslant l_1 \geqslant l_2$ 时，取 $l_{c1} = l_1$，$l_{c2} = l_2$；

$$l_{cm} = \frac{l_{c1} + l_{c2}}{2} \qquad (6\text{-}64)$$

式中　l_1、l_2——设计布置的转角管段两侧臂长。

水平直埋弯头的弯矩按式（6-65）计算确定，即

$$M = \frac{C_m[\alpha EA(t_1 - t_2) \times 10^6 - F_{\min}l_{cm}]\tan\dfrac{\theta}{2}}{\kappa\left[1 + C_m + \dfrac{A\tan^2(\theta/2)}{2\kappa}\right]} \qquad (6\text{-}65)$$

式中 M——弯头的弯矩，N·m。

其他符号同前。

水平直埋弯头在弯矩作用下产生的最大环向应力应按式（6-66）计算确定，即

$$\sigma_{bt} = \frac{\beta_b M r_{bo}}{I_b} \times 10^{-6} \tag{6-66}$$

$$\beta_b = 0.9(1/h)^{2/3} \tag{6-67}$$

式中 σ_{bt}——弯头在弯矩作用下产生的最大环向应力，MPa；

β_b——弯头平面弯曲环向应力加强系数；

M——弯头的弯矩，N·m，见式（6-65）；

h——弯头的尺寸系数，见式（6-15）；

r_{bo}——弯头的外半径，m。

竖向转角管段分为两种：一种为弯头在下（曲率中心在上），其应力计算与水平转角管段相同；另一种为弯头在上（曲率中心在下），弯头两侧管道所受土壤压力近似等于管道上方土体的重力，不随位移的增加而增加，设计计算按下列公式进行。

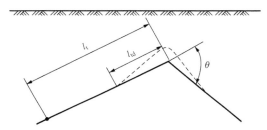

图 6-17 竖向转角管段计算示意图

如图 6-17 所示，竖向转角管段的过渡段长度 l_t 及变形段长度 l_{td} 应按下列公式计算确定，即

$$l_{td} = \frac{(1+\zeta)r_m}{4\tan^{3/2}(\theta/2)S_2}(\sqrt{1+S_1 S_2 N_1} - 1) \tag{6-68}$$

$$S_1 = \frac{16\tan^{5/2}(\theta/2)}{(1+\zeta)^2 p r_m} \tag{6-69}$$

$$S_2 = \sqrt{\frac{(0.5-\zeta)F_{min}}{3p}} \tag{6-70}$$

$$\zeta = \frac{l_{td}}{3[l_{td} + KR_c(I_p/I_b)]} \tag{6-71}$$

$$N_1 = [\alpha E(t_1 - t_0) - \nu\sigma_t]A \times 10^6 \tag{6-72}$$

当 $t_1 - t_0 > \Delta T_y$ 时，取 $t_1 - t_0 = \Delta T_y$

式中 l_{td}——竖向转角管段臂长为过渡段长度 l_t 时的变形长度，m；

p——土压力，取变形段管顶平均覆土重，N/m；

r_m——管子的平均半径，按式（6-16）计算确定，m。

用迭代法即可解出 l_{td} 的值，当 l_{td} 的设定值与计算值相差 2% 以下时，停止迭代计算。过渡段长度 l_t 按式（6-73）采用迭代法计算确定，即

$$l_t = \frac{l_{td}}{r_m}\sqrt{\frac{(0.5-\zeta)p\tan\frac{\theta}{2}}{3F_{min}}} \tag{6-73}$$

当竖向转角管段臂长 $l < l_t$ 时，变形管段长度 l_d 应按式（6-74）计算确定，即

$$\left(\frac{l_d}{l}\right)^4 = \frac{6r_m^2}{l^2(0.5-\zeta)\tan^2(\theta/2)} \times \left[\frac{\alpha EA(t_1-t_0) \times 10^6 - 0.5F_{min}l}{pl}\tan\frac{\theta}{2} - \frac{1+\zeta}{2}\frac{l_d}{l}\right]$$

$$\tag{6-74}$$

$$\zeta = \frac{l_{\mathrm{d}}}{3[l_{\mathrm{d}} + KR_{\mathrm{c}}(I_{\mathrm{p}}/I_{\mathrm{b}})]} \tag{6-75}$$

直埋竖向转角管段弯头的弯矩、轴向力分别按式（6-76）和式（6-77）计算确定，即

$$M = \frac{\zeta p l_{\mathrm{cd}}^2}{2} \tag{6-76}$$

$$N = \frac{p l_{\mathrm{cd}}}{2\tan(\theta/2)(1+\zeta)} \tag{6-77}$$

式中　l_{cd}——竖向转角管段的计算变形长度，m（当 $l \geqslant l_{\mathrm{t}}$ 时，$l_{\mathrm{cd}} = l_{\mathrm{td}}$；当 $l < l_{\mathrm{t}}$ 时，$l_{\mathrm{cd}} = l_{\mathrm{d}}$）；

　　　　p——土压力，取变形段管顶平均覆土重，N/m。

弯头在内压作用下弯头顶（底）部产生的环向应力应按式（6-78）计算确定，即

$$\sigma_{\mathrm{pt}} = \frac{p_{\mathrm{d}} r_{\mathrm{bi}}}{\delta_{\mathrm{b}}} \tag{6-78}$$

式中　σ_{pt}——弯头在内压作用下弯头顶（底）部产生的环向应力，MPa；

　　　　p_{d}——管道的计算压力，MPa；

　　　　r_{bi}——弯头的内半径，m；

　　　　δ_{b}——弯头的公称壁厚，m。

直埋弯头的应力验算应满足

$$\sigma_{\mathrm{bt}} + 0.5\sigma_{\mathrm{pt}} \leqslant 3[\sigma] \tag{6-79}$$

6.7　直埋供热管道的固定墩设计计算及竖向稳定性验算

6.7.1　管道推力与固定墩的稳定性验算

与架空敷设、地沟敷设的供热管道相同，直埋供热管道也需要有固定支架——固定墩来保证管道有一定的稳定性，在运行中不至于失衡，保证管网的正常运行。

在直埋供热管网中，管道对固定墩的作用力由三部分组成，管道热胀冷缩受约束产生的作用力、内压产生的不平衡力、活动端位移产生的作用力。等径等壁厚管道固定墩受力计算公式见表 6-23。

表 6-23　　　　　　　　　等径等壁厚管道固定墩受力计算公式

序号	计 算 简 图	计 算 公 式
1		$l_1 \geqslant l_2 \geqslant L_{\max}$ $H = 0.1N_{\mathrm{a}}$
		$l_1 \geqslant L_{\max} > l_2$ $H = N_{\mathrm{a}} - 0.8(F_{\min}l_2 + F_{\mathrm{f2}})$
		$L_{\max} > l_1 \geqslant l_2 \geqslant L_{\min}$ $H = \psi N_{\mathrm{a}} - 0.8F_{\mathrm{f2}}$
		$L_{\max} > l_1 \geqslant L_{\min} \geqslant l_2$ $H = N_{\mathrm{a}} - \eta F_{\max}l_2 - 0.8F_{\mathrm{f2}}$
		$L_{\min} \geqslant l_1 \geqslant l_2$ $H = F_{\max}(l_1 - 0.8l_2) + F_{\mathrm{f1}} - 0.8F_{\mathrm{f2}}$

序号	计 算 简 图	计 算 公 式
2	F_{f1}　H　N_2　$p_d A_0$　l_1　l_2	$l_1 \geqslant L_{\max}$, $l_2 \geqslant l_{t,\max}$ $H = 0.1 N_a$ <hr> $l_1 \geqslant L_{\max}$, $l_{t,\max} > l_2$ $H = N_a - 0.8(F_{\min} l_2 + N_2) + P_d A_0$ <hr> $l_2 \geqslant l_{t,\max}$, $L_{\max} > l_1$ $H = N_a - 0.8(F_{\min} l_1 + F_{f1})$ <hr> $L_{\max} > l_1 \geqslant L_{\min}$, $l_{t,\max} > l_2 \geqslant l_{t,\min}$ 当 $\overline{l_1} > \overline{l_2}$ 时 $H = \psi' N_a - 0.8 N_2 + p_d A_0$ 当 $\overline{l_2} > \overline{l_1}$ 时 $H = \psi'' N_a - 0.8 F_{f1}$ <hr> $L_{\max} > l_1 \geqslant L_{\min}$, $l_{t,\max} \geqslant l_2$ $H = N_a - \eta F_{\max} l_2 - 0.8 N_2 + p_d A_0$ <hr> $l_{t,\max} > l_2 \geqslant l_{t,\min}$, $L_{\min} \geqslant l_1$ $H = N_a - \eta' F_{\max} l_1 - 0.8 F_{f1}$ <hr> $L_{\min} \geqslant l_1$, $l_{t,\min} \geqslant l_2$ 当 $F_{\max} l_1 + F_{f1} > F_{\max} l_2 + N_2 - p_d A_0$ 时 $H = F_{\max} l_1 + F_{f1} - 0.8(F_{\max} l_2 + N_2) + p_d A_0$ 当 $F_{\max} l_1 + F_{f1} < F_{\max} l_2 + N_2 - p_d A_0$ 时 $H = F_{\max} l_2 + N_2 - 0.8(F_{\max} l_1 + F_{f1}) - p_d A_0$
3	F_f　H　N　$p_d A_0$　l F_f　l　N　H　$p_d A_0$	$l \geqslant l_{t,\min}$ $H = N_a - \eta' F_{\max} l_1 - 0.8 F_f$ $l \leqslant l_{t,\min}$ $H = F_{\max} l + N - 0.8 F_f - p_d A_0$
4	F_{f1}　H　F_{f2}　H　l	$l \geqslant L_{\min}$ $H = N_a - 0.8 F_{f1}$ $l < L_{\min}$ $H = F_{\max} l + F_{f2} - 0.8 F_{f1}$
5	H　N　l H　N　l	$l \geqslant L_{\min}$ $H = N_a$ $l < L_{\min}$ $H = F_{\max} l + N$

序号	计 算 简 图	计 算 公 式
6	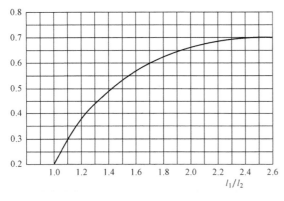	$l \geqslant L_{\min}$ $H = N_a + p_d A_0$ $l \leqslant L_{\min}$ $H = F_{\max} l + F_f + p_d A_0$

注 1. $l_{t,\max}$、$l_{t,\min}$分别为转角管段的过渡段最大长度和过渡段最小长度。$l_{t,\max}$按式（6-22）计算确定，$l_{t,\min}$也可按式（6-22）计算，但式中$F_{\min}$应该为$F_{\max}$。

2. ϕ'为按ϕ曲线（如图6-18所示）将横坐标改为$\overline{l_1}/\overline{l_2}$查出的$\phi$值。

3. ϕ''为按ϕ曲线（如图6-18所示）将横坐标改为$\overline{l_2}/\overline{l_1}$查出的$\phi$值。

4. η'为按η曲线（如图6-19所示）将横坐标改为$\overline{l_2}/l_{t,\min}$查出的$\eta$值。

5. A_0为管道流通面积。

6. $\overline{l_1}$、$\overline{l_2}$按式（6-80）、式（6-81）计算确定。

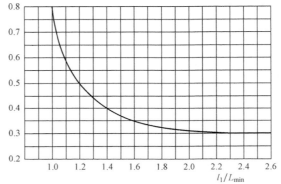

图 6-18　推力系数 ϕ 曲线　　　　　　图 6-19　综合抵消系数 η 曲线

$$\overline{l_1} = \frac{l_1 - L_{\min}}{L_{\max} - L_{\min}} \qquad (6-80)$$

$$\overline{l_2} = \frac{l_2 - L_{t,\min}}{L_{t,\max} - L_{t,\min}} \qquad (6-81)$$

为确保管网安全运行，直埋供热管道的固定墩必须进行抗滑移、抗倾覆验算。如图6-20所示，固定墩在管道推力的作用下，其抗滑移系数应符合式（6-82）的要求

$$K_s = \frac{KE_p + f_1 + f_2 + f_3}{E_a + T} \geqslant 1.3 \qquad (6-82)$$

式中　　K_s——抗滑移系数；

K——固定墩后背土压力折减系数，一般取 0.4～0.7；

E_p——被动土压力，N，按式（6-84）计算确定；

f_1、f_2、f_3——固定墩底面、侧面、顶面与土壤产生的摩擦力，N；

E_a——主动土压力，N，按式（6-85）计算确定，当固定墩前后为黏土时，E_a可忽略不计；

T——供热管道对固定墩的推力。

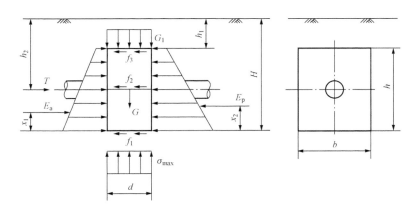

图 6 - 20　固定墩受力简图

固定墩的抗倾覆系数应符合

$$K_{ov} = \frac{KE_p X_2 + (G + G_1)d/2}{E_a X_1 + T(H - h_2)} \geqslant 1.5 \qquad (6 - 83)$$

$$E_p = \frac{1}{2}\rho g b h (h_1 + H) \tan^2\left(45° + \frac{\varphi}{2}\right) \qquad (6 - 84)$$

$$E_a = \frac{1}{2}\rho g b h (h_1 + H) \tan^2\left(45° - \frac{\varphi}{2}\right) \qquad (6 - 85)$$

式中　　K_{ov}——抗倾覆系数；

X_1——主动土压力 E_a 作用点至固定墩底面的距离，m；

X_2——被动土压力 E_p 作用点至固定墩底面的距离，m；

G——固定墩自重，N；

G_1——固定墩上部覆土重，N；

b、d、h——固定墩几何尺寸（宽、厚、高），m；

h_1、h_2、H——固定墩顶面、管孔中心和底面至地面的距离，m；

φ——回填土内摩擦角，砂土取 30°。

回填土与固定墩之间的摩擦系数按表 6 - 24 选用。

表 6 - 24　　　　　　　　　　**回填土与固定墩的摩擦系数**

土 壤 类 别		摩擦系数
黏性土	可塑性	0.25～0.30
	硬性	0.30～0.35
	坚硬性	0.35～0.45
粉土	土壤饱和度小于 0.5	0.30～0.40
中砂、粗砂、砾砂		0.40～0.50
碎石土		0.6

6.7.2　管道竖向稳定性验算

直埋供热管道所受的垂直荷载应按下列公式计算确定，即

$$Q = G_w + G + S_F \tag{6-86}$$

$$G_w = \left(HD_c + \frac{4-\pi}{8}D_c^2\right)\rho g \tag{6-87}$$

$$S_F = \rho g\left(H + \frac{D_c}{2}\right)^2 K_0 \tan\varphi \tag{6-88}$$

$$K_0 = 1 - \sin\varphi \tag{6-89}$$

式中　G_w——单位长度管道上方的土层重力，N/m；

G——单位长度预制保温管自重（包含热媒重力），N/m；

S_F——单位长度管道上方土体的剪切力，N/m；

K_0——土壤静压力系数；

φ——土壤的内摩擦角，°；

ρ——土壤密度，kg/m³；

g——重力加速度，m/s²；

D_c——预制保温管道外壳的外径，m。

管道的初始挠度应按式（6-90）计算确定，即

$$f_0 = \frac{\pi}{200}\sqrt{\frac{EI_p}{N_{p,max}}} \tag{6-90}$$

式中　f_0——管道的初始挠度，m；

E——管道材料的弹性模量，N/m²；

I_p——直管横截面惯性矩，m⁴；

$N_{p,max}$——管道的最大轴向力，N，按式（6-48）、式（6-50）计算确定。

当 $f_0 < 0.01$m 时，取 $f_0 = 0.01$m。

直埋管道上的垂直荷载应满足式（6-91）的要求

$$Q \geqslant \frac{\gamma_s N_{p,max}^2}{EI_p}f_0 \tag{6-91}$$

式中　γ_s——安全系数，一般取 1.1。

其他符号同前。

当竖向稳定性不能满足式（6-91）的要求时，应增加管道的埋深或增加管道上方荷载，或者降低管道的轴向力以确保管网安全运行。

复 习 思 考 题

1. 合理确定活动支架和固定支架间距的意义是什么？
2. 活动支架与固定支架在供热管网中所起的作用有何不同？
3. 直埋敷设供热管道与架空敷设供热管道所受荷载有什么区别？
4. 在设计直埋敷设供热管网时应注意哪些问题？

5. 供热管道设计计算中，管道承受的作用力有哪些？各对管道有什么作用？

6. 供热管道的壁厚是如何确定的？

7. 供热管道中常见的补偿器有哪些？各具有什么特点？

8. 直埋管道对固定墩的作用力有哪些？如何校验稳定性？

9. 供热管道自然补偿的形式有哪些？

10. 方形补偿器的形式有几种？各具有什么特点？

第7章　供热管道安装

7.1　供热管道加工及连接

7.1.1　管道切割与坡口

（1）管子切割。碳钢、碳锰钢可采用机械方法切割，也可采用氧—乙炔火焰切割。低温镍钢和合金钢宜采用机械切割，如采用氧—乙炔焰切割，切割后应采用机械加工或打磨方法消除热影响区。

镀锌钢管宜采用钢锯或机械方法切割。

管子切口质量应符合下列规定：

1）切口表面应平整，无裂纹、重皮、毛刺、凸凹、缩口、熔渣、氧化物和铁屑等。

2）切口端面倾斜偏差不应大于管外径的1％，且不得超过3mm，如图7-1所示。

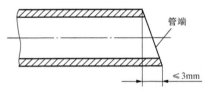

图7-1　管子切口端面倾斜偏差

（2）管子坡口。管子焊接时，为了使管子达到一定的焊透程度，保证管子焊缝具有足够的强度，管子焊接前，应先进行坡口，然后再进行管子对口连接。

1）管子坡口形式。管子、管件的坡口形式和尺寸应符合设计文件规定，当设计文件无规定时，可按表7-1的规定选用。坡口的形式分为Ⅰ形、V形、双V形、U形、X形和带垫板V形坡口等几种。一般情况下，壁厚在1～3mm时，采用Ⅰ形坡口；当壁厚在3～9mm时，采用V形坡口；壁厚在12～60mm时采用X形坡口；壁厚在20～60mm时，采用双V形坡口或U形坡口。

表7-1　　　　　　　钢制管道焊接坡口形式和尺寸

项次	厚度 T (mm)	坡口名称	坡 口 形 式	间隙 c (mm)	钝边 p (mm)	坡口角度 α (β) (°)	备 注
1	1～3	Ⅰ形坡口		0～1.5	—	—	单面焊
	3～6			0～2.5			双面焊
2	3～9	V形坡口		0～2	0～2	65～75	
	9～26			0～3	0～3	55～65	
3	6～9	带垫板V形坡口		3～5	0～2	45～55	
	9～26		$\delta=4\sim6$　$d=20\sim40$	4～6	0～2		

项次	厚度 T (mm)	坡口名称	坡 口 形 式	坡 口 尺 寸			备 注
				间隙 c (mm)	钝边 p (mm)	坡口角度 α（β）(°)	
4	12～60	X 形坡口		0～3	0～3	55～65	
5	20～60	双 V 形坡口	 $h=8\sim12$	0～3	1～3	65～75 （8～12）	
6	20～60	U 形坡口	 $R=5\sim6$	0～3	1～3	（8～12）	
7	2～30	T 形接头 I 形坡口		0～2	—	—	
8	6～10	T 形接头 单边 V 形坡口		0～2	0～2	45～55	
	10～17			0～3	0～3		
	17～30			0～4	0～4		
9	20～40	T 形接头 对称 K 形接口		0～3	2～3	45～55	
10	管径 $\phi\leqslant76$	管座坡口	 $a=100$　$b=70$　$R=5$	2～3	—	50～60 （30～35）	
11	管径 $\phi76\sim\phi133$	管座坡口		2～3	—	45～60	

续表

项次	厚度 T (mm)	坡口名称	坡 口 形 式	坡 口 尺 寸			备 注
				间隙 c (mm)	钝边 p (mm)	坡口角度 $\alpha(\beta)$ (°)	
12		法兰角焊接头		—	—	—	$K=1.4T$，且不大于颈部厚度；$E=6.4$，且不大于 T
13		承插焊接法兰		1.6	—	—	$K=1.4T$，且不大于颈部厚度
14		承插焊接接头		1.6	—	—	$K=1.4T$，且不小于 3.2

2）坡口方法。碳钢、碳锰钢可采用机械方法坡口，也可采用氧乙炔火焰坡口。低温镍钢和合金钢宜采用机械坡口，如采用氧乙炔焰坡口，坡口后应采用机械加工或打磨方法消除热影响区。

坡口表面应光滑并呈金属光泽，热切割产生的熔渣应清除干净。

3）清理。对于焊件坡口及内外表面，应在焊前去除油漆、油污、锈斑、熔渣、氧化皮以及有害的其他物质。

7.1.2　弯管制作

弯管制作的一般规定如下：

（1）弯管宜采用壁厚为正公差的管子制作。当采用负公差的管子制作弯管时，管子弯曲半径与弯管前管子壁厚的关系宜符合表 7-2 的规定。

（2）高压钢管的弯曲半径宜大于管子外径的 5 倍，其他管子的弯曲半径宜大于管子外径的 3.5 倍。

（3）有缝钢管制作弯管时，焊缝应避开受拉（压）区，其纵向焊缝应放在距中性线 45°的地方，如图 7-2 所示。

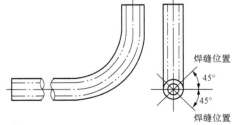

图 7-2　纵向焊缝布置区域

表 7-2　弯曲半径与管子壁厚的关系

弯曲半径	弯管前管子壁厚
$R \geqslant 6DN$	$1.06T_m$
$6DN > R \geqslant 5DN$	$1.08T_m$
$5DN > R \geqslant 4DN$	$1.14T_m$
$4DN > R \geqslant 3DN$	$1.25T_m$

注　DN 为公称直径；T_m 为设计壁厚。

（4）钢管应在其材料特性允许的范围内冷弯和热弯。

（5）采用高合金钢管或有色金属管制作弯管，宜采用机械方法；当充砂制作弯管时，不得用铁锤敲击。

（6）钢管热弯或冷弯后的热处理，应符合下列规定：

1）除制作弯管温度自始至终保持在 900℃以上的情况外，壁厚大于 19mm 的碳钢管制作弯管后，应按表 7-3 的规定进行热处理。

2）当表 7-3 所列的中、低合金钢管进行热弯时，对公称直径大于或等于 100mm，或壁厚大于或等于 13mm 的，应按设计文件的要求进行完全退火、正火加回火或回火处理。

3）当表 7-3 所列的中、低合金钢管进行冷弯时，对公称直径大于或等于 100mm，或壁厚大于或等于 13mm 的，应按表 7-3 的要求进行热处理。

表 7-3　　　　　　　　　　常用管材热处理条件

管材类别	名义成分	管材牌号	热处理温度（℃）	加热速率	恒温时间	冷却速率
碳素钢	C	10、15、20、25	600～650	当加热温度升至400℃时，加热速率不应大于 $205 \times 25/T$（℃/h）	恒温时间应为每25mm壁厚 1h，且不得少于15min，在恒温期间内最高与最低温差应低于65℃	恒温后的冷却速率不应超过 $260 \times 25/T$（℃/h），且不得大于260℃/h，400℃以下可自然冷却
中低合金钢	C—Mn	16Mn、16MnR	600～650			
		09MnV	600～700			
		15MnV	600～700			
	C—Mo	16Mo	600～650			
	C—Cr—Mo	12CrMo	600～650			
		15CrMo	700～750			
		12Cr2Mo	700～760			
		5Cr1Mo	700～760			
		9Cr1Mo	700～760			
	C—Cr—Mo—V	12Cr1MoV	700～760			
	C—Ni	2.25Ni	600～650			
		3.5Ni	600～630			

注　T 为管材厚度。

（7）弯管质量应符合以下规定：

1）不得有裂纹，不得存在过烧、分层等缺陷，不宜有皱纹。

2）壁厚减薄率的规定。管子弯曲时，弯管内侧受压，管壁增厚；弯管外侧受拉，管壁减薄。为使管壁的减薄率不致对原有的工作性能有过大的改变，规定管子弯曲后，壁厚减薄率为输送蒸汽温度大于 450℃或设计压力 p 大于或等于 10MPa 的弯管，不得超过 10%；其他弯管不得超过 15%，且均不得小于管子的设计壁厚。壁厚减薄率按式（7-1）计算，即

$$k = \frac{\delta_1 - \delta_2}{\delta_1} \times 100\% \tag{7-1}$$

式中　K——壁厚减薄率，%；

δ_1——管子弯制前壁厚，mm；

δ_2——管子弯制后壁厚，mm。

3）不圆度的规定。弯管不圆度如图 7-3 所示。管子弯曲前，断面是圆的，弯曲后，断

面发生了变化，为使管子的不圆度不致对原有的工作性能有过大的改变，对弯管的不圆度作了规定：对于承受内压的弯管，其不圆度不应大于 8%；对于承受外压的弯管，其不圆度不应大于 3%。管子的不圆度按式（7-2）计算，即

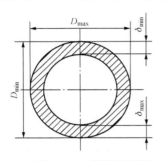

$$u = \frac{D_{max} - D_{min}}{D} \times 100\% \qquad (7-2)$$

式中　u——弯管的不圆度，%；

　　　D_{max}——管子弯曲后断面的最大外径，mm；

　　　D_{min}——管子弯曲后断面的最小外径，mm；

　　　D——制作弯管前管子外径，mm。

图 7-3　弯管不圆度

4）管端中心差。输送剧毒流体或设计压力 p 大于或等于 10MPa 的弯管，管端中心偏差值 Δ 不得超过 1.5mm/m；当直管长度 $L>3m$ 时，其偏差不得超过 5mm。其他类别的弯管，管端中心偏差值 Δ 不得超过 3mm/m；当直管长度 $L>3m$ 时，其偏差不得超过 10mm，如图 7-4 所示。

5）Ⅱ形弯管的平面度允许偏差 Δ。如图 7-5 所示的Ⅱ形弯管，其平面度允许偏差 Δ 应符合表 7-4 的规定。

表 7-4　　　　　Ⅱ形弯管的平面度允许偏差　　　　　mm

长度 L	<500	500~1000	>1000~1500	>1500
平面度 Δ	≤3	≤4	≤6	≤10

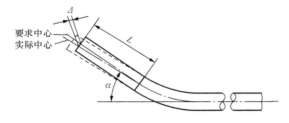

图 7-4　弯曲角度及管端中心偏差　　　　　图 7-5　Ⅱ形弯管平面度

7.1.3　管道连接

供热管道的主要连接方式有焊接和法兰连接。

7.1.3.1　焊接连接

焊接连接的优点是接头强度高，牢固耐久，接头严密性好，不易渗漏，不需要接头零件，造价相对较低，工作安全可靠，不需要经常维护检修。焊接的缺点：接口是固定接口，不可分离，拆卸时必须把管子切断，接口操作工艺要求较高，需受过专门培训的焊工配合施工。

（1）焊接的基本要求。

1）应采用经评定合格的焊接工艺，由合格的焊工按焊接工艺规程对焊缝（包括为组对而堆焊的焊缝金属）进行焊接。

2）除因工艺或检验要求需分次焊接外，每条焊缝一般应连续焊接完成，当因故中断焊接时，应根据工艺要求采取保温缓冷或后热等措施以防止裂纹的产生。再次焊接前应检查焊层表面，确认无裂纹后，按原工艺要求继续施焊。

3）在根部焊道和盖面焊道上不得锤击。

4）对焊连接的阀门施焊时，所采用的焊接顺序、焊接工艺及焊后热处理，均应保证阀座的密封性能不受影响。

5）不得在焊件表面引弧或试验电流。对于设计温度不大于 −20℃ 的管道、淬硬倾向较大的合金钢管道、不锈钢及有色金属管道，其表面均不得有电弧擦伤等缺陷。

6）内部清洁要求较高且焊接后不易清理的管道、机器入口管道及设计规定的其他管道，对于其单面焊缝，应采用氩弧焊进行根部焊道焊接。

7）规定焊接线能量的焊缝，施焊时应测量电弧电压、焊接电流及焊接速度并记录，或采取测量焊道长度和厚度的方法控制焊接线能量。焊接线能量应符合焊接工艺规程的规定。

8）当焊接工艺规程中规定焊缝层数及厚度时，应按规程的规定检查焊接层数及每层厚度。

9）规定层间温度的焊缝，应测量层间温度，层间温度应符合焊接工艺规程的规定。

10）多层焊每层焊完以后，应立即进行清理和目视检查。如发现缺陷，应消除后方可进行下一层施焊。

11）规定进行层间无损检测的焊缝，无损检测应在目视检查合格后进行，表面无损检测应在射线照相检测及超声波检测前进行，经检测的焊缝在评定合格后方可继续施焊。

12）每个焊工均应有指定的识别代号。除工程另有规定外，管道承压焊缝应标有焊工识别标记。如无法直接在管道承压件上作焊工标记，则应用简图记录焊工识别代号，并将简图列入交工技术文件。

（2）焊缝设置。管道（加套管除外）焊缝的设置应避开应力集中区，且应符合以下规定：

1）当公称直径大于或等于 150mm 时，直管段上两对接环焊缝中心面之间的距离应不小于 150mm；当公称直径小于 150mm 时，该距离应不小于管子外径。

2）管道环焊缝距离弯管（不包括压制弯头、热推或中频弯头）起弯点的距离应不小于 100mm，且不得小于管子外径。

3）管道环焊缝与支吊架的净距应不小于 50mm。需要热处理的焊缝与支吊架的距离不应小于焊缝宽度的 5 倍，且不得小于 100mm。

4）卷管的焊缝应置于易于检修的位置，且不宜在底部。

5）有加固环的卷管，加固环的对接焊缝应与管子纵向焊缝错开，其间距不应小于 50mm。

6）不宜在焊缝及其边缘上开孔。当无法避免在焊缝上开孔或开孔补强时，应对以开孔中心为中心、在 1.5 倍开孔直径或补强板直径范围内的焊缝进行无损检测，检测合格后方可进行开孔。补强板覆盖的焊缝应磨平。

（3）焊接准备。

1）焊接前的检查。管道在焊接前应进行全面的清理检查：将管子的焊端坡口面内外20mm 左右范围内的铁锈、泥土、油脂等物清除干净，管子断面不圆的要整圆。管子对口时，应在距接口中心 200mm 处测量平直度，如图 7-6 所示。当管子公称直径小于 100mm 时，允许偏差为1mm，当管子公称直径大于或等于 100mm 时，允

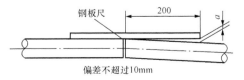

图 7-6　管道对口平直度

许偏差为 2mm，但全长偏差不超过 10mm。

2）定位焊缝。定位焊缝的焊接应采用与根部焊道相同的焊接材料和焊接工艺。定位焊缝应具有足够的长度、厚度和间距，以保证该焊缝在焊接工艺过程中不致开裂。根部焊接前，应对定位焊缝进行检查。如发现缺陷，处理后方可施焊。焊接的工卡具材质宜与母材相同，拆除工卡具时不应损伤母材，拆除后应将残留的焊疤打磨修整至与母材表面齐平。

3）壁厚不等的管口对接。壁厚不等的管口对接应符合下列规定：

a. 内壁错边量超过 10%（或大于 2mm），应按图 7-7 将厚件削薄，削薄后的接口处厚度应均匀。

b. 外壁错边量大于 3mm 时，应按图 7-7 将管壁厚的一端削薄。

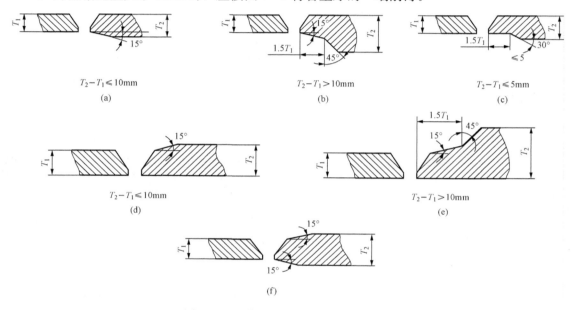

图 7-7　不等壁厚对接焊件的端部加工

（4）焊接。焊接前，应对定位焊进行检查，当发现缺陷时，应进行处理后方可焊接。在焊件纵向焊缝的端部（包括）螺旋管焊缝，不得进行定位焊。焊缝长度及点数可按表 7-5 的规定执行。

表 7-5　　　　　　　　　　　　　　　　焊 缝 长 度 及 点 数

公称直径 DN（mm）	50～150	200～300	350～500	600～700	800～1000	＞1000
点焊长度（mm）	5～10	10～20	15～30	40～60	50～70	80～100
点　数	均布 2～3 点	4	5	6	7	间距 300mm

采用氧—乙炔焊接时，应先按焊件周长等距离适当点焊，点焊部位应焊透，厚度不大于壁厚的 2/3，每道焊缝应一次焊完，根部应焊透，中断焊接时，火焰应缓慢离去。重新焊接前应检查已焊部位，发现缺陷应铲除重焊。

电焊焊接有坡口的钢管及管件时，焊接层数不得少于两层。管壁厚度为 3～6mm 且不加工坡口时，应采用双面焊。管道接口的焊接顺序和方法，应使管道不产生附加应力。

多层焊接时,第一层焊缝根部应均匀焊透,不得烧穿。各层接头应错开,每层焊缝的厚度宜为焊条直径的 0.8～1.2 倍,不得在焊件的非焊接表面引弧。

每层焊完后,应清除熔渣、飞溅物等并进行外观检查,发现缺陷,应铲除重焊。

在 0℃ 以下的气温中焊接,应符合下列规定:①清除管道上的冰、霜、雪。②在工作场地做好防风、防雪措施。③预热温度可根据焊接工艺制定;焊接时,应保证焊缝自由收缩和防止焊口的加速冷却。④应在焊口两侧 50mm 范围内对焊件进行预热。⑤在焊缝未完全冷却之前,不得在焊缝部位进行敲打。

(5) 焊接质量检验。焊接质量的检验程序为:对口质量检验→表面质量检验→无损探伤检验→强度和严密性试验。

焊缝表面质量检验应符合下列规定:①检查前,应将焊缝表面清理干净。②焊缝尺寸应符合要求,焊缝表面应完整,高度不应低于母材表面,与母材过渡圆滑。③焊缝表面不得有裂纹、气孔、夹渣及熔合性飞溅物等缺陷。④咬边深度应小于 0.5mm,且每道焊缝的咬边长度不得大于该焊缝总长的 10%。⑤表面加强高度不得大于该管道壁厚的 30%,且小于等于 5mm,焊缝宽度应焊出坡口边缘 2～3mm。⑥表面凹陷深度不得大于 0.5mm,且每道焊缝表面凹陷长度不得大于该焊缝总长的 10%。

(6) 焊缝无损探伤。

1) 管道无损探伤应符合设计要求,设计无要求的应符合表 7-6 的规定,且为质量检验的主要项目。

2) 焊缝无损探伤检验必须由有资质的检验单位完成。

3) 应对每位焊工至少检验一个转动焊口和一个固定焊口。

4) 转动焊口经无损检验不合格时,应取消该焊工对本工程的焊接资格;固定焊口经无损检验不合格时,应对该焊工焊接的焊口按规定的检验比例加倍抽检,仍有不合格时,应该取消该焊工的焊接资格。对取消焊接资格的焊工所焊的全部焊缝应进行无损探伤检验。

5) 钢管与设备、管件连接处的焊缝应进行 100% 的无损探伤检验。

6) 管线折点处有现场焊接的焊缝应进行 100% 的无损探伤检验。

7) 焊缝返修后应进行表面质量及 100% 的无损探伤检验,其检验数量不记在规定的检验数中。

8) 穿越铁路干线的管道在铁路路基两侧各 10m 范围内,穿越城市主要干线的不通行管沟及直埋敷设的管道在道路两侧各 5m 范围内,穿越江、河、湖等的水下管道在岸边各 10m 范围内的全部焊缝及不具备水压试验条件的管道焊缝,应进行 100% 的无损探伤检验。检验量不记在规定的检验数量中。

9) 现场制作的各种承压管件按 100% 进行,其合格标准不得低于管道无损检验标准。

10) 焊缝的无损检验量,应按规定的检验百分数均布在焊缝上,严禁采用集中检验替代检验焊缝的检验量。

11) 当使用超声波和射线两种方法进行焊缝无损检验时,应按各自标准检验,均合格时方可认为无损检验合格。超声波探伤部位应采用射线探伤复查,复检数量应为超声波探伤数量的 20%。

12) 焊缝不宜使用磁粉探伤和渗透探伤,但角焊缝处的检验可用磁粉探伤或渗透探伤。

13) 在城市主要道路、铁路、河湖等处敷设的直埋管网,不宜采用超声波探伤。此类管道射线探伤等级应按设计要求执行。

14）供热管网的固定支架、导向支架、滑动支架等焊缝均应进行检查。

表 7-6　　　　供热管网工程焊缝无损检验数量

热媒介质名称			过热蒸汽	过热或饱和蒸汽		高温热水		热水		凝结水
管道设计参数	温度 T(℃)		200<T≤350	200<T≤350	T≤200	150<T≤200	120<T≤150	T≤120	T≤100	T≤100
	压力 p(MPa)		1.6<p≤2.5	1.0<p≤1.6	0.07<p≤1.0	1.6<p≤2.5	1.0<p≤1.6	p≤1.6	p≤1.0	p≤0.6
焊缝无损探伤检验数量（%）	地上敷设	DN<500 固定焊口	6	5	4	6	5	3	抽	抽
		转动焊口	3	2	2	3	2	2		
		DN≥500 固定焊口	10	8	6	10	8	6	检	检
		转动焊口	5	4	3	5	4	3		
	通行管沟及半通行管沟敷设	DN<500 固定焊口	10	8	5	10	8	6	抽	抽
		转动焊口	5	4	2	5	4	3		
		DN≥500 固定焊口	12	10	6	12	10	8	检	检
		转动焊口	6	5	3	6	5	4		
	不通行管沟敷设（含套管敷设）	DN<500 固定焊口	15	10	10	15	10	10	5	抽
		转动焊口	8	5	5	8	5	5	2	
		DN≥500 固定焊口	15	12	12	15	12	10	6	检
		转动焊口	10	6	6	10	6	5	3	
	直埋敷设	固定焊口	—	—	—	—	15	15	8	5
		转动焊口	—	—	—	—	6	5	4	2
合格标准	超声波探伤符合 GB/T 11345—1989	焊缝级别	Ⅱ							
	射线探伤符合 GB/T 3323—2005《金属熔化焊焊接接头射线照相》	焊缝级别	Ⅲ							

注　表中无损探伤检验数量中，"抽检"是指检验数不超过 1%，检验焊口的位置、数量和方法由检查人员确定。

7.1.3.2 法兰连接

（1）连接前的检查。

1）法兰的加工各部位尺寸应符合标准或设计要求，法兰表面不得有砂眼、裂痕、斑点、毛刺等降低法兰强度和连接可靠性的缺陷，否则应予以修理和更换。

2）检查法兰垫片材质尺寸是否符合标准或设计要求。软垫片质地柔韧，无老化、变质现象，表面不应有折损、皱纹等缺陷；金属垫片的加工尺寸、精度、粗糙度及硬度等都应符合要求，表面无裂纹、毛刺、凹槽、径向划痕等缺陷。

3）法兰垫片需现场加工时，不管是采用手工剪制还是采用机械切割时，垫片材质应符合设计要求和质量标准，垫片应制成手柄式，以便于安装。

4）螺栓及螺母的螺纹应完整，无伤痕、毛刺等缺陷，螺栓、螺母应配合良好，无松动和卡涩现象。

（2）法兰安装要求。

1）法兰与管子组装应用图7-8所示的工具和方法对管子端面进行检查，切口端面倾斜偏差Δ不应大于管外径的1%，且不得超过3mm。

2）法兰与管子组装时，应采用法兰角尺检查法兰的垂直度，如图7-9所示。

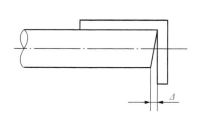

图7-8 管子切口端面倾斜偏差Δ

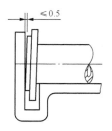

图7-9 采用法兰角尺检查法兰的垂直度

3）法兰连接加设的软垫片，周边尺寸应整齐，垫片尺寸应与法兰密封面相符，其允许偏差应符合表7-7的规定。

表7-7　　　　　　　　　　　软垫片尺寸允许偏差　　　　　　　　　　　　　　mm

公称直径 DN	法兰密封面 平 面		凹 凸 面		榫 槽 面	
	内径	外径	内径	外径	内径	外径
<125	+2.5	−2.0	+2.0	−1.5	+1.0	−1.0
≥125	+3.5	−3.5	+3.0	−3.0	+1.5	−1.5

4）一对法兰密封面间只允许使用一个垫片，当大直径垫片需要拼接时，应采用斜口搭接或迷宫式拼接，不得平口对接。

5）当采用软钢、铜、铝等金属垫片，垫片出厂前未进行退火处理时，安装前应进行退火处理。

6）法兰连接应与管道同心，并应保证螺栓自由穿入。法兰螺栓孔应跨中安装，法兰间应保持平行，其偏差不得大于法兰外径的1.5/1000，且不得大于2mm，不得用强紧螺栓的方法消除歪斜。

7）法兰连接应使用同一规格的螺栓，安装方向应一致。螺栓紧固后应与法兰紧贴，不得有楔缝。需加垫圈时，每个螺栓不得超过一个，紧固后的螺栓宜与螺母平齐，所有螺母应全部拧入螺栓。任何情况下，螺母未完全啮合的螺纹应不大于1个螺距。

8）为了便于装拆法兰，紧固螺栓，法兰平面距支架和墙面的距离不应小于200mm。

9）拧紧螺栓时，应对称交叉进行，如图7-10所示，以保障垫片各处受力均匀。

10）当管道遇到下列情况之一时，螺栓、螺母应涂以二硫化钼油脂、石墨机油或石墨粉：

a. 不锈钢、合金钢螺栓和螺母。

b. 管道设计温度高于100℃或低于0℃。

c. 露天装置。

d. 处于大气腐蚀环境或输送腐蚀介质中。

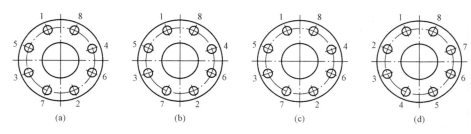

图 7-10　螺栓扳紧步骤

（a）第一次对称扳紧，其扳紧程度达 50%；（b）第二次对称扳紧，扳紧程度达 60%~70%；
（c）第三次对称扳紧，扳紧程度达 80%~90%；（d）最后顺序扳紧，扳紧程度达 100%

11）高温或低温管道法兰的螺栓，在试运行时应按以下规定进行热态紧固或冷态紧固。

a. 管道热态紧固、冷态紧固温度应符合表 7-8 的规定。

表 7-8　　　　　　　　管道热态紧固、冷态紧固温度　　　　　　　　　℃

管道工作温度	一次热、冷态紧固温度	二次热、冷态紧固温度
>350	350	工作温度
250~350	工作温度	—
-70~-20	工作温度	—
<-70	-70	工作温度

b. 热态紧固或冷态紧固应在达到工作温度 2h 后进行。

c. 紧固螺栓时，管道最大内压应根据设计压力确定。当设计压力小于或等于 6MPa 时，热态紧固压力应为 0.3MPa，当设计压力大于 6MPa 时，热态紧固最大内压应为 0.5MPa。冷态紧固应在卸压后进行。

d. 紧固应适度，并应有相应的安全措施，以确保操作人员的安全。

12）法兰不得埋入地下，埋地管道或不通行地沟管道的法兰应设置检查井，法兰也不能装在楼板、墙壁和套管内。

7.2　管沟和地上敷设管道安装

城市供热管道的敷设形式分为架空敷设和地下敷设，地下敷设方式又分为地沟敷设和直埋敷设。

7.2.1　管沟和地上敷设管道安装

（1）安装前的准备工作。室外供热管道安装前，应做好以下准备工作：

1）根据设计要求的管材和规格，应进行预先的钢管选择和检验，矫正管材的平直度，管口清理、整修以及加工焊接用坡口。

2）管子除锈、除污。将安装用管材表面的污物、铁锈予以清除。

3）根据运输和吊装设备情况及工艺条件，将钢管及管件预制成安装管段。

4）钢管应使用专用吊具进行吊装，因此，应备好、备齐安装用各类吊具及设备。

（2）室外供热管道安装。

1）室外供热管道安装的安装程序：选线、定位、安装支座、管道就位、管道对口、管道连接、找坡度、固定管道。

2）管道吊装、就位过程中应满足下列要求：

a. 在管道中心线和支架高程测量复核无误后，方可进行管道吊装、就位。

b. 管道安装过程中管子不得碰撞沟壁、沟底、支座等。

c. 地上敷设管道的管组长度应按空中就位和焊接的需要确定，一般地，管组长度宜大于或等于 2 倍的支架间距。

d. 每个管组或每根钢管安装时都应按管道的中心线和管道坡度对接管口。

3）管口对接应符合下列规定：

a. 对接管口时，应检查管道的平直度，在距接口中心 200mm 处测量，允许偏差为 1mm，在所对接钢管的全长范围内，最大偏差值不应超过 10mm。

b. 钢管对口处应垫置牢固，不得在焊接过程中产生错位和变形。

c. 管道焊口与支架的距离应保证焊接操作的需求。

d. 焊口不得置于建筑物、构筑物的结构内，也不得置于支架上。

4）套管安装应符合下列规定：

a. 管道穿过建筑物、构筑物的墙时应加设套管。穿墙时套管应与墙的两面齐平。

b. 套管与被套管之间应用柔性材料填塞，再灌以沥青防水油膏。

c. 供热管道穿越建筑物、构筑物的基础、有地下室的外墙以及要求较高的构筑物时，应加设防水套管。

5）管道安装质量应满足以下要求：

a. 坐标、标高、坡度正确。

b. 蒸汽管道接出分支管时，支管应从主管上方或两侧接出。

c. 水平管道变径，蒸汽管道应采用底平偏心异径管，热水管道应采用顶平偏心异径管，如图 7-11 所示。

d. 管道的安装允许偏差及检验方法应符合表 7-9 的要求。

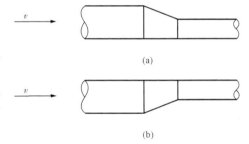

图 7-11　偏心异径管
（a）底平偏心异径管；（b）顶平偏心异径管

表 7-9　　　　　　　　　钢管安装的允许偏差及检验方法

序号	项目	允许偏差及质量标准（mm）			检验频率		检验方法
					范围	点数	
1	▲高程	±10			50m	—	水准仪测量，不计点
2	中心线位移	每 10m 不超过 5，全长不超过 30			50m	—	挂边线用尺量，不计点
3	立管垂直度	每米不超过 2，全高不超过 10			每根	—	垂线检查，不计点
4	▲对口间隙	壁厚	间隙	偏差	每 10 个口	1	用焊口检测器，量取最大偏差值，计 1 点
		4～9	1.5～2.0	±1.0			
		≥10	2.0～3.0	+1.0 −2.0			

注　▲为主控项目，其余为一般项目。

7.2.2　附件与设施安装

（1）热力管道干线、支干线、支线的起点应安装阀门。

（2）热水热力网干线应装设分段阀门。分段阀门的间距宜：输送干线为 2000～3000m；输配干线为 1000～1500m。蒸汽热力网可不安装阀门。

多热源供热系统热源间的连通干线、环状管网环线的分段阀门应采用双向密封阀门。

（3）热水、凝结水管道的高点，应安装放气装置。

（4）热水、凝结水管道的低点应安装放水装置。热水管道的放水装置应保证一个放水段的排放时间不超过表 7-10 的规定。

（5）蒸汽管道的低点和垂直升高的管段前应设置启动疏水和经常疏水的装置。同一坡度的管段，顺坡时每隔 400～500m，逆坡时每隔 200～300m 应设置启动疏水和经常疏水的装置。

表 7-10　　　　　　　　　　　热 水 管 道 放 水 时 间

公称直径 DN（mm）	DN≤300	300<DN≤500	DN≥600
放水时间（h）	2～3	4～6	5～7

　注　严寒地区采用表中规定的放水时间较小值。停热期间，供热装置无冻结危险的地区，表中的规定可放宽。

（6）经常疏水装置与管道连接处应设聚集凝结水的短管，短管直径为管道直径的 1/2～1/3。经常疏水管应连接在短管侧面，如图 7-12 所示。

（7）经常疏水装置排出的凝结水，宜排入凝结水管道。

（8）工作压力大于或等于 1.6MPa 且公称直径大于或等于 500mm 管道上的闸阀，安装时应安装旁通阀。旁通阀的规格可按阀门直径的 1/10 选用。

（9）当供热系统补水能力有限且需控制管道充水量或蒸汽管道暖管需控制汽量时，管道

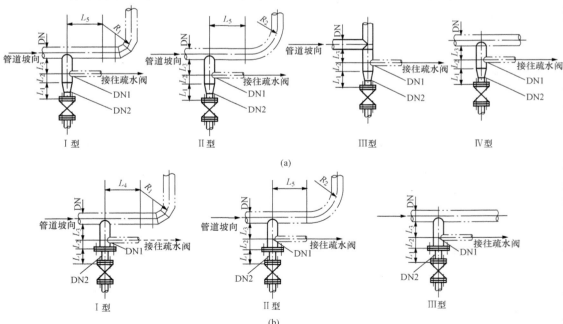

图 7-12　集水管及启动疏水装置
（a）DN25～DN125；（b）DN150～DN500

阀门应装设口径较小的旁通阀作为控制阀门。

（10）当动态水力分析需延长输送干线分段阀门关闭时间以降低压力瞬变值时，宜采用主阀并联旁通阀的方法解决。旁通阀直径可取主阀直径的 1/4。主阀和旁通阀应联锁控制，旁通阀必须在开启状态主阀方可进行关闭操作，主阀关闭后旁通阀才可关闭。

（11）公称直径大于或等于 500mm 的阀门，宜采用电动驱动装置。由监控系统远程操作的阀门，其旁通阀也采用电动驱动的装置。

（12）公称直径大于或等于 500mm 的热水管网干管在低点、垂直升高管段前、分段阀门前宜设阻力小的永久性除污装置。

（13）地下敷设的供热管道安装套筒补偿器、波纹管补偿器、阀门、放水和除污装置等设备附件时，应设检查室。检查室应符合下列规定：

1）净空高度不应小于 1.8m。

2）人行通道宽度不应小于 0.6m。

3）干管保温结构表面与检查室地面距离不应小于 0.6m。

4）检查室的人孔直径不应小于 0.7m，人孔数量不应少于 2 个，并应对角布置，人孔应避开检查室内的设备，当检查室净空面积小于 4m² 时，可只设一个人孔。

5）检查室内至少设一个集水坑，并应置于人孔下方。

6）检查室地面应低于管沟内底不小于 0.3m。

7）检查室内爬梯高度大于 4m 时应设护栏或在爬梯中间设平台。

（14）当检查室内需更换的设备、附件不能从人孔进出时，应在检查室顶板上设安装孔。安装孔的尺寸和位置应保证需更换设备的出入和便于安装。

（15）当检查室内装有电动阀门时，应采取措施，保证安装地点的空气温度、湿度满足电气装置的技术要求。

（16）中高支架敷设的管道，安装阀门、放水装置、放气装置、除污装置的地方应设操作平台。在跨越河流、峡谷等地段，必要时应沿架空管道设检修便桥。中高支架操作平台的尺寸应保证维修人员操作方便。检修便桥宽度不应小于 0.6m。平台或便桥周围应设防护栏杆。

（17）架空敷设的管道上露天安装的电动阀门，其驱动装置和电气部分的防护等级应满足露天安装的环境条件，为防止无关人员操作应有防护措施。

（18）地上敷设的管道与地下敷设的管道连接处，地面不得积水，连接处的地下构筑物应高出地面 0.3m 以上，管道穿入构筑物的孔洞应采取防止雨水进入的措施。

（19）地下敷设的管道固定支座的承力结构宜采用耐腐蚀材料，或采取可靠的防腐措施。

（20）管道活动支座一般采用滑动支座或刚性吊架。当管道敷设于高支架、悬臂支架或通行管沟时，宜采用滚动支座或使用减磨材料的滑动支座。当管道运行有垂直位移且对邻近支座的荷载影响较大时应采用弹簧支座或弹簧吊架。

7.3 直埋敷设管道安装

7.3.1 热水管道直埋敷设

（1）热水管道直埋敷设的特点。工程实践证明，热水管道直埋敷设与传统的地沟敷设方式相比，其经济效益和社会效益都比较明显，主要表现在以下几个方面：

1）节省工程费用约占 30％。

2）热损耗低、节能，据多个工程热水管网实测，千米温降仅 1℃左右。

3）施工周期可缩短 1/3 以上。

4）占地少，减少土方开挖和运输，有利于城市市容、市貌，改善城市环境质量。

5）受地下水位影响较小。

6）维护、检修工作量小。

（2）管道敷设要求。

1）直埋热力管道敷设时应有不小于 0.002 的坡度，坡向有利于空气的排出，且在管道的高处设放气阀，低处设泄水阀。

2）管道的热伸长应尽可能地利用自然补偿，弯曲角度小于 30°的弯管不宜用作自然补偿。

3）从干管直接引出的分支管上应设固定支墩或轴向补偿器或弯管补偿器，并应符合下列规定：

a. 分支点至支线上固定墩的距离不宜大于 9m，如图 7-13 所示。

b. 分支点至弯管或轴向补偿器的距离不宜大于 20m，如图 7-14 和图 7-15 所示。

图 7-13　在分支管上设固定支墩　　　　　　　图 7-14　在分支管上设置弯管补偿器

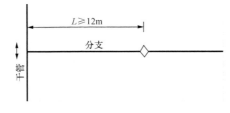

图 7-15　在分支管上设置补偿器

c. 分支点有干线轴向位移时，轴向位移量不宜大于 50mm，分支点至固定墩或弯管补偿器的最小距离应不小于 6D，分支点至轴向补偿器的距离不应小于 12m（如图 7-15 所示）。

d. 三通、弯管等应力比较集中的部位，应进行校核计算，校核计算不合格时，可采取加设固定墩或补偿器等保护措施。

e. 当需要减少轴向应力时，可采取设置补偿器等措施。

f. 当地基软硬不一致时，应对地基做过渡处理。

g. 埋地固定墩处，应采取可靠的防腐措施，钢环、钢架不应裸露。

h. 轴向补偿器和管道轴线应一致，距补偿器 12m 范围内的管段不应有变坡和转角。

（3）管道敷设方式。热水管道直埋敷设，分为无补偿敷设方式、有补偿敷设方式和一次性补偿器敷设方式三种。

1）无补偿敷设方式。在热水管道的直埋敷设方式中，利用土壤与保温管外护层表面的摩擦力固定管道，使管道不需设置补偿器或起补偿作用的管件，充分发挥钢材塑性的潜力，使管线形成一种自身平衡状态。在管沟回填土前，管道不需要预热。该敷设方式投资省，施工安装简便，但需要注意以下事项：

a. 管内介质温度小于或等于 95℃，且连续敷设的直管段长度不应大于 500m。

b. 管道的保温结构应是一个整体。

c. 管道的覆土深度不得小于 0.6m。对管道的薄弱构件必须进行应力验算。

d. 管道上的阀门应采用焊接阀门。

e. 保温管位移大的部位（三通、弯头），宜填砂或填柔性材料，其厚度不小于 150mm；也可设置泡沫塑料缓冲垫。缓冲垫如图 7 - 16 所示，缓冲垫厚度见表 7 - 11，缓冲垫的长度及个数见表 7 - 12，缓冲垫的放置位置如图 7 - 17 所示。

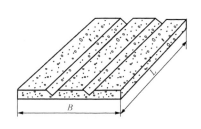

图 7 - 16　缓冲垫

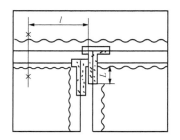

图 7 - 17　缓冲垫放置位置

表 7 - 11　　　　　　　　　　　　　　缓 冲 垫 厚 度　　　　　　　　　　　　　　mm

管子规格 DN	50～80	100～200	250～400	400～600
缓冲垫厚度 H	40～60	50～90	60～100	80～120

表 7 - 12　　　　　　　　　　　　　缓 冲 垫 长 度 及 个 数

至固定支架距离 l（mm）	当套管外径（mm）为下列数值时每根管子缓冲垫的个数						
	100～125	140～180	200～250	300	350～450	500～560	630～780
12～24	1	1	1	1	1	1	1
24～36	1	1	2	2	2	2	2
36～48	—	2	2	2	2	2	2
48～66	—	—	3	3	3	3	3
66～84	—	—	3	3	3	4	4
84～108	—	—	—	—	4	4	4
108～120	—	—	—	—	—	5	5
L（mm）	1000	1000	1000	1200	1200	1200	1200
B（mm）	330	500	675	800	1200	1600	2400

2）有补偿敷设方式。当管道输送的介质温度大于 120℃，此时钢材的塑性难以使管道形成自身的平衡状态，又无法实施对管道进行预热，应采用有补偿的直埋敷设方式，管线上设补偿器和固定支墩。有补偿直埋敷设设计、安装时应注意的事项如下：

a. 为安全起见，补偿器的额定补偿量应大于两固定墩间管段的热伸长量的 10%～20%，管段因热胀和水压试验时所产生的轴向推力不得超过固定支墩所能承受的推力。

b. 应根据介质工况、工程实际选用补偿器，一般宜选用直埋式不锈钢波纹补偿器，为保护补偿器自身安全，补偿器应设其强度不低于管道强度的限位装置。

c. 固定支墩的设计，应根据管道的轴向力、土壤的抗压强度和固定管件的尺寸等进行设计。固定支墩一般为钢筋混凝土结构。

d. 管道弯头部位宜填砂，以减轻因热膨胀对保温结构的挤压。

3）一次性补偿器敷设方式。这种直埋敷设方式是利用一次性补偿器吸收管道安装时在预热状态下的一部分膨胀量，从而减小最高使用温度时的热应力。所谓一次性补偿器，即在直埋管线预热时，补偿器补偿一次，焊接后成为管线的一部分。

一次性补偿器应根据管线长度、固定支墩间距、管道热位移量及补偿器的最大压缩量等进行选择，其补偿量应大于管段2倍摩擦长度的膨胀量，在直线管段上可串联两个补偿器，中间不需设置固定支墩。补偿器需要保温，保温结构等同直管段。

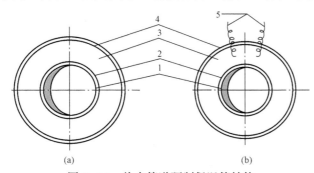

图 7 - 18 热水管道预制保温管结构

（a）常用的结构图；（b）带有事故渗漏报警的结构图

1—工作管；2—防腐层；3—保温层；4—外护层；5—渗漏报警线

（4）管道保温结构。管道保温结构如图 7 - 18 所示，适用于 140℃ 以下的供热介质预制保温管结构。直埋热水管道的保温结构应具有良好的绝缘性能。管道的保温一般在工厂预制，接头、节点处的保温可在施工现场进行。

热水管道预制保温结构由工作管、防腐层、保温层、外护层及渗漏报警线组成。

1）工作管。工作管用于输送热媒，一般采用无缝钢管或螺旋缝埋弧焊焊接钢管，管材材质不低于 Q235B。

2）防腐层。在工作管外壁刷一层金属防锈涂料，该涂料是水溶性涂料，钢管外表面无需除锈，只需去除泥沙等杂物，它能溶解钢管表面的浮锈，把浮锈和钢管牢固结合成整体，固化后具有较强的防水、防腐能力，而且又能与聚氨酯泡沫塑料牢固结合，从而使聚氨酯泡沫塑料与钢管结合成一个完整的保温体。该涂料耐温可达 300℃，具有施工简单、价格低廉等优点。

3）保温层。保温层材料为硬质聚氨酯泡沫塑料。该材料是一种热固性泡沫塑料，其原料为多元醇、异氰酸酯、催化剂和发泡剂，按一定配比一次加入混合均匀后注模而成，这种成形方法浪费原料，仅适合小批量或现场施工用。在工厂进行预制保温管发泡时，一般先将除异氰酸酯以外的三种原料按一定比例混合均匀后，再与异氰酸酯分别由计量泵按配方比例连续打入发泡机的混合室继续混合。各种原料在混合室内混合均匀后通过分配管，注入模具或"管中管"空腔，起化学反应发泡成形。该方法用专门的发泡机代替手工操作，称为机械发泡，机械发泡成形工艺如图 7 - 19 所示。不论采用何种发泡方式，都要求保温层应饱满，不得有空洞，必须与工

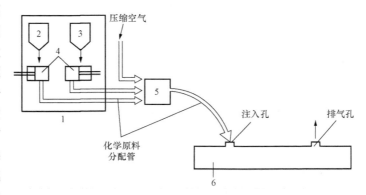

图 7 - 19 机械发泡成形工艺

1—发泡机；2—多元醇组合料储槽；3—异氰酸酯储槽；
4—计量泵；5—混合头；6—模具

作管和外护层牢固地黏结为一个整体，其黏结力应大于土壤与外护层的摩擦力。

4）外护层。热水管道预制保温管结构的外护层通常用玻璃钢管和高密度聚乙烯管。要求外护层应连续、完整、严密且必须与保温层黏结为一体，其黏结力必须大于土壤与外层护壳的摩擦力。

a. 玻璃钢管。玻璃钢是一种纤维增强复合不饱和聚酯树脂材料。它具有强度大、密度小、热导率小、防水性能好、耐腐蚀等优点，同时又具有良好的电绝缘性能及较好的力学性能。当预制保温管受外力作用时，外护层玻璃钢管可将应力均匀分散传递到保温层聚氨酯泡沫塑料上，使局部受力转换成均匀受力，从而保证了保温管在运输、施工、运行过程中不受损伤。尤其在地下水位较高的地区，敷设预制保温管时，由于玻璃钢管能承受地下水的浸蚀，从而保证了保温管能长期安全地运行。

b. 高密度聚乙烯管。高密度聚乙烯管由高密度聚乙烯塑料制成，它具有强度大、密度小、脆化温度低等优点。

（5）渗漏报警线。渗漏报警线是用于检测管道泄漏报警中的导线。生产预制保温管时，在保温层中安装两根导线，一根为裸铜线，另一根为镀锌铜线。报警线与报警显示器连接，当某段直埋管发生泄漏时，通过报警线的传导，会立即在报警显示器上显示出发生管道泄漏的准确位置及泄漏程度的大小，以便检修人员能迅速赶往事故地点排除故障，保证热网管道安全持续运行。直埋敷设热网管道报警系统如图 7-20 所示。

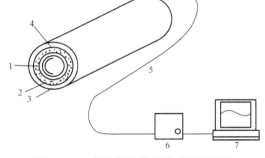

图 7-20　直埋敷设热网管道报警系统
1—管道；2—保温层；3—保护层；4—警报传感器；
5—光纤电缆；6—温度监测仪；7—微机

安装报警线应注意以下事项：

1）导线应平行布置，在任何地方均不得交叉。

2）导线应尽量拉直放置，接头应牢固。

3）导线之间、导线与工作管之间，电阻应大于 $20\text{M}\Omega$。

（6）管段类型。直埋热水管道可根据管段变形和应力分布特点，分为三种类型：过渡段、锚固段和 L 形管段，如图 7-21 所示。

1）过渡段。过渡段又称摩擦段，如图 7-21 中的 AB 段，当介质温度发生变化时，设置补偿器 A 点处的管道处于自由伸缩状态，管道截面位置由 A 点逐渐移向 B 点，由于管道与周围土壤的摩擦力 f 的作用，使管道热伸长受阻，当 B 点处的摩擦力增加到与温度胀力相等时，管道就不能再向有补偿器的 A 点处伸长，而进入了自然锚固状态。在这类管段中，管道的热伸长由 A 点自由伸缩逐渐过渡到 B 点的锚固状态，管道的轴向温度应力也从 A 点处为零逐渐增加到 B 点处的最大值，各处管道都有不同程度的热伸长，从而使温度应力得到部分的释放，因此从强度分析看，不属于整个管道的最薄弱环节。这种管段的设计计算的主要任务是计算管段的热伸长，以便合理地

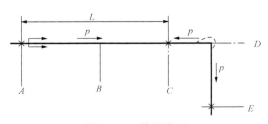

图 7-21　管段类型

确定补偿器的补偿量。

2）锚固段。锚固段又称嵌固段，如图 7-21 中的 BC 段。这类管段由于土壤摩擦力 f 的作用，使管段进入自然锚固状态，管道的热伸长完全受阻而变为热应力而留存在管壁中。由此可见，锚固段是全线应力最大的直线管段，也是直管段强度验算的重点。同时，在工作状态下的热胀应力对管段形成的轴向压缩应力，可能使管道纵向失稳而隆出地面，因此在核算管道机械强度的同时，还应进行稳定性验算。

3）L 形管段。如图 7-21 中的 C—D—E 段，该管段与地沟或架空敷设的 L 形自然补偿相似，区别在于受周围土壤的约束作用，使直管臂只能在弯头附近较短的长度内产生侧向变形，如图中的 D 点虚线所示，直管臂的变形及应力状态与过渡段相类似，因此也可看作为过渡段。L 形管段的计算，重点是弯头元件的强度验算。

7.3.2 直埋敷设热水管道安装

7.3.2.1 管材与管道附件

（1）管材。直埋敷设热水管道应采用无缝钢管、电弧焊或高频焊焊接钢管。管材的钢号不应低于 Q235B。

（2）管件及附件。

1）使用在直埋供热管道上的三通、弯头、大小头等管道附件应采用符合国家标准质量要求的工厂预制成品，不宜在现场焊接加工。管件的钢号不应低于 Q235B。

2）直埋供热管道上的阀门应能承受管道的轴向荷载，宜采用全焊接整体式钢制球阀，与管道的连接宜采用焊接。

3）热水管道上的附件与管道连接均应采用焊接。

7.3.2.2 预制管道保温管安装一般规定

（1）进入现场的预制保温管、管件和接口材料都应具有产品合格证及性能检测报告，检测应符合国家现行产品标准的规定。

（2）进入现场的预制保温管、管件必须逐件进行外观检查，破损和不合格的产品严禁使用。

（3）预制保温管应分类整齐堆放，管端应有保护管帽。堆放场地应平整，无硬质杂物，不积水，堆高不宜超过 2m，堆垛离热源不应小于 2m。

（4）管道安装前应检查沟槽底高程、坡度、基底处理是否符合设计要求。管道内杂物及砂土应清除干净。

（5）管道吊装时应使用宽度大于 50mm 的吊带吊装，严禁用铁棍撬动外套管和用钢丝绳直接捆绑外壳。

（6）预制保温管不得采用不同厂家、不同规格、不同性能的预制保温管；当无法避免时，应征得设计部门同意。

（7）预制保温管可单根吊入沟内安装，也可两根或多根组焊完后吊装。当组焊管段较长时，宜用两台或多台吊车吊管、下管，吊点的位置按平衡条件选定。应用柔性宽吊带起吊，做到平稳起降，严禁将管道直接推入沟内。

（8）安装直埋供热管道时，应排除地下水或积水，当日工程完工后，应将管端用盲板封堵。

（9）有报警线的预制保温管，安装前应测试报警线的通断状况和电阻值，合格后再下管对口焊接，报警线应在管道上方。

（10）安装预制保温管道的报警线时，报警线严防潮湿，一旦受潮，应采取预热、烘烤等方式干燥。

（11）安装前应按设计给定的热伸长量调整一次性补偿器，施焊时，两条焊接线应吻合。

（12）直埋供热管道敞口预热应分段进行，通常以 1km 为一段。预热介质采用热水，预热温度应按设计要求确定。

7.3.2.3　预制管道保温管安装

（1）直埋保温管布置。

1）直埋管道系统布置。典型的直埋管道系统布置如图 7-22、图 7-23 所示。

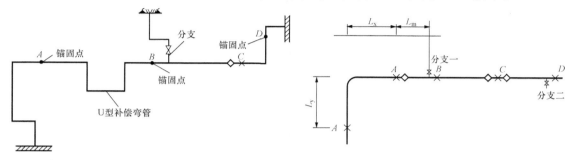

图 7-22　典型的直埋管道系统布置（Ⅰ）　　　　图 7-23　典型的直埋管道系统布置（Ⅱ）

2）直埋保温管双管水平安装管道横断面如图 7-24 所示，直埋保温管单管水平安装管道横断面如图 7-25 所示。直埋保温管外皮距槽底填砂距离不小于 100mm，距槽顶砂距离不小于 150mm，距槽边填砂距离：DN≤100mm，不小于 100mm；DN＞100mm，不小于 150mm。直埋保温管外皮间净距为 150～250mm。

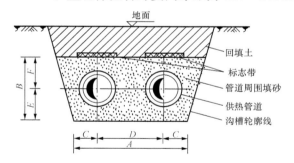

图 7-24　直埋保温管双管水平安装管道横断面　　　图 7-25　直埋保温管单管水平安装管道横断面

3）直埋管道的覆土深度应满足表 7-13 的规定，不能满足时，应采用图 7-26 所示的安装形式。

表 7-13　　　　　　　　　　　　　直埋热水管道最小覆土厚度

工作管公称直径 DN（mm）类　别		50～100	125～200	250～450	500～700
钢质外护管最小覆土厚度（m）	车行道	0.6	0.8	1.0	1.2
	非车行道	0.5	0.6	0.8	1.0
玻璃钢外护管最小覆土厚度（m）	车行道	0.8	1.0	1.2	1.4
	非车行道	0.6	0.8	1.0	1.2

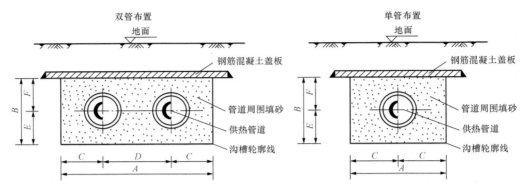

图 7-26　加保护盖板的热水直埋管道安装

4）弯头附近膨胀区的做法。直埋热水管道弯头附近的膨胀区应该加宽，如图 7-27 所示，尺寸见表 7-14。

表 7-14　　　　　　　　　　　　　膨 胀 区 尺 寸　　　　　　　　　　　　mm

公称直径 DN	50	65	80	100	125	150	200	250	300	350	400	450	500
外壳与沟壁净距 A	200	250	250	300	350	400	500	600	700	750	800	900	950
膨胀区长度 L	1500	1500	2000	2000	2500	2500	3500	4000	4500	4500	5000	5000	5500

（2）管道出地。直埋管道进入小室、地沟、建筑物时应进行适当的处理。

1）灌浆环。灌浆环（如图 7-28 所示），是在工厂预制的成品，由氯丁橡胶制成，套在保温管外面。

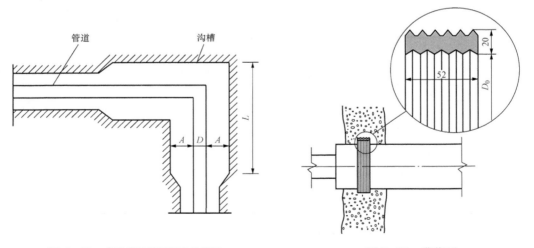

图 7-27　弯头附近膨胀区的做法　　　　　　图 7-28　灌浆环

2）穿墙套管。穿墙套管如图 7-29 所示。保温管直接穿入墙里面，墙内保温层至少为 100mm，以防地下水从保温层端部渗入。保温结构外边设有金属套管，同时缝隙之间用浸沥青的麻刀填实，这样不仅保证管道轴向伸缩，而且又能起到一定的密封作用。保温结构和套管之间的缝隙为 30～50mm。

（3）固定支墩。直埋管道推力较大，所以在出土段或设有补偿器热补偿的情况下要设固定支墩。固定支墩的形式较多，下面仅介绍几种常见的形式。

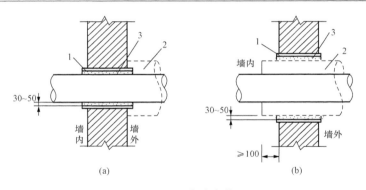

图 7-29 穿墙套管
(a) A 型；(b) B 型
1—穿墙套管；2—保温层；3—沥青麻刀填实层

1）A 型固定支墩。A 型固定支墩如图 7-30 所示，是用钢筋、水泥、石子浇筑的钢筋混凝土结构，结构形式如图 7-31 所示。

2）B 型固定支墩。B 型固定支墩如图 7-32 所示，是用钢筋、水泥、石子浇筑的钢筋混凝土结构，下部为"Ⅱ"形支撑结构，上部为立墙结构。管道从固定支墩上部立墙通过，在管道上焊接卡板固定管道。在焊接卡板时穿墙处管子上涂刷环氧煤热沥青，这种固定支墩方式的缺点是保温结构在立板两侧结合处不易做到不渗水；另外，在管子上涂刷的环氧煤热沥青涂层遭损坏后不易修复。

（4）柔性穿墙套管。

1）波纹管式柔性穿墙套管如图 7-33 所示。

2）柔性防水套管。柔性防水套管如图 7-34 所示。钢套管长度（L）等于墙厚（B）加 160mm（$L=B+160$mm）。翼环及钢套管加工完成后外壁均刷防锈漆两遍。若管道穿墙为砖混结构，应浇筑混凝土，其浇筑范围应比翼环直径大 400mm。

（5）波纹管补偿器安装。波纹管补偿器安装前应进行预拉，预拉伸量按设计要求进行，设计无要求的，应根据施工时的环境温度进行计算。管道安装预留位置长度应等于补偿器的长度加上预拉伸量。直埋波纹管补偿器安装前应将管底铲平，补偿器需与直埋管保持同轴，距补偿器 12m 范围内不应有折角和弯头。

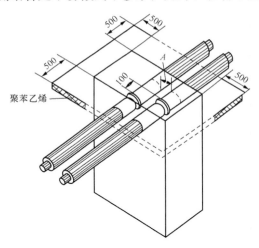

图 7-30 A 型固定支墩

1）直埋波纹管补偿器的安装如图 7-35 所示。

2）波纹管补偿器在检查室内的安装如图 7-36 所示。

（6）直埋阀门和放气管。双井直埋阀门和放气管的安装如图 7-37 所示，单井直埋阀门和放气管的安装如图 7-38 所示。

（7）管道分支。热水干管接出分支管不宜接成"T"形和"丁"字形，宜做成"Z"形和"U"形。直埋单管分支如图 7-39 所示，直埋双管分支如图 7-40 所示。

（8）管道接口保温。

1）管道接口保温要求。直埋供热管道接口保温应在管道安装完毕及强度试验合格后进

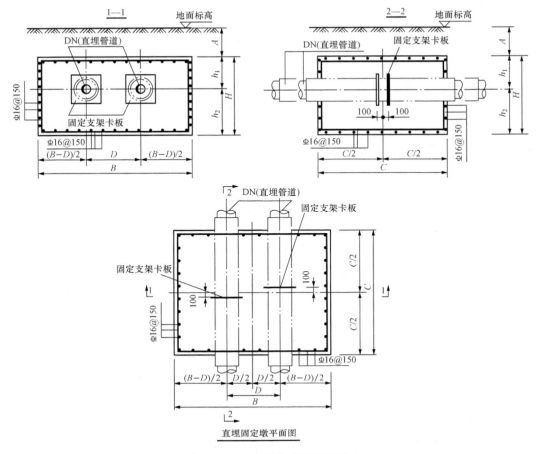

图 7-31 A型固定支墩结构形式

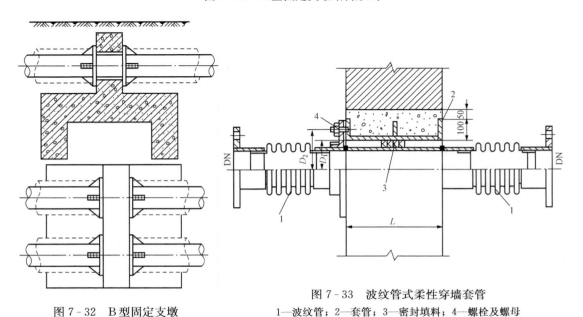

图 7-32 B型固定支墩

图 7-33 波纹管式柔性穿墙套管
1—波纹管；2—套管；3—密封填料；4—螺栓及螺母

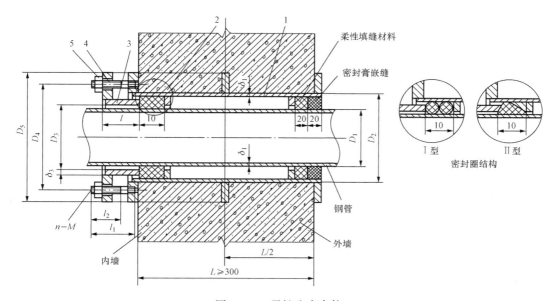

图 7 - 34 柔性防水套管

1—法兰套管；2—密封圈；3—法兰压盖；4—螺栓；5—螺母

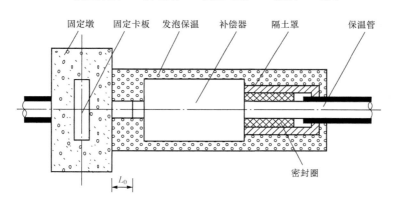

图 7 - 35 直埋波纹管补偿器的安装

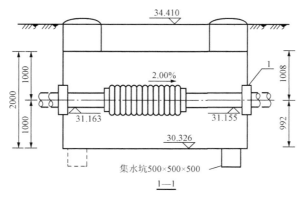

图 7 - 36 波纹管补偿器在检查室内的安装（一）

1—DN300 穿墙套管

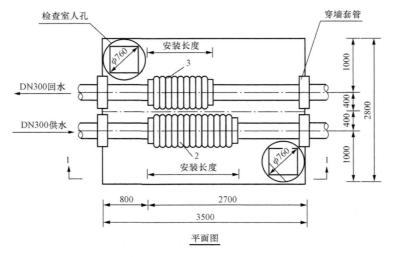

图 7‑36 波纹管补偿器在检查室内的安装（二）

2、3—波纹补偿器

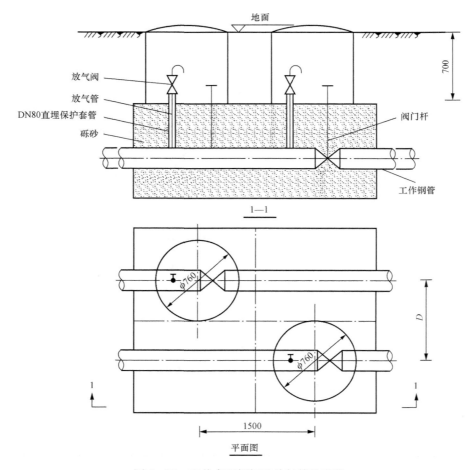

图 7‑37 双井直埋阀门和放气管的安装

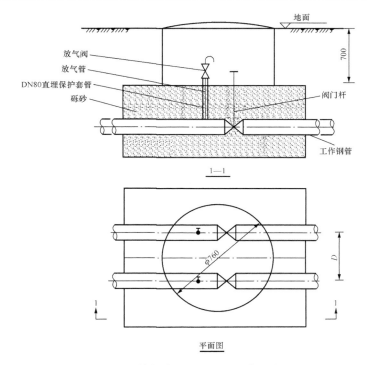

图 7-38 单井直埋阀门和放气管的安装

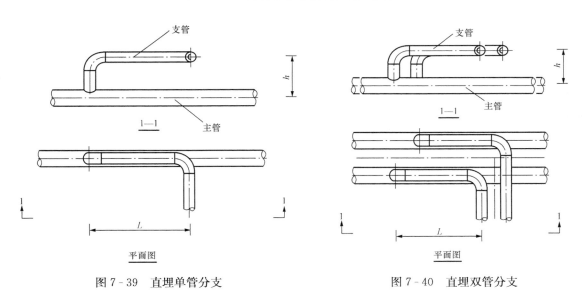

图 7-39 直埋单管分支

图 7-40 直埋双管分支

行。管道接口处使用的保温材料应与管道、管件的保温材料性能一致，接口保温施工前，应将接口钢管表面、两侧保温端面和搭接段外壳表面的水分、油污、杂质和端面保护层去除干净。

管道接口使用聚氨酯发泡时，环境温度宜为 20℃，不应低于 10℃；管道温度不应超过 50℃。

对于 DN＞200mm 的管道接口不宜采用手工发泡。管道接口保温不宜在冬季进行，不能避免时，应保证接口处温度不低于 10℃。严禁管道浸水、潮湿，接口周围应留有操作空间。发泡原料应在环境温度为 10～25℃ 的干燥密闭容器内储存，且必须在有效期内使用。

　　管道接口保温采用套袖连接时，套袖与外壳管连接应采用电阻热熔焊，也可采用热收缩套或塑料热空气焊。套袖安装完毕后，发泡前应做气密性试验，升压至 20kPa，用肥皂水、发泡剂检查接缝处，以接缝处不渗、不漏为合格。

　　对需要现场切割的预制保温管，管端裸管长度宜与成品管一致，附着在裸管上的残余的保温材料应彻底清除干净。

　　硬质泡沫保温材料应充满整个接口环状空间，密度应大于 50kg/m³。

　　对采用玻璃钢外壳的管道接口，使用模具作管道接口保温时，管道接口处的保温层应和管道保温层一致，无明显凹凸和空洞。接口处的玻璃钢防护壳表面应光滑、平直，无明显凸起、凹陷、毛刺，防护壳厚度不应小于管道保护壳厚度，两侧搭接长度不应小于 80mm。

　　2）接口保温方法。保温管道两端留有 200～250mm 的不保温管段，以便在施工中进行管道的焊接，然后进行保温接头的处理，再行保温。

　　a. 管道保温接头套管。管道保温接头套管如图 7-41 所示，钢管焊接前，先将套管接头预先套在供热管道上，使管道接口处清洁并保持干燥。用笔在距管道末端 70mm 和 110mm 的地方分别作上记号，并按图 7-41（a）所示检查记号之间的距离是否为 580mm 和 660mm；在管外壳上贴上密封条，允许少量搭接；在管外壳上贴上密封条约 15mm 和 20mm 处分别放上 50mm 和 100mm 宽的聚乙烯片，并用胶带贴紧；把套管接头放在接口处的中间，并且套管一端放在聚乙烯片的中间，保证发泡孔处在管道上方。在距套管 100mm 的范围内沿周向烘烤套管，如图 7-41（b）所示，经过一定时间的冷却后，用 20kPa 的压力对套管进行气密性试验，试验合格后，将发泡配料注入空腔，保持一定压力，待发泡完成后，封死两个发泡孔。

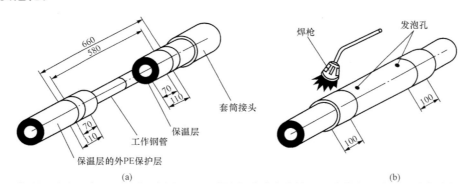

图 7-41　管道保温接头套管
(a) 接头连接前；(b) 接头连接后

　　b. 热收缩套管。热收缩套管如图 7-42 所示，这种套管是将前一种接头套管套在保温管道接头部分之后，套管接头两端再套上宽为 150～300mm 的窄形套管，然后进行焊接，形成热收缩接头。这种方法的接头防水性能好，操作简便。同样，留有保温填料注入孔和通风孔。

　　c. 带形套管。带形套管如图 7-43 所示，这种套管与热收缩套管相似，两端套管是宽为

150～300mm 的带子，带子卷绕在两端接头之后，用塑料焊机将带子焊在接头套管两端，形成热收缩套管。

　　d. 管道端头套管，如图 7-44 所示。

　　（9）直埋管道报警系统安装。直埋管道报警系统安装如图 7-45 所示，方法步骤如下：

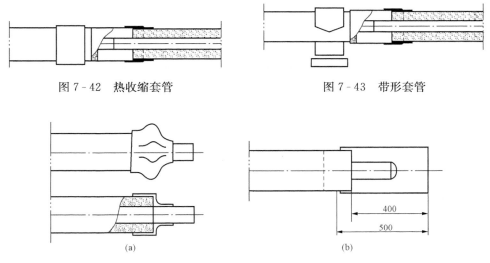

图 7-42　热收缩套管　　　　　　　　图 7-43　带形套管

图 7-44　管道端头套管
（a）收缩敞开式；（b）封闭式

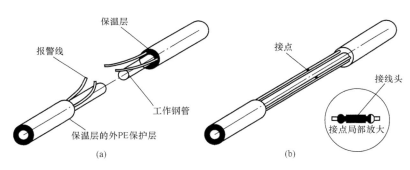

图 7-45　直埋管道报警系统安装
（a）报警线连接前；（b）报警线连接后

　　1）检测报警线的导电性和电阻，确认报警线正常。

　　2）将管道平放，使报警线处在管道上方。

　　3）将报警线的一端插入专用接头内，用夹紧钳在接线的两端夹紧。

　　4）再将另一根报警线插入接线头内，将其夹紧。

　　5）用烙铁加热线接头，几秒后，温度达到接头的熔点，然后将锡条送入接头线的两端，当熔化的锡液从接头线的两端吸入时，接头线焊接完毕。

　　6）在报警线和钢管间装入一个吸湿性毡垫，并确保此毡垫在安装时是干燥的。

　　7）把毡垫包在报警线上，用胶带黏好。

　　8）报警线安装完毕，再进行管道接头的安装。

7.3.3 蒸汽管道直埋敷设

7.3.3.1 敷设要求

（1）直埋蒸汽管道宜敷设在各类地下管道的最上部。

（2）直埋蒸汽管道的工作管，必须采用有补偿的敷设方式。

（3）直埋蒸汽管道敷设的坡度不宜小于 0.002。

（4）两个固定支座之间的直埋蒸汽管道，不宜有折角。

（5）管道由地下转至地上时，外护管必须一同引出地面，其外护管距地面的高度不宜小于 0.5m，并应设有防水帽和采取隔热措施。

（6）直埋蒸汽管道与地沟敷设的管道连接时，应采取防止地沟向蒸汽管道保温层渗水的技术措施。

（7）当地基软硬不一致时，应对地基做过渡处理。

（8）在地下水位较高的地区，必须进行浮力计算。当不能保证直埋蒸汽管道稳定时，应增加埋设深度或采取相应的技术措施。

（9）直埋蒸汽管道穿越河底时，管道应敷设在河床的硬质土层或做地基处理。覆土深度应根据浮力、水流冲刷情况和管道稳定条件确定。

7.3.3.2 管路附件及设施

（1）阀门的选择。①直埋蒸汽管道使用的阀门宜选用无盘根的截止阀、闸阀，采用焊接连接，若选用蝶阀时，应选用偏心硬质密封蝶阀。②所选阀门公称压力应比管道设计压力高出一个等级。③阀门必须进行保温，其外表面温度不得大于 60℃，并应做好防水和防腐处理。

（2）排潮管。①直埋蒸汽管道必须设置排潮管。②排潮管应设置于外护管位移较小处，其出口可引入专用井室内，井室内应有可靠的排水措施。排潮管公称直径宜按表 7-15 选定。③排潮管如引出地面，开口应下弯，且弯顶距地面不宜小于 0.25m，并应采取防倒灌措施。排潮管宜设置在不影响交通的地方，且应有明显标志。排潮管的地下部分应采取保温和防腐措施。

表 7-15   排 潮 管 的 公 称 直 径   mm

工作管公称直径 DN	≤200	200～400	>400
排潮管公称直径 DN	25	40	50

（3）疏水装置。疏水装置应设置在工作管与外护管相对位移较小处。从工作管引出疏水管处应设置疏水集水罐，疏水集水罐罐体直径按工作管的管径确定，当工作管公称直径小于 100mm 时，罐体直径应与工作管相同；当工作管公称直径大于或等于 100mm 时，罐体直径不应小于工作管直径的 1/2，且不应小于 100mm。疏水集水装置如图 7-46 所示。

（4）检查井。当地下水水位高于井室底面，或井室附近有地下供、排水设施时，井室应采用钢筋混凝土结构，并应采取防水措施。管道穿越井壁处应采取密封措施，并应考虑管道的热位移对密封的影响，密封处不得渗漏。井室应对角布置两个人孔，阀门宜设远程操作机构，井室深度大于 4m 时，宜设为双层井室，两层人孔宜

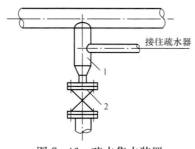

图 7-46 疏水集水装置
1—集水罐；2—泄水阀

错开布置，远程操作机构应布置在上层井室内。

（5）固定支座。直埋蒸汽管道应合理地设置固定支座，固定支座的设置应满足以下要求：

1）补偿器和三通处应设置固定支座，阀门和疏水装置处宜设固定支座。

2）采用钢质外护管的直埋蒸汽管道，宜采用内固定支座。

3）内固定支座应采取隔热措施，且其外护管表面温度应小于或等于 60℃。

7.3.3.3 管件及管道连接

（1）工作管管件应符合 GB/T 12459—2005《钢制对焊无缝管件》或 GB/T 13401—2005《钢板制对焊管件》的规定。

（2）直埋蒸汽管道的管件应在工厂预制，管件的防腐、保温应符合设计要求。

（3）直埋蒸汽管道、管件及管路附件之间的连接，除疏水器和特殊阀门外，均应采用焊接；采用法兰连接时，法兰的密封宜采用耐高温金属垫片。

（4）采用工作管弯头作热补偿时，弯头的曲率半径不应小于工作管公称直径的 1.5 倍，管道位移段应加大外护管的尺寸，并应采用软质保温材料。

（5）直埋蒸汽管道变径时，工作管宜采用底平的偏心异径管。

7.3.3.4 直埋蒸汽管道的结构形式

目前，蒸汽管道直埋敷设就其保温结构形式，基本上有三类：内滑动外固定、内滑动内固定和外滑动内固定。

（1）内滑动外固定。内滑动外固定支墩如图 7-47 所示，内滑动就是工作钢管与保温结构是脱开的，工作钢管受热膨胀时，钢管运动发生位移，而保温结构与外套管成一整体结构，不产生运动。工作钢管外表面有约 4mm（螺旋钢管约 7mm）的减阻层（又称润滑层），保温结构内层为耐高温的硬质微孔硅酸钙或硅酸镁瓦块作隔热层，外层采用热导率低、防水、防腐性能好的聚氨酯泡沫塑料作保温层，外保护层根据保温层外径大小采用不同规格的成品螺旋焊接钢管作外套管，也可用钢板卷焊，卷焊的外套管焊缝需进行 100％X 射线探伤，也可采用玻璃钢或聚乙烯管作外保护层。这种复合保温管一般在工厂生产，接头补口在现场进行。该形式的固定墩一般采用钢筋混凝土将工作钢管固定，不设导向支架。

图 7-47（a）所示为玻璃钢作外护层，以三通作固定墩，支座焊于土建预埋件上；图7-47（b）所示为环形钢板辅以加强肋埋于土建支墩中，环形钢板把固定支墩处的保温结构完全隔开。

内滑动外固定结构，工程造价低，外护层密封性能较差，施工周期较长，该形式适合地下水位较低，土质较干燥的地区。

（2）内滑动内固定。内滑动内固定支架如图 7-48 所示，内固定就是固定端处将工作钢管固定在外套管上，不用钢筋混凝土结构固定，其固定端应有隔热措施，以减少热桥效应。同时，固定端应有足够的强度，以满足管道水平推力的要求。内固定结构形式的外套管应采用钢管，其钢管壁厚和强度应能满足焊接固定支架时承受的水平推力要求。

内滑动内固定结构，工程造价较低，外护层密封性能好，施工周期较短，适用地区较广泛。

（3）外滑动内固定。外滑动内固定导向结构如图 7-49 所示，所谓外滑动就是保温材料和工作钢管紧密结合，捆绑成一个整体，保温结构和工作钢管在管道热膨胀时同时运动。外套管与保温结构有 10～20mm 的间隙，既起到良好的保温作用，又是排潮的良好通道，使排潮管真正起到排潮作用，同时也起到信号管的作用，使排潮管的设置不受管线位置的限制。工作钢管与外套管之间每隔一段距离加设一组导向支架（导向环），以减少管道位移时的摩擦力。管道的导向支架可以采用滑动支架，规格较大时也可采用滚动支架，以减少摩擦阻力。

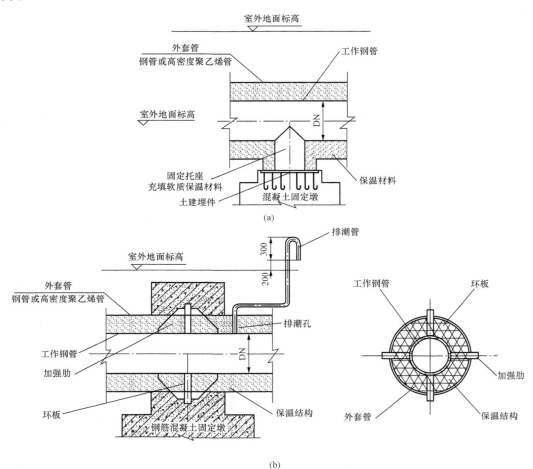

图 7-47　内滑动外固定支墩
（a）单面固定；（b）双面固定

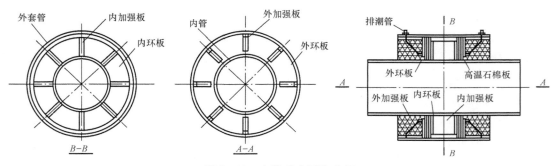

图 7-48　内滑动内固定支架

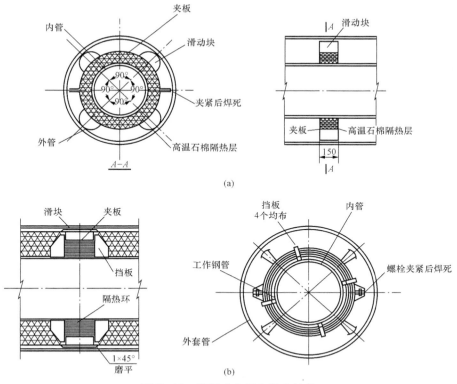

图 7-49 外滑动内固定导向结构
(a) 不设挡板做法；(b) 设挡板做法

外滑动保温材料可采用软质材料，如硅酸铝管壳、复合硅酸盐保温壳、无石棉硅酸钙保温壳、离心棉管壳以及岩棉管壳等。保温厚度应经过保温计算，外套管表面温度不得大于50℃，以减少表面热损失并保证外套管表面防腐层的安全使用寿命。

外滑动内固定结构，工程造价较高，施工周期短，外护层密封性能好，尤其适用于地下水位较高的地区，因支架传递的热较多，因此影响了外套管的防腐质量，且一旦出现质量问题维修比较困难。

7.3.3.5 蒸汽管道直埋敷设的防腐保温层结构

（1）内滑动外固定防腐保温结构如图 7-50 所示。

（2）内滑动内固定防腐保温结构如图 7-51 所示。

（3）外滑动内固定防腐保温结构如图 7-52 所示。

7.3.3.6 蒸汽直埋管道的热补偿

蒸汽直埋管道的热补偿和架空管道的热补偿形式基本相同，直埋管道的走向及平面布置首先应充分考虑管道本身的自然热补偿，当自然补偿不能满足要求时，应采用补偿器补偿。由于蒸汽管道温度较高，管道的热伸长量较大，因此，补偿器应有足够的补偿能力，且补偿器的制造质量可靠，以确保蒸汽直埋管道的安全运行。蒸汽直埋管道一般使用波纹管补偿器，不得使用套筒式补偿器。补偿器的设置和工作管一样，采用外套管全封闭。全埋式波纹管补偿器不应另加套管，外套管表面温度如超过50℃，且直管段较长，外套管具有一定的热伸长量时，外套管也应采取补偿措施。

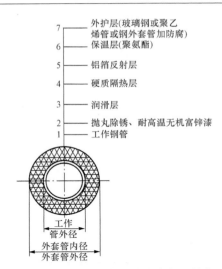

图 7-50 内滑动外固定防腐保温结构

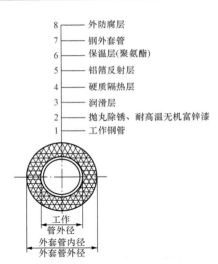

图 7-51 内滑动内固定防腐保温结构

7.3.3.7 蒸汽直埋管道的附属装置

（1）蒸汽直埋管道的疏排水。为保证蒸汽直埋管道的运行安全，蒸汽直埋管道应合理地进行疏排水。直管段一般每隔150～200m宜加设疏排水装置，管道的最低点应设永久性疏水装置。施工过程中，应根据施工现场的实际情况设置。蒸汽直埋管道疏排水一般采用上排水方式，依靠管道内的蒸汽压力将凝结水排出。疏排水阀门应采用钢质阀门，如果热网供汽量变化较大，且流量较小，温降较大有凝结水析出，或输送饱和蒸汽时，还应设自动排水装置。整套疏水装置应设在阀门井内，阀门井应设在便于操作和维修的地方，阀门井盖应加锁，阀门井宜高出地面50～100mm，以防雨水进入。排水管应引至安全地方，不可直接排入城市下水系统，但可经过冷却后排入。另外，疏水管应尽量靠近固定端安装，并应充分考虑疏水管本身的热补偿，以免排水管因管道热位移过大而受到损坏。阀门井的布置如图7-53所示，上排水管结构如图7-54所示。

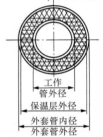

图 7-52 外滑动内固定防腐保温结构

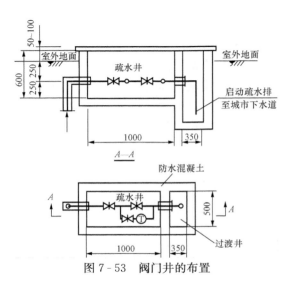

图 7-53 阀门井的布置

（2）蒸汽直埋管道的排潮。蒸汽直埋管道保温层应设排潮设施，以排除保温结构内的潮气。排潮管一般靠近固定端设置，与外套管焊接时，应保证焊接质量。排潮管应做防腐，防腐层与外套管做法相同。在安装排潮管时，应根据现场情况确定安装位置，排潮口处应有安全警示牌以保证排潮口安全，排潮管规格一般为 DN32～DN50，蒸汽直埋管道排潮管如图7-55所示。

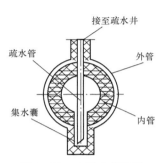

图7-54 上排水管结构

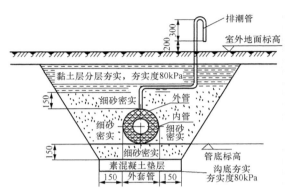

图7-55 蒸汽直埋管道排潮管

7.3.4 直埋蒸汽管道安装

7.3.4.1 管道安装

（1）管道安装时，应保证两个固定支座间的管道中心线成同一直线，且坡度应符合设计要求。

（2）直埋蒸汽管道在吊装时，应按管道的承载能力核算吊点间距，均匀设置吊点，管道吊装时应使用宽度大于50mm的吊带吊装，严禁用铁棍撬动外套管和用钢丝绳直接捆绑外壳。

（3）雨期施工应采取防雨排水措施。

（4）工作管的现场接口焊接应采用氩弧焊打底、电弧焊焊接的连接方式，焊缝应进行100％X射线探伤检查，焊缝内部质量不得低于GB/T 12605—2008《无损检测金属管道熔化焊环向对接接头射线照相检测方法》中的Ⅲ级质量要求。

7.3.4.2 保温补口

（1）保温补口应在管道安装完毕，探伤检验及强度试验合格后进行。补口质量应符合设计要求，每道补口应有检验记录。

（2）补口前应拆除封端防水帽或需要拆除的防水涂层。保温补口应与两侧直管段或管件的保温层紧密衔接，缝隙应采用弹性保温材料填充。

（3）硬质复合保温结构的直埋蒸汽管道，粘贴保护垫层时，应对补口处的工作管表面进行处理，其质量应达到GB/T 8923—1988《涂装前钢材表面锈蚀等级和除锈等级》规定的St2级。

（4）若管段已浸泡进水，应清除浸湿的保温材料或烘干后，方可进行保温补口。

（5）保温层补口施工应符合下列规定：

1）补口处的保温结构、保温材料、外护管材质及厚度应与直管段相同。

2）保温补口应在沟下无积水、非雨天的条件下进行施工。

3）硬质复合保温结构管道的保温施工，应先进行硬质无机保温层包覆，嵌缝应严密，再连接外护管，然后进行聚氨酯浇注发泡。

4）泡沫层补口的原料配比应符合设计要求。原料应混拌均匀，泡沫应充满整个补口段环状空间，密度应大于 $50kg/m^3$。当环境温度低于 10℃或高于 35℃时，应采取升温或降温措施。

5）保温层采用软质或半硬质无机保温材料时，在补口的钢质外护管焊缝部位内侧应衬垫石棉布等耐高温材料。

（6）外护管的现场补口应符合下列规定：

1）钢质外护管宜采用对接焊，焊接不应少于两遍并应进行 100％超声波探伤检验，焊缝内部质量不得低于 GB/T 11345—1989 中的Ⅲ级质量要求。

2）钢质外护管补口前应对补口段进行预处理，除锈等级应根据使用的防腐材料确定，并符合 GB/T 8923—1988 中 Sa2.5 级的要求。

3）补口段预处理完成后，应及时进行防腐，防腐等级应与外护管相同，防腐材料应与外护管一致或相匹配。

4）防腐层应采用电火花检漏仪检测，耐击穿电压应符合设计要求。

5）玻璃钢外护管的补口应采用与外护管等厚的补口套管，补口套管与外护管应采用梯形过渡对接连接；可采用短玻璃纤维树脂黏结，再缠厚度小于 3mm 的玻璃钢加强，搭接长度不应小于 100mm。当采用现场缠绕补口时，补口玻璃钢厚度不应小于直管段外护玻璃钢厚度。

6）外护管接口应做严密性试验，试验压力应为 0.2MPa，试验应按 GB 50235—1997《工业金属管道工程施工及验收规范》的要求进行。

（7）补口完成后，应对安装就位的直埋蒸汽管道及管件的外护管和防腐层进行检查，发现损伤，应进行修补。

7.4 管 道 试 验 及 清 洗

7.4.1 供热管道试验

热力管道安装完毕后，必须按设计要求进行强度试验和严密性试验，设计无要求的按下列规定进行：①一、二级管网，应进行强度试验和严密性试验，强度试验压力应为设计工作压力的 1.5 倍，严密性试验压力应为设计工作压力的 1.25 倍，且不得低于 0.6MPa。②热力站、中继泵站内的管道和设备均应进行严密性试验，试验压力为设计压力的 1.25 倍，且不得低于 0.6MPa。③开式设备只做满水试验，以无渗漏为合格。

（1）压力试验应具备的条件。

1）应编制试验方案，并经监理（建设）单位和设计单位审查同意。试验前应对有关技术人员、操作人员进行技术交底、安全交底。

2）管道的各种支架（座）已安装调整完毕，回填土已满足设计要求。

3）焊接质量外观检查合格，焊缝无损检验合格。

4）安全阀、爆破片及仪表组件等已拆除或已加设盲板隔离。加设的盲板处应有明显的标记并做记录，且安全阀应处在全开状态。

5）管道自由端的临时加固装置已经完成，经设计核算与检查确认安全可靠。试验管道与无关系统应采用盲板或采取其他措施隔开，不得影响其他系统的安全。

6）试验用的压力表已备好且已被校验，精度不低于 1.5 级，表的量程应达到试验压力的 1.5～2 倍，数量不得少于 2 块。试验用的压力表应安装在试压泵的出口和试验系统末端。

7）试压前，应对试压系统进行划区，并设立标志，无关人员不得入内。

8）试验现场已清理完毕，具备对试压管道和设备进行检查的条件。

（2）压力试验。

1）试压前的检查。试压前再对试压的系统管段进行一次全面的检查，检查系统有无缺陷、管道接口是否严密，为试压所做的各项准备工作是否周到，是否满足试压需求。

2）系统连接。在试压系统的最高点加设放气阀，在最低点加设泄水阀，将试验用的压力表分别连接在试压泵的出口和试验系统的末端。

3）向试压系统充水。先将热力管道系统中的阀门全部打开，关闭最低点的泄水阀，打开最高点的放气阀，这些工作准备妥当后，即可向试压管段充水，待最高点的放气阀连续不断地出水时，说明系统充水已满，关闭放气阀。水注满后不要立即升压，先全面检查一下，管道有无异常，有无渗水、漏水现象，如有，应修复后，再行试压。

4）升压过程要缓慢，要逐级升压，当达到试验压力的 1/2 时，停止打压，进行一次全面的检查，如有异常，应泄压修复，若无异常，则继续升压；当达到试验压力的 3/4 时，停止升压，再次检查，若有异常，应泄压修复，若无异常，则继续升压至试验压力。

5）水压试验的检验。当打压至试验压力，应持压检查，检验的内容及检验方法应符合表 7‑16 的要求。

表 7‑16　　　　　　　　　　　　水压试验的检验内容及检验方法

序号	项目	试验方法及质量标准		检验范围
1	强度试验	升压至试验压力稳压 10min，无渗漏、无压力降，系统无异常，管道无变形、破裂，然后降压至设计压力，稳压 30min，无渗漏、无压降为合格		
2	严密性试验	升压至试验压力，当压力稳定后，进行全面的外观检查，并用质量为 1.5kg 的小锤轻轻敲击焊缝，如压力不降，且连接点无渗水、漏水现象，则严密性试验合格		全　段
		一级管网及站内	稳压 1h，压力降不大于 0.05MPa，严密性试验合格	
		二级管网	稳压 30min，无渗漏、压力降不大于 0.05MPa，严密性试验合格	

（3）水压试验应注意的技术问题。

1）水压试验时，环境温度不应低于 5℃，如低于 5℃，应采取御寒保温措施，且在水压试验结束后，立即将管道中的水放掉。

2）水压试验用水应是洁净的。

3）当试压管道与运行管道之间的温差大于 100℃时应采取相应的技术措施，确保试压管道与运行管道的安全。

4）对高差较大的管道，应将试验介质的静压力计入试验压力中。热水管道的试验压力应为系统最高点的压力，但最低点的压力不得超过管道及设备的承受压力。

5）试验过程中，如发现有异常或渗漏，应泄压修复，严禁带压修理，缺陷消除后，重新进行试验。

6）试验结束时，应及时拆除试验用临时设施和加固措施，应排尽管内集水。排水时不得随地排放，应防止形成负压。

7.4.2　供热管网的清洗

供热管网在试压合格后，在正式运行前必须进行清洗。

供热管网的清洗应在试运行前进行，清洗方法应根据供热管道的运行要求、介质类别而定。供热管道的清洗方法有人工清洗、水力冲洗和气体冲洗。

（1）清洗前的准备工作。

1）供热管网在清洗前，应编制清洗方案。清洗方案中应包括清洗的方法、技术要求、操作及安全措施等内容。

2）应将不宜与系统一起进行清洗的减压阀、过滤器、疏水器、流量计、计量孔板、滤网、调节阀、止回阀及温度计的插管等拆下，并妥善保存，拆下的附件处先接一临时短管，待清洗结束后再将上述附件复位。

3）将不与管道同时清洗的设备、容器、仪表管等与清洗的管道隔开或拆除。

4）支架的强度应能承受清洗时的冲击力，必要时经设计同意进行临时性加固。

（2）热水管网清洗应满足的技术要求。

1）清洗应按主干线、支干线、支线分别进行，二级管网应单独进行冲洗。冲洗前，应先将水注入系统，对管道予以浸泡。

2）水力冲洗进水管的截面积不得小于冲洗管截面积的50%，排水管截面积不得小于进水管截面积。水力冲洗时，水的流动方向应与系统运行时介质流动的方向一致。

3）未冲洗管道的脏物，不应进入已冲洗合格的管道中。

4）冲洗应连续进行并逐渐加大管道内的流量，管内的平均流速不应低于 $1m/s$，排水时，不得形成负压。

5）对大口径管道，当冲洗水量不能满足要求时，宜采用人工清洗或密闭循环的水力冲洗方式。采用循环水冲洗时管内流速宜达到管道正常运行时的流速。当循环冲洗的水质较脏时，应更换循环水继续进行冲洗。

6）水力冲洗的合格标准应以排水水样中固形物的含量接近或等于冲洗用水中固形物的含量为合格。

7）冲洗时排放的污水不得污染环境，严禁随意排放。

8）水力清洗结束前应打开阀门用水清洗。清洗后，应对排污管、除污器等进行人工清除，以确保清洁。

（3）蒸汽管网吹洗应满足的技术要求。

1）蒸汽管道吹洗时，必须划定安全区，设置标志，确保设施及有关人员的安全。其他无关人员严禁进入吹洗区。

2）蒸汽管网吹洗前，应对吹洗的管段缓慢升温进行暖管，暖管速度宜慢并应及时疏水。暖管过程中，应检查管道热伸长、补偿器、管路附件及设备、管道支撑等有无异常，工作是否正常等，恒温 1h 后进行吹洗。

送汽暖管升温时，应缓缓开启总阀门，勿使蒸汽的流量、压力增加过快。否则，由于压力和流量急剧增加，产生对管道强度所不能承受的温度应力导致管道破坏，且由于蒸汽流量、流速增加过快，系统中的凝结水来不及排出产生水击、振动，造成阀门破坏、支架垮塌、管道跳动、位移等严重事故。同时，由于系统中的凝结水来不及排出，使得管道上半部是蒸汽，下半部是凝结水，在管道断面上产生悬殊温差，导致管道向上拱曲，损害管道结构，破坏保温结构。

3）蒸汽管道加热完毕后，即可进行吹洗。先将各种吹洗口的阀门全部打开，然后逐渐开大总阀门，增加蒸汽量进行吹洗，蒸汽吹洗的流速不应低于 30m/s，每次吹洗的时间不少于 20min，吹洗的次数为 2~3 次，当吹洗口排出的蒸汽清洁时，可停止吹洗。

吹洗完毕后，关闭总阀门，拆除吹洗管，对加热、吹洗过程中出现的问题做妥善处理。

7.4.3　供热管网试运行

试运行应在单位工程验收合格、热源已具备的供热条件下进行。

管网试运行前，应编制试运行方案。在环境温度低于 5℃ 试运行时，应制定可靠的御寒防冻措施。试运行方案应由建设单位、设计单位进行审查同意并进行交底。

（1）热水供热管网试运行。

1）供热管线工程宜与热力站工程联合进行试运行。

2）供热管线的试运行应有完善、灵敏、可靠的通信系统及其他安全保障措施。

3）在试运行期间管道法兰、阀门、补偿器及仪表等处的螺栓应进行热紧。热紧时的运行压力应在 0.3MPa 以下。温度宜达到设计温度，螺栓应对称拧紧，在热紧部位应采取保护操作人员安全的技术措施。

4）试运行期间发现的问题，属于不影响试运行安全的，可待试运行结束后处理；属于必须当即解决的，应停止运行进行处理。试运行的时间，应从正常试运行状态的时间起计 72h。

5）供热工程应在建设单位、设计单位认可的参数下试运行，试运行的时间应为连续运行 72h。试运行应缓慢地升温，升温速度不应大于 10℃/h。在低温试运行期间，应对管道、设备进行全面检查，支架的工作状况应做重点检查。在低温试运行正常以后，可缓慢升温至试运行参数下运行。

6）试运行期间，管道、设备的工作状态应正常，并应做好检验和考核的各项工作及试运行资料等记录。

7）试运行开始后，应每隔 1h 对补偿器及其他管路附件进行检查，并应做好记录。

（2）蒸汽供热管网试运行。蒸汽供热管网的试运行应带负荷进行，试运行合格后，可直接转入正常的供热运行。不需继续运行的，应采取妥善措施加以保护。蒸汽管网试运行应符合下列要求：

1）试运行前，应进行暖管，暖管合格后，缓缓提高蒸汽管的压力，待管道内蒸汽压力和温度达到设计规定的参数后，恒压时间不宜少于 1h；应对管道、设备、支架及凝结水系统进行一次全面的检查。

2）在确认管网的各部位均符合要求后，应对用户系统进行暖管并进行全面检查，确认热用户系统的各部位均符合要求后再缓慢地提高供汽压力并进行适当地调整，供汽参数达到设计要求后即可转入正常的供汽运行。

3）试运行开始后，应每隔 1h 对补偿器及其他管路附件进行检查，并应做好记录。

（3）热力站的试运行。热力站试运行的程序、要求如下：

1）供热管网与热用户系统已具备试运行的条件。

2）试运行的方案已编写完毕并经建设单位、设计单位审查同意，且已进行了技术交底。

3）热力站内所有系统和设备经验收合格。

4）热力站内的管道和设备的水压试验及清洗合格。

5）软化水制备系统，经调试合格后，并已向系统注入软化水。

6）水泵试运转合格。

7）采暖用户应按要求将系统充满水，并组织做好试运行的准备工作。

8）蒸汽用户系统应具备送汽的条件。

复 习 思 考 题

1. 常见的供热管道的加工有哪些？各准备什么工具？

2. 管子切割质量有哪些规定？

3. 常见的管道坡口形式分别有哪些？各应用于何处？

4. 供热管道常用的弯管有哪些？各具有哪些特点？

5. 供热管道的常用连接方法有哪些？法兰连接具有哪些技术要求？

6. 常用的焊接方法有哪些？各自在技术上有哪些具体要求？

7. 供热管道地上及地沟安装程序是什么？

8. 供热管道地上安装常用的补偿器有哪些？安装具有哪些要求？

9. 供热管道直埋敷设有什么特点？安装有什么要求？什么情况下可以不设补偿器？

10. 供热直埋管道的警报系统具有什么作用？其工作原理是什么？

11. 供热管道安装应遵守的国家规范有哪些？

12. 供热管道安装完毕后要完成的检查工作有哪些？具体规定是什么？

13. 供热管道冲洗和吹扫分别在什么情况下进行？具体规定和要求是什么？

14. 供热系统试运行的具体要求是什么？

第8章　换　热　站

　　换热站是指连接于一次网和二次网并装有用户连接的有关设备、仪表和控制设备的机房，是热量交换、热量分配以及系统监控和调节的枢纽。换热站的作用是根据热网工况和不同的条件，采用不同的连接方式，将热网输送的热媒加以调节、转换，根据热用户需要分配热量，并进行集中计量、检测供热热媒的参数，使供热、用热达到安全经济运行。其中，一次网是指连接于热电厂换热首站（或大型区域锅炉房）与换热站之间的管网，二次网是指连接于换热站与热用户之间的管网。换热站内的设备主要包括水—水（或汽—水）换热器、循环水泵、补水定压装置和计量检测装置等。

　　本章从换热站设计的角度，详细介绍了民用换热站和工业换热站的工作原理和流程，以及各种热用户和热水管网（或蒸汽管网）连接的具体形式及工作特点；介绍了三种常用的采暖系统定压方式的工作原理、工作特点和确定原则，并着重介绍了换热站中各种换热器、水泵、分汽缸或分集水器的结构与选型计算方法，并对换热站设计的一般原则进行了介绍，给出了具体的换热站设计工程实例以供参考。通过对本章学习，能够熟悉各种换热站的工作原理和特点，掌握换热站设计的一般原则和方法；熟悉换热站中各主要设备的工作原理，并掌握其选型计算方法。最终能够根据实际工程的特点和用户的具体要求，确定合理、经济的换热站设计方案。

8.1　换热站的作用与类型

　　根据热网输送的热媒不同，换热站可分为热水供热换热站和蒸汽供热换热站；根据服务对象不同，可分为工业换热站和民用换热站。根据换热站的位置和功能不同，可分为用户换热站（点）、小区换热站和区域性换热站。

　　（1）用户换热站（点），也称为用户引入口。它设置在单幢建筑用户的地沟入口或该用户的地下室或底层处，通过它向该用户或相邻几个用户分配热能。

　　（2）小区换热站。供热网络通过小区换热站向一个或几个街区的多幢建筑分配热能。这种换热站大多是单独的建筑物。从集中换热站向各热用户输送热能的管网，通常称为二次网。

　　（3）区域性换热站。用于特大型的供热管网，设置在供热主干线和分支干线的连接点处。

8.1.1　民用换热站

　　民用换热站的服务对象是民用用热单位（民用建筑及公共建筑），多属于热水供热换热站。图8-1所示为一个供暖用户的热力点示意图。热力点在用户供、回水总管进出口处设置截断阀门、压力表和温度计，同时根据用户供热质量的要求，设置手动调节阀或流量调节器，以便于对用户进行供热调节。用户进水管上应安装除污器，以免污垢杂物进入局部供暖系统。如引入用户支线较长，宜在用户供、回水管总管的阀门前设置旁通管。当用户暂停供暖或检修而管网仍在运行时，关闭引入口总阀门，将旁通管阀门打开使水循环，以避免外网的支线冻结。

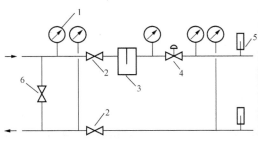

图 8-1　供暖用户的热力点示意图

1—压力表；2—用户供回水总管阀门；3—除污器；

4—手动调节阀；5—温度计；6—旁通管阀门

图 8-2 所示为一个民用换热站示意图。各类热用户与热水管网并联连接。

城市上水进入水—水换热器 4 被加热，热水沿热水供应管网的供水管，输送到各用户。热水供应系统中设置热水供应循环水泵 6 和循环管路 12，使热水能不断地循环流动。当城市上水悬浮杂质较多、水质硬度或含氧量过高时，还应在上水管处设置过滤器或对上水进行必要的水处理。

在图 8-2 中，供暖热用户与热水管网是采用直接连接的。当热网供水温度高于供暖用户设计的供水温度时，换热站内设置混合水泵 9，抽引供暖系统的管网回水，与热网的供水混合，再送向各用户。

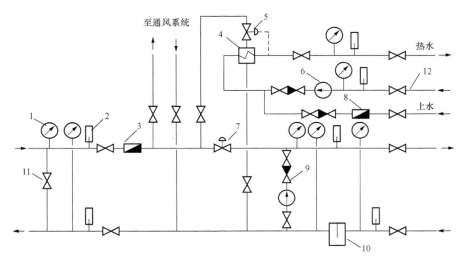

图 8-2　一个民用换热站示意图

1—压力表；2—温度计；3—热网流量计；4—水—水换热器；5—温度调节器；6—热水供应循环水泵；7—手动调节阀；8—上水流量计；9—供暖系统混合水泵；10—除污器；11—旁通阀；12—热水供应循环管路

混合水泵的设计流量按式（8-1）计算，即

$$G'_h = u'G'_0 \tag{8-1}$$

$$u' = (\tau'_1 - t'_g)/(t'_g - t'_h) \tag{8-2}$$

式中　G'_0——承担换热站供暖设计热负荷的管网流量，t/h；

　　　G'_h——从二级管网抽引的回水量，t/h；

　　　u'——混水装置的设计混合比；

　　　τ'_1——热水管网的设计供水温度，℃；

t'_g、t'_h——供暖系统的设计供、回水温度，℃。

混合水泵的扬程应不小于混水点以后的二级管网系统的总压力损失。流量应为抽引回水的流量，水泵数目不应少于两台，其中一台备用。

图 8-3 所示为间接连接方式的换热站示意图。换热站将一级热网与二级热网的水力工

况完全隔绝开来，二级热网自成一个循环系统。

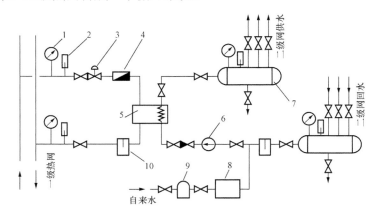

图 8-3 间接连接方式的换热站示意图

1—压力表；2—温度计；3—调节阀；4—热网流量计；5—供暖用水—水换热器；6—循环水泵；
7—分、集水器；8—补水定压装置；9—水处理设备；10—除污器

换热站应设置必要的检测、自控和计量装置。在热水供应系统上，应设置上水流量表，用以计量热水供应的用水量。热水供应的供水温度可用温度调节器控制。根据热水供应的供水温度，调节进入水—水换热器的管网循环水量，配合供、回水的温差可计量供热量（也可采用热量计直接记录供热量）。

民用小区换热站的最佳供热规模取决于换热站与管网总基建费用和运行费用，应通过技术经济比较确定。一般来说，对新建居住小区，每个小区设一座换热站，规模以6～15万 m² 建筑面积为宜。

8.1.2 工业换热站

工业换热站的服务对象是工厂企业用热单位，多为蒸汽供热换热站。图 8-4 所示为一个具有多类热负荷（生产、通风、供暖、热水供应热负荷）的工业蒸汽换热站示意图。

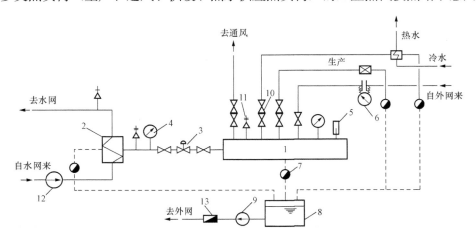

图 8-4 一个具有多类热负荷的工业蒸汽换热站示意图

1—分汽缸；2—汽—水换热器；3—减压阀；4—压力表；5—温度计；6—蒸汽流量计；7—疏水器；
8—凝结水箱；9—凝结水泵；10—调节阀；11—安全阀；12—循环水泵；13—凝结水流量计

热网蒸汽首先进入分汽缸 1，然后根据各类热用户要求的工作压力、温度，经减压阀（或减温器）调节后分别输送出去。如工厂采用热水供暖系统，则多采用汽—水换热器，将热水供暖系统的循环水加热。

凝结水回收设备是蒸汽供热换热站的重要组成部分，主要包括凝结水箱、凝结水泵以及疏水器、安全水封等附件。所有可回收的凝结水分别从各热用户返回凝结水箱。在有条件的情况下，应考虑凝结水二次汽的余热利用。

工业换热站应设置必需的热工仪表，应在分汽缸上设压力表、温度计和安全阀。供热管道减压阀后应设压力表和安全阀；凝结水箱内设液位计或设置与凝结水泵联动的液位自动控制装置；换热器上设置压力表、温度计。为了方便计量，外网蒸汽入口处设置蒸汽流量计和在凝结水接外网的出口处设置凝水流量计等。

凝结水箱有开式（无压）和闭式（有压）两种，通常用 3～10mm 钢板制成。换热站的凝结水箱总储水量，根据 CJJ 34—2002，一般按 10～20min 的最大小时回水量计算。凝结水箱一般设两个，对单纯供暖用的凝结水箱，其水量在 10t/h 以下时，可只设一个。在热源的总凝结水箱的储水量，根据 GB 50041—2008《锅炉房设计规范》，一般按 20～40min 的最大小时回水量计算。

开式水箱多为长方形（如图 8-5 所示）。开式水箱附件一般应有人孔盖、水位计、温度计、进出水管、空气管和泄水管等。当水箱高度大于 1.5m 时，应设内、外扶梯。

闭式水箱（如图 8-6 所示）为承压水箱，应做成圆筒形。闭式水箱附件一般应有人孔盖、水位计、温度计、进出水管、泄水管、压力表、取样装置和安全水封等。

闭式水箱上应设置安全水封，它的作用有：①防止水箱压力过高；②防止空气进入箱内；③兼作溢流管用。

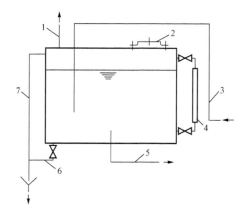

图 8-5　开式凝结水箱

1—空气管；2—人孔盖；3—凝水进入管；4—水位计；
5—凝水出水管；6—泄水管；7—溢流管

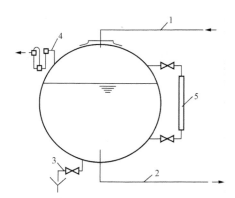

图 8-6　闭式凝结水箱

1—凝水进入管；2—凝水出水管；3—泄水管；
4—安全水封；5—水位计

安全水封（如图 8-7 所示）的构造和工作原理简述如下：

安全水封由水室 A、B、C 及连通管 1、2、4 组成，由管 3 与闭式凝水箱连通。系统运行前，由下部充水管充水至 I'-I' 水面。在正常箱内压力下，管 2 中水面下降，管 4 及管 1 水面上升 h 高度。当箱内的压力高于大气压 H_1(mH₂O) 以上时（h 值小，忽略不计），水封被冲破，箱内蒸汽及不凝结气体从管 2 通过管 4 经 A 室排往大气。由此可见，利用水封高度 H_1(m)，可以维持水箱内的蒸汽压力不大于 $10H_1$(kPa)。当水箱压力恢复后，A 室中的水由管 1 自动地返回管 2 和管 4，从而恢复原来的水位。

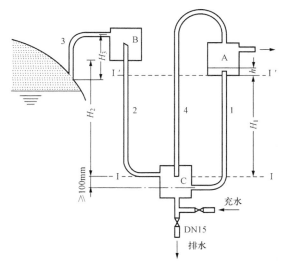

图 8-7 安全水封示意图

A—压力罐；B—真空储水罐

当水箱无凝结水进入，箱内呈无压状态，而凝结水泵启动抽水时，密闭箱体内出现负压。此时，管 1、4 中水面下降，管 2 中水面上升。只要箱内负压与大气压力之差不大于 H_2(mH_2O)，管 1 中水面就不会降到 I-I 以下，管 2 中的水封就不会被冲破，空气就不能进入水箱。水柱高 H_2 为水箱可能出现的最大真空度。当水箱内的真空度消失后，B 室中的存水由管 2 的孔眼重新流回管 2、4 及管 1 中。

当水箱内存水过多，水面上升超过 H_2 高度后，水可经由水封管的通气孔排出。与凝水箱连接的管 3 应在水箱的溢流水位高度处。

安全水封的连通管 d 应根据排汽量确定。水室 A、B 的直径，可参阅有关供热设计手册计算确定。

凝结水泵不应少于两台，其中一台备用。凝结水泵的流量及扬程的确定详见本章第 6 节。

8.2 换热站的连接方式

换热站的连接方式主要有两种：直接连接方式和间接连接方式。根据供热管网采用的介质不同，其具体连接方式各有不同，详细内容如下所述。

8.2.1 热用户与热水供热管网的连接方式

热水供热系统供给热用户的热媒参数，往往不一定能同时满足用户系统的要求，这种情况下，可借助不同的热网与用户连接方式，将热媒引入用户系统内。

8.2.1.1 热水供暖用户与热水管网的连接方式

热水供热系统主要有开式和闭式两种形式。在闭式系统中，热网的循环水仅作热媒供给热用户热量，而不从中取出使用。在开式系统中，热网循环水部分或全部从热网中取出，直接用于生产或热水供应热用户中。

无论是在闭式热水供热系统还是在开式热水供热系统中，热水供暖用户只从热网获取热量，而不从中取出热水，所以它与两种热网连接方式相同。

双管闭式热水供热系统示意图如图 8-8 所示。

（1）无混合装置的直接连接［如图 8-8（a）所示］。当来自热网的水，其设计供水温度不超过 GB 50019—2003《采暖通风与空调设计规范》第 3.1.10 条规定的散热器供暖系统的最高热媒温度，用户引入口处热网的供、回水管资用压差大于供暖用户的压力损失，且其回水管测压管水头高于用户的充水高度（高温水时，各点压力还应高于汽化压力）但压力不超过该用户散热器的承受能力时，可采用这种连接方式。

这种连接方式入口的主要设备是出入口阀门和必要的计量仪表，是最简单、造价最低的连接方式，绝大多数低温热水供热系统采用这种连接方式。

当供热系统采用高温水供热，管网设计供水温度超过用户要求的最高热媒温度时，若仍采用直接连接，可采用装混合装置的直接连接。

（2）装水喷射器的直接连接［如图8-8（b）所示］。热网供水管高温水进入水喷射器6后，抽引室内供暖系统的部分回水进入水喷射器，使混合后的水温符合用户要求。

这种连接方式设备简单、运行可靠、管网系统水力稳定性好。但要求热网供、回水间有足够的资用压差，以保证水喷射器正常工作。一般，热网供、回水压差不小于0.08～0.12MPa。

（3）装混合水泵的直接连接［如图8-8（c）所示］。当建筑物用户引入口处，热水管网的供、回水压差较小，不能满足水喷射器正常工作所需压差，或设集中泵站将高温水转为低温水，向多幢或街区建筑物供暖时，可采用装混合水泵的直接连接。

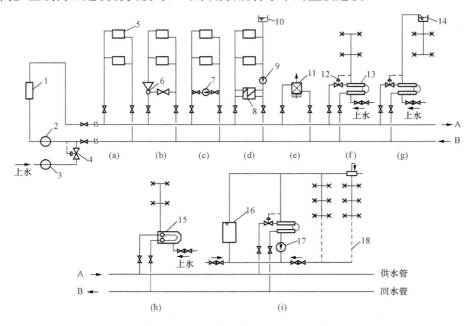

图8-8 双管闭式热水供热系统示意图

(a) 无混合装置的直接连接；(b) 装水喷射器的直接连接；(c) 装混合水泵的直接连接；(d) 供暖热用户与热网的间接连接；(e) 通风热用户与热网的连接；(f) 无储水箱的连接方式；(g) 装设上部储水箱的连接方式；(h) 装设容积式换热器的连接方式；(i) 装设下部储水箱的连接方式

1—热源的加热装置；2—网路循环水泵；3—补给水泵；4—补给水压力调节器；5—散热器；6—水喷射器；7—混合水泵；8—表面式水—水换热器；9—供暖热用户系统的循环水泵；10—膨胀水箱；11—空气加热器；12—温度调节器；13—水—水换热器；14—储水箱；15—容积式换热器；16—下部储水箱；17—热水供应系统的循环水泵；18—热水供应系统的循环管路

（4）间接（隔绝式）连接［如图8-8（d）所示］。这种连接方式是指在用户引入口处或换热站，设表面式水—水换热器。热网水不进入供暖系统，而是通过水—水换热器，把供暖系统的回水加热到要求的温度后，返回热网回水干管。经过加热的供暖系统水（二次水）有自己的循环水泵和膨胀水箱，自成系统，其水力工况与热网水力工况互不影响，完全隔绝。

这种连接方式设备复杂，造价比直接连接高得多。因而，只有在热水管网与热用户的压力状况不适应时才采用间接连接方式。如热网回水管在用户入口处的压力超过该用户散热器的承压能力，或高层建筑采用直接连接，影响到整个热水管网压力水平升高时，就可考虑用间接连接。

（5）通风空调加热器、暖风机以及辐射板供暖等，都采用无混合装置直接连接，如图 8-8（e）所示。

8.2.1.2 热水供应热用户与热水管网的连接方式

（1）在闭式热水供热系统中的连接方式。在闭式热水供热系统中，热网的循环水仅作为热媒供给热用户热量，而不从热网中取出使用。因此，热水供应热用户与闭式热网的连接方式只能通过表面式水—水换热器间接连接。根据用户热水供应系统中是否设置储水箱及其位置不同，连接方式有如下几种形式：

1）无储水箱的连接方式〔如图 8-8（f）所示〕。这种连接方式最简单，常用于一般的住宅或公共建筑。

2）装设上部储水箱的连接方式〔如图 8-8（g）所示〕。上部储水箱起着储存热水和稳定水压的作用。这种连接方式常用在浴室或用水量很大的工业企业中。

3）装设容积式换热器的连接方式〔如图 8-8（h）所示〕。容积式换热器兼起换热和储存热水的作用，这种连接方式一般适宜于工业企业和公共建筑的小型热水供应系统上。

4）装设下部储水箱的连接方式〔如图 8-8（i）所示〕。这种连接方式较复杂，造价较高，但工作可靠，适用于对热水温度要求较高的旅馆或住宅。

（2）在开式热水供热系统中的连接方式。在开式热水供热系统中，热水供应热用户与管网连接方式有以下几种（如图 8-9 所示）。

1）无储水箱的连接方式〔如图 8-9（a）所示〕。

2）装设上部储水箱的连接方式〔如图 8-9（b）所示〕。

3）与上水混合的连接方式〔如图 8-9（c）所示〕。

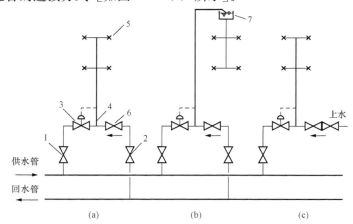

图 8-9 开式热水供热系统中，热水供应热用户与网路的连接方式
1、2—进水阀门；3—温度调节器；4—混合三通；
5—取水栓；6—止回阀；7—上部储水箱

8.2.2　热用户与蒸汽管网的连接方式

图 8-10 所示为蒸汽供热系统示意图。

（1）生产工艺热用户与蒸汽管网的连接方式［如图 8-10（a）所示］。

1）与蒸汽管网通过间接式换热器连接时，凝结水应回收，且凝结水回收率不得低于 60%～80%。

2）如果蒸汽在用热设备应用后，凝结水被玷污，水质不符合回收要求或凝结水回收在技术经济上不合理时，凝结水可不回收，但应就近回收利用其热量后排入下水道，并且凝结水温不得高于 40℃。

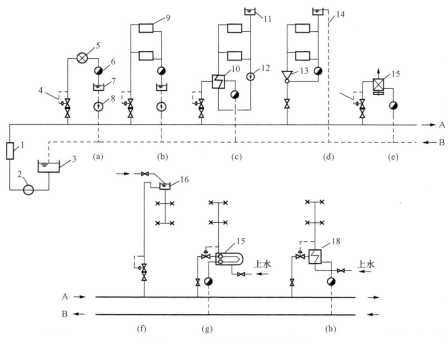

图 8-10　蒸汽供热系统示意图

（a）生产工艺热用户与蒸汽网的连接；（b）蒸汽供暖用户与蒸汽管网直接连接；（c）采用蒸汽—水换热器的间接连接；
（d）采用蒸汽喷射器的直接连接；（e）通风空调系统与蒸汽管网的连接；（f）蒸汽直接加热的热水供应方式；
（g）采用容积式加热器的连接方式；（h）快速式汽—水换热器的间接连接方式

1—蒸汽锅炉；2—锅炉给水泵；3—凝结水箱；4—减压阀；5—生产工艺用热设备；6—疏水器；7—用户凝结水箱；
8—用户凝结水泵；9—散热器；10—供暖系统用的蒸汽—水换热器；11—膨胀水箱；12—循环水泵；
13—蒸汽喷射器；14—溢流管；15—空气加热装置；16—上部储水箱；17—容积式换热器；
18—热水供应系统的蒸汽—水换热器

（2）蒸汽供暖用户与蒸汽管网的连接方式。

1）蒸汽供暖用户与蒸汽管网通过减压阀直接连接［如图 8-10（b）所示］，凝结水采用回收方式。

2）热水供暖用户与蒸汽管网的连接方式。采用汽—水换热器的间接连接如图 8-10（c）所示，采用蒸汽喷射器的直接连接如图 8-10（d）所示。

（3）通风空调系统的加热器与蒸汽管网的连接方式如图 8-10（e）所示，它可采用简单直接连接，如蒸汽压力过大，可在入口处设减压阀。

（4）热水供应系统与蒸汽管网的连接方式如图 8-10（f）、（g）、（h）所示。图 8-10（f）为蒸汽喷汽管直接在上部储水箱中加热热水的方式。这种方式构造简单，投资少，但加热时噪声大，不能回收凝结水，多用于工矿企业的小型浴室或车间生活间。

图 8-10（g）为采用容积式加热器的连接方式。这种连接方式工作可靠、可回收凝结水，用于浴室、宾馆和大型公共建筑中。

图 8-10（h）为快速式汽—水换热器的间接连接方式。这种连接方式可用于生产用热水供应或简单淋浴，如用于生活热水供应，则应配以储水箱。

用户蒸汽引入口装置如图 8-11 所示。从室外管网引入蒸汽至高压分汽缸 1，对生产、通风和热水供应用汽，可直接从分汽缸 1 引出；对供暖用汽，则从高压分汽缸引出后经过减压阀 3，再进入低压分汽缸 2，然后分配到供暖系统。各系统的凝结水集中至车间内的凝结水箱 8，用凝结水泵 9 打入厂区凝结水总管，流回锅炉房凝结水箱。

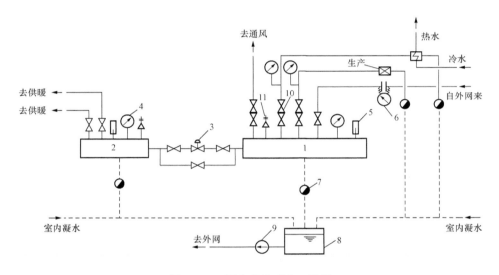

图 8-11　用户蒸汽引入口装置

1—高压分汽缸；2—低压分汽缸；3—减压阀；4—压力表；5—温度计；6—流量计；
7—疏水器；8—凝结水箱；9—凝结水泵；10—调节阀；11—安全阀

8.3　换热器的基本类型与构造

在热力工程中经常遇到蒸汽或高温热水，由于建筑物所需供热介质温度较低或卫生条件较差、工质的种类要求不同等，不能直接应用于工程中，这就要求将该种热介质转化为能够直接应用于工程的介质。能够实现两种或两种以上温度不同的流体相互换热的设备就是换热器。

8.3.1　换热器的基本类型

换热器按工作原理不同可分为以下三种：

（1）间壁式换热器。冷热流体被壁面隔开，冷热流体通过壁面进行换热，如冷凝器、蒸发器、暖风机、风机盘管、表冷器等，如图 8-12 所示。

（2）混合式换热器。冷热流体直接接触，彼此之间相互混合进行换热，在热交换的同时进行质交换，将热流体的热量直接传递给冷流体，使冷热流体同时达到某一共同状态，如空调工程中的喷淋室、蒸汽喷射泵等，如图 8-13 所示。

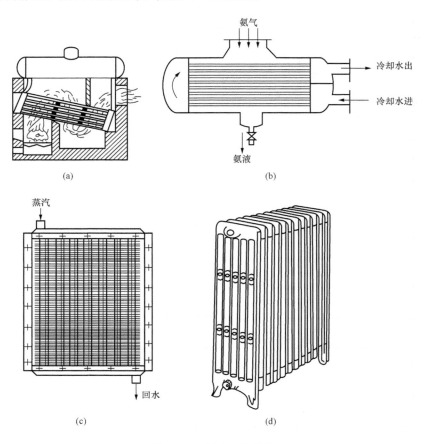

图 8-12　间壁式换热器
(a) 锅炉；(b) 冷凝器；(c) 空气加热器；(d) 散热器

（3）回热式换热器。换热器由蓄热材料构成，并分成两部分，冷热流体交互通过换热器的一部分通道，从而交替式地吸收或放出热量，即热流体流过换热器时，蓄热材料吸收并储蓄热量，温度升高，经过一段时间后切换为冷流体，蓄热材料放出热量加热冷流体。如全热回收式空气调节器、锅炉中回热式空气换热器等，如图 8-14 所示。

另外，换热器按换热介质种类不同还可以将换热器分为气—水换热器、水—水换热器及其他介质换热器等。

8.3.2　常用换热器的构造

间壁式换热器为最常用的换热器。间壁式换热器种类很多，从构造上主要可分为管壳式、肋片管式、板式、螺旋板式、板翅式等，其中以前三种在工程中应用较为广泛。

8.3.2.1　管壳式换热器

管壳式换热器又分为容积式换热器和壳程式（一根大管中套一根小管）换热器。容积式换热器是一种既能换热又能储存热量的换热设备，如图 8-15 所示。

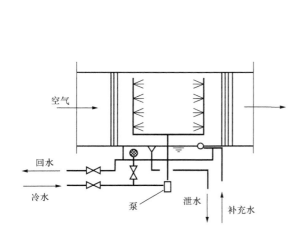

图 8 - 13　混合式换热器（空调喷水室）

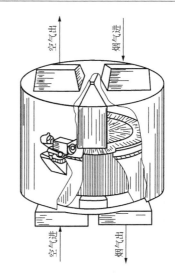

图 8 - 14　回热式换热器（回热式空气预热器）

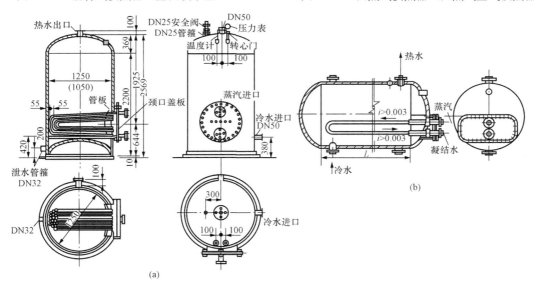

(a)

图 8 - 15　容积式换热器

（a）立式容积式换热器；（b）卧式容积式换热器

　　容积式换热器从外形上可分为立式和卧式两种。根据加热管的形式不同可分为固定管板的管壳式换热器、带膨胀节的壳管式换热器以及浮动头式壳管换热器。容积式换热器是由外壳、加热盘管、冷热流体进出口等组成，换热器上还装有温度计、压力表和安全阀等仪表、阀件。蒸汽（或热水）由上部进入盘管，在流动过程中进行换热，最后变成凝结水（或低温回水）从下部流出盘管。

　　壳程式换热器又称快速加热器（如图 8 - 16 所示），其优点为结构坚固、易于制造、适应能力强、处理能力大，并且在高温高压下也能使用。但是它还具有材料消耗量大、结构不紧凑、占用空间大等缺点。

　　由于容积式换热器运行稳定，常用于要求工质参数稳定、噪声低的场所。壳程式换热器

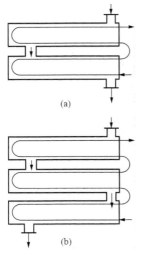

图 8-16 壳程式换热器

(a) 2 壳程 4 管程；

(b) 3 壳程 6 管程

容量较大，常用于容量大且负荷较均匀的场所，如热水供应工程中。

常见的容积式换热器型号见附表 8-2 和附表 8-3。

8.3.2.2 肋片管式换热器

肋片管式换热器的结构如图 8-17 所示，在管子的外壁加肋片，大大的增加了对流换热系数小的一侧的换热面积，强化了传热，与光管相比，传热系数可提高 1~2 倍。这类换热器的结构紧凑对于换热面两侧流体换热系数相差较大的场所非常适用。

肋片式换热器在结构上最主要的问题是肋片的形状、结构以及肋片和管子的连接方式。肋片的形状可分为圆盘形、带槽或孔式、皱纹式、钉式或金属丝式等，与管子的连接形式可分为张力缠绕式、嵌片式、热套胀式、焊接、整体轧制、铸造及机加工等。肋片管的主要缺点是肋片侧阻力大，不同的结构与不同的连接方法对流体流动阻力，特别是传热性能有很大影响；当肋片与基管接触不良而存在缝隙时，将造成肋片与基管之间的接触热阻而降低肋片的作用。

8.3.2.3 板翅式换热器

板翅式换热器结构方式很多，但都是由若干层基本换热单元组成的。如图 8-18 (a) 所示，在两块平隔板 1 中央放一块波纹形热翅片 3，两端用侧条 2 封闭，形成一层基本换热元件，许多层这样的换热元件叠积焊接起来就构成板翅式换热器。如图 8-18 (b) 所示，为一种叠积方式。波纹板可做成多种形式，以增加流体的扰动，从而达到增强换热的效果。板翅式换热器由于两侧都有翅片，作为气—气换热器时，传热系数有很大的提高，约为管壳式换热器的 10 倍。板翅式换热器结构紧凑，每立方米换热体积中，可容纳换热面积 2500m²，承压可达 10MPa；其缺点为容易堵塞，清洗困难，检修不易。板翅式换热器适用于清洁和腐蚀性低的气体间换热。

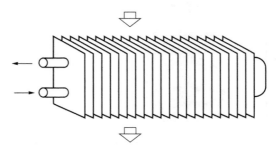

图 8-17 肋片管式换热器的结构

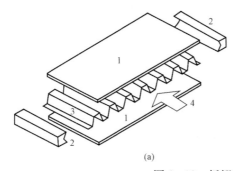

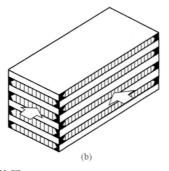

(a) (b)

图 8-18 板翅式换热器

1—平隔板；2—侧条；3—翅片；4—流体

8.3.2.4 螺旋板式换热器

螺旋板式换热器的结构如图 8-19 所示，其是由两张平行的金属板卷制而成的，构成两个螺旋通道，再加上下盖及连接管组成。冷热两种流体分别在两个螺旋通道中流动。两流体可布置成逆流，流体 1 从中心进入，螺旋流到周边流出，而流体 2 则从周边流入，螺旋流到中心流出。这种螺旋流动有利于提高传热系数。同时螺旋流动的污垢形成速度约是管壳式换热器的 1/10。这是因为当流动壁面结垢后，通道截面减小，则流体流动速度增加，从而对污垢起到了冲刷作用。此外，这种换热器的结构紧凑、单位体积可容纳的换热面积约为管壳式换热器的 3 倍，而且用钢板代替管材，材料范围广。但该换热器的缺点是不易清洗、检修困难、承压能力小、储热能力小。该换热器常用于城市换热站、卫生热水加热等。常用的螺旋板换热器型号见附表 8-4～附表 8-7。

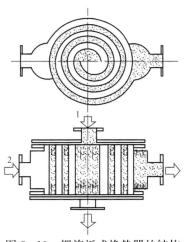

图 8-19　螺旋板式换热器的结构

8.3.2.5 板式换热器

板式换热器由具有波形凸起或半球形凸起的若干个传热板叠加压紧而成。传热板片间加装有密封垫片，垫片用来防止介质泄漏和控制构成板片流体的流道，垫片的厚度就是两板的间隔距离，故流道很窄，通常只有 3～4mm。板四个角上开有圆孔，供流体通过，当流体由一个角的圆孔流入后，经两板间流道，由对角线上的圆孔流出，该板上的另外两个圆孔与流道之间则用垫片隔断，这样就能够使冷热流体在相邻的两个流道中逆向流动，进行换热。

图 8-20 所示为板式换热器的工作原理，冷热流体分别由上、下角孔进入换热器并相间流过偶、奇数流道，然后再分别从下、上角孔流出换热器。传热板片是板式换热器的关键元件，板片形式的不同直接影响到换热系数、流动阻力和承压能力。图 8-21 所示为平直波纹、人字形波纹、锯齿形及斜纹形 4 种板型。

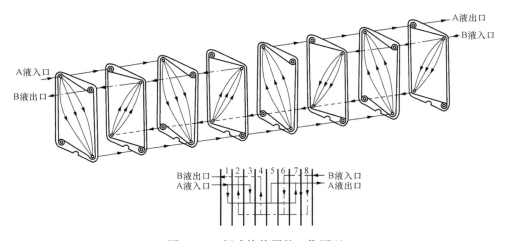

图 8-20　板式换热器的工作原理

板式换热器具有传热系数高、阻力小、结构紧凑、金属耗量低、使用灵活性大、拆状清

图 8-21　板式换热器的板片

洗方便等优点，故已广泛应用于供热、食品、医药、化工、冶金等部门。目前，板式换热器所达到的主要性能数据：最佳传热系数为 7000W/(m^2·℃)（水—水）；最大处理水量为 1000m^3/h；最高操作压力为 2.744MPa；紧凑性为 250~1000m^2/m^3；金属耗量为 16kg/m^2。板式换热器的发展主要在于继续研究波形与传热性能的关系，以探求更佳的板型，向更高的参数及大容量方向发展。常用板式换热器型号见附表 8-8。

8.3.2.6　浮动盘管式换热器

浮动盘管式换热器是 20 世纪 80 年代从国外引进的一种新型半即热式换热器，它是由上（左）、下（右）两个端盖、外筒、热介质导入管、冷凝水（回水）导出管及水平（垂直）浮动盘管组成，如图 8-22 所示。端盖和外筒由优质碳钢或不锈钢制成，热介质导入管和凝结水（回水）导出管由黄铜管制成。水平（垂直）浮动盘管是由紫铜管经多次成型加工而成。

各部分之间均采用螺栓（或螺纹）连接，为该设备的检修提供了可靠的条件。

浮动盘管式换热器的特点是，换热效率高、传热系数大 $K \geqslant 3000$W/(m^2·℃)；设备结构紧凑，体积小；自动化程度高，能很好地调节出水温度；同时还具有自动清垢、外壳温度低、热损失小等优点。但是该换热器在运输及安装时严禁滚动，同时要求换热器与基础固定牢固，防止运行时产生振动。常用的浮动盘管换热器型号见附表 8-9 和附表 8-10。

8.3.2.7　螺纹管换热器

螺纹管换热器是 20 世纪 80 年代末期发明的一种壳管式换热器，其克服了普通壳管式换热器体积大的缺点，同时又克服了密封垫板式换热器胶条（材质主要为丁腈橡胶或乙丙橡胶）老化、维护费用高的缺陷。该换热器按螺纹管的种类不同又分为直管螺纹管换热器和螺旋螺纹管换热器。

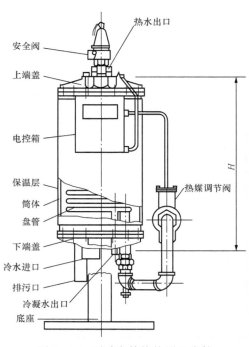

图 8-22　浮动盘管换热器及附件

（1）螺旋螺纹管换热器。螺旋螺纹管换热器如图8‐23所示。该换热器具有结构紧凑、体积小、传热系数高［最高可达 14 000W/（m² · ℃）、耐高温（最高可达 400℃）、质量轻、安装方便、维护费用低、使用寿命长（可达 15 年）等特点。

该换热器采用换热管束最小间距设计，有效消除了换热器的湍流抖振现象；有效地抑制了声驻波振动现象，降低了运行噪声；设计流速可达 5.5m/s，形成强烈的湍流效果，强化了传热；且换热器的结垢倾向较低。

（2）直管螺纹管换热器。直管螺纹管换热器如图8‐24所示。直管螺纹管换热器的主要特点如下：

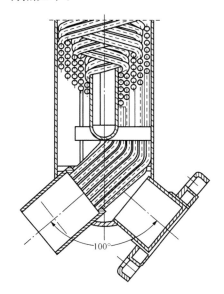

图 8‐23　螺旋螺纹管换热器

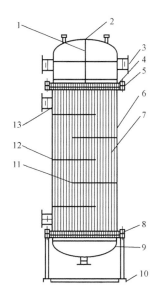

图 8‐24　直管螺纹管换热器

1—管程隔板；2—管箱；3—管程接管；4—设备法兰；5—管板；
6—筒体；7—换热管；8—螺栓；9—封头；10—支座；
11—折流板；12—拉杆；13—防冲板

1）传热系数高。直管螺纹管换热器的传热系数根据介质参数和运行工况的不同，可达 3000～8000W/(m² · ℃)，比管壳式换热器高 1～3 倍，且单台换热量达 100MW，可满足重点工程、大型项目的需要。

2）结构更加紧凑。体积小、质量轻，节约材料与空间，提高了经济效益和社会效益。

3）长期运行效果良好。由于螺纹管特殊的凹凸形结构，使管内外产生多流层和旋转型冲刷作用，加之管子的热伸冷缩性，管壁内外均不会存留杂质，因此不结垢、不堵塞，长期运行安全可靠。

4）节能效果显著。螺纹管换热器流动阻力小，消耗动力小，同比光管式换热器，流阻减少 1/3～1/4，节能约 1/3 左右。

5）适用多种介质。可用于油、汽、液等多种流体之间的热交换。

相比其他类型的换热器的加热元件，螺纹管的性能更优越，现已成功地应用于石油化工、采油输送、冶金建材、轻工、纺织、小区供暖、集中供热、热电联产、卫生、医院、宾馆、饭店等各种领域。

直管螺纹管换热器设计参数见表8-1。

表8-1 直管螺纹管换热器设计参数

设计压力	0.6MPa				0.1MPa				1.6MPa			
热媒类型及用途	热媒最高操作压力(MPa)	热媒最高操作温度(℃)	被加热水最高操作压力(MPa)	被加热水最高操作温度(℃)	热媒最高操作压力(MPa)	热媒最高操作温度(℃)	被加热水最高操作压力(MPa)	被加热水最高操作温度(℃)	热媒最高操作压力(MPa)	热媒最高操作温度(℃)	被加热水最高操作压力(MPa)	被加热水最高操作温度(℃)
汽水采暖	0.54	250	0.57	95	0.9	400	0.95	95	1.44	400	1.52	95
汽水空调	0.54	250	0.57	75	0.9	400	0.95	75	1.44	400	1.52	75
汽水生活用水	0.54	250	0.57	75	0.9	400	0.95	75	1.44	400	1.52	75
水水采暖	0.57	180	0.57	95	0.95	180	0.95	95	1.52	180	1.52	95
水水空调	0.57	180	0.57	75	0.95	180	0.95	75	1.52	180	1.52	75
水水生活热水	0.57	180	0.57	75	0.95	180	0.95	75	1.52	180	1.52	75

8.4 换热器的计算

换热器的计算有两种情况：一种是设计一个新的换热器，已确定换热器所需的换热面积。这类计算属于设计计算。另一种计算是对已有的或已经选定了换热面积的换热器，在非设计工况条件下核算它能否胜任规定的换热任务。例如，一台现成的换热器移作他用时，要核算能否完成新的换热任务；在锅炉设计中，一个蒸汽过热器已按额定负荷选定了换热面积，需要核算部分负荷时的换热性能。对于这种类型的换热器计算称为校核计算。

换热器计算的基本公式为传热方程式及热平衡方程式，即

$$\Phi = kF \Delta t_m \tag{8-3}$$

$$\Phi = M_1 c_1 (t'_1 - t''_1) = M_2 c_2 (t''_2 - t'_2) \tag{8-4}$$

设计计算通常是按给定的冷热流体热容量 $M_1 c_1$、$M_2 c_2$ 和 4 个进出口温度中的 3 个温度，求解换热器传热表面积 F 或（K、F）；对于校核计算，即对已给定的换热器按已知的 KF、$M_1 c_1$、$M_2 c_2$ 即冷、热流体进口温度 t'_1、t'_2，求解出口温度 t''_1 和 t''_2，以进行非设计工况性能的验算。

换热器选型计算的方法有平均温差法（LMTD 法）和效能—传热单元数法（ε-NTU 法），现介绍如下。

8.4.1 平均温差法（LMTD 法）

对于换热器的设计计算通常采用平均温差法，其计算步骤如下：

（1）初步布置换热面，并计算出相应的传热系数 K。

（2）根据给定条件，由热平衡式（8-4）求出进、出口温度中的那个待定的温度。

（3）由冷、热流体的 4 个进、出口温度确定平均温差 Δt_m。

（4）根据传热方程式（8-3）求出所需的换热面积 F，并核算换热面两侧的流动阻力。

（5）若流动阻力过大，则改变设计方案，重新设计。

平均温差法也可以用于换热器的校核计算，其步骤如下：

（1）假定一个出口温度初值，如 $[t''_2]_1$，用热平衡式（8-4）求出另一个出口温度

$[t_1'']_{\mathrm{I}}$，并求取这种假定下的冷热流体平均温差 $[\Delta t_{\mathrm{m}}]_{\mathrm{I}}$。

（2）用传热方程式（8-3）求出 Q_{I}。

（3）在用热平衡方程式求出 $[t_2'']_{\mathrm{II}}$ 与 $[t_2'']_{\mathrm{I}}$ 比较，若两者相差较大，则重新假定出口温度初值 t_2''，并重复以上步骤，直到假设的出口温度与计算的出口温度偏差满足规定的工程允许偏差（一般小于或等于 4%）为止。

采用该方法的校核计算，必须多次反复才能逐渐接近假定值，且在非逆流、非顺流式换热器计算中还要考虑温度差修正系数 ε_{Δ} 的影响，比较繁琐。

8.4.2 平均温差

换热器中冷热流体沿传热面进行换热的同时，冷热流体的温度将沿流向不断变化，故温度差 Δt 在不断变化，图 8-25（a）、（b）分别表示了冷热流体在顺流和逆流时温度沿传热面变化的情况。图中各项温度的角标意义如下：下角标"1"指热流体，"2"指冷流体；上角标"'"指进口端温度，"''"指出口端温度。由于温差变化，自传热面 A_x 处取一微元面积 $\mathrm{d}A$，其传热量为

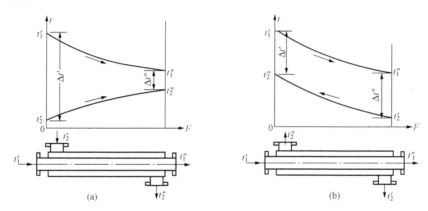

图 8-25 流体温度随传热面变化的情况
（a）顺流；（b）逆流

$$\mathrm{d}\Phi = K_x(t_1 - t_2)_x \mathrm{d}A \tag{8-5}$$

则换热器的传热量可由式（8-5）积分求得，即

$$\Phi = \int_0^A K_x(t_1 - t_2)_x \mathrm{d}A \tag{8-6}$$

若取 k_x 为常数（与面积 A 无关），则式（8-6）可表达为

$$\Phi = k\int_0^A (t_1 - t_2)_x \mathrm{d}A = k\Delta t_{\mathrm{m}}A \tag{8-7}$$

Δt_{m} 称为换热器的平均温差，其意义是

$$\Delta t_{\mathrm{m}} = \frac{\int_0^A (t_1 - t_2)_x \mathrm{d}A}{A} = \frac{1}{A}\int_0^A \Delta t_x \mathrm{d}A \tag{8-8}$$

若已知 Δt_x 沿换热面的变化规律，则 Δt_{m} 可以由式（8-8）积分求出。如图 8-26 所示，对顺流换热器进行分析，顺流换热器的一端两流体的温差为 $\Delta t'$，另一端为 $\Delta t''$，在 x 处的

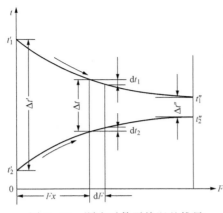

图 8-26 顺流对数平均温差推导

面积上，热流体温度变化了 dt_1，换热量为

$$d\Phi = -M_1 c_1 dt_1 \qquad (8-9)$$

式中负号是因热流体流过 dF 面时，dt_1 为温度降。

同理，冷流体换热量为

$$d\Phi = -M_2 c_2 dt_2 \qquad (8-10)$$

其中 dt_2 为冷流体在 dF 上的温度增量，若在分析过程中不考虑冷热流体的热损失，故式（8-9）与式（8-10）的值相等。所以有

$$dt_1 - dt_2 = d(t_1 - t_2)_x = -d\Phi\left(\frac{1}{M_1 c_1} + \frac{1}{M_2 c_2}\right) \qquad (8-11)$$

将式（8-5）代入式（8-11），且 K_x 为常量时有

$$\frac{d(t_1 - t_2)_x}{(t_1 - t_2)_x} = \frac{d(\Delta t)_x}{\Delta t_x} = -K\left(\frac{1}{M_1 c_1} + \frac{1}{M_2 c_2}\right)dF \qquad (8-12)$$

将上式从 0 到 F_x 积分，由于 $F_x = 0$ 时，$\Delta t_x = \Delta t'$，得

$$\ln\frac{\Delta t_x}{\Delta t'} = -K\left(\frac{1}{M_1 c_1} + \frac{1}{M_2 c_2}\right)F_x \qquad (8-13)$$

或

$$\Delta t_x = \Delta t' e^{-K\left(\frac{1}{M_1 c_1} + \frac{1}{M_2 c_2}\right)F_x} \qquad (8-14)$$

式（8-14）表明温差 Δt_x 沿传热面呈指数函数规律变化。根据该式可以求得换热器中任一 F_x 处冷热流体间的温度差。

对于整个换热器，冷热流体平均温差的求取是求取换热量 Φ 或换热面积的基本数据。

将式（8-12）对整个换热面积 F 进行积分，即 $F_x = 0$，$\Delta t_x = \Delta t'$；当 $F_x = F$ 时，$\Delta t_x = \Delta t''$，则有

$$\ln\frac{\Delta t''}{\Delta t'} = -K\left(\frac{1}{M_1 c_1} + \frac{1}{M_2 c_2}\right)F \qquad (8-15)$$

在换热器中冷热流体的换热量，在不考虑热损失时为

$$\Phi = M_1 c_1 (t'_1 - t''_1) = M_2 c_2 (t''_2 - t'_2) \qquad (8-16)$$

将上式中的 $M_1 c_1$ 及 $M_2 c_2$ 代入式（8-15），并整理得

$$\Phi = KF\frac{(t'_1 - t'_2) - (t''_1 - t''_2)}{\ln\frac{\Delta t'}{\Delta t''}} = KF\frac{\Delta t' - \Delta t''}{\ln\frac{\Delta t'}{\Delta t''}} \qquad (8-17)$$

对应于式（8-3），则换热器的平均温度差为

$$\Delta t_m = \frac{\Delta t' - \Delta t''}{\ln\frac{\Delta t'}{\Delta t''}} \qquad (8-18)$$

式（8-18）所表示的为对数平均温差（Logarithmic Mean Temperature Difference，LMTD）。

同理，对于逆流换热器也可以得出同样形式的结果，但是式中的 $\Delta t'$ 和 $\Delta t''$ 为换热器两端的冷热流体温度差，而在许多资料中，通常把 $\Delta t'$ 作为较大的温差。

当 $\frac{\Delta t'}{\Delta t''} < 2$ 时，可以用算术平均温差代替对数平均温差计算换热器的换热量，其误差不

大于 4%，即

$$\Delta t_m = \frac{\Delta t' + \Delta t''}{2} \qquad (8-19)$$

流体在换热器中的流动除顺流和逆流外，根据流体在换热器中的安排，还存在着许多其他形式，如图 8-27 所示图中（a）为顺流，（b）为逆流，（c）为横流式（或称交叉流），是两种流体在相互垂直的方向流动；（d）、（e）、（f）则是三种不同组合的混合流。对于横流式以及混合流的情况下，换热器的平均温差的推导是比较麻烦的，通常是将推导结果整理成温差修正系数 ε_Δ。ε_Δ 是通过建立微元面积的传热和热平衡方程推导的。ε_Δ 的大小反映了换热器中两流体的流动方式接近逆流的程度。图 8-28～图 8-31 列举了四种常见的流动方式的 ε_Δ 线算图。在图中整理成辅助量 P 和 R 的函数。利用图修正平均温差的计算程序如下：

（1）在计算换热器时，采用逆流算出对数平均温差。

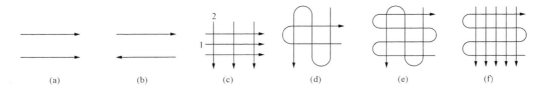

图 8-27 流体在换热器中的流动形式

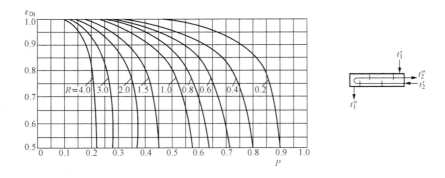

图 8-28 壳侧 1 程，管侧 2、4、6…程的 ε_Δ 值

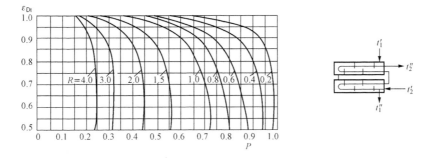

图 8-29 壳侧 2 程，管侧 4、8、12…程的 ε_Δ 值

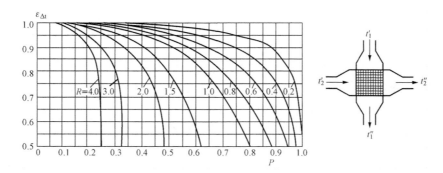

图 8-30 一次交叉流，两种流体各自都不混合的 $\varepsilon_{\Delta t}$ 值

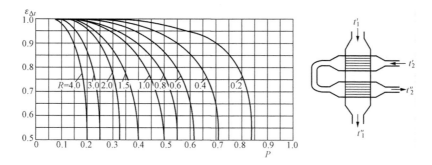

图 8-31 两次交叉流动，管侧流体不混合，壳侧流体混合，顺流布置的 $\varepsilon_{\Delta t}$ 值

（2）计算辅助量

$$P = \frac{\text{冷流体的加热度}(t_2'' - t_2')}{\text{冷、热流体进口温差}(t_1' - t_2')}$$

$$R = \frac{\text{热流体的冷却度}(t_1' - t_1'')}{\text{冷流体的加热度}(t_2'' - t_2')}$$

（3）根据 P 和 R 查 $\varepsilon_{\Delta t}$ 线算图求取 $\varepsilon_{\Delta t}$。

（4）求取换热器的平均温差，即

$$\Delta t_{\mathrm{m}} = \varepsilon_{\Delta t} \frac{\Delta t' - \Delta t''}{\ln(\Delta t'/\Delta t'')} \tag{8-20}$$

在实际设计过程中，除非有特殊的要求，应使 $\varepsilon_{\Delta t} > 0.9$，一般说来，$\varepsilon_{\Delta t}$ 至少不应小于 0.8，否则应该为其他流动形式。

【例 8-1】 在一板式换热器中，热水进口温度 $t_1' = 80℃$，流量为 0.7kg/s，冷水进口温度 $t_2' = 16℃$，流量为 0.9kg/s。如果要求将冷水加热到 $t_2'' = 36℃$，试求顺流和逆流时的平均温差。

解 根据热平衡，得

$$m_1 c_{p1}(t_1' - t_1'') = m_2 c_{p2}(t_2'' - t_1')$$

由于该题目中水的温度变化不大，故水的比热容可以认为 $c_{p1} = c_{p2} = 4.19\mathrm{kJ/(kg \cdot K)}$，故上式为

$$0.7 \times (80 - t_1'') = 0.9 \times (36 - 16)$$

得

$$t_1'' = 54.29℃$$

（1）换热器在顺流时

$$\Delta t' = 80 - 16 = 64(℃)，\Delta t'' = 54.29 - 36 = 18.29(℃)$$

所以
$$\Delta t_m = \frac{\Delta t' - \Delta t''}{\ln \dfrac{\Delta t'}{\Delta t''}} = \frac{64 - 18.29}{\ln \dfrac{64}{18.29}} = 36.49(℃)$$

（2）换热器为逆流时

$$\Delta t' = 80 - 36 = 44(℃)，\Delta t'' = 54.29 - 16 = 38.29(℃)$$

所以
$$\Delta t_m = \frac{\Delta t' - \Delta t''}{\ln \dfrac{\Delta t'}{\Delta t''}} = \frac{44 - 38.29}{\ln \dfrac{44}{38.29}} = 41.08(℃)$$

【例 8 - 2】 若在［例 8 - 1］中改用壳管 1 程换热器，冷水走壳程，热水走管程，求该换热器的平均温差。

解 根据辅助量计算式

$$P = \frac{冷流体的加热度(t_2'' - t_2')}{冷、热流体进口温差(t_1' - t_2')} = \frac{36 - 16}{80 - 16} = 0.37$$

$$R = \frac{热流体的冷却度(t_1' - t_1'')}{冷流体的加热度(t_2'' - t_2')} = \frac{80 - 54.29}{36 - 16} = 1.29$$

查图 8 - 28 得
$$\varepsilon_{\Delta t} = 0.91$$

所以该换热器的平均温差为

$$\Delta t_m = 0.91 \times 41.08 = 37.38(℃)$$

由［例 8 - 1］和［例 8 - 2］可知，逆流布置的换热器平均温差要比顺流布置时大，其他流动方式也总是不如逆流的平均温差大。另外，还有顺流时冷流体的出口温度 t_1' 总是低于热流体的出口温度 t_1'，而逆流时 t_2' 则有可能大于 t_1'，从而获得较高的冷流体出口温度。因此，在工程上换热器一般尽可能布置成逆流。但是，逆流也存在着缺点，即冷、热流体的最高温度 t_2' 和 t_1' 集中在换热器的一端，使得该处换热器的壁温较高。有时为了降低此处的壁温，有意改为顺流，如锅炉中的高温过热器。

另外，还需指出，如果在换热器的某一侧流体发生相变，即凝结或沸腾，则由于相变流体温度保持不变，此时该流体的 $dt = 0$，在这种情况下，该侧流体的比热容 Mc 可认为是无穷大的。顺流或逆流的平均温差及传热效果也就没有差别了。

8.4.3 传热单元数法（ε -NTU 法）

8.4.3.1 传热单元数和换热器的效能

换热器的效能 ε 按式（8 - 21）定义为

$$\varepsilon = \frac{(t' - t'')_{max}}{t_1' - t_2'} \tag{8 - 21}$$

其中，分母为流体在换热器中可能发生的最大温度差值，而分子是流体或热流体在换热器中的实际温度差值中的大者。如果冷流体的温度变化大，则 $(t' - t'')_{max} = t_2'' - t_2'$，反之则 $(t' - t'')_{max} = t_1' - t_1''$。由式（8 - 21）可知，效能 ε 表示换热器的实际换热效果与最大可能的换热效果之比。

所以 ε 可表示为

$$\varepsilon = \frac{t_2'' - t_2'}{t_1' - t_2'} \tag{8 - 22}$$

研究表明，对于各种流动方式的表面式换热器，其温度效能 ε 是参变量 $(Mc)_{min}/(Mc)_{max}$、$KF/(Mc)_{min}$ 及换热流动方式的函数。对于已定流动方式的换热器，则

$$\varepsilon = f\left[\frac{KF}{(Mc)_{min}}, \frac{(Mc)_{min}}{(Mc)_{max}}\right] \tag{8-23}$$

其中，$\dfrac{KF}{(Mc)_{min}}$ 是个无量纲量，用 NTU 表示，称其为传热单元数。由于 NTU 包括 K 和 F 两个量分别反映了换热器的运行费用和初投资，所以 NTU 是一个反映换热器综合技术经济性能的指标。NTU 值大意味着换热器换热效率高。

各种不同流动组合方式换热器的函数关系线算图，即换热器 ε-NTU 的关系图可参见图 8-32～图 8-37 以及有关热交换设计手册。

8.4.3.2 采用效能—传热单元数法（ε-NTU 法）计算换热器的步骤

根据 ε 和 NTU 的定义及换热器两类计算的任务可知，设计计算是已知 ε 求 NTU，而校核计算则是由 NTU 求取 ε，其具体步骤如下：

（1）进行换热器校核计算的步骤。

1）根据给定的换热器进口温度和假定的出口温度算出传热系数 K。

2）计算 NTU 和热容量之比 $(Mc)_{min}/(Mc)_{max}$。

3）根据所给的换热器流动方式，在相应的 ε-NTU 关系图上查出与 NTU 及 $(Mc)_{min}/(Mc)_{max}$ 相对应的 ε 值。

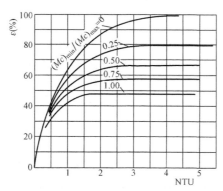

图 8-32　顺流换热器的 ε-NTU 关系图

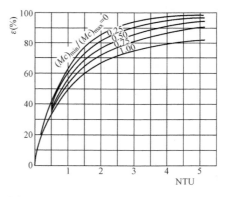

图 8-33　逆流换热器的 ε-NTU 关系图

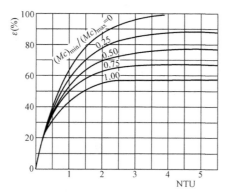

图 8-34　单壳程，2、4、6 管程换热
器 ε-NTU 图

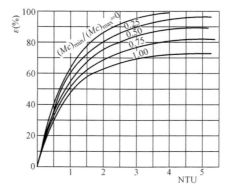

图 8-35　双壳程，4、8、12 管程换热
器的 ε-NTU 图

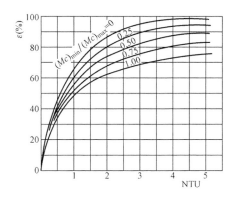

图 8-36 两流体均不混合交
叉流 ε-NTU 关系图

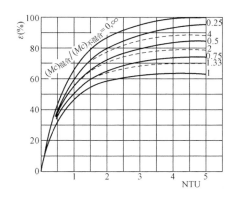

图 8-37 一种流体混合的交
叉流换热器的 ε-NTU 关系图

4）根据公式 $Q = \varepsilon Q_{\max}$ 求取换热器的传热量。

5）由热平衡式（8-4）求出冷、热流体的出口温度 t_1''、t_2''。

6）与假定的出口温度比较，若相差较大（＞4%），则重复上述步骤，直到满足要求为止。

ε-NTU 法与用平均温差法进行的校核计算比较，其相同点在于冷热出口的温度均未知，都需要试算，但是 ε-NTU 法不需要平均温差的计算，且由于 K 随终温变化而引起的变化不大，经过几次试算就能够满足要求，故 ε-NTU 法用于换热器的校核计算比较简单。如果换热器的传热系数已知，则 ε-NTU 法可更加简便地求出结果。

（2）进行换热器设计计算的步骤。

1）根据换热器热平衡式（8-4）计算冷、热流体中未知的出口温度，然后按公式（8-22）求取 ε。

2）根据换热器流动方式及 ε 和 $(Mc)_{\min}/(Mc)_{\max}$，查相应的 ε-NTU 关系图，求取 NTU。

3）根据布置的换热器换热表面，算出其相应的传热系数 K。

4）求换热面积 $F = \dfrac{(Mc)_{\min}}{K}\text{NTU}$。

5）求换热器冷、热流体的流动阻力。如果偏大，则应改变方案，重复上述有关步骤。

由于 ε-NTU 法在进行换热器设计计算时，不进行温差修正系数 ε_Δ 的计算，也就判断不出所选换热器的流动方式与逆流之间的差距，故在设计计算中常用平均温差法。

8.4.3.3 换热器选型计算举例

【例 8-3】 设计一卧式管壳式蒸汽—水加热器。要求换热器把流量 3.5kg/s 的水从 60℃加热到 90℃，加热器进口热流体为 0.16MPa 的饱和蒸汽，出口时凝结水为饱和水。换热器管采用管径为 19mm/17mm 的黄铜管，并考虑水侧污垢热阻 $R_f = 0.000\ 17\text{m}^2 \cdot ℃/\text{W}$，求换热器的换热面积及管长、管程数、每管程管数等结构尺寸。

解 对于本题已经给定了冷、热流体的进出口的全部四个温度，即 0.16MPa 下的热流体的饱和温度 $t_1' = t_1'' = 113.3℃$ 和冷流体的进、出口温度 $t_2' = 60℃$、$t_2'' = 90℃$，冷流体的热容量 $(Mc)_2$ 及换热量 Q，求传热面积 F。主要步骤如下：

（1）初步布置换热器的结构。设为四管程、每管程 16 根管，共 64 根管，纵向排数为 8 排。

（2）计算换热量 Q。

已知水的比热容 $c_2 = 4.19 \text{kJ/(kg} \cdot \text{K)}$，故

$$Q = M_2 c_2 (t_2'' - t_2') = 3.5 \times 4.19 \times (90 - 60)$$
$$= 4.4 \times 10^2 (\text{kW})$$

（3）计算对数平均温差 Δt_m。

由于热流体为饱和温度，故

$$t_1' = t_1'' = 113.3℃$$
$$\Delta t' = t_1' - t_2' = 113.3 - 60 = 53.3 (℃)$$
$$\Delta t'' = t_1'' - t_2'' = 113.3 - 90 = 23.3 (℃)$$

所以

$$\Delta t_m = \frac{\Delta t' - \Delta t''}{\ln \dfrac{\Delta t'}{\Delta t''}} = \frac{53.3 - 23.3}{\ln \dfrac{53.3}{23.3}} = 36.3 (℃)$$

（4）求换热器传热系数 K。

1）水侧换热系数 α_2。

a. 水的定性温度 t_{f2}。取水的平均温度。由于蒸汽侧温度不变，水和蒸汽的平均温度差已定，故

$$t_{f2} = t_{bh} - \Delta t_m = 113.3 - 36.3 = 77 (℃)$$

由 t_{f2} 查附表 8-11，查取水的物性参数为

$$v_2 = 0.38 \times 10^{-6} \text{m}^2/\text{s}, \rho_2 = 973.6 \text{kg/m}^3$$
$$\lambda_2 = 0.672 \text{W/(m} \cdot ℃), Pr = 2.32$$

b. 定型尺寸 l。取圆管内径，即 $l = d = 0.017 \text{m}$。

c. 求雷诺数 Re。为了增加换热，一般 Re 控制在 $10^4 \sim 10^5$ 之间，Re 太大，流速则太快，消耗的功率就过大，布置管数 $n = 16$ 根，所以

$$Re = \frac{\omega_2 d}{v} = \frac{m_2}{\rho_2 \dfrac{\pi d^2}{4} n} \frac{d}{v}$$

$$= \frac{3.5 \times 4}{973.6 \times \pi \times 0.017^2 \times 16} \times \frac{0.017}{0.38 \times 10^{-6}}$$

$$= 4.4 \times 10^4 > 10^4$$

属于紊流，说明管程中管子的根数布置满足要求。

d. 求 Nu 及 α_2。管内强迫紊流水被加热的准则方程式为

$$Nu = 0.023 Re^{0.8} Pr^{0.4}$$
$$= 0.023 \times (4.4 \times 10^4)^{0.8} \times 2.32^{0.4} = 167$$
$$\alpha_2 = Nu \frac{\lambda_2}{d} = 167 \times \frac{0.672}{0.017} = 6601 [\text{W/(m}^2 \cdot ℃)]$$

2）求蒸汽侧凝结换热系数 α_1。

a. 定型温度。取凝结液的平均温度 t_m，即

$$t_m = \frac{t_w + t_{bh}}{2}$$

其中，壁温 t_w 未知，需用试算法，现假设壁温为 $t_w = 102.7℃$，则

$$t_m = \frac{102.7 + 113.3}{2} = 108(℃)$$

由 t_m 查附表 8-6，得凝结液的有关物性参数为

$$\rho = 952.5 \text{kg/m}^3, \lambda_2 = 0.684 \text{W/(m · ℃)}$$
$$\mu = 2.64 \times 10^{-4} \text{N · s/m}^2$$

对应于蒸汽压力 $p = 0.16 \text{MPa}$ 的潜热 $r = 2221 \times 10^3 \text{J/kg}$。

b. 定型尺寸 l。对于水平布置的管束，定型尺寸取 $l = d_0 = 0.019 \text{m}$。

c. 求换热系数 α_1。根据凝结换热公式求顶排的换热系数为

$$\alpha_1 = C \sqrt[4]{\frac{\rho^2 \lambda^3 gr}{\mu n d_0 (t_{bh} - t_w)}}$$

$$= 0.725 \times \sqrt[4]{\frac{952.5^2 \times 0.684^3 \times 9.81 \times 2221 \times 10^3}{2.64 \times 10^{-4} \times 0.019 \times 8 \times (113.3 - 102.7)}}$$

$$= 4760.53 [\text{W/(m}^2 · ℃)]$$

3）求传热系数 K。由于铜的热阻很小，故忽略铜管壁的热阻，考虑水垢热阻，并且因为管壁的 $D/d = 19/17 < 2$，所以可按平壁计算，即

$$K = 1/\left(\frac{1}{\alpha_1} + R_f + \frac{1}{\alpha_2}\right)$$

$$= 1/\left(\frac{1}{4760.53} + 0.00017 + \frac{1}{6601}\right) = 1881.28 [\text{W/(m}^2 · ℃)]$$

根据 K 及 α_1 值校核原假定温度 t_w，即

$$q = K\Delta t_m = 1881.228 \times 36.3 = 6.829 \times 10^4 (\text{W/m}^2)$$

由换热公式 $q = \alpha_1 (t_s - t_w)$，得

$$t_w = t_s - \frac{q}{\alpha_1} = 113.3 - \frac{6.829 \times 10^4}{4760.53} = 98.95(℃)$$

与原假定 $t_w = 98.95℃$ 相差不大，故不需要再计算。

（5）求换热面积 F 及管程长 L，即

$$F = \frac{Q}{K\Delta t_m} = \frac{4.4 \times 10^5}{1881.28 \times 36.3} = 6.44(\text{m}^2)$$

由于总管数 $N = 64$，故管程长为

$$L = \frac{F}{\pi d_m N} = \frac{6.44}{\pi \times 0.018 \times 64} = 1.78(\text{m})$$

最后取管程长为 $L = 1.78 \text{m}$，管程数 $Z = 4$，每管程管数为 16 根，总管数为 $16 \times 4 = 64$ 根，实际换热面积 $F = N\pi d_m L = 64 \times 3.14 \times 0.018 \times 1.78 = 6.44 \text{m}^2$。

（6）阻力计算。

水经过换热器时压降计算式为

$$\Delta p = \left(f \frac{ZL}{d} + \Sigma\zeta\right)\frac{\rho\omega^2}{2}$$

式中　f——摩擦阻力系数；

$\Sigma\zeta$——各局部阻力系数之和；

ω——管中水流速度。

$$f = \frac{0.3164}{Re^{0.25}} = \frac{0.3164}{(4.4 \times 10^4)^{0.25}} = 0.0218$$

该换热器有一个水室进口和一个水室出口，一个管束转 $180°$ 进入另一管束共三次，故

$$\sum \zeta = 2 \times 1 + 3 \times 2.5 = 9.5$$

$$\omega = \frac{m_2}{\rho_2 F_z} = \frac{3.5}{973.6 \times \left(\pi \times \dfrac{0.017^2}{4}\right) \times 16} = 0.99(\text{m/s})$$

所以

$$\Delta p = \left(0.0218 \times \frac{4 \times 1.78}{0.017} + 9.5\right) \times \frac{973.6 \times 0.99^2}{2}$$
$$= 8888.78(\text{Pa})$$

换热器内的压力降合乎要求，故以上计算成立。

【例 8 - 4】 用 ε-NTU 法求蒸汽—空气加热器出口温度和换热量，空气质流量 $M_2 = 8.4\text{kg/s}$，$t_2' = 2℃$，加热器面积 $F = 52.9\text{m}^2$，加热蒸汽为 $3 \times 10^5\text{Pa}$（绝对压力）的饱和蒸汽，传热系数 $K = 40\text{W/} (\text{m}^2 \cdot \text{K})$。

解　由于空气的出口温度和 $(Mc)_{\min}$ 为未知，则 NTU 无法计算，为此需先设定出口温度，确定比热容 c_2，然后计算进而校核。假设 $t_2'' < 100℃$，则空气平均温度不会超过 $50℃$，此时空气的比热容为 $c_2 = 1.005\text{kJ/(kg} \cdot \text{K)}$，则

$$\text{NTU} = \frac{KF}{(Mc)_{\min}} = \frac{40 \times 52.9}{8.4 \times 1005} = 0.251$$

对于凝结换热，由于存在 $\dfrac{(Mc)_{\min}}{(Mc)_{\max}} = 0$，所以有

$$\varepsilon = 1 - e^{-\text{NTU}} = 1 - e^{-0.251} = 0.222$$

查饱和水蒸气表知，饱和蒸汽的温度为 $t_s = 133.5℃$，所以

$$t_2'' = \varepsilon(t_1' - t_2') + t_2' = 0.222 \times (133.2 - 2) + 2 = 31.2(℃)$$

换热量为　$\varPhi = M_2 c_2 (t_2'' - t_2') = 8.4 \times 1005 \times (31.2 - 2) = 2.465 \times 10^5 (\text{W})$

t_2'' 处于原设定的范围内，故所用的比热容 c_2 是合理的。

对于一般的空气加热器是不需要针对假设—试算—校核计算反复进行的，因为空气的比热容在常温（$0 \sim 60℃$）范围内可以认为是常数。

【例 8 - 5】 一肋片管式余热换热器，废气进口 $t_1' = 300℃$，出口 $t_1'' = 100℃$；水由 $t_2' = 35℃$ 加热升至 $t_2'' = 125℃$，水的质量流量 $M_2 = 1\text{kg/s}$。废气比热 $c_1 = 1\text{kJ/(kg} \cdot \text{K)}$，以肋片侧为基准的传热系数 $K = 100\text{W/(m}^2 \cdot \text{K)}$，试用 LMTD 法及 ε-NTU 法确定肋片侧的传热面积。

解　该题是两种流体各自不相混合的换热器。

（1）用 LMTD 法计算。为确定该换热器的温差修正系数，由辅助量 P、R 值

$$P = \frac{t_2'' - t_2'}{t_1' - t_2'} = \frac{125 - 35}{300 - 35} = 0.34$$

$$R = \frac{t_1' - t_1''}{t_2'' - t_2'} = \frac{300 - 100}{125 - 35} = 2.22$$

由图 8 - 30 查得 $\varepsilon_{\Delta t} = 0.87$

逆流时

$$\Delta t_{\mathrm{m}} = \frac{\Delta t' - \Delta t''}{\ln \dfrac{\Delta t'}{\Delta t''}} = \frac{(t_1' - t_2') - (t_1'' - t_2'')}{\ln \dfrac{t_1' - t_2'}{t_1'' - t_2'}}$$

$$= \frac{(300 - 125) - (100 - 35)}{\ln \dfrac{300 - 125}{100 - 35}} = 111(℃)$$

由
$$F = \frac{\Phi}{K\Delta t_{\mathrm{m}} \varepsilon_{\Delta}} = \frac{M_2 c_2 (t_2'' - t_2')}{K\Delta t_{\mathrm{m}} \varepsilon_{\Delta}} = \frac{4195 \times (125 - 35)}{100 \times 111 \times 0.87} = 39.1(\mathrm{m}^2)$$

(2) 由 ε-NTU 法计算。水侧平均温度为

$$t_{2,\mathrm{m}} = \frac{t_2' + t_2''}{2} = \frac{35 + 125}{2} = 80(℃)$$

查水的物性表，$c_2 = 4195\mathrm{J/(kg \cdot K)}$

$$M_2 c_2 = 1 \times 4195 = 4195(\mathrm{W/K})$$

$$M_1 c_1 = M_2 c_2 \frac{t_2'' - t_2'}{t_1' - t_2'} = 4195 \times \frac{125 - 35}{300 - 100} = 1889(\mathrm{W/K})$$

即 $M_2 c_2 > M_1 c_1$，故

$$\varepsilon = \frac{t_1' - t_1''}{t_1' - t_2'} = \frac{300 - 100}{300 - 35} = 0.755$$

对于
$$\frac{M_1 c_1}{M_2 c_2} = \frac{1889}{4195} = 0.45$$

查图 8-36，得 NTU=2.1，则

$$F = \frac{\mathrm{NTU}(Mc)_{\min}}{K} = \frac{2.1 \times 1889}{100} = 39.7(\mathrm{m}^2)$$

8.5 水泵的选型计算

8.5.1 循环水泵的选择

水泵的总流量 G 为

$$G = K_1 \frac{3.6Q}{4.187(t_\mathrm{g} - t_\mathrm{h})} \times 10^{-3} = K_1 \frac{0.86Q}{t_\mathrm{g} - t_\mathrm{h}} \times 10^{-3} \qquad (8-24)$$

式中 K_1——考虑管网、散热器等漏损系数，一般取 $K_1 = 1.05 \sim 1.10$；

$\quad Q$——供暖、通风空调的总计算热负荷，W；

t_g，t_h——供、回水温度，℃。

水泵的扬程 H 为

$$H = K_2(H_1 + H_2 + H_3) \qquad (8-25)$$

式中 K_2——富余系数，一般取 $K_2 = 1.15 \sim 1.20$；

$\quad H_1$——换热站换热系统内部的压力损失（包括换热器、除污器及管道等阻力），kPa；

$\quad H_2$——热水管网最不利环路的压力损失，kPa；

$\quad H_3$——最不利环路连接的用户内部系统的压力损失，kPa。

估算时，换热器阻力可取 60~150kPa，一般供暖散热器直联系统可取 10~20kPa，暖风机取 20~50kPa，供热外网干管一般可取每米压力降为 100Pa。

循环水泵的台数，在任何情况下都不应少于两台，其中一台备用。最多不宜超过 4 台。

建议当循环水量大于 180t/h 时，宜设 3 台或更多的水泵。当循环水量小于 180t/h 时，只设两台，一台备用。

当供热系统采用阶段式变流量的质调节时，循环水泵的选择，应考虑以下原则：

对于中小型供热系统，可采用两阶段式变流量，两台循环水泵的流量分别为计算值的 100% 和 75%，扬程分别为计算值的 100% 和 56%。

对于大型供热系统，可采用三阶段式变流量，三台循环水泵的流量分别为计算值的 100%、80% 和 60%，扬程分别为计算值的 100%、64% 和 36%。

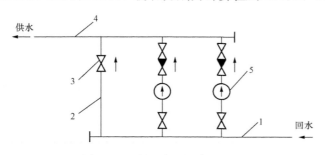

图 8-38　循环水泵及旁通系统
1—循环水泵的吸入管路；2—旁通管；3—止回阀；
4—循环水泵的压水管路；5—循环水泵

循环水泵应有比较平缓的 $G \sim H$ 特性曲线，首先应考虑选用 IS 型泵。并联运行的水泵应有相同的特性曲线，选择水泵流量时，应考虑并联运行时水泵实际流量下降的因素。

为了防止突然停电时产生水击损坏循环水泵，可在循环水泵前后进、出水总管之间设一带止回阀的旁通管。旁通管的管径与总管相同，如图 8-38 所示。

8.5.2　补给水泵的选择

补给水泵的流量，一般热水供暖系统按循环水量的 3%～5% 计算（大型系统按 2%～4% 计算）。

补给水泵的扬程按式（8-26）确定，即

$$H = 1.15(H_b + H_x + H_c - 9.8 \times 10^3 h) \tag{8-26}$$

式中　H_b——系统补水点的压力值，Pa，应通过对热水供热系统水压图的分析确定；

H_x——补给水泵吸水管中的压力损失，Pa；

H_c——补给水泵出水管中的压力损失，Pa；

h——补给水箱最低水位高出系统补水点的高度，m。

补给水泵一般不少于两台，其中一台备用。

8.5.3　凝结水泵的选择

凝结水泵的设置应符合下列要求：

（1）多台凝结水泵时，应设备用泵，当任何一台泵停止运行时，其余水泵的总容量不应小于凝结水回收总量的 120%。

（2）换热站或凝结水泵站的凝结水泵，通常宜采用间歇工作制，故水泵的容量应根据小时综合最大凝结水回收总量和水箱水位上下限之间的有效容积进行计算。

（3）凝结水泵的台数和容量，可参照表 8-2 确定。

凝结水泵的扬程 H

$$H = p + H_1 + H_2 + H_3 \tag{8-27}$$

式中　p——热源回水箱内工作压力，闭式水箱 $p = 2.0 \sim 4.0 kPa$，开式水箱 $p = 0$；

H_1——管路系统总压力损失，kPa；

H_2——凝结水箱最低水位与热源回水箱进口管之间的标高差，kPa（$1mH_2O \approx 10kPa$）；

H_3——附加水头，一般取 $H_3＝50kPa$。

表 8-2 凝结水泵的台数和容量

凝结水泵台数	凝结水泵容量（m³/h）			
	间断工作		连续工作	
	每台容量	全部容量	每台容量	全部容量
2	$2.0D_m$	$4.0D_m$	$1.2D_m$	$2.4D_m$
3	$1.0D_m$	$3.0D_m$	$0.6D_m$	$1.8D_m$
4	$0.7D_m$	$2.8D_m$	$0.4D_m$	$1.6D_m$

注 D_m 为进入凝结水箱的总水容量，m³/h。

由于凝结水温较高，为了避免水泵产生汽蚀，破坏水泵的正常运行，离心水泵的灌注正水头应符合下述要求：

开式水箱 $$H_z ＞ p_{BH} － p_g ＋ h_\lambda ＋ h_1 \qquad (8-28)$$

闭式水箱 $$H_z ＞ h_\lambda ＋ h_f ＋ \Delta p_g \qquad (8-29)$$

式中 H_z——离心式水泵的灌注正水头，kPa；

p_{BH}——水泵进口的饱和压力，kPa；

p_g——水箱内汽层压力，kPa；

h_λ——吸水管道的压力损失，kPa；

h_1——附加压力损失，一般取 $h_1＝30～50kPa$；

h_f——水泵的汽蚀余量，kPa；

Δp_g——考虑水箱压力瞬变的余量，$\Delta p_g＝30～50kPa$。

离心式水泵正水头与允许吸水高度和水温的关系见表 8-3。

并联凝结水泵（或并联水泵站）时，其凝结水总母管的压力损失，不要过大，宜控制在 50Pa/m 左右。几个并联的凝水站的凝水泵宜选用同一特性的水泵，并应绘制水压图，以确定水泵的具体规格。

凝结水泵的输水量和扬程的附加系数可取 1.15 左右。

表 8-3 离心式水泵正水头与允许吸水高度和水温的关系

水泵输送的凝结水温（℃）	0	10	20	30	40	50	60	70	80	90	100	110	120
最大吸水高度（m）	6.4	6.2	5.9	5.4	4.7	3.7	2.3						
最小允许正水头（kPa）								0	20	30	60	110	175

8.6 分汽缸、分水器及集水器

当需要从供暖总入口分别接出 3 个及 3 个以上分支环路，或虽是两个环路，但平衡有困难时，在入口处应设分汽缸或分水器、集水器，如图 8-39 所示。

分汽缸用于供汽管路上，分水器用于供水管路上，集水器用于回水管路上。

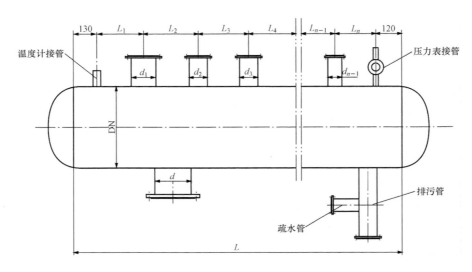

图 8-39　分（集）水器、分汽缸

筒体直径比汽、水连接总直径大 2 个规格以上；一般可按筒体内流体流速确定，蒸汽流速按 8～12m/s 计算，热水流速按 0.1m/s 计算；若按经验估算，则

$$D = 1.5 \sim 3d_{max} \tag{8-30}$$

式中　D——分汽缸、分水器或集水器直径，mm；

d_{max}——分汽缸、分水器或集水器支管中的最大直径，mm。

筒体长度 L 根据筒体接管数确定，但不得大于 3m。筒体接管中心距 L_1、L_2、L_3、…、L_n 根据接管直径和保温层确定，并应考虑两阀门手轮之间便于操作，一般可按表 8-4 选用。

（1）分水器、集水器的选用，见表 8-5。

表 8-4　　　　　　　　　　　　　筒 体 长 度　　　　　　　　　　　　　　mm

L_1	d_1+120	L_n	$d_{n-1}+d_n+120$
L_2	d_1+d_2+120	…	…
L_3	$d_1+d_2+d_3+120$		

表 8-5　　　　　　　　　　　　分水器、集水器的选用

热水温度（℃）	筒体直径（mm）						
	DN150	DN200	DN250	DN300	DN350	DN400	DN450
	热水量（kg/h）						
95	6116	11 648	18 081	24 474	33 310	43 480	55 052
110	6048	11 518	18 063	24 190	32 924	43 000	54 450
130	5945	11 321	17 862	23 784	32 370	42 278	53 510
150	5815	11 118	17 862	23 382	31 755	41 483	52 503

（2）分汽缸的选用，见表 8-6。

表 8-6　　　　　　　　　　　　　　　　　分 汽 缸 的 选 用

蒸汽压力（表压）（MPa）	筒体直径（mm）						
	DN150	DN200	DN250	DN300	DN350	DN400	DN450
	热水量（kg/h）						
0.05	538	1026	1618	2155	2933	3830	4951
0.1	705	1343	2120	2822	3841	5017	6350
0.2	1031	1963	2098	4125	5614	7333	9281
0.3	1351	2573	4059	5405	7357	9608	11 261
0.4	1666	3174	5007	6667	9075	11 852	15 001
0.5	1979	3769	5946	7917	10 775	14 073	17 812
0.6	2290	4361	6580	9161	12 469	16 286	20 612
0.7	2598	4949	7807	10 396	14 152	18 480	23 388
0.8	2906	5534	8731	11 625	15 822	20 665	26 154
0.9	3213	6119	9654	12 854	17 494	22 850	28 919
1.0	3518	6700	10 571	14 078	19 157	25 021	31 667
1.1	3825	7284	11 492	15 302	20 826	27 021	34 427
1.2	4131	7867	12 112	61 526	22 492	29 377	37 181
1.3	4436	8448	13 329	17 748	24 155	31 549	39 920

8.7　换 热 站 的 设 计

8.7.1　换热站设计基础资料

换热站设计的基础资料，主要包括以下几个方面：

（1）热负荷资料。

1）供热介质及参数要求。

2）生产、采暖、通风、生活小时最大及小时平均用热量。

3）热负荷曲线。

4）回水率及其参数。

5）余热利用的最大及平均小时产汽量及参数。

6）热负荷发展情况。

（2）站址情况。

1）全厂（或小区）总平面图及地形图。

2）水文地质资料：地下水位、地下水特性。

3）地震资料：地震基本烈度、地区历史地震情况。

（3）水文气象资料。

1）洪水发生年份、水位及淹没范围、持续时间等。

2）气象资料：海拔高度、大气压力、最大冻土深度、冬季主导风向及频率、采暖期室外平均温度、冬季采暖室外计算温度、冬季室外计算风速、采暖天数。

（4）供水情况。

1）水源种类。

2）供水压力及水质全分析资料。

（5）设备材料资料。

1）换热站设备图纸或样本、价格。

2）钢材、保温材料种类、性能、价格。

8.7.2　换热站设计一般原则及注意事项

8.7.2.1　布置及设计要求

（1）换热站的布置要求。

1）换热站的位置，一般根据用户热负荷参数，凝结水回收利用，热网系统管理方便，经济技术合理综合考虑确定。集中合用的应靠近负荷中心单建或合建或附属在锅炉房内，也可以分散在各幢建筑或车间内。

换热站以设在底层、地下室或单层室内为宜。

2）门窗、基础、墙面、屋顶按 GB 12348—2008《工业企业厂界环境噪声排放标准》的规定应考虑隔声措施。

3）换热站应具有良好的采光条件及通风措施，以保障正常的劳动条件。

4）换热站的面积和净高，应按系统负荷的大小及设备和管道的安装高度，并考虑适当的操作面积及检修通道等要求而确定。

5）大型换热站应有单独通往室外及换热设备最大搬运件的安装孔洞，并设置大设备的吊装点。

6）根据换热站的规模及管理人员数量，应设立值班控制室、储存备件及维修间、生活间、卫生间等。

（2）换热站内设备布置要求。

1）热交换器前端应考虑检修和清理加热器管束的空间，其距离一般不小于加热器管束的长度，并能控制阀门及操作方便。

2）汽—水换热器和水—水换热器用组合形式时，应考虑汽—水换热器的疏水器的安装检修空间及汽—水换热器和水—水换热器之间连接管安装尺寸距离。

3）汽—水换热器和水—水换热器设计采用上下组合形式时，为汽—水换热器操作及检修方便应设置钢平台。结构要求简便、安全、可靠。

4）换热器侧面距墙应具有不小于 0.8m 的通道。容积式换热器罐底距地不应小于 0.5m；罐后距墙不小于 0.8m；罐顶距室内梁底不小于 2.0m。

5）换热器支座应考虑到热膨胀位移，设计只设一个固定支座，并应布置在加热器检修端。

6）水泵基础应高出地面不小于 0.1m，水泵基础之间距离和水泵基础距墙距离不应小于 0.7m。当地方狭窄时，两台水泵可做成联合基础，机组之间突出部分净距不应小于 0.3m，两台以上水泵不得做联合基础。

8.7.2.2　换热站工艺设计中的一般原则

（1）换热站设计必须与其室外的供热管网及室内的用热系统设计统一考虑。室外管网和换热站系统和设备应相应匹配，供水温度和压力应满足要求。

　　换热站内换热器及水泵等设备供热供水能力应与用户热负荷相适应。除考虑应有备用发展余量外，一般换热器的出力为用户最大热负荷的 120%～130%，换热器的出口压力不应小于最高供水温度加 20℃ 的相应饱和压力。

　　（2）换热站内换热器的容量，可由单台或者两台的换热器并联供给。若有两台换热器时，则每台换热器选型应按总热负荷量的 60%～70% 考虑。

　　（3）设计时应根据一次加热蒸汽或一次加热水工况，经济合理地确定换热系统：单独汽—水换热器或者单独水—水换热器形式，还是汽—水换热器和水—水换热器组合形式。一般当一次加热蒸汽压力小于或等于 0.1MPa 时，可只设汽—水换热器。当采用一次加热蒸汽压力大于 0.1MPa 时，换热站系统应设置汽—水换热器和水—水换热器组合的两级换热形式。

　　（4）一次加热介质的压力超过换热器的承压能力时，应在换热站入口设立减压装置。

　　一次加热介质采用城市热网热水时，而城市热网供回水干管在换热系统入口的允许压差小于系统的总阻力压降，则应在城市供热管理部门的同意下，可增设增压泵。增压泵布置在进换热器的供水管侧。

　　（5）循环水泵按用户的总负荷及管网水压图，同时考虑换热站内热损失及压力降来确定。循环水泵应装设两台以上，其中一台停止运行时，其余水泵能供应全部循环水量的110%，水泵扬程应是热网系统总压力降的 110%～120%。

　　（6）热网系统的补给水应采用软化水。软化水装置可单设于换热站内或全厂性（或小区）锅炉房统一供应。

　　（7）换热器前的热网回水干管段或循环泵前需设除污器。当一次加热介质采用城市热网热水时，应在入口调压计量装置前设除污器。除污器大小按接管管径大小选择，前后设切断阀，并宜设旁通阀。

　　（8）当换热站内设有季节性换热系统（供暖、空调）及常年性换热系统（生产、生活）时，其进入站内的一次加热蒸汽或一次加热水入口，应设分汽缸或热水分水器，便于管理及计量核算。

　　当换热站至用户热网（二次热介质）系统有两根以上供水管路时，总供水管出站前应设分水器。分水器上各供水管应设关断阀。

　　（9）换热器一、二次热介质进、出管均应设关断阀门；汽—水换热器的凝水管应设疏水器，疏水器的选择和设置应符合有关规定。

　　换热器一次热介质（蒸汽和热水）的入口，除手动阀门外，最好能设置当循环水泵均停止运行时能自动切断的阀门。

　　对于热网循环供水温度需要根据用户热负荷变化自动调节的系统，应在一次热介质的入口总管上设自动温控调节阀，调节一次介质流量。

　　（10）当容积式换热器热水出口管上装有阀门时，应在每台容积式换热器上设安全阀；当出口管不设阀门时，应在生活热水总管阀门前设安全阀。

　　（11）两台或两台以上换热器并联工作时，其流程系统按同程式连接设计为宜。

　　（12）换热站内换热器、除污器、阀门、水箱、管道等，应进行良好可靠的保温。

　　（13）换热站附属于锅炉房内时，除考虑换热设备的布置要求外，还应与锅炉房的凝结水回收设备、水处理设备、除氧设备统一综合考虑，力求布置合理、管理方便、流程简短、安全可靠。

（14）站内热网系统管道上应设压力表的部位。

1）除污器前后、循环水泵和补给水泵前后。

2）减压阀前后、调压阀（板）前后。

3）供水管及回水管的总管上。

4）一次加热介质总管上，或分水器、分汽缸上。

5）自动调节阀前后。

（15）站内热网系统管道上应设温度计的部位。

1）一次加热介质总管上，或分水器、分汽缸上。

2）换热器至热网供水总管上。

3）供暖、空调季节性热网供水、回水管上。

4）生产、生活常年性热网供水、回水管上。

5）循环水水箱、凝结水水箱上。

6）生活热水容积式换热器上。

（16）计量部位。

1）城市热网供应总入口处设计量装置。

2）换热系统接至用户供水总管上及换热系统一次加热介质总管上设计量装置。

8.7.3　换热站设计其他专业要求

换热站设计尤其是大型独立建筑的换热站设计涉及多个专业，因此设计中要协调好各专业的关系，以保证设计质量和速度。

8.7.3.1　土建专业

（1）要求配合承担的内容。

1）换热站建筑及结构设计。

2）换热器和辅助设备基础设计。

3）其他如水沟、地沟、平台、预埋支吊架、安装孔洞、吊点梁轨等设计。

（2）提交资料。

1）换热站设备平面布置图。

2）换热器和辅助设备质量、转速及基础资料。

3）预埋件和预留孔洞位置尺寸资料。

4）设有生活间时，需提交人员编制。

8.7.3.2　给水排水专业

（1）要求配合承担的内容。

1）换热站站房给水、排水系统设计。

2）软化水补水由水专业提供时，应提供压力温度及进口位置尺寸条件。

3）生活热水系统的热负荷及水质温度压力的确定条件。

（2）提交资料。

1）换热站设备平面布置图。

2）给水、排水最大及平均小时流量。

3）给水、排水出入口的接管标高及管径资料。

4）补水水量及水质、水温、水压要求条件。

5）给水的压力及水质要求。

6）排水压力温度及特性。

8.7.3.3　暖通专业

（1）要求配合承担的内容。

1）换热站供暖设计。

2）换热站通风设计。

（2）提交资料。

1）换热站设备平面布置图。

2）换热器及辅助设备发热量。

3）电动机有效功率。

4）供暖通风特性及要求。

8.7.3.4　电气专业

（1）要求配合承担的内容。

1）换热站电器设备及仪表等供电设计。

2）换热站室内一般照明、局部照明、事故照明设计。

3）联锁、自控设计及通信、信号设计。

（2）提交资料。

1）换热站设备平面布置图、系统图。

2）用电设备名称、台数、电压、装设功率、使用功率等明细表。

3）局部照明与检修插座位置和要求。

4）联锁、通信、自控的设计要求。

8.7.3.5　总图专业

（1）要求配合承担的内容。

1）单建时需确定换热站方向、位置、设计地面标高、自然地面标高。

2）换热站周围道路设计及管线综合设计。

（2）提交资料。

1）换热站建筑平面图。

2）城市热网供热时厂内外管网交接点位置。

8.7.3.6　技术经济专业

（1）要求配合承担的内容：编制换热站概算。

（2）提交资料。

1）设备及安装工程概算。

2）建筑工程概算。

8.7.4　换热站设计示例

8.7.4.1　某部科研所换热站设计

该工程为北京某部机关院内四个单位用房采暖和生活热水的换热站，1 层为采暖换热，2 层为洗浴热水换热，洗浴热水总用户为带有淋浴器、洗脸盆、浴盆的住宅、招待所的卫生间 600 套，热水供应方式为集中定时供应。为减少换热站的负荷，拟定分单、双日两班次供水，即按 300 套卫生间规模设计，外线分成三个回路，其中一个回路为一班，另两个回路为另一班，换热站内也分三路供水与其相接。换热站热媒水为区域集中锅炉房高温热水，锅炉供水温度为 105℃，换热站进口供水计算温度为 100℃，回水小于 70℃。

（1）热力、水力计算及设备选型。

1）设计小时用水量（40℃）为

$$Q = \sum qnb = (300 + 30) \times 300 \times 55\% = 54.5 (\text{m}^3/\text{h})$$

2）设计小时耗热量为

$$Q_h = \sum q_h c(t_r - t_1) n_0 b/3600 = 300 \times 4.187(40 - 15) \times 300 \times 55\%$$
$$/3600 + 30 \times 4.187(30 - 15) \times 300 \times 55\%/3600 = 1525.6 (\text{kW})$$

3）换热面积为

$$F_{JR} = c_r Q_h/\varepsilon K \Delta t_J = 1.15 \times 1\,525\,600/0.8 \times 3170 \times 38.6 = 17.9 (\text{m}^3)$$

4）系统储热量为

$$V_X = 3.6 Q_h 0.5/c\Delta t = 3600 \times 1525.6 \times 0.5/4.187 \times 35 = 18.7 (\text{m}^3/\text{h})$$

注：储热量按系统中的立式导流容积式水加热器选取为大于 30min 耗热量。系统换热面积按快速加热方式选择确定，容积罐内加少量换热管作为附加以满足保温、升温和甲方提出的供热水充分可靠的要求。

5）换热器选型。据以上计算选择，热高快速换热器 WW3E＋13 型有 2 台，每台换热面积为 9m²，2 台共计 18m²＞17.9m²，外形尺寸：φ800×H3650；立式容积换热器 WWLA-9-0.6 型有 2 台，每台有效容积为 9m³，2 台共计 18m³≈18.7m³，外形尺寸：φ2000×H3150。由以上快速换热器和立式容积换热器组成带有储热设备的加热系统。立式容积换热器既是系统的储热设备又具有一定的换热面积，因此可增强供应热水的可靠性。

6）选择水泵。定时供应热水系统的供水泵（兼作循环水泵）的供水量，应能满足最大用水时的需求，即按用水最大秒流量设计，供水压力应能满足供水区域内不利供水点的压力要求。

设计供水流量 $Q = 3.6 \times 0.1 \times 300 \times 70\% = 75.6 (\text{m}^3/\text{h})$

供水压力 $H = H_1 + H_2 + H_3 = 26 + 2.8 + 6.2 = 35 (\text{m})$

水泵选型 IRG65-160，2 台，$Q = 25\text{m}^3/\text{h}$，$H = 32\text{m}$，$P = 4.0\text{kW}$。
            IRG80-160，2 台，$Q = 50\text{m}^3/\text{h}$，$H = 32\text{m}$，$P = 7.5\text{kW}$。

使用中可调整、组合水泵运行台数以适应供水量或循环水量 25～100m³/h 的变化。

（2）工程特点。

1）采用高效换热设备。该工程一层为采暖换热，二层为生活热水换热，受建筑面积和楼层荷载限制，需要选择占地面积小、重量较轻、换热效率高的换热设备，因此采用了即热式换热器。

2）防止结垢。该工程的生活用水为地下水，硬度高，为减少结垢影响，采用了能够自动脱垢的浮动盘管换热器，并对进水进行电子除垢处理，使结构松散易脱落。

3）组合式加热流程。该工程用户为军事机关工作人员和家属，生活规律性较强，且为集中定时供应热水，因此用水高峰负荷较大。据使用单位管理人员反映，供应热水时，80%～90% 在使用，为此除将设备同时使用率比规范规定上限的 50% 提高至 55% 以增强换热能力外，还需要系统有一定的储热量以应对高峰负荷，故采用了即热式换热器快速加热及立式容积式换热器升温的储热串联组合系统，通过循环泵的内循环，增强换热效率，又使系统有 30min 耗热量的储备，使高峰供水得到保障。

4）双循环系统。为适应定时供应热水的换热需要，并保障定时供水的温度，实现站内加热循环和外部管网加热循环的双循环系统，根据需要经切换阀门实现各自的循环。

5）冷热水压力平衡及供水保障。热水用户为六层以下建筑，集中定时供应。供水泵除充分利用自来水压力外，按充分克服供水至不利点的内、外部设备及管线阻力损失选择，开泵时热水压力稍高于冷水，保障冷、热水压力及水量的调节，且可根据外网水量及压力调节水泵开启台数，使用后，用户满意。

6）节能和必要的自控。利用简单的仪表实现了加热的温度控制、温度监视、超温报警等管理、节能、安全的要求，以及多单位用户的计量要求。

8.7.4.2　某热电公司换热首站设计

该换热首站位于电厂内，为汽—水换热，设计规模为 400 万 m^2 采暖供热。工程分二期建设，第一期按 300 万 m^2 采暖换热能力设计，并按 400 万 m^2 采暖能力预留其设施。土建工程不分期一次建成，电气、热控按设备分期与之配套形成。换热站主要工艺参数：蒸汽压力为 0.5MPa，蒸汽温度为 288.5℃，高温热水供回水温度为 130℃/80℃。

（1）热力、水力计算及设备选型。

1）采暖热负荷计算。

总采暖热负荷 $Q = qA \times 10^{-3} = 55 \times 400 \times 10^4 \times 10^{-3} = 220\,000(kW)$

一期采暖热负荷 $Q_1 = qA_1 \times 10^{-3} = 55 \times 300 \times 10^4 \times 10^{-3} = 165\,000(kW)$

二期采暖热负荷 $Q_2 = Q - Q_1 = 220\,000 - 165\,000 = 55\,000(kW)$

因此，一期工程选用壳管式汽—水换热器 BJBW-837-2.2/0.8-2 型两台，每台换热功率为 95MW，外形尺寸：$\phi 1900 \times 8000$；二期工程也选用一台该型号换热器。

2）循环水泵流量及扬程计算。

总循环水量 $G = \dfrac{0.86Q}{t_g - t_h} \times 10^{-3} = \dfrac{0.86 \times 220 \times 10^6}{130 - 80} \times 10^{-3} = 3784(t/h)$

一期工程循环水量 $G_1 = \dfrac{0.86Q_1}{t_g - t_h} \times 10^{-3} = \dfrac{0.86 \times 165 \times 10^6}{130 - 80} \times 10^{-3} = 2838(t/h)$

二期工程循环水量 $G_1 = \dfrac{0.86Q_1}{t_g - t_h} \times 10^{-3} = \dfrac{0.86 \times 55 \times 10^6}{130 - 80} \times 10^{-3} = 946(t/h)$

水泵扬程 $H = K_2(H_1 + H_2 + H_3) = 1.15 \times (100 + 1022 + 100) = 1405(kPa) = 143.4(mH_2O)$

考虑一期工程和总工程的需要，循环水泵选用 OTS 300-700 型四台，$Q = 1450 m^3/h$，$H = 145m$，$P = 900kW$，一期工程两台，二期工程两台，总工程完工后，三用一备。

3）补水泵流量及扬程计算。

总补水流量　　　$G_b = 0.02 \times G = 0.02 \times 3784 = 76(t/h)$

一期工程补水流量　　$G_{b1} = 0.02 \times G_1 = 0.02 \times 2838 = 57(t/h)$

水泵扬程 $H = 1.15(H_b - 9.8 \times 10^3 h) = 1.15(0.4 \times 10^6 - 9.8 \times 10^3 \times 2.05) = 437(kPa) = 44.6(mH_2O)$

系统采用变频补水定压，选用两套变频补水装置 HBL2-ISG80-200，补水泵 $Q = 60 m^3/h$，$H = 45m$，$P = 15KW$，全部在一期选用。

4）其他设备。除以上设备以外，一期工程还包括一套闭式凝结水回收装置（HY-200）、两台凝结水泵（型号为 KQWR-G100/315，$Q=220\text{m}^3/\text{h}$，$H=145\text{m}$，$P=160\text{kW}$）、一套自动反冲洗除污过滤器（ZZL2000-1.6，$\phi1200$）、一套加药装置（MY2.2-4-270）、一台补水箱（3500mm×5000mm×3000mm）、主干管道及与设备相对应的管道、阀门等；二期工程还包括一套除污过滤器、一套凝结水回收装置、一台凝结水泵、设备型号均与一期相同。另外，还有与设备相对应的管道、阀门等。

（2）设计参考图。换热站分两层布置。换热首站工艺流程图见附图 8-1（见文后插页），换热首站一层平面布置图见附图 8-2（见文后插页），换热首站二层平面布置图见附图 8-3（见文后插页）。

8.8 热网计算机监控系统简介

热网计算机监控系统通过对热网进行实时监控，能够实现热网运行过程中的信息采集和信息集成，科学有效地控制和管理热网，从而达到按需供热、节能高效运行的目的。由于国外，特别是北欧地区，集中供热发展比较成熟，因此热网计算机监控的发展比较迅速，其中有代表性的热网监控系统有 VEX 系统，丹麦哥本哈根市供热系统，被认为是丹麦最先进的热网监控系统，供热面积为 1200 万 m^2，使用西门子系统，1991 年投入运行；Malmo 系统，瑞典马里墨市系统，是瑞典典型的热网监控系统，供热面积为 1100 万 m^2，使用 ABB 公司系统，1988 年投入运行。国内应用最早的计算机监控系统是内蒙古赤峰市城镇热网计算机监控系统，供热面积约为 100 万 m^2，1988 年投入运行。随着我国集中供热事业的飞速发展及计算机技术的日益普及，计算机监控系统在大中型供热系统的应用会越来越广泛。

8.8.1 热网计算机监控系统的功能和优点

8.8.1.1 热网计算机监控系统的功能

由于我国供热系统管理运行跟不上供热规模的发展，绝大多数系统仍处于手工操作阶段，从而影响了集中供热优越性的充分发挥。而计算机监控正好可以弥补其不足之处，计算机监控系统主要可以实现如下几项功能：

（1）及时检测参数，了解系统工况。通常的供热系统，由于不装或仅装少量遥测仪表，调度很难随时掌握系统的水压图和温度分布状况，结果对运行工况"情况不明，心中无数"，致使调节处于盲目状态。实现计算机自动检测，可通过遥测系统全面及时测量供热系统的温度、压力、流量等参数。由于供热系统安装了"眼睛"，运行人员即可"居调度室而知全局"。全面了解供热运行工况，是一切调节控制的基础。

（2）均匀调节流量，消除冷热不均。对于一个比较复杂的供热系统，特别是多热源、多泵站的供热系统，投运的热源、泵站数量或投运的方式不同，对系统水力工况的影响也不同。因此，消除水力工况失调的工作，不是单靠系统投运前的一次性初调节就能一蹴而就的。因此，系统在运行过程中，经常的流量均匀调节是必不可少的。除自力式调节阀外，其他手动调节阀将无能为力。计算机监控系统，则可随时测量热力站或热用户入口处的回水温度或供回水平均温度，通过电动调节阀实现温度调节，达到流量的均匀分配，进而消除冷热不均现象。

（3）合理匹配工况，保证按需供热。供热系统出现热力工况失调，除因水力工况失调外，还有一个重要因素，即系统的总供热量与当时系统的总热负荷不一致，从而造成全网的平均室温偏高或者偏低。当"供大于需"时，供热量浪费；当"需大于供"时，影响供热效果。在手工操作中，保证按需供热是相当困难的。

计算机监控系统可以通过软件开发，配置供热系统热特性识别和工况优化分析程序。该软件可以根据前几天供热系统的实测供回水温度、循环流量和室外温度，预测当天的最佳工况（供回水温度、流量）匹配，进而对热源和热力网实行直接自动控制或运行指导。

（4）及时诊断故障，确保安全运行。目前，我国在供热系统上尚无完备的故障诊断系统，系统故障常常发展到相当严重程度才被发现，既影响了正常供热，也增加了检修难度。

计算机监控系统可以配置故障诊断专家系统，通过对供热系统运行参数的分析，即可对热源、热力网和热用户中发生的泄漏、堵塞等故障进行及时诊断，并指出故障位置，以便及时检修，保证系统安全运行。当然，对于计算机监控系统本身也可进行故障诊断，发现问题，及时处理。

（5）健全运行档案，实现量化管理。计算机监控系统可以建立各种信息数据库，能够对运行过程中的各种信息数据进行分析，根据需要打印运行日志、水压图、煤耗、水耗、电耗、供热量等运行控制指标，还可存储、调用供回水温度、室外温度、室内平均温度、压力、流量、故障记录等历史数据，以便查询、研究。由于计量能力大大提高，因而健全了运行档案，为量化管理的实现提供了物质基础。

供热系统的计算机自动监控，由于具备上述功能，不但可以改善供热效果，而且能大大提高系统的热能利用率。一般在手动调节的基础上，供热系统还能再节能 10%～20%。

8.8.1.2　计算机监控系统的优点

供热系统自动检测与控制，有常规仪表监控系统和计算机监控系统两种。后者与前者比较有明显的优越性，因而得到迅速发展，主要优点如下：

（1）计算机系统，由软件程序代替常规模拟调节器，往往一个软件程序能代替几个甚至几十个常规调节器，不但系统简单而且能实现多种复杂的调节规律。

（2）参数的调节范围较宽，各参数可分别单独给定；给定、显示和报警集中在控制台上，操作方便。

（3）性能价格比占优。据统计，一个热网热力站，同样进行温度、压力和流量的自动测量与记录，其价格费用相差无几，但微机系统可以进行数据信息和控制指令的远距离通信，可见其性能价格比优于常规仪表系统。

8.8.2　计算机监控系统的分类

目前通用的有如下几种计算机监控系统。

8.8.2.1　直接数字控制系统（DDC 系统）

计算机直接数字控制系统如图 8-40 所示。计算机在对调节对象进行直接数字控制时，可根据被调参数的给定值和测量值的偏差等信号，通过规定的数学模型的运算，按一定的控制规律（如 PID，比例积分微分调节）再算出调节量的大小或状态，以断续形式直接控制执行机构（如电动调节阀等）动作，实现计算机直接对调节对象（如供热系统）进行闭形控制。由于计算机要对几个甚至几十个回路进行控制，因而对一个控制回路来说，送到执行机构上的控制信号是断续的。当控制信号中断时，则必须保持原来执行调节机构的位置不变。所以，DDC 控制系统实质上是一种断续控制系统，只要将采样周期取得足够短，断续形式也就接近于连续的模拟调节了。

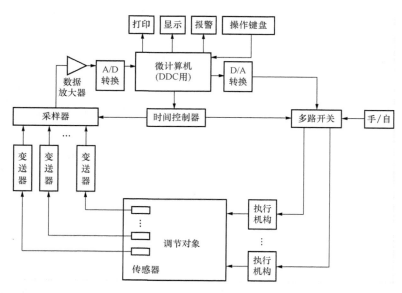

图 8-40　计算机直接数字控制系统

　　调节对象的各被调参数（温度、压力、流量等），通过传感器（接受热工参数信号）、变送器（将热工参数信号转换为电信号）变成统一的直流电信号，作为 DDC 的输入信号。采样器根据时间控制器给定的时间间隔按顺序以一定速度把各信号传送给放大器（常常将放大器置于变送器内）。被放大后的信号再通过模/数（A/D）转换器转换成一定规律的二进制数码，经输入通道送到计算机中，计算机按照预先存放在内存储器中的程序，对被测量数据进行一系列的运算处理（如按 PID、自学习等运算），从而得到阀门位置或其他执行机构位置的控制量，再由计算机以二进制数码输出，经数/模（D/A）转换器后，将数字量变为模拟量（电压或电流信号），通过多路开关送至执行机构，带动阀门或其他调节机构动作，达到控制被调参数的目的。手/自为手动、自动切换开关。单机控制系统一般都采取 DDC 系统。有的把 DDC 监控系统称为基本调节器。

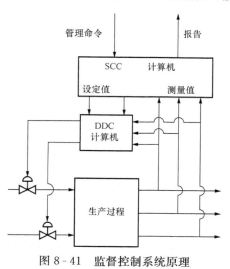

图 8-41　监督控制系统原理

8.8.2.2　监督控制系统（SCC 系统）

　　该控制系统是用来指挥 DDC 控制系统的计算机系统，其原理如图 8-41 所示。SCC 计算机系统的作用是根据测得生产过程中某些信息及其他相关信息如天气变化因素、节能要求、材料来源及价格等，按照预定数学模型进行计算确定出最合理值，去自动调整 DDC 直控机的设定值，从而使生产过程处于最优状态下运行。

由于 SCC 系统中计算机不是直接对生产过程进行控制，只是进行监督控制和决定直控系统的最优设定值，因此称监督控制系统，以作为 DDC 系统的上一级控制系统。由于 SCC 计算机需要进行复杂的数学计算，因此要求计算机运算速度快，内存容量大，具有显示、报表输出功能以及人机对话功能。

8.8.2.3 分级控制系统

将各种不同功能或类型计算机分级连接的控制系统称为分级控制系统，如图 8 - 42 所示。由图 8 - 42 可知，在分级控制系统中除了直接数字控制和监督控制以外，还有集中管理的功能。这些集中管理级计算机简称为 MIS 级，其主要功能是进行生产的计划、调度并指挥 SCC 级进行工作。这一级可视企业的规模大小又分设有公司管理级、工厂管理级等。

分级控制系统是工程大系统，所要解决的问题不是局部最优化的问题，而是一个工厂、一个公司的总目标或任务的最优化问题。最优化的目标可以是质量最好、产量最高、原料和能耗最小、可靠性最高等指标，它反映了技术、经济等多方面的要求。MIS 级计算机，要求有较强的计算功能，较大的内存容量及外存储容量，运算速度较高。

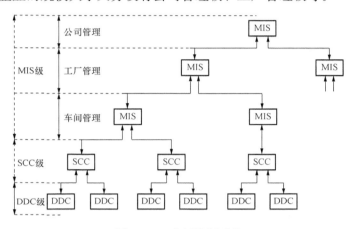

图 8 - 42　分级控制系统

8.8.2.4 分布式计算机监控系统

分布式监控系统又可叫集散控制系统。由于计算机技术的发展，特别是单片机、单板机技术的迅速发展和普及，可以将不同要求的工艺系统配以一个 DDC 计算机子系统，子系统的任务就可以简化专一，子系统之间地理位置相距可远、可近，用以实现分散控制为主，再由通信网络将分散各地的各子系统的信息传送到集中管理计算机进行集中监视与操作、集中优化管理为辅的功能，其原理如图 8 - 43 所示。

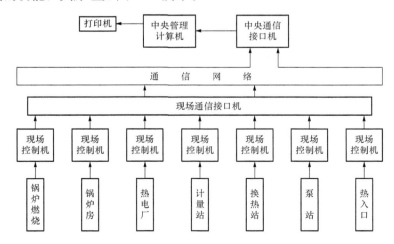

图 8 - 43　分布式计算机监控系统原理

　　分布式系统中各子系统之间可以进行信息交换，此时各子系统处于同等地位。各子系统之间也可不进行信息交换，它们与集中管理计算机之间为主从关系。

　　分布式系统的控制任务分散，而且各子系统任务专一，可以选用功能专一、结构简单的专控机。它们可由单片机、单板机构成，由于电子元件少，提高了子系统的可靠性。分布式微机监控系统在国内外已广泛应用，有各种不同型号的产品，但其结构都大同小异，皆是由微处理机（单片机、单板机）为核心的基本调节器、高速数据通信通道、CRT 显示操作站和监督计算机等级成。

8.8.3　计算机监控系统软件

　　计算机监控系统与常规仪表监控系统相比，具有组态灵活，智能性强，管理功能完备等优点。要真正体现这些优点，完全靠相应的软件，没有软件支持，任何功能都不能实现。因此，软件是计算机控制系统的核心。

　　对于不同的计算机监控系统，相应有不同的支持软件。大致而言，根据功能需要，分布式计算机监控系统主要有如下一些软件：各台下位机（现场控制机）的运行软件、中央管理机的管理软件、各台下位机与中央管理机之间的通信软件。

8.8.3.1　下位机软件

　　一般下位机软件均采用统一的模块化程序结构，总的结构框图如图8-44所示。

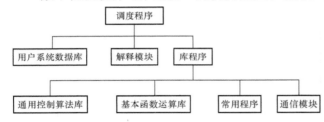

图 8-44　软件结构框图

　　（1）用户系统数据库。该数据库描述了控制对象（如一个具体的供热系统）对下位机的测控任务的基本内容，包括测量参数的名称，测量数目，被调参数，调节参数，控制算法，输入、输出通道的设备定义等。

　　上述基本测控内容是由一系列数据表格表述的。表格是按照 16 进制数码，根据严格的数据格式要求填写。对于工程技术人员（供热系统用户）来说，掌握这些填表要求有一定困难。为方便用户，通常配有开发环境，工程技术人员只需对监控对象提出具体测控要求，开发环境即可自动生成用户系统数据库。

　　（2）解释模块。解释模块的任务就是对用户系统数据库的数码进行处理，将它们转换为主机认可的一系列基本运算命令或主机可以接受的关系表和函数式。因此，解释模块是用户与执行软件的连接点，是下位机软件的重要环节。

　　（3）库程序。库程序包括一系列适用于检测与控制的基础子程序：浮点数运算程序、多种插值程序、显示与打印程序、数制转换程序、常用控制算法、多种参数测量与换算程序、多种信号检测程序、多种热工参数曲线、串行通信程序等。

　　（4）用户调度程序。用户调度程序的任务是按时间实现对软件的运行管理，实时地激发相应的控制逻辑和输出控制命令。当某一控制逻辑被激发，调度程序调用解释模块，对该逻辑进行分析，产生一系列基本操作命令，并在库程序的支持下逐一执行。这些命令包括输入信号检测、各种运算、控制规则、输出缓冲区计算、参数表修改等。可见，调度程序是下位机软件的指挥中心。

　　解释模块、库程序和调度程序是计算机内部软件，由汇编语言编写。对于不同的机型和不同的应用对象，它们都是相同的，用户可不必掌握。

8.8.3.2 中央管理机软件

中央管理机软件包括用户接口服务程序、测量分析控制程序和数据库管理程序。

（1）用户接口服务程序。用户接口服务程序也称为前台程序，基本功能是负责在屏幕上显示各种图形和数据，同时与用户（操作人员）之间进行各种信息交换（通过键盘或鼠标），实时执行用户发出的各种操作指令。

用户接口服务程序，一般由若干个接口描述文件和图形文件构成，每一种画面状态对应一个接口描述文件。当中央管理机进入用户接口服务程序时，首先读入对应于当前画面状况的接口文件，然后根据用户需要通过键盘或鼠标的操作，使屏幕进入新的画面。

用户接口服务程序的显示、打印功能根据用户需要编制。该程序可以显示供热系统热源、热力站、局部区域网的系统图、水压图、各种参数曲线以及当前的和历史的参数，也可以显示水泵、风机和各种调节阀的运行状态。通过打印机可以打印运行日志、各种报表以及上述各种显示内容。根据需要也可以在大屏幕上显示有关内容。在用户需要的时候，可通过键盘或鼠标修改有关调节参数的设定值，对水泵、风机或调节阀进行运动控制。

（2）测量分析控制程序。

1）程序调度。测量分析控制程序也可称为后台程序，主要功能是定时采集下位机的测量数据并向下位机发出控制指令；计算处理测量数据，分析运行工况，预测系统特性和调节参数；进行故障诊断，发出事故报警。

后台调度程序是在定时文件控制下运行的。无论是数据采集、数据处理、控制计算还是故障诊断，都必须按照预先规定的时间间隔进行。根据用户需要，当中央管理机转入用户接口服务程序时（前台程序），后台调度程序自动暂停运行。当这种前后台转换正好发生在后台执行通信程序时，此时通信并不中断，而是以更高一级的中断方式与前台程序同时运行。在规定时间内，用户未通过键盘、鼠标发出操作指令，系统自动退出前台程序，继续执行后台程序。

2）控制算法。在供热系统中，主要的被调参数是供、回水温度（或供回水平均温度）和循环流量，主要的调节参数是循环流量和调节阀开度。当供热系统在外界的干扰下，被调参数的实际运行值与给定值不一致时，就需要通过对调节参数的调节，消除被调参数的偏离。对于计算机监控系统来说，中央管理机实际上就是起着调节器的作用。

8.8.3.3 数据库管理程序

数据库用来对测量参数和分析统计后的数据进行存储和管理。一般以下位机为基本单元归类。在数据库中分当前数据文件和历史数据文件，使用字符串表明下位机的编号、参数的名称、数值大小以及测量的年、月、日等时间。

在数据库中还编辑有中文字库，使屏幕显示、打印报表、程序运行提示皆用汉字表述，实现人机中文对话，便于一般运行人员能进行计算机的使用、管理。

8.8.4 开发环境

开发环境实际上就是针对工程的实际需要，计算机自动编制监控系统运行软件的一种功能。对于不同的供热系统，必然配置不同的计算机监控系统，这就需要编制相应的运行软件。由于工艺专业人员不熟悉编程业务，软件专业人员也不熟悉工艺要求的细节，这就给软件的编制带来许多困难，不但工作量浩繁，而且极易出错。开发环境的推出，使软件的编制变得十分方便。

在开发环境的支持下，通过人机对话，工程技术人员按照计算机的提示，将供热系统有关计算机监控的具体要求输入计算机，计算机即可自动完成整个系统的软件编制。当工程发生变化时，还可随时修改编好的软件。

复 习 思 考 题

1. 换热站的作用是什么？按照不同分类标准，换热站可分为哪几种？
2. 试分析民用换热站和工业换热站有何不同？
3. 简述闭式凝结水箱中安全水封的作用和工作原理。
4. 换热站的连接方式有哪几种？各有何特点？
5. 简述换热器工作原理和分类。
6. 试分析管壳式换热器的工作原理和特点。
7. 试分析板式换热器的工作原理和特点。
8. 简述换热器计算的方法及其特点。
9. 如何采用 ε-NTU 法对换热器进行校核计算？
10. 换热器计算的基本公式是什么？简要介绍式中各参数的意义。
11. 试推导逆流换热器的对数平均温差表达式。
12. 试分析传热有效度 ε 和传热单元数 NTU 各自的含义。
13. 温度为 95℃ 的热水进入一个逆流换热器，将 4℃ 的冷水加热到 32℃。热水流量为 6420kg/h，冷水流量为 3210kg/h，传热系数为 825W/(m²·℃)。试计算该换热器的传热面积和传热有效度。
14. 试述换热站设计的主要内容及设计步骤。
15. 简述热网计算机监控的功能。
16. 试述热网计算机监控系统的分类及其特点。

第9章 供热管网保温及防腐

9.1 概 述

9.1.1 保温

（1）保温设计基本原则。保温设计应符合减少散热损失、节约能源、满足工艺要求、保持生产能力、提高经济效益、改善工作环境、防止烫伤等基本原则。

（2）一般保温。热力管道必须保温的情况：①环境温度为 25℃，外表面温度大于 50℃；②介质凝固点高于环境温度的设备和管道；③生产中要求介质温度保持稳定的设备及管道。

（3）不保温。除了防止烫伤要求保温的部位外，具有下列情况之一的设备和管道可不保温。①要求散热或必须裸露的设备和管道；②要求及时发现泄漏的设备和管道上的连接法兰；③要求经常监测，防止发生损坏的部位；④工艺生产中排气、放空等不需要保温的设备和管道。

（4）防烫伤保温。表面温度超过 60℃的不保温设备和管道，需要经常维护又无法采用其他措施防止烫伤的部位，应在下列范围内设置防烫伤保温：①距离地面或工作台的高度小于 2.1m；②靠近操作平台距离小于 0.75m。

9.1.2 防腐

管道腐蚀问题遍及国民经济和国防建设的各个部门，大量的管道、构件和阀门等因腐蚀而损坏报废，既给国民经济带来巨大损失，也影响到正常的生产和生活。

腐蚀不仅是金属资源的浪费，还对金属结构造成腐蚀破坏，使金属管道、设备提前退役，而不得不更换新的金属管道、设备，这就增加了管道、设备的使用费用，提高了生产成本，降低了效益。我国每年因金属管道、设备腐蚀造成的直接和间接的经济损失是巨大的。

为了防止腐蚀，人们研究开发了各种防腐蚀技术，促进了新技术、新工艺、新材料、新设备的发展，以期延长管道系统的使用寿命。

9.2 保温材料及其性能

9.2.1 对保温材料的质量要求

（1）保温层材料应有随温度变化的热导率方程式或图表。用于保温层的绝热材料及其制品，其平均温度小于或等于 623K（350℃）时，热导率不得大于 0.10W/(m·K)。

（2）密度要小。用于保温的绝热材料及其制品，硬质绝热制品密度不得大于 220kg/m³；半硬质绝热制品密度不得大于 200kg/m³；软质绝热制品密度不得大于 150kg/m³。

（3）具有较好的耐热性能，不应由于温度的变化而失去原来的特性。

（4）保温材料的物理、化学性能要稳定。保温材料不得因温度升高而升华，也不得因温度降低、空气潮湿而出现霉变或产生有害杂质等。

（5）保温材料应具有一定的机械强度，用于保温的硬质无机型绝热制品，其抗压强度不得小于 0.3MPa，有机型绝热制品的抗压强度不得小于 0.2MPa。

（6）保温材料的含水率不得大于 7.5%（质量比）；防水率不得小于 95%，软质保温材料的回弹率不得小于 90%。

（7）保温材料的吸水率要低，蒸汽渗透系数要小，应具有一定的耐燃性、膨胀性和防潮性。

（8）保温材料及其制品的化学性能应稳定，对金属材料不得有腐蚀作用。当用于奥氏体不锈钢设备或管道上时，其氯化物、氟化物、硝酸盐、钠离子的含量应符合 GB/T 17393—2008《覆盖奥氏体不锈钢用绝热材料规范》的有关规定。

（9）用于填充结构的散装绝热材料不得混有杂物及尘土。不宜采用直径小于 0.3mm 的多孔颗粒类绝热材料。纤维类绝热材料的渣球含量应符合国家现行产品标准及设计文件的规定。

（10）易于成型，便于施工，成本低，材料来源广，使用寿命长。

（11）耐候性好，抗微生物侵蚀，不怕虫害和鼠灾。

9.2.2 常用保温材料

常用的保温材料有硅酸钙制品、岩棉及矿渣棉制品、玻璃棉制品、硅酸铝棉制品、膨胀珍珠岩制品、聚苯乙烯泡沫塑料、硬质聚氨酯泡沫塑料、泡沫玻璃等。

常用保温材料及其制品性能见表 9-1。

表 9-1　　　　　　　　　　　　常用保温材料及其制品的性能

序号	材料名称	使用密度（kg/m³）	材料标准最高使用温度（℃）	推荐使用温度（℃）	常温热导率（70℃）λ_0 W/(m·℃)	热导率参考方程	抗压强度（MPa）	要 求	
1	硅酸钙制品	170 220 240	$T_a\sim 650$	550	0.055 0.062 0.064	$\lambda = \lambda_0 + 0.000\ 11$ $(T_m - 70)$	0.4 0.5 0.5	—	
2	泡沫石棉	35 40 50	普通型：$T_a\sim 500$ 防水型：$-50\sim 500$	—	0.046 0.053 0.059	$\lambda = \lambda_0 + 0.000\ 14$ $(T_m - 70)$	—	压缩回弹率（%）	80 50 30	室外只能用憎水型产品，回弹率为95%
3	岩棉及矿渣棉制品	原棉小于或等于 150 毡 $\begin{cases}60\sim 80\\100\sim 120\end{cases}$ 板 $\begin{cases}80\\100\sim 120\\150\sim 160\end{cases}$ 管小于或等于200	650 400 600 400 600 600 600	600 400 400 350 350 350 350	≤0.044 ≤0.049 ≤0.049 ≤0.044 ≤0.046 ≤0.048 ≤0.044	$\lambda = \lambda_0 + 0.000\ 18$ $(T_m - 70)$	—	—	

续表

序号	材料名称		使用密度 (kg/m³)	材料标准最高使用温度 (℃)	推荐使用温度 (℃)	常温热导率 (70℃) λ_0 W/(m·℃)	热导率参考方程	抗压强度 (MPa)	要求
4	玻璃棉制品	纤维平均直径小于或等于5μm	原棉 40	400	300	0.041	$\lambda=\lambda_0+0.000\,23(T_m-70)$	—	—
		纤维平均直径小于或等于8μm	原棉 40	400		0.042	$\lambda=\lambda_0+0.000\,17(T_m-70)$		
			毯大于或等于24	350		≤0.048			
			大于或等于40	400		≤0.043			
			毡大于或等于24	300		≤0.049			
			板毡 24	300	300	≤0.049			
			32			≤0.047			
			40			≤0.044			
			48	350		≤0.043			
			64～120	400		≤0.042			
			管大于或等于45	350		≤0.043			
5	硅酸铝棉及其制品	原棉	1号 约800	800	0.056	$T_m\leq400℃$时为 $\lambda_L=\lambda_0+0.0002(T_m-70)$ $T_m\geq400℃$时为 $\lambda_H=\lambda_L+0.000\,36(T_m-400)$ (下式中λ_L取上式$T_m=400℃$时的计算结果)	$T_m=500℃$时为 $\lambda\leq0.153$W/(m·℃)	
			2号 约1000	1000					
			3号 约1100	1100					$T_m=500℃$，$\lambda\leq0.176$
			4号 约1200	1200					
		毯、板 64							$T_m=500℃$，$\lambda\leq0.161$
		毡	96						
			128	—	—				$T_m=500℃$，$\lambda\leq0.156$
			192						$T_m=500℃$，$\lambda\leq0.153$
6	膨胀珍珠散料	70		−200～800	—	0.047～0.051		—	—
		100～150				0.052～0.062			
		150～250				0.064～0.074			

续表

序号	材料名称	使用密度（kg/m³）	材料标准最高使用温度（℃）	推荐使用温度（℃）	常温热导率（70℃）λ_0	热导率参考方程	抗压强度（MPa）	要　求	
					W/（m·℃）				
7	硬质聚氨酯泡沫塑料	30～60	−180～100	−65～80	25℃时为0.0275	保温时为 $\lambda=\lambda_0+0.000\,14(T_m-25)$ 保冷时为 $\lambda=\lambda_0+0.000\,09T_m$	—	—	
8	聚苯乙烯泡沫塑料	≥30	−65～70	—	20℃时为0.041	$\lambda=\lambda_0+0.000\,093(T_m-20)$	—	—	
9	泡沫玻璃	150	−200～400	—	24℃时为0.060	$T_m>24$℃时为 $\lambda=\lambda_0+0.000\,22(T_m-24)$	0.5	温度（℃）	热导率 λ
								−101	0.046
								−46	0.052
								10	0.058
								24	0.060
								93	0.073
								204	0.099
		180			24℃时为0.064	$T_m\leq24$℃时为 $\lambda=\lambda_0+0.000\,11(T_m-24)$	0.7	−101	0.050
								−46	0.056
								10	0.062
								24	0.064
								93	0.077
								204	0.103

（1）硅酸钙制品。硅酸钙保温制品是以石英砂粉、硅藻土、氧化硅、消石粉、电石渣、氧化钙以及石棉、玻璃纤维等增强纤维为主要原料，经过搅拌、加热、凝胶、成型、蒸压硬化、干燥等工序制成的一种高强、轻质的硬质保温材料。硅酸钙的使用温度为650℃。

（2）岩棉和矿渣棉制品。矿渣棉是以工业矿渣如高炉矿渣、粉煤灰等为主要原料，经过重熔、纤维化而制成的一种无机纤维。岩棉则是以天然岩石如玄武岩、辉绿岩等为主要原料，经熔化、化纤化制成的一种无机纤维。它们用同一种生产方法，有相同的产品性能和产品标准。差异在岩棉的使用温度可高出矿渣棉100～150℃。岩棉纤维长，化学耐久性和耐水性能较好。近年来，各生产厂家均采用了天然岩石与矿渣的混合原料，其产品性能趋于一致。

（3）玻璃棉制品。玻璃棉是采用天然矿石如石英砂、石灰石等，配以其他化工原料如纯碱、硼酸等粉状玻璃原料，在熔化炉内经高温熔化，然后借助离心力及火焰喷吹的双重作用，使熔融玻璃液纤维化，形成棉状材料，即所谓的离心玻璃棉。

玻璃棉的化学成分属于玻璃类，是一种无机质纤维，具有体积小、质量轻、热导率小、保温和吸声性能好，不燃、耐热、抗冻、耐腐蚀、化学性能稳定等良好的特性。

（4）硅酸铝棉。硅酸铝棉是以硬质黏土熟料或工业用氧化铝粉与硅石粉合成的原料，采用电弧炉或电阻炉熔融，经压缩空气喷吹（或甩丝法）成纤维，其成品分为湿法和干法两类。硅酸铝棉湿法制品，是将硅酸铝棉经水洗除去部分渣球并施加黏结剂，经压制或真空等方法成型，干燥后成为制品；硅酸铝棉干法制品，在成棉过程中加入热固性黏结剂，经加热固化而成的制品，或将不加黏结剂的硅酸铝棉采用针刺等方法制得的制品。

（5）膨胀珍珠岩及其制品。膨胀珍珠岩是一种多孔的粒状物料，是以珍珠岩矿石为原料，经过破碎、分级、预热、高温焙烧、瞬时急剧加热膨胀而成的一种轻质、多功能保温材料。

（6）硬质聚氨酯泡沫塑料。硬质聚氨酯泡沫塑料，是用聚醚或聚酯多元醇与异氰酸酯为主要原料，再加胺类和有机锡催化剂、有机硅油类泡沫稳定剂、低沸点氟烃类发泡剂等，经混合、搅拌产生化学反应而形成。

（7）聚苯乙烯泡沫塑料。聚苯乙烯泡沫塑料是以低密度高压聚乙烯树脂（LDPE）为主要原料，加入偶氮二甲酰胺发泡剂、过氧化二异丙苯交联剂、氧化锌催化剂以及十溴二苯醚等阻燃剂配制，经混炼、精炼，在压力机中成形，再进入发泡机内发泡、冷却，并经处理机处理后，加工成制品。

聚苯乙烯泡沫塑料密度小、柔性好、富有弹性、耐老化，且化学稳定性较好，能耐一般酸、碱和溶剂侵蚀，仅对汽油、甲苯、庚烷类有轻微溶胀。作为保温材料，聚苯乙烯泡沫塑料具有很低的吸水性和蒸汽渗透率。

（8）泡沫橡胶。泡沫橡胶通常指具有多孔状结构的橡胶，也称为微孔橡胶、海绵橡胶或多孔橡胶。泡沫橡胶大多数以天然橡胶（NR）、合成橡胶为主要原料，加入发泡剂、硫化剂、促进剂、填充剂等辅料，其分为胶乳类和干胶类两种。胶乳类是经胶乳去氨，配合胶乳熟成，起泡、匀泡和胶凝，注模和硫化，水洗和干燥而成。干胶类是经塑炼、混炼、热炼、硫化发泡、停放收缩而成。胶乳大多采用天然胶乳、丁苯胶乳、氯丁胶乳或丁腈胶乳，而干胶类可选择天然橡胶（NR）、丁苯橡胶（SBR）、顺丁橡胶（BR）或上述橡胶并用。

泡沫橡胶的性能与所用胶种、橡胶形态、泡孔结构、发泡倍率等因素有关。它具有良好的隔热、隔声、缓冲和减振性能，耐疲劳、耐候性好，相对密度小，特殊情况下根据需要也可制得满足阻燃、耐油要求的制品。

（9）泡沫玻璃。泡沫玻璃是一种以细磨玻璃粉为主要原料，通过添加发泡剂，经烧熔、发泡、退火冷却、加工处理而成，具有均匀、独立密闭的气隙结构，并具有保温、防潮、防水、防腐、防老化等性能，因此在深冷、地下、露天、易燃、易潮及有化学侵蚀等环境的保温工程中具有明显优势。泡沫玻璃保温制品的适用范围为$-200\sim400℃$。

9.3　保温结构及施工

9.3.1　保温结构

保温结构一般由保温层、防潮层和保护层三部分组成。

保温层是保温结构的主体部分，可根据介质工艺的需要、介质温度、材料供应、经济性和施工条件选择保温材料。

　　保温结构设计必须保证其在经济寿命年限内的完整性。保温结构设计应保证其有足够的机械强度，不允许有在自重或偶然轻微外力作用下被破坏的现象发生。

　　保温结构一般不考虑可拆卸性，但需要经常维修的部位宜采用可拆卸式的保温结构。

9.3.2　保温层

　　保温层设计时应满足以下要求：

　　（1）设备及管道的外表面温度在 50～850℃ 时，除工艺有散热要求者外，均应设置保温层。

　　（2）工艺要求不设保温的设备和管道，当其表面超过 60℃，需经常操作维护，又无其他措施防止人身被烫坏的部位，仍应设置保温层。

　　（3）工艺上无特殊要求的放空和排液管道不应设置保温层。处理或通过易燃、易爆、有毒等危险物料时，要求及时发现泄漏的阀门、法兰处不应设置保温层。

　　（4）保温层厚度应以 10mm 为单位进行分挡。硬质保温材料制品最小厚度为 30mm，但厚度小于 30mm 的硬质泡沫塑料允许选用 25mm，其最小厚度为 20mm。

　　（5）除浇注型和填充型外，在无其他说明的情况下，保温层应按下列规定分层：

　　1）保温层总厚度 $\delta \geq 80$mm 时，应分层敷设。

　　2）当内、外层采用同种保温材料时，内、外层厚度宜近似相等。

　　3）当内、外层采用不同种保温材料时，内、外层厚度的比例应保证内、外层外表面处温度绝对值不超过外层材料安全使用温度绝对值的 0.9 倍。

　　4）在经济合理的前提下，超过高温介质温度时，应在内层增设保温层。

　　5）采用同层错缝，内、外层以压缝方式敷设时，内、外层接缝应错开 100～150mm，水平安装的管道和设备外层的纵缝位置应尽量远离垂直中心线上方，纵向接缝的缝口朝下。

　　（6）对立式设备上的某些保温结构，应设支撑件，支撑件的设计应符合下列规定：

　　1）支撑件的支撑面宽度比保温层的厚度小 10～20mm。

　　2）支撑件的间距：立式设备和管道，包括水平夹角大于 45°的管道，平壁上的支撑件为 1.5～2m，保温圆筒在高温介质时 2～3m，中低温介质时为 3～5m；卧式设备应在水平中心线处设支撑。

　　3）立式圆筒保温层可用环形钢板，管卡顶面焊半环钢板，角铁顶面焊钢筋等做成的支撑件支撑。

　　4）设备底部封头可用封头与圆柱体相切处附近设置的固定环，或在设备裙座周边线处焊上的螺母支撑保温层。对于有振动或大直径底部封头，可用在封头底部点阵式布置螺母或用带环销钉兜贴保温层。

　　5）不锈钢与合金钢设备管道上的支撑件，宜采用抱箍型结构。

　　6）凡施焊后必须热处理的设备上的焊接型支撑件应在设备制造厂预焊。

　　（7）铆钉和销钉设置应符合下列规定：保温层用钩钉、销钉，应采用 $\phi 3 \sim \phi 6$mm 的低碳圆钢制作，采用软质保温材料应采用下限。硬质材料保温钉的间距为 300～600mm，保温钉的位置宜根据制品的几何尺寸设在缝中，作攀系保温层的柱桩之用。软质材料保温钉之间的距离不应大于 350mm。侧面每平方米上设置的保温钉不宜少于 6 个，底面每平方米上设置的保温钉不宜少于 8 个。

（8）捆扎件应符合下列规定：

1）保温结构中一般应采用镀锌铁丝、镀锌钢带作保温结构的捆扎材料。DN≤100mm 的管道，宜采用 ϕ0.8mm 双股镀锌捆扎；100mm＜DN≤600mm 的管道，宜采用 ϕ1～ϕ1.2mm 双股镀锌铁丝捆扎；当 600mm＜DN≤1000mm 的管道，宜采用 $W12×\delta0.5$mm 的镀锌钢带或采用 ϕ1.6～ϕ2.5mm 的镀锌铁丝捆扎。当 DN＞1000mm 的管道和设备，宜采用 $W20×\delta0.5$mm 的镀锌钢带捆扎。

2）捆扎间距为 200～400mm（软质材料宜靠下限），每块保温材料至少要困扎两道。

3）管道双层、多层保温时应逐层捆扎，内层可采用镀锌钢带或镀锌铁丝捆扎。大管道外层宜采用镀锌钢带捆扎。设备双层保温时，内外层宜采用镀锌钢带捆扎。

4）对于有振动的场所，应适当加强捆扎。

（9）热力管道、设备保温时，应设置伸缩缝，伸缩缝的设置应符合下列规定：

1）保温层为硬质制品时，应留设伸缩缝。伸缩缝的扩展量或压缩量按式（9-3）、式（9-4）计算。但伸缩缝的宽度不宜小于 20mm，并应采用软质保温材料将缝隙填平，填充材料的性能应满足介质温度要求。

2）伸缩缝间距：直管或设备直段每隔 3.5～5m 即应设伸缩缝（中低温宜靠下限，高温管道应靠上限）。

3）伸缩缝应设置在支吊架处及下列部位：立管、立式设备的支撑件（环）下；水平管道、卧式设备的法兰、支吊架、加强板和固定环处或距封头 100～150mm 处；管束分支部位。

4）多层保温层伸缩缝的留设，应符合下列规定：高温保温层各层伸缩缝必须错开，错缝间距不宜大于 100mm，且在外层伸缩缝外进行再保温。

5）保温层伸缩量应按下列步骤进行计算：

a. 管道或设备的热伸长量应按式（6-1）进行计算。

b. 保温材料的热伸长量应按式（9-1）和式（9-2）计算。

单层
$$\Delta L_1 = L\alpha_{L1}\left(\frac{t_0 + t_s}{2} - t_a\right) \tag{9-1}$$

双层
$$\Delta L_2 = L\alpha_{L2}\left(\frac{t_1 + t_2}{2} - t_a\right) \tag{9-2}$$

式中　ΔL_1——保温材料的热伸长量，mm；

　　　ΔL_2——外层保温材料的热伸长量，mm；

　　　　L——伸缩缝间距，m；

　　　α_{L1}——内层保温材料的线胀系数，mm/(m·℃)；

　　　α_{L2}——外层保温材料的线胀系数，mm/(m·℃)；

　　　　t_0——管子或设备的最高温度，℃，通常取系统运行时介质的最高温度；

　　　　t_s——单层保温材料的温度，℃；

　　　　t_1——内层保温材料的温度，℃；

　　　　t_2——外层保温材料的温度，℃；

　　　　t_a——管子或设备安装时的环境温度，℃。

c. 保温层在使用中伸缩缝的扩展量按式（9-3）和式（9-4）计算。

保温层相对于管道

$$\Delta L = \Delta L_0 - \Delta L_1 \qquad (9-3)$$

外保温层相对于内保温层

$$\Delta L = \Delta L_1 - \Delta L_2 \qquad (9-4)$$

式中　ΔL——保温层伸缩缝的扩展量，mm；

ΔL_0——管道或设备的热伸长量，mm。

9.3.3　防潮层

防潮层是防止水汽进入保温层的结构。地沟内敷设、埋地敷设和架空敷设的管道均需做防潮层。防潮层材料应满足以下要求：

（1）抗蒸汽渗透性好，防潮、防水能力强，吸水率不得大于 1%。

（2）阻燃，火源离开后能在 1~2s 内自熄，其氧指数不小于 30。

（3）黏结性能及密封性能好，20℃时其黏结强度不低于 0.147MPa。

（4）安全使用范围大。有一定的耐温性，软化温度不低于 65℃，夏季不起泡，不流淌。有一定的抗冻性能，冬季不开裂，不脱落。

（5）化学稳定性好，其挥发物不大于 30%，能耐腐蚀，并不得对保温层材料及保护层材料产生溶解或腐蚀作用。

（6）具有在气候变化与振动情况下仍能保持完好的稳定性。

（7）干燥时间短，在常温下能使用，施工方便。

9.3.4　保护层

保护层是保护防潮层、保温层的结构，保护层必须切实起到对保温层、防潮层的保护作用，以阻挡环境和外力对保温材料的影响，延长保温结构的使用寿命。保护层材料应满足以下要求：

（1）防水、防湿、抗大气腐蚀性好，不燃或阻燃、化学稳定性好。

（2）强度高，在气温变化与振动情况下不开裂，使用寿命长，外表整齐美观，并应便于施工和验收。

（3）储存或输送易燃、易爆物料的保温设备或管道，以及与此类管道架设在同一支架或相交叉处的其他保温管道，其保护层材料必须采用不燃材料。

（4）保护层表面涂料的防火性能，应符合现行国家标准、规范的有关规定。

（5）金属保护层厚度应符合表 9-2 的规定。

表 9-2　　　　　　　　　　金 属 保 护 层 厚 度　　　　　　　　　　mm

使用场合 材料类型	管道 DN≤100	管道 DN>100	设备与 平壁	可拆卸 结构	要　求
镀锌薄钢板	0.3~0.35	0.35~0.50	0.5~0.7	0.5~0.6	需增加刚度的保护层可采用瓦楞板形式
铝合金薄板	0.4~0.5	0.5~0.6	0.8~1.0	0.6~0.8	

（6）金属保护层接缝形式可据实情选用搭接、插接或咬接形式，且符合下列规定：

1）硬质保温制品金属保护层纵缝，在不损坏里面制品及防潮层的前提下可进行咬接。半硬质和软质保温制品的金属保护层的纵缝可用插接或搭接。插接缝可用自攻螺钉或抽芯铆钉连接，而搭接缝宜采用抽芯铆钉连接。钉与钉的间距为 200mm。

2）金属保护层的环缝可采用搭接或插接，重叠宽度为 30～50mm。除有防坠落要求的垂直安装的保护层外，在保护层搭接或插接的环缝上，水平管道不宜使用自攻螺钉或抽芯铆钉固定。

3）金属保护层应有整体防（雨）水功能，对水易渗进保温层的部位应采用沥青玛蹄脂或胶泥严缝。

9.3.5　保温结构施工

管道保温结构的施工方法有涂抹法、绑扎法、预制块法、缠绕法、填充法、粘贴法、浇灌法、喷涂法等。

（1）涂抹法。采用不定型的保温材料，如膨胀珍珠岩、石棉纤维等，加入黏结剂如水泥、水玻璃等，按一定的配料比例加水拌和成塑性泥团，用手或工具涂抹在管道、设备上即可。涂抹保湿结构如图 9 - 1 所示。

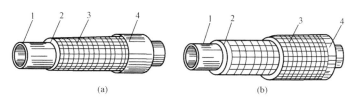

图 9 - 1　涂抹保温结构
（a）单层保温结构；（b）双层保温结构
1—管道；2—胶泥保温层；3—镀锌铁丝网；4—保护层

采用涂抹保温结构施工时，每层涂料厚度为 10～20mm，直至设计要求的厚度为止。但必须在前一层完全干燥后才能涂抹下一层，达到设计厚度后，再在上面敷设铁丝网，并抹面压光，敷设保护层。

涂抹式保温结构在干燥后，即变成整体硬结材料。因此，每隔一定距离应留有热胀伸缩缝，当管内介质温度不超过 300℃时，伸缩缝间距为 7m 左右，伸缩缝隙为 25mm，当管内介质温度超过 300℃时，伸缩缝间距为 5m，伸缩缝隙为 30mm，其缝隙内填塞柔性材料。

涂抹法的优点是施工简单，维护、检修方便，整体性强，使用寿命长，可适用于任何形状的管子、管件和设备；缺点是劳动强度大，效率低，施工周期长，结构强度不高。该法现在已应用较少，一些临时性保温工程或在室外安装的罐、箱等还采用涂抹式保温结构。

（2）捆扎法。将成型布状或毡状的管壳、管筒或弧形毡块直接包覆在管道上，再用镀锌铁丝、不锈钢丝、金属带、黏胶带或包扎带，把绝缘材料固定在管道上。捆扎保温结构如图 9 - 2 所示。

捆扎法保温结构常用的材料有岩棉、玻璃棉、矿渣棉等制品。捆扎法按管径大小，分别用 $\phi 0.8～\phi 2.5$mm 的镀锌铁丝或不锈钢丝绑扎固定。捆扎间距：硬质绝热制品不应大于 400mm；半硬质制品不应大于 300mm；软质绝热制品宜为 200mm。每块绝热制品上的捆扎件不得少于 2 道，对有振动的部位应加强捆扎。对于软质、半硬质材料厚度要求在 80mm 以上时，应采用分层保温结构。分层施工时，第一层和第二层的纵缝和横缝均应错开，且其水平管道的保温层纵缝应布置在左右两侧，而不应布置在上下侧，如图 9 - 3 所示。捆扎法的优点是施工简单，拆卸方便，可用于有振动或温度变化较大的地方；缺点是保温层因有弹性，保护层不易固定，易受潮湿，造价较高。

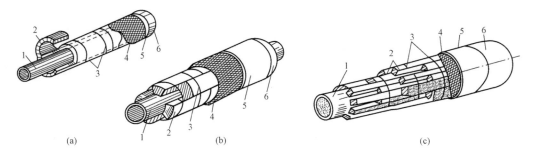

图 9-2　捆扎保温结构

（a）半圆形管壳；（b）弧形瓦；（c）梯形瓦

1—管道；2—保温层；3—镀锌铁丝；4—镀锌铁丝网；5—保护层；6—油漆

（3）缠绕法。采用线状或布条状保温材料在需要保温的管道及其附件上进行缠绕。缠绕式保温结构如图 9-4 所示。缠绕法常采用的保温材料有硅酸铝毯、硅酸铝毡、石棉绳、石棉布、岩棉毡、高硅氧绳和铝箔。缠绕时每圈要彼此靠紧，以防松动。缠绕的起止端要用镀锌铁丝扎牢，外层一般以玻璃丝布包缠刷漆。缠绕法的优点是施工方法简单，维护检修方便，使用材料种类少，适用于有振动的场所；缺点是当采用有机材料缠绕时，使用年限短，而石棉类制品是非环保材料且造价较高。

（4）填充法。填充式保温结构如图 9-5 所示。填充式保温结构是用钢筋或用扁钢作一个支撑环套在管道上，在支撑环外面包镀锌铁丝网，中间填充散状保温材料。施工时，预先做好支撑环，套在管子上，支撑环之间的间距为 300～500mm，然后再包铁丝网，在上部留有开口，以便填充保温材料，最后用镀锌铁丝网缝合，在外面再做保护层。填充式保温的优点是结构强度高、保温性能好；缺点是施工速度慢，效率低，造价高。

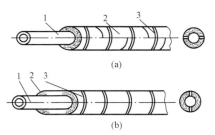

图 9-3　水平管道保温管壳

（半圆瓦）敷设位置

（a）正确；（b）不正确

1—管道；2—膨胀珍珠岩管壳；

3—镀锌铁丝（φ1.4mm）

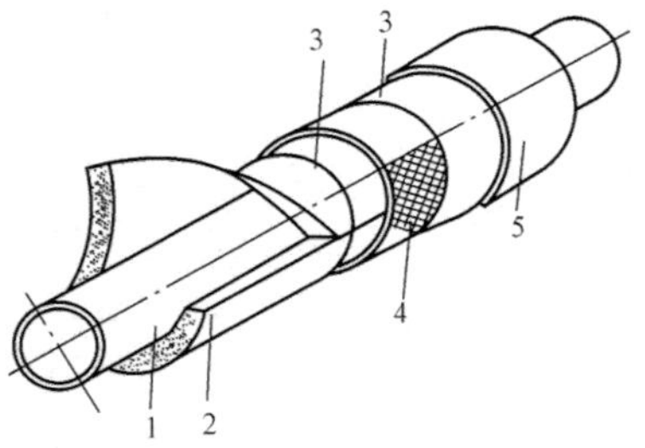

图 9-4　缠绕式保温结构

1—管道；2—保温毡或布；3—镀锌

铁丝；4—镀锌铁丝网；5—保护层

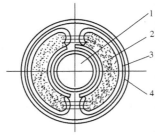

图 9-5　填充式保温结构

1—管道；2—保温材料；

3—支撑环；4—保护壳

（5）粘贴法。将黏结剂涂刷在管壁上，将保温材料粘贴上去，再用黏结剂代替对缝灰浆勾缝黏结，然后再加设保护层，保护层可采用金属保护壳或缠玻璃丝布。粘贴保温结构如图9-6 所示。

（6）浇灌法。浇灌式保温结构用于不通行地沟或无沟敷设的热力管道，浇灌用的保温材料大多为聚氨酯、酚醛等泡沫塑料，浇灌时多采用分层浇灌的方法，根据设计保温层的厚度分 2~3 次浇灌。

（7）套筒法。套筒法保温是将矿纤材料加工成型的保温筒（还有一种成型的橡塑筒），直接套在管子上。施工时，只要将保温筒上轴向切口扒开（或者将成型的筒用剪刀切开），借助材料的弹性可将保温筒紧紧地套在管子上。套筒式保温结构如图 9-7 所示。

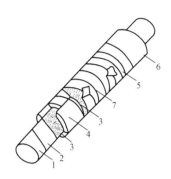
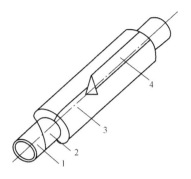

图 9-6　粘贴保温结构

1—管道；2—防锈漆；3—黏结剂；4—保温材料；

5—玻璃丝布；6—防腐漆；7—聚乙烯薄膜

图 9-7　套筒式保温结构

1—管道；2—防锈漆；3—保温瓦；

4—带胶铝箔带

（8）装配法。装配式保温结构如图 9-8 所示。这种保温结构的保护壳和保温层均由生产厂家制成成品，在施工现场进行装配。这种保温方法为实现保温施工工艺的标准化和机械化提供了有利的条件，也有利于环境保护和施工现场的安全生产。

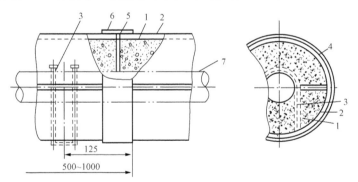

图 9-8　装配式保温结构

1—带护壳的半圆瓦；2—石棉水泥保护壳；3—悬吊镀锌铁丝（$\phi2$）；4—外涂两度防腐漆的镀锌

铁皮箍带（50mm×0.8mm）；5—严缝材料；6—密封箍带；7—管道

（9）喷涂法。喷涂法是用喷涂工具或喷涂机械对保温涂料采用喷涂的方式将保温材料涂敷在热力管道及设备上。喷涂施工时，应根据设备、材料性能及环境条件调节喷射压力和喷射距离。喷涂时，应均匀连续喷射，喷涂面上不应出现干料或流淌。喷涂方向应垂直于受喷面，喷枪应不断进行螺旋式移动。

9.4　保温热力计算

9.4.1　计算原则

（1）保温计算应根据工艺要求和技术分析选择保温计算公式。当无特殊要求时，保温的厚度应采用"经济厚度"法计算，但若经济厚度偏小以致散热损失量超过最大允许散热损失时，应采用最大允许热损失量的厚度。

（2）防止人身遭受烫伤的部位，其保温层厚度应按表面温度法计算，且保温层外表面的温度不得大于 60℃。

（3）当需要延迟冻结、凝固和结晶的时间及控制物料温降时，其保温厚度应按热平衡方法计算。

9.4.2　保温层厚度计算

（1）圆筒形保温层厚度。圆筒形保温层厚度应按式（9-5）～式（9-8）计算，即

$$\delta = \frac{1}{2}(D_1 - D_0) \qquad \text{（保温，单层时厚度）} \qquad (9-5)$$

$$\delta = \frac{1}{2}(D_2 - D_0) \qquad \text{（保温，双层时总厚度）} \qquad (9-6)$$

$$\delta_1 = \frac{1}{2}(D_1 - D_0) \qquad \text{（保温，双层中的内层厚度）} \qquad (9-7)$$

$$\delta_2 = \frac{1}{2}(D_2 - D_1) \qquad \text{（保温，双层中的外层厚度）} \qquad (9-8)$$

式中　D_0——管道或设备外径，m；

　　　D_1——内层保温层外径，当保温层为单层时，D_1 即为保温层外径，m；

　　　D_2——外层保温层外径，m；

　　　δ——保温层厚度，保温层为两种不同的保温材料组合的双层保温结构时，δ 为双层总厚度，m；

　　　δ_1——内层保温层厚度，m；

　　　δ_2——外层保温层厚度，m。

（2）保温层的经济厚度。

1）圆筒保温层经济厚度。圆筒保温层经济厚度计算中，应使保温层外径 D_1 满足式（9-9）的要求，即

$$D_1 = \ln \frac{D_1}{D_0} = 3.795 \times 10^{-3} \sqrt{\frac{P_E \lambda t (T_0 - T_a)}{P_T S}} - \frac{2\lambda}{\alpha_S} \qquad (9-9)$$

式中　P_E——能量价格，元/10^6 kJ；

　　　P_T——保温结构单位造价，元/m^3；

　　　λ——保温材料在平均温度下的热导率，W/(m·℃)；

　　　α_S——保温层外表面向周围环境放热的放热系数，W/(m^2·℃)；

　　　t——年运行时间，h；

　　　T_0——管道或设备的外表面温度，℃；

　　　T_a——环境温度，℃；

　　　S——保温工程投资年摊销率，%，宜在设计使用年限内按复利率计算。

2）平壁形保温层经济厚度。

平壁形保温层经济厚度应按式（9-10）计算，即

$$\delta = 1.8975 \times 10^{-3} \sqrt{\frac{P_E \lambda t (T_0 - T_a)}{P_T S}} - \frac{\lambda}{\alpha_S} \qquad (9-10)$$

3）圆筒形单层最大允许热损失下保温层厚度。

a. 圆筒形单层最大允许热损失下保温层厚度计算中，应使其外径 D_1 满足式（9-11）的要求，即

$$D_1 \ln \frac{D_1}{D_0} = 2\lambda \left[\frac{(T_0 - T_a)}{[Q]} - \frac{1}{\alpha_S} \right] \tag{9-11}$$

式中　$[Q]$——以每平方米保温层外表面积为最大单位的热损失，W/m^2。

b. 当工艺要求允许热损失以每米管道长度的热损失为准计算时，保温层厚度计算中，应使外径 D_1 满足式（9-12）的要求，即

$$\ln \frac{D_1}{D_0} = \frac{2\pi\lambda(T_0 - T_a)}{[q]} - \frac{2\lambda}{D_1 \alpha_S} \tag{9-12}$$

式中　$[q]$——以每米管道长度为计算单位的最大允许散热损失，W/m^2。

4）圆筒形双层最大热损失下的保温层厚度。

a. 圆筒形双层最大允许热损失下保温层厚度计算中，双层保温层总厚度 δ 计算中，应使外层保温层外径 D_2 满足式（9-13）的要求，即

$$D_2 \ln \frac{D_2}{D_0} = 2 \left[\frac{\lambda_1(T_0 - T_1) + \lambda_2(T_1 - T_2)}{[Q]} - \frac{\lambda_2}{\alpha_S} \right] \tag{9-13}$$

b. 内层厚度 δ_1 计算中，应使内层保温外径 D_1 满足式（9-14）的要求，即

$$\ln \frac{D_1}{D_0} = \frac{2\lambda_1}{D_2} \frac{T_0 - T_1}{[Q]} \tag{9-14}$$

式中　T_1——内层保温层外表面温度，℃；

　　　T_2——外层保温层外表面温度，℃；

　　　λ_1——内层保温材料热导率，$W/(m \cdot ℃)$；

　　　λ_2——外层保温材料热导率，$W/(m \cdot ℃)$。

c. 当工艺要求最大允许热损失按照每米管道长度的热损失为基准计算时，双层总厚度 δ 计算中，应使外层保温层外径 D_2 满足式（9-15）的需求，即

$$\ln \frac{D_2}{D_0} = \frac{2\pi[\lambda_1(T_0 - T_1) + \lambda_2(T_1 - T_a)]}{[q]} - \frac{2\lambda_2}{D_2 \alpha_S} \tag{9-15}$$

d. 内层厚度 δ_1 计算中，应使内层保温层外径 D_1 满足式（9-16）的要求，即

$$\ln \frac{D_1}{D_0} = 2\pi\lambda_1 \frac{T_0 - T_1}{[q]} \tag{9-16}$$

5）平壁形最大允许热损失下保温层厚度的计算。

a. 平壁形单层最大允许热损失下保温层厚度按式（9-17）计算，即

$$\delta = \lambda \left[\frac{(T_0 - T_a)}{[Q]} - \frac{1}{\alpha_S} \right] \tag{9-17}$$

b. 平壁形双层不同材料最大允许热损失下保温层厚度应按下列公式计算：

a）内层厚度 δ_1 应按式（9-18）计算，即

$$\delta_1 = \frac{\lambda_1(T_0 - T_a)}{[Q]} \tag{9-18}$$

b）外层厚度 δ_2 应按式（9-19）计算，即

$$\delta_2 = \lambda_2 \left[\frac{(T_1 - T_a)}{[Q]} - \frac{1}{\alpha_S} \right] \tag{9-19}$$

6) 防止人身烫伤的保温层厚度的计算。

a. 圆筒形防止人身烫伤的保温层厚度的计算中,保温层外径 D_1 应满足式 (9-20) 的需求,即

$$D_1 \ln \frac{D_1}{D_0} = \frac{2\lambda}{\alpha_S} \frac{(T_0 - T_S)}{(T_S - T_a)} \tag{9-20}$$

b. 平壁形防烫伤保温层厚度应按式 (9-21) 计算,即

$$\delta = \frac{\lambda}{\alpha_S} \frac{(T_0 - T_S)}{(T_S - T_a)} \tag{9-21}$$

式中　T_S——绝热层外表面温度,℃,通常取 $T_S = 60℃$。

7) 延迟管道内介质冻结的保温厚度计算。

延迟管道内介质冻结、凝固、结晶的保温厚度计算中,保温层外径 D_1 应按式 (9-22) 计算,即

$$\ln \frac{D_1}{D_0} = \frac{7200 K_r \pi \lambda \left[\frac{(T_0 + T_{fr})}{2} - T_a \right] t_{fr}}{(T_0 - T_{fr})(V\rho c + V_p \rho_p c_p)} - \frac{2\lambda}{D_1 \alpha_S} \tag{9-22}$$

式中　K_r——管件及管道支吊架附加热损失系数,$K_r = 1.1 \sim 1.2$ (小管取下限,大管取上限);

T_{fr}——介质凝固点温度,℃;

T_a——环境温度,℃,室外管道应取冬季极端平均温度;

t_{fr}——介质在管道内不出现冻结的停留时间,h;

α_S——冬季最多风向平均风速下的放热系数,W/(m²·℃);

V, V_p——介质体积和管壁体积,m³;

ρ, ρ_p——介质密度和管材密度,kg/m³;

c, c_p——管材比热容和介质比定压热容,J/(kg·K)。

8) 给定液体管道允许温度降时保温厚度计算。

a. 对于无分支(无分支接点)液体管道在给定允许温度降条件下的保温层厚度计算中,应使绝热层外径 D_1 满足式 (9-23) 的要求,即

$$\ln \frac{D_1}{D_0} = \frac{8\lambda L_{AB} K_r}{D^2 W \rho c \ln \frac{T_A - T_a}{T_B - T_a}} - \frac{2\lambda}{D_1 \alpha_S} \tag{9-23}$$

式中　D——管道内径,m;

W——介质流速,m/s;

T_A——介质在(上游)A 点处的温度,℃;

T_B——介质在(下游)B 点处的温度,℃;

L_{AB}——A、B 之间管道实际长度,m。

b. 对于有分支(有分支接点)管道,在干管管径及干管首末绝热层厚度相等的情况下,应先按式 (9-24) 计算出干管各接点处的介质温度,即

$$T_C = T_{(C-1)} - (T_i - T_n) \frac{\dfrac{L_{(C-1) \to C}}{q_{m(C-1) \to C}}}{\displaystyle\sum_{i=2}^{n} \dfrac{L_{(i-1) \to i}}{q_{m(i-1) \to i}}} \tag{9-24}$$

$$q_{mi} = 2827.4 D_i^2 w_i \rho \tag{9-25}$$

式中　T_C，$T_{(C-1)}$——接点 C 与前一接点 $C-1$ 处的温度，℃；

T_i——管道起点的温度，℃；

T_n——管道终点的温度，℃；

$L_{(C-1) \to C}$——接点 C 与前一接点 $C-1$ 之间的管段长度，m；

$L_{(i-1) \to i}$——接点 i 与前一接点 $i-1$ 之间的管段长度，m；

q_{mi}——任一点 i 处管内介质质量流量，kg/h，q_{mi} 按式（9-25）计算；

$q_{m(C-1) \to C}$——接点 $C-1$ 与 C 两点之间管道介质质量流量，kg/h；

$q_{m(i-1) \to i}$——任意点 i 与前一接点 $i-1$ 两点之间管道介质质量流量，kg/h；

D_i——任一点 i 处的管道内径，m；

w_i——任一点 i 处的管内介质流速，m/s；

ρ——介质密度，kg/m³。

求出各接点处的介质温度，再将各接点处的介质温度作为各分支管道介质起点 T_A，再按式（9-23）计算各分支管保温层外径。

9.4.3　保温热损失计算

（1）最大允许热损失量应符合表 9-3 的规定。

表 9-3　　　　　　　　　　　　　最 大 允 许 热 损 失 量

设备、管道外表面温度（℃）	最大允许热损失 $[Q]$（W/m²）		设备、管道外表面温度（℃）	最大允许热损失 $[Q]$（W/m²）	
	常年运行	冬季运行		常年运行	冬季运行
50	58	116	500	262	
100	93	163	550	279	
150	116	203	600	296	
200	140	244	650	314	
250	163	279	700	330	
300	186	308	750	345	
350	209		800	360	
400	227		850	375	
450	244				

（2）保温层热损失的计算。

1）圆筒形保温层热损失计算。

a. 圆筒形单层保温结构热损失应按式（9-26）计算，即

$$Q = \frac{T_0 - T_a}{\dfrac{D_1}{2\lambda} \ln \dfrac{D_1}{D_0} + \dfrac{1}{\alpha_S}} \tag{9-26}$$

两种不同热损失单位之间的数值转换应按式（9-27）计算，即

$$q = \pi D_1 Q \tag{9-27}$$

式中　Q——每平方米保温层外表面积的热损失量，W/m²；

q——单位管道长度的热损失量，W/m。

b. 圆筒形双层保温结构热损失应按式（9 - 28）计算，即

$$Q = \frac{T_0 - T_a}{\frac{D_1}{2\lambda_1}\ln\frac{D_1}{D_0} + \frac{D_2}{2\lambda_2}\ln\frac{D_2}{D_1} + \frac{1}{\alpha_S}} \tag{9 - 28}$$

两种不同热损失单位之间的数值转换应按式（9 - 29）计算，即

$$q = \pi D_2 Q \tag{9 - 29}$$

2）平壁形保温层热损失计算。

a. 平壁形单层保温结构热损失应按式（9 - 30）计算，即

$$Q = \frac{T_0 - T_a}{\frac{\delta}{\lambda} + \frac{1}{\alpha_S}} \tag{9 - 30}$$

b. 平壁形双层保温结构热损失应按式（9 - 31）计算，即

$$Q = \frac{T_0 - T_a}{\frac{\delta_1}{\lambda_1} + \frac{\delta_2}{\lambda_2} + \frac{1}{\alpha_S}} \tag{9 - 31}$$

9.4.4　保温层外表面温度计算

（1）对 Q 以 W/m² 计的圆筒、平壁，其单、双层保温结构的外表面温度应按式（9 - 32）计算，即

$$T_S = \frac{Q}{\alpha_S} + T_a \tag{9 - 32}$$

（2）对 q 以 W/m 计的圆筒、平壁，其单、双层保温结构的外表面温度应按式（9 - 33）计算，即

$$T_S = \frac{q}{\pi D_2 \alpha_S} + T_a \tag{9 - 33}$$

式中　D_2——外层保温层的外径，m，对单层保温，$D_2 = D_1$。

9.4.5　双层保温时内外层界面处温度计算

（1）圆筒形异材双层保温结构层间界面处温度 T_1 应按式（9 - 34）校核，即

$$T_1 = \frac{\lambda_1 T_0 \ln\frac{D_2}{D_1} + \lambda_2 T_S \ln\frac{D_1}{D_0}}{\lambda_1 \ln\frac{D_2}{D_1} + \lambda_2 \ln\frac{D_1}{D_0}} \tag{9 - 34}$$

（2）平壁形异材双层保温结构层间界面处温度 T_1 应按式（9 - 35）校核，即

$$T_1 = \frac{\lambda_1 T_0 \delta_2 + \lambda_2 T_S \delta_1}{\lambda_1 \delta_2 + \lambda_2 \delta_1} \tag{9 - 35}$$

对异材双层保温结构内外层界面处的温度 T_1，应按其校核外层保温材料对温度的承受能力。当 T_1 超出外层保温材料的安全使用温度 $[T_2]$ 的 0.9 倍时，必须重新调整内外层厚度比。

9.4.6　能量价格、保温结构单位造价计算

热量价格应按实际购价或生产成本取值，或按式（9 - 36）计算，即

$$P_H = 1000\frac{C_1 C_2 P_F}{q_F \eta_B} \tag{9 - 36}$$

式中　P_H——热价，元/10^6kJ；

　　P_F——燃料到厂价，元/t；

　　q_F——燃料收到基低位发热量，kJ/kg；

　　η_B——锅炉热效率（$\eta_B=0.78\sim0.92$），对大容量、高参数锅炉的 η_B 取值应靠上限，反之应靠下限；

　　C_1——工况系数（$C_1=1.2\sim1.4$）；

　　C_2——㶲值系数，见表 9-4。

表 9-4　　　　　　　　　　　　　㶲 值 系 数 C_2

设备及管道种类	㶲值系数	设备及管道种类	㶲值系数
利用锅炉出口新蒸汽的设备及管道	1	输水管道、连续排污及扩容器	0.50
抽汽管道、辅助蒸汽管道	0.75	通大气的放空管道	0

9.4.7　保温结构单位造价（P_T）的计算

（1）管道保温结构单位造价（P_T）应按式（9-37）计算，即

$$P_T = (1+D_X)\left[F_iP_i + F_{ia} + \frac{4F_1D_1}{D_1^2 - D_0^2} \times (F_9P_9 + F_{91})\right] \qquad (9-37)$$

（2）设备保温结构单位造价（P_T）应按式（9-38）计算，即

$$P_T = (1+D_X)\left[F_iP_i + F_{ia} + \frac{F_1}{\delta} \times (F_9P_9 + F_{92})\right] \qquad (9-38)$$

式中　P_T——保温结构单位造价，元/m^3；

　　P_i——保温材料到厂单价，元/m^3；

　　P_9——保护层材料单价，元/m^2；

　　D_X——固定资产投资方向调节税（简称定向税），%；

　　F_i——保温材料损耗及费税系数，$F_i=1.10\sim1.18$；

　　F_{ia}——保温层每立方米人工、管理等附加费；

　　F_1——保护层费税系数，$F_1=1.08$；

　　F_9——保护层材料损耗、重叠系数，$F_9=1.20\sim1.30$；

　　F_{91}——管道保护层每平方米人工、管理等附加费；

　　F_{92}——设备保护层每平方米人工、管理等附加费。

9.4.8　保温计算的参数

（1）设备和管道外表面温度 T_0 的确定。

1）当设备和管道无衬里时，金属设备和管道的外表面温度 T_0 应取系统正常运行时的介质温度。

2）当设备和管道有衬里时，金属设备和管道的外表面温度 T_0 应按有外保温层存在的条件下进行传热计算而确定。

（2）环境温度 T_a 的确定。

1）室外保温结构在经济厚度 δ 和热损失 Q 的计算中，当常年运行时，环境温度 T_a 应取历年运行期日平均温度的平均值。

2）室内保温经济厚度计算和热损失计算中，环境温度 T_a 可按 20℃ 计取。

3）在地沟内保温经济厚度计算和热损失计算中，环境温度 T_a 的取值应符合下列规定：当设备和管道外表面温度 T_0 为 80℃时，T_a 取 20℃；当外表面温度 T_0 在 80～110℃之间时，T_a 取 30℃；当 T_0 大于或等于 110℃时，T_a 取为 40℃。

4）在防止人身烫伤的厚度计算中，环境温度 T_a 应取历年最热月平均温度值。

5）在防止设备管道内介质冻结的计算中，环境温度 T_a 应取冬季历年极端平均最低温度。

（3）界面温度的确定。对于异材复合保温结构在内外两种不同的材料界面处的温度，必须控制在低于或等于外层保温材料安全使用温度的 0.9 倍以内。

（4）保温结构表面放热系数 α_S 的确定。

1）在进行经济厚度，最大允许热损失下的厚度，表面放热损失量和保温结构外表面温度的计算中，室外 α_S 应按式（9-39）计算，即

$$\alpha_S = 1.163 \times (10 + 6\sqrt{W}) \tag{9-39}$$

式中　W——室外年平均风速，m/s；

当无风速值时，α_S 可取 11.63W/(m² · ℃)。

2）保温结构表面温度现场校核计算中，α_S 应按式（9-39）计算，式中的 W 取现场实际平均风速。

3）在防烫伤计算中，α_S 可按 8.141W/(m² · ℃) 取用。

4）在防冻计算中，用式（9-39）计算 α_S 时，式中的 W 应取冬季主导风向平均风速。

5）在保温效果检测研究中的保温计算时，外表面放热系数 α_S 应为表面材料的辐射放热系数 α_r 与对流放热系数 α_C 之和。

a. 辐射放热系数 α_r 应按式（9-40）计算，即

$$\alpha_r = \frac{5.669\varepsilon}{T_S - T_a} \left[\left(\frac{273 + T_S}{100} \right)^4 - \left(\frac{273 + T_a}{100} \right)^4 \right] \tag{9-40}$$

式中　α_r——保温结构外表面材料的辐射放热系数，W/(m² · ℃)；

　　　ε——保温结构外表面材料的黑度，保温结构外表面材料的黑度 ε 可按表 9-5 取。

b. 无风时，对流放热系数 α_C 应按式（9-41）计算，即

$$\alpha_C = \frac{26.4}{\sqrt{397 + 0.5(T_S + T_a)}} \left(\frac{T_S - T_a}{D_1} \right)^{0.25} \tag{9-41}$$

式中　α_C——对流放热系数，W/(m² · ℃)；

　　　D_1——保温层外径，当为双层保温时，应代入外层保温层外径 D_2 的值。

c. 有风时，对流放热系数 α_C 应按式（9-42）计算，即

当 WD_1 小于或等于 0.8m²/s 时，α_C 为

$$\alpha_C = 4.04 \frac{W^{0.613}}{D_1^{0.382}} \tag{9-42}$$

当 WD_1 大于 0.8m²/s 时，α_C 为

$$\alpha_C = 4.24 \frac{W^{0.805}}{D_1^{0.15}} \tag{9-43}$$

（5）热导率 λ 的确定。热导率 λ 应取绝热材料在平均设计温度下的热导率，对软质材料应取按密度下的热导率。

（6）热价 P_H 的确定。热价 P_H 的确定应按建设单位所在地实际价格取值，在无实际热价时，应按式（9 - 36）计算。

（7）保温结构单位造价 P_T。保温结构单位造价 P_T 包括主材费、防潮层和保护层费、包装费、运输费、损耗、安装（包括辅助材料）费在一起的综合实际价格。当无综合实际价格时，可按式（9 - 37）、式（9 - 38）计算。

（8）保温结构外表面材料的黑度 ε。保温结构外表面材料的黑度 ε 值与材料的粗糙度有关，粗糙度越小，黑度 ε 值越小；粗糙度越大，黑度 ε 值越大。常用材料的黑度见表 9 - 5。

表 9 - 5　　　　　　　　　　　　　　常用材料的黑度

材　料	黑度 ε	材　料	黑度 ε	材　料	黑度 ε
铝皮	0.15～0.30	纤维织物	0.70～0.80	黑漆（有光泽）	0.88
不锈钢皮	0.20～0.40	未贴盖和染色的浆灰分	0.92	黑漆（无光泽）	0.96
氧化铁皮	0.80～0.90	石棉板	0.97	油漆	0.80～0.90
有光泽的镀锌铁皮	0.23～0.27	水泥砂浆	0.69		
已氧化的镀锌铁皮	0.28～0.32	铝粉漆	0.41		

9.5　防　　腐

9.5.1　管道的腐蚀与防腐

金属管材的腐蚀分为化学腐蚀和电化学腐蚀。化学腐蚀是金属在干燥的气体、蒸汽或电解溶液中的腐蚀，是化学反应的结果；电化学腐蚀是由于金属和电解质溶液间的电位差，导致有电子转移的化学反应所造成的腐蚀。

根据管子的材质不同，会产生不同的腐蚀外观，管子整个表面的腐蚀深浅比较一致的称为均匀腐蚀；管子腐蚀范围比较集中而腐蚀深度又比较深时称为点腐蚀；管子某些部位的腐蚀称为局部腐蚀；介质对金属材料某一成分首先遭到破坏的腐蚀称为选择性腐蚀；管子沿金属晶粒边界发生的腐蚀称为晶间腐蚀。

腐蚀发生在管道工程中经常而又大量的是碳钢管腐蚀，碳钢管主要是受水和空气的腐蚀。暴露在空气中的碳钢管除受空气中的氧腐蚀外还受到空气中微量的 CO_2、SO_2、H_2S 等气体的腐蚀，由于这些复杂因素的作用，加速了碳钢管的腐蚀速度。

（1）影响腐蚀的因素。影响腐蚀的因素有材质性能、空气湿度、环境中含有的腐蚀性介质的多少、土壤的腐蚀性和均匀性、杂散电流的强弱。

（2）防腐。防腐是保护和延长金属管材使用寿命的重要措施之一。为了防止金属管材的腐蚀，常采取以下措施：合理选用管材，涂覆保护层，衬里，电镀，电化学保护等。

9.5.2　管道防腐常用涂料

涂覆于管道、附件、设备等表面构成薄膜的液态膜层，干燥后附着于被涂表面起保护作用的材料称为涂料。

（1）涂料的组成。涂料主要由液体材料、固体材料和辅助材料三部分组成。

1）液体材料。液体材料有成膜物质、稀释剂。

a. 成膜物质。成膜物质也称黏结剂、固着剂或漆料，它是经过加工的油料或树脂在溶剂中的溶液，它能将颜料和填料黏结在一起，形成牢固地附着物体表面的漆膜。漆膜的性质主要取决于成膜物质的性能。所以成膜物质是涂料的基础。常用的成膜物质有天然树脂、酚醛树脂、过氯乙烯树脂、环氧树脂、沥青、干性植物油等。

b. 稀释剂。稀释剂也称为溶剂，它是挥发性液体，能溶解和稀释涂料，在涂料中占一定的比例，当涂料固化成膜后，它全部发挥到大气中去，不留在漆膜内，所以称它为挥发分。它主要用来调节涂料的黏度，便于施工。另外，它还可增加涂料储存的稳定性。被涂物体表面的湿润性使涂层有较好的附着力。常用的稀释剂有汽油、松节油、甲苯、丙酮、乙醇等。

2）固体材料。固体材料由颜料和填料组成。

a. 颜料。颜料是一种微细粉末状的物质，它不溶于水或油等液体的介质中，而能均匀地分散在液体介质中。当涂于物体表面时呈现一定的色层，颜料具有一定的遮盖力、着色力，可增强涂料漆膜的强度、耐磨性、耐候性和耐久性能。根据用途的不同，有防止金属生锈的耐腐蚀颜料（如红丹、铁红、钛白、锌黄等）、耐高温颜料（如铝粉、铝酸钙思黄等）、示温颜料（可逆性变色颜料）、发光和荧光颜料等。

b. 填料。填料不具备遮盖力和着色力，只增加漆膜的厚度和漆膜的体积，它还能增加漆膜的耐磨性、耐水性、耐热性、耐腐蚀性和耐久性。

3）辅助材料。涂料中填加辅助材料，目的是提高涂料的性能，满足其在一定条件下的使用。辅助材料有固化剂、增韧剂、催干剂、稳定剂、防潮剂、脱漆剂等。

（2）涂料的分类和命名。

1）涂料分类原则。根据我国化工有关部门规定，涂料产品的分类是以主要成膜物质为基础，若成膜物质为混合树脂，则以其在漆膜中起决定作用的那种树脂为基础。我国将涂料按成膜物质分为18类，见表9-6。其中，辅助材料按用途不同分为5类，见表9-7。

表 9-6 涂 料 分 类

序号	代号	发音	名称	序号	代号	发音	名称
1	Y	衣	油脂	10	X	希	乙烯树脂
2	T	特	天然树脂	11	B	玻	丙烯酸树脂
3	F	佛	酚醛树脂	12	Z	资	聚酯树脂
4	L	勒	沥青	13	H	喝	环氧树脂
5	C	雌	醇酸树脂	14	S	思	聚氨基甲酸酯
6	A	阿	氨基树脂	15	W	乌	元素有机聚合物
7	Q	欺	硝基树脂	16	J	基	橡胶
8	M	摸	纤维素及醚类	17	E	鹅	其他
9	G	哥	过氯乙烯树脂	18			辅助材料

表 9-7 辅 助 材 料

序号	代号	辅助材料名称	序号	代号	辅助材料名称
1	X	稀释剂	4	T	脱漆剂
2	F	防潮剂	5	H	固化剂
3	G	催干剂			

2）涂料的命名和型号。

a. 命名原则。涂料的全名为颜料或颜色名称加上成膜物质名称与基本名称，如硼钡酚醛防锈漆。对于某些有专业用途及特性的涂料，必要时在成膜物质后面加以阐明，如红过氯乙烯耐氨漆。

b. 涂料型号。涂料型号由三部分组成，第一部分指成膜物质，用汉语拼音表示，见表9-6；第二部分是基本名称，用阿拉伯数字表示，见表9-8；第三部分是序号，用阿拉伯数字表示。

涂料的基本名称代号，用 00～13 代表涂料的基本品种，14～19 代表美术漆，20～29 代表轻工用漆；30～39 代表绝缘漆，40～49 代表船舶漆，50～59 代表防腐漆，60～79 代表特种漆，80～99 为备用。

示例 1　　G-52-1

　　　　　　G——成膜物质（过氯乙烯树脂）；

　　　　　　52——基本名称（防腐漆）；

　　　　　　1——序号。

G-52-1 的全称为过氯乙烯防腐漆。

示例 2　　C-04-2

　　　　　　C——成膜物质（醇酸树脂）；

　　　　　　04——基本名称（磁漆）；

　　　　　　2——序号。

C-04-2 的全称为醇酸磁漆。

表 9-8　　　　　　　　　　　　涂料的基本名称代号

代号	基本名称	代号	基本名称	代号	基本名称	代号	基本名称
00	清　油	16	锤纹漆	35	硅钢片漆	55	耐水漆
01	清　漆	17	皱纹漆	36	电容器漆	60	防火漆
02	厚　漆	18	金属（效应）漆、闪光漆	39	电缆漆、其他电工漆	61	耐热漆
03	调合漆	20	铅笔漆	40	防污漆	62	示温漆
04	磁　漆	22	木器漆	41	水线漆	63	涂布漆
05	烘　漆	23	罐头漆	42	甲板漆，甲板防滑漆	64	可剥漆
06	底　漆	24	家电用漆	43	船壳漆	65	卷材涂料
07	腻　子	26	自行车漆	44	船底漆	66	光固化涂料
09	大　漆	27	玩具漆	45	饮水舱漆	67	隔热涂料
11	电泳漆	28	塑料用漆	46	油舱漆	70	机床漆
12	乳胶漆	30	（浸渍）绝缘漆	47	车间（预涂）底漆	71	工程机械用漆
13	水溶（性）漆	31	（覆盖）绝缘漆	50	耐酸漆、耐碱漆	72	农机用漆
14	透明漆	32	抗弧（磁）漆、互感器漆	52	防腐漆	73	发电、输配电设备用漆
15	斑纹漆、裂纹漆、桔纹漆	33	（黏合）绝缘漆	53	防锈漆	77	内墙涂料
		34	漆包线漆	54	耐油漆	78	外墙涂料

续表

代号	基本名称	代号	基本名称	代号	基本名称	代号	基本名称
79	屋面防水涂料	84	黑板漆	89	其他汽车漆	95	桥梁漆、钢结构漆
80	地板漆、地坪漆	86	标志漆、路标漆、路线漆	90	汽车修补漆	96	航空、航天用漆
82	锅炉漆	87	汽车漆（车身）	93	集装箱漆	98	胶液
83	烟囱漆	88	汽车漆（底盘）	94	铁路车辆用漆	99	其他

（3）涂料的作用。

1）防腐保护作用。涂料涂覆在管道上，防止或减缓金属管材的腐蚀，延长管道系统的使用寿命。

2）警告及提示作用。由于色彩不同给人产生的视觉不同，如红色标志用以表示危险或提示请注意这里的装置等。

3）区别介质的种类。不同介质涂以不同的颜色，以示区别。

4）美观装饰作用。漆膜光亮美观、鲜明艳丽，可根据需要选择色彩类型，改变环境色调。

（4）涂料的选用。涂料品种繁多，其性能特点也各不相同，只有正确地选用涂料品种，才能保证和延长管外防腐涂层的寿命。选择涂料品种时，应全面考虑下列因素：

1）考虑被涂物的使用条件与选用的涂料适用范围的一致性，如腐蚀性介质的种类、浓度和温度，使用中是否受摩擦、冲击或振动等。各种涂料都有一定的适用范围，应根据具体使用条件选用适当的品种，如酸性介质可选用酚醛清漆，碱性介质可选用环氧树脂漆。

2）考虑被涂物品的材料性质。应根据不同的材料选用不同的涂料品种，有些涂料在某些表面上是不适宜的，如铅表面不适于红丹，而必须采用锌黄防锈漆。如果在钢材等表面涂刷酸性固化剂涂料，则应先涂一层耐酸底漆作隔离层。

3）施工条件的可能性。如缺乏高温热处理条件，就不宜采用烘干型涂料（如热固化环氧树脂漆），因为这种涂料若不经高温烘干就不能发挥其防腐蚀特性，此时应采用冷固型的。

4）经济效果。在选择涂料品种时，应追求最佳经济效果。计算费用时，应将表面处理和施工费用以及合理的使用年限综合考虑在内。在一些重要的管道上，采用价格昂贵、性能优良、使用寿命长的涂料，从长远利益看是经济合理的。

5）涂料品种的正确配套。涂料产品的正确配套可充分发挥某种涂料的优点，做到优势互补。如过氯乙烯对金属表面的附着力较差，可通过与金属表面附着力好的磷化底漆或铁红醇酸底漆配套使用，就能改善其使用功能，在配套使用时应注意底漆和面漆之间有一定的附着力且无不良作用，如咬起、起泡等现象。在选择涂料品种时，还应熟悉涂料的性能，在大面积施工或采用对其性能不熟悉的涂料品种时，应做小型样板试验，以免使用不当造成损失。

（5）常用涂料。一般涂料按其所起的作用可分为底漆和面漆，先用底漆打底，再用面漆罩面。防锈漆和底漆都能防锈，都可用于打底，它们的区别是底漆的颜料成分高，可以打磨，漆料着重在对物品表面的附着力，而防锈漆的漆料偏重在满足耐水、耐碱等性能的要求。

1) 防锈漆。

a. 硼钡酚醛防锈漆（F53-39）和各色硼酚钡醛防锈漆（F53-41）。这些防锈漆是由偏硼酸钡为主的防锈颜料与酚醛树脂漆料等配制而成，成品为灰色，对钢铁表面有很强的附着力和优良的防锈能力，是新型防锈漆，已开始取代沿用已久的红丹防锈漆而被广泛应用。它避免了红丹防锈漆在制漆过程中及火工作业时的铅中毒现象，易于涂刷也可喷涂，延燃面积小，遮盖力比红丹防锈漆强，色浅易为面漆覆盖，干燥比红丹防锈漆快。施工时钢铁要除锈出白，一般涂该漆两道，每道约 $30\mu m$，不宜过厚，再涂 $1\sim2$ 道面漆。配套面漆为酚醛磁漆、醇酸磁漆，不足之处是沿海及湿热地区应用性能不理想。

b. 铝粉铁红酚醛醇酸防锈漆（C53‐31）。这种漆是以铝粉氧化铁为主要防锈颜料与酚醛及醇酸漆料等配制而成，成品为灰红色，与硼钡酚醛防锈漆一样，对钢铁表面具有很强的附着力和优良的防锈能力，也是新型防锈漆，在沿海地区应用效果不错，并得到广泛的应用。

c. 云母氧化铁酚醛底漆（F53‐40）。以云母氧化铁为防锈涂料与油基酚醛漆配制而成。成品为红褐色，对钢铁具有很强的附着力及优良的防锈能力，并适合沿海及湿热地区使用，已成为取代红丹防锈漆的新型防锈漆之一，其干燥时间比铝粉铁红酚醛醇酸防锈漆稍长一些。

d. 红丹油性防锈漆（如 Y53‐31 红丹油性防锈漆、F53‐31 红丹酚醛防锈漆等）。这些漆沿用已久，对钢铁表面有着很强的附着力及优良的防锈能力，并适合沿海及湿热地区使用。但这类漆生产制造需耗用一定量的铅，在生产过程及火工作业时易产生铅中毒，因此，这类成品已被限制有条件使用，最终将被淘汰。

e. Y53-32 铁红油性防锈漆、F53-33 铁红酚醛防锈漆。这些防锈漆对钢铁的附着力较强，但防锈性比起前几类防锈漆差，耐磨性差，可在腐蚀不太严重的情况下打底用。

f. F53-34 锌黄酚醛防锈漆，锌黄酚醛防锈漆防锈性能好，适用于涂刷钢铁表面。

2) 底漆。

a. 7108 稳化型带锈底漆。该漆是用合成树脂加入化锈颜料、稳锈颜料和有机溶剂等经研磨调制而成，成品为铁红色，可直接涂刷在已锈蚀的钢铁表面上，不仅能抑制锈蚀的发展，而且能将锈蚀逐步化为有益的保护性物质。防锈效果基本上与红丹油性防锈漆相同，同时又避免了铅中毒现象。该漆为单装型，运输施工方便，可喷刷两用，干燥快，附着力强，烧焊时延燃面积较红丹油性小，具有较好的耐低温性能、耐热性和耐硝基性，并可在未除锈的钢铁上、潮湿的物面上、坚固的旧漆表面上施工。该漆在氧化皮铁板上的附着力较差，适用于化工设备、管道等易锈蚀的钢铁面上打底用，同时可减轻繁重的除锈劳动，加快施工速度。

施工前，应先清除钢铁表面的疏松旧漆、泥灰、氧化皮、浮锈或局部严重的锈蚀，使锈层厚度不大于 $80\mu m$。使用时，可用 200 号汽油、松香水、松节油、二甲苯等调稀。以涂两道为宜，使漆膜厚度不小于 $60\mu m$。每道均需经 24h 充分干燥，其上需再覆盖两道面漆。7108 稳化型带锈底漆能与大部分面漆配套，如醇酸型、酚醛型、沥青型等。若喷涂过氯乙烯磁漆等易挥发性的面漆时，则第一道面漆不宜喷得过厚，以免引起咬底。

b. X06-1 磷化底漆。该漆主要作为有色金属底层的防锈涂料，能代替钢铁的磷化处理，可增加有机涂层和金属表面的附着力，防止锈蚀，延长有机涂层的使用寿命。但不能代替一般采用的底漆,涂刷后仍需涂 1～2 道其他防腐底漆。该漆不宜用于碱性介质中。

c. C06-1 铁红醇酸底漆。该漆对金属表面附着力强,能防锈,有弹性,耐冲击,干燥较快,漆膜坚硬,耐油,施工方便,配套性较好。配套面漆有过氯乙烯面漆、沥青漆等,一般涂刷两道。

d. F06-9 铁红纯酚醛底漆。该漆附着力强,防锈性能好,但施工时需加热固化(在 105℃烘干 35min),适用于钢铁表面,一般涂两道。

e. HO6-2 铁红、锌黄、铁黑环氧底漆。该漆对黑色金属附着力极强,防锈、耐水,防潮性能比一般油漆和醇酸底漆好,漆膜坚韧持久,干性优良,自干、烘干均可,性能以烘干为佳。施工时,先除去金属表面锈迹、油垢、水分。要求较高时,可先涂一层磷化底漆,再涂此漆。该漆用二甲苯与丁醇的混合液作为稀释剂,刷涂或喷均可。

f. H06-19 锌黄环氧底漆。该漆漆膜坚硬、耐久、附着力良好,若与乙烯磷化底漆配套使用可提高耐潮耐盐雾和防锈性能,适用于铝及铝镁合金表面。施工时,先除去金属表面的污垢水分,再涂一层乙烯磷化底漆。使用前应搅拌均匀,用二甲苯稀释到施工所需黏度,喷涂或刷涂均可。

g. G06-4 锌黄、铁红过氯乙烯底漆。该漆防锈和耐腐蚀性能优于 C06-1 铁红醇酸底漆,但附着力较差,如在 60～65℃加热 2h 后,可增强附着力和其他性能,与过氯乙烯漆配套使用,以喷涂为主,也可涂刷。稀释剂一般用 X-3 或 X-23 过氯乙烯稀释剂。

3) 沥青漆。沥青漆是用天然沥青或石油沥青溶于有机溶剂或加于干性油、合成树脂等炼制,以及用煤焦油沥青溶于煤焦溶剂配制而成。沥青漆由于价格低廉,又具有耐水、耐化学药品的腐蚀等特性,因此应用较多。沥青漆在常温下能耐氧化氮、二氧化硫、三氧化硫、氨气、酸雾、氯气、氯乙醇、低浓度的无机盐和浓度 40% 以下的碱、海水、土壤、盐类溶液以及酸性气体等介质腐蚀。沥青漆的漆膜对阳光的稳定性差,耐热温度为 60℃,常用于设备、管道表面,防止工业大气、土壤水的腐蚀。

常用的沥青漆有 L50-1 沥青耐酸漆、L01-6 沥青清漆、L04-2 铝粉沥青磁漆、L06-33 沥青烘干底漆等。若技术条件具备,施工单位也可自行配制一些常用的防腐漆、防水漆、防潮漆等。

4) 面漆。面漆用来罩光、盖面,作表面保护和装饰用。

9.5.3 管道防腐绝缘层的施工

(1) 防腐施工的基本要求。

1) 应掌握好涂装现场温湿度等环境因素,在室内涂装的适宜温度为 20～25℃,相对湿度以 65% 以下为宜。在室外施工时应无风沙、雨、雪,气温不宜低于 5℃,不宜高于 40℃,相对湿度不宜大于 85%,涂装现场应有防风、防火、防冻、防雨等措施。

2) 对管道要进行严格的表面处理,如清除铁锈、灰尘、油脂、焊渣等表面处理。按照设计要求的除锈等级采取相应的除锈措施。

3) 为了使处理合格的管道表面不再生锈或污染油污等,必须在 3h 内涂第一层漆。

4) 控制各涂料的涂装间隔时间,掌握涂层之间的重涂的适应性,必须达到要求的漆膜厚度,一般以 150～200μm 为宜。

5) 操作区域应通风良好,必要时可安装排风设备,以防止中毒事故发生。

6) 根据涂料的性能,按安全技术操作规程进行施工,并应定期检查及时维护。

（2）管道的除锈与脱漆。

1）管道的除锈。管道表面除锈是管道防腐施工中极其重要的环节，除锈就是将管道表面的油脂、锈层、尘土等污物除去的措施。除锈质量的好坏，直接影响漆膜的寿命，因此，必须重视。除锈方式有三种：手工除锈、机械除锈和化学除锈。

a. 手工除锈。用刮刀、手锤、钢丝刷以及砂布、砂纸等手工工具磨刷管道表面的铁锈、污垢等操作方法为手工除锈。当管道表面的锈层较厚时，可用锤子轻轻敲掉锈层，对于不厚的浮锈可直接用钢丝刷等工具拭掉，直到露出金属的本色，再用棉纱擦拭，管内壁浮锈可用圆钢丝刷来回拖动磨刷。这些方法所需的工具简单，操作方便，尽管劳动强度大、效率低，但仍被广泛采用。

b. 机械除锈。利用机械动力的冲击摩擦作用将管道锈蚀除去，是一种较为先进的除锈方法。常用的有风动钢丝刷、电动刷、管子除锈机除锈等。

c. 喷砂除锈。管道工程中使用的喷砂除锈常为干式喷砂法。喷砂时金属表面不得受潮，当金属表面温度低于露点 3℃ 以下时，应停止喷砂作业。喷砂作业用压缩空气的压力不应低于 0.4MPa。

d. 化学除锈。利用酸溶液和铁的氧化物发生化学反应将管子表面锈层溶解、剥离以达到除锈的目的，所以又称酸洗除锈。酸洗的方法较多，常用的有槽式浸泡法和管洗法。管洗法就是将管内灌入酸洗液，并将管子两端密封，然后转动管子，掌握好酸洗的时间。槽式浸泡法就是将管子放入酸洗槽中浸泡，掌握好浸泡时间，用目测检查，以内外壁呈现出金属光泽为合格。酸洗合格的管子应立即放入氨水或碳酸钠溶液中浸泡（若是采用管洗法，应立即将中和液灌入管内），使管壁内外完全中和，然后，再将管子放入热水槽中冲洗。清洗之后的管子应加以干燥。

进行酸洗的操作人员必须有安全可靠的防护措施。操作人员应戴防护眼镜、口罩，穿好工作服，戴好橡皮手套等，旁边还应有清洁的水、药棉、纱布等备用物品。

2）管道的脱漆。管道表面的漆膜在使用过程中逐渐老化，引起粉化、龟裂、起壳和脱落等现象，使漆膜丧失保护作用，这就需要清除旧漆膜，重新涂漆。清除旧漆膜有前述的手工、机械、喷砂等方法。此外，还有喷灯烧烤除漆和已被广泛采用的有机溶剂脱漆剂清除管道旧漆膜的方法。使用脱漆剂脱漆时，首先将管道表面的尘土和污物去掉，然后将管子放入装有脱漆剂的槽中，浸泡 1~2h 取出，用木、竹刮刀刮除或用长毛刷（或用排笔）蘸上脱漆剂涂刷在管道旧漆膜上，静置 10min，冬季可延长 30min 左右，待漆膜软化溶解后，即可用刮刀轻轻铲除，直至使漆膜全部脱去为止。使用脱漆剂具有脱漆效率高、施工方便、对金属腐蚀性小等优点，但也有易挥发，有一定毒性、污染环境、成本较高等缺点。

（3）防腐涂料的一般施工方法。防腐涂料中常用的施工方法有刷、喷、浸、浇等。施工中一般采用刷涂和喷涂两种方法。

涂料使用前，应先搅拌均匀，对于表面已起皮的涂料，应加以过滤，除去小块漆皮，然后根据喷涂方法的需要，选择相应的稀释剂进行稀释至适宜稠度，调成的涂料应及时使用。

1）手工涂刷。手工涂刷是用刷子将涂料往返地涂刷在管子表面上，这是一种古老而又普遍的施工方法，此法工艺简单、易操作，不受场地、物体形状和尺寸大小的限制。由于刷子具有一定的弹性，对管材的适用能力强，从而提高了涂层防腐效果。手工涂刷的缺点是手工劳动生产效率低，施工质量很大程度上取决于施工操作人员的操作技术和工作态度。

手工涂刷的操作程序一般为自上而下，从左至右纵横涂刷，使漆膜形成薄而均匀、光亮平滑的涂层。手工涂刷不得漏涂，对于管道安装后不易涂刷的部位应预先刷涂好。

涂料施工宜在 5～40℃ 的环境温度下进行，并应有防火、防冻、防雨措施。现场刷涂料一般情况下是任其自然干燥，涂层未经充分干燥，不得进行下一道工序施工。

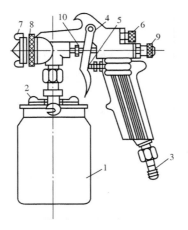

图 9-9　涂料喷枪
1—漆罐；2—轧篮螺栓；3—空气接头；4—扳机；
5—空气阀杆；6—控制阀；7—喷嘴；
8—螺母；9—螺栓；10—针塞

2）喷涂。喷涂是以压缩空气为动力，用喷枪将涂料喷成雾状，均匀地喷涂在钢管的表面上，用喷涂法得到的涂料层表面均匀光亮、质量好、耗料少、效率高，适用于大面积的涂料施工。

涂料喷枪如图 9-9 所示，使用空气压力一般为 0.2～0.4MPa。喷嘴距被喷涂物的距离：当表面是平面时为 250～350mm，当表面是弧面时，一般为 400mm 左右；喷嘴移动速度一般为 10～15m/min。

喷涂时，操作环境应保持洁净，无风沙、灰尘，温度宜为 15～30℃，涂层厚度在 0.3～0.4mm 为宜，喷涂后不得有流挂和漏喷现象，涂层干燥后，需用砂布打磨后再喷涂下一层。这样做是为了除掉涂层上的粒状物，使物料层平整，并可增加下一层涂料间的附着力。为了防止遗漏喷涂，前后两次涂料的颜色配比时可略有区别。

涂层质量应使涂膜附着牢固均匀，颜色一致，无剥落、皱纹、气泡、真孔等缺陷。涂层应完整、无损坏、无漏涂等现象。

9.5.4　架空管道的防腐

架空及地沟内管道长期处于大气环境中，因此要求涂料具有附着力强，耐大气腐蚀，有较好的耐水性、防潮性、耐候性，并要求有一定的装饰性，从而使管道表面与外界空气、水、灰尘及腐蚀物质隔绝，避免管道腐蚀。架空管道分为绝热管道防腐和明装管道防腐两种形式。

（1）绝热管道涂料防腐。热力管道和制冷管道通常都采取绝热措施，管道外表面不与周围环境接触。一般在管壁金属外表面涂刷两道防锈漆或底漆，在绝热保护层外表面涂刷两道色漆做防腐层即可。

绝热外表面的涂层，应根据绝热保护层所用材料和所处环境的不同，选择不同的色漆。

1）室内和地沟内的管道绝热保护层所用色漆，可根据涂层的种类分别选用各色油性调和漆，各色酚醛漆、醇酸磁漆以及各色耐酸漆、防腐漆等。半通行和不通行地沟内管道的绝热层外表面，应涂刷具有一定的防潮、耐水性能的沥青冷底子油或各色酚醛磁漆、各色醇酸磁漆等。

2）室外管道绝热保护层防腐所用色漆，应选用耐候性好，并具有一定防水性能的涂料。当绝热保护层采用非金属材料时，应涂刷两道各色酚醛磁漆或各色醇酸磁漆，也可先刷一道沥青冷底子油，再刷两道沥青漆，并采用软化点较高的 3 号专用石油沥青作基本漆料。当采用黑铁皮做绝热保护层时，在黑铁皮外表面均应先刷两道红丹防锈漆，再刷两道色漆。

（2）明装管道涂料防腐。明装管道通常输送介质温度较低（通常不超过 100℃），所以在选择涂料品种时，可不考虑耐热要求，而主要考虑周围环境的要求，确定涂层类别。

1) 室内架空及通行地沟管道,一般先涂两遍红丹油性防锈漆或红丹酚醛防锈漆,外面再刷两道各色油性调和漆或各色磁漆。

2) 室外架空管道、半通行地沟和不通行地沟内的管道以及室内的冷水管道,应选用一定的防潮、耐水、耐候性的涂料,底漆可用红丹酚醛防锈漆,面漆可用各色酚醛磁漆、各色醇酸磁漆或沥青漆等。

9.5.5 埋地管道的防腐

埋地铺设的管道主要有铸铁管和碳钢钢管两种,铸铁管只需涂 1~2 道沥青漆或热沥青即可,而碳钢管由于受到土壤中各种酸、碱、盐类及地下水和杂散电流的腐蚀,因此必须在钢管外壁采取相应的防腐措施。

目前,各种埋地管道的防腐层主要有石油沥青防腐层、环氧煤沥青防腐层、聚乙烯胶松节防腐层、塑料防腐层、环氧粉末防腐层、聚氨酯泡沫塑料防腐层。

(1) 沥青防腐层。

1) 沥青防腐层的种类。沥青防腐层的结构如图 9 - 10 所示,其种类一般分为正常防腐层(也称普通防腐层)、加强防腐层、特加强防腐层 3 种,见表9 - 9。

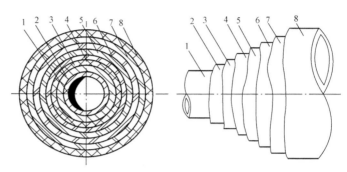

图 9 - 10 石油沥青防腐层
1—钢管;2—沥青底漆;3、5、7—沥青;
4、6—玻璃布;8—外保护层

表 9 - 9 沥青防腐层的种类

防腐层层次 (从金属表面起)	防腐层类型		
	正常防腐层	加强防腐层	特加强防腐层
1	冷底子油	冷底子油	冷底子油
2	沥青涂层	沥青涂层	沥青涂层
3	外包保护层	加强包扎层	加强包扎层
		(封闭层)	(封闭层)
4		沥青涂层	沥青涂层
5		外包保护层	加强包扎层
6			(封闭层)
			沥青涂层
7			外包保护层
防腐层厚度不小于(mm)	3	6	9
厚度允许偏差(mm)	−0.3	−0.5	−0.5

注 1. 涂刷冷底子油应均匀一致,不宜太厚,一般为 0.1~0.15mm。

2. 沥青涂层又称为沥青玛蹄脂,厚度为3mm。

3. 用玻璃布作加强包扎层时,需涂一道冷底子油进行封闭,以防止浇涂沥青时起泡。

4. 防腐层厚度不包括保护层在内。

2）沥青防腐层的材料。

a. 冷底子油。冷底子油的作用是增加沥青涂层与钢管表面的黏结力。冷底子油是用与沥青涂层相同的沥青和不含铅的汽油按 1：2.25～2.5（体积比）的配比配制而成。调配时先将沥青加热至 170～220℃进行脱水，然后再降温至 70℃左右，再将沥青慢慢倒入按上述配合比备好的汽油中，一边倒一遍搅拌。严禁把汽油倒入沥青中。

b. 石油沥青。用于防腐的石油沥青，一般采用建筑石油沥青或改性石油沥青。熬制前，宜将沥青破碎成粒径为 100～200mm 的块状，并清除纸屑、泥土及其他杂物。熬制开始时，应缓慢加热，熬制温度控制在 220℃左右，最高不得超过 250℃，熬制中应经常搅拌，并清除熔化沥青表面上的漂浮物。

沥青锅的容量不得超过其容积的 3/4。每锅沥青的熬制时间一般宜控制在 4～5h 左右。每口锅熬制 5～7 锅后，应进行一次清锅，将沉渣及结焦清除干净，熬好的沥青应逐锅进行化验。

c. 玻璃布。玻璃布为沥青绝缘层中间加强包扎材料，其作用是提高防腐层的强度整体性和稳定性。用于管道防腐的玻璃布有毛纺布、定长纤维布，目前多采用连续长纤维布。要求玻璃布的含碱量为 12%左右（中碱性），为使玻璃布与沥青更好黏合，多采用网状结构，常用的网状管道包扎布规格：经纬密度为 $8 \times 8mm/m^2$，厚度为 0.1mm，宽度为 300～800mm（根据管径而定），两端封边，卷装带心轴。

d. 聚氯乙烯工业膜。通常在沥青绝缘层的最外边，还包一层透明的聚氯乙烯薄膜，其作用是增强绝缘层的防腐性能，提高绝缘层的强度和热稳定性、耐寒性，为防止绝缘层的机械损伤和日晒变形，通常其厚度为 0.2mm，宽度比玻璃布宽 10～15mm。

3）沥青绝缘防腐层的施工。

a. 刷冷底子油。冷底子油应涂刷在洁净、干燥的管子表面上，涂刷要均匀，无空气、无气泡、无凝土、无滴落和流痕等缺陷，表面不得有油污和灰尘，涂抹厚度为 0.1～0.2mm。

b. 浇涂热沥青。冷底子油干燥后，方可浇涂热沥青，沥青的浇涂温度为 200～220℃，浇涂时的最低温度不得低于 180℃，若施工环境高于 30℃，则允许沥青温度降至 150℃。浇涂时，不得有气孔、裂纹、凸瘤和落入杂物等缺陷。每层沥青的浇涂厚度为 1.5～2mm。

c. 缠玻璃丝布。浇涂热沥青后，应立即缠玻璃丝布。玻璃丝布必须干燥、清洁，缠绕时应紧密无皱褶，压边应均匀，压边宽度为 30～40mm，玻璃布的搭接长度为 100～150mm。玻璃布的沥青浸透率应达 95%以上，严禁出现大于 50mm×50mm 的空白，管子两端应按管径大小预留一段不涂沥青的长度。预留长度一般为 150～250mm，钢管两端应做成阶梯形接茬，阶梯接茬宽度为 50mm 左右。

d. 包扎聚氯乙烯工业膜。待沥青层冷却至 100℃以下时，方可包扎聚氯乙烯工业膜外保护层，外包聚氯乙烯应紧密适宜，无皱褶、脱壳等现象，压力应均匀，压边宽度为 30～40mm，搭接长度为 100～150mm。

沥青防腐层施工，宜在环境温度高于 5℃的气象条件下进行。如在气温低于－5℃，且不下雪、空气相对湿度不大于 75%时，管道在进行沥青绝缘防腐涂覆时可不预热；若空气湿度大于 75%，管道上有霜露时，应先将管道预热，干燥后再进行涂覆工作。在气温低于－20℃时，或在雾、雪和大风天气中，不得进行涂覆作业。

4）沥青防腐绝缘层的质检。沥青防腐层施工完成，应进行质量检查，除特殊要求外，一般检查项目如下：

a. 外观检查。用目视逐根进行检查，绝缘层表面应平整，无明显气泡、麻面、皱纹、凸瘤等缺陷，外包聚乙烯工业膜应均匀无褶皱，两管端的接茬阶梯宽度为 50mm。

b. 厚度检查。按设计规定的防腐等级，厚度应符合要求。防腐层厚度应用测厚仪进行测定，抽查根数为 5%，每根 3 个截面，每个截面测上、下、左、右 4 个点，以最薄点为准。若不合格，按抽查的根数加倍抽查，其中仍有一根不合格时，则需逐根抽查，其厚度偏差不应超过设计厚度的 1/10，若是特加强防腐，则不应超过设计厚度的 1/18。

c. 防腐层的连续性检查. 可用高压电火花检漏仪进行检查，以不打火为合格，最低检漏电压可按式（9-44）进行计算，即

$$U = 7840\sqrt{\delta} \qquad (9-44)$$

式中　U——检漏仪电压，V；

　　　δ——防腐层厚度（取实测厚度的算术平均值），mm。

施工现场常用的最低检漏电压要求：普通防腐层为 16～18kV；加强防腐层为 22kV；特加强防腐层为 25kV。

d. 黏结力检查。在管道防腐层上，切一夹角为 45°～60°的切口，切口边长为 40～50mm，从角尖端撕开防腐层，撕开面积为 30～50cm²，防腐层应不易撕开，撕开后黏附在钢管表面上的第一层沥青占撕开面积的 100% 为合格。每批防腐钢管，应按钢管根数的 5% 检查，每根测一处，若有一根不合格时，应加倍检查，其中仍有一根不合格时，则需逐根检查。

e. 钢管接头焊缝经检验、试压合格后，应进行接头补口，管道补口用的防腐材料、底漆的配比和涂刷要求除设计有特殊要求外，应和管道防腐层的施工相一致。补口时每层沥青和玻璃丝布应将原管道留出的相应茬口覆盖 50mm 以上。最后一层的聚乙烯工业膜压茬与各层玻璃丝布的压茬相同。

防腐绝缘层施工各工序间，应严格进行检查，并做好详细记录。

（2）环氧煤沥青防腐层。环氧煤沥青防腐层适用于埋地输送油、水、气的钢质管道的外壁防腐蚀，但输送介质的温度不应超过 110℃。

1）材料。

a. 环氧煤沥青。环氧煤沥青涂料是甲、乙双组分涂料，由底漆的甲组分加乙组分（固化剂）及面漆的甲组加乙组分（固化剂）组成，并和相应的稀释剂配套使用。

b. 中碱玻璃布。环氧煤沥青防腐层应采用中碱、无捻、无蜡的玻璃布作加强基布，含蜡的必须脱蜡，其出厂产品包装应有防潮措施。

2）防腐层的等级与结构。环氧煤沥青防腐层如图 9-11 所示。涂料用于埋地钢管外防腐蚀时，应根据不同的土壤环境，选用不同等级结构的防腐层，见表 9-10。

表 9-10　　　　　　　　　　　环氧煤沥青防腐等级与结构

防腐层等级	结　　　构	干膜厚度（mm）
普通	底漆—面漆—面漆	≥0.2
加强	底漆—面漆—玻璃布—面漆—面漆	≥0.4
特加强	底漆—面漆—玻璃布—面漆—玻璃布—面漆—面漆	≥0.6

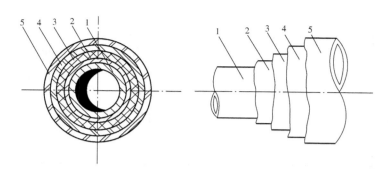

图 9-11　环氧煤沥青防腐层
1—钢管；2—底漆；3—面漆；4—玻璃布；5—二层面漆

3）环氧煤沥青防腐层的施工及要求。

a. 钢管表面处理。钢管涂覆前，必须进行表面处理，除去油污、泥土等杂物，使表面达到无焊瘤、无棱角、光滑无毛刺。

b. 涂料配制。环氧煤沥青的配制，应按下列要求进行：

a）整桶漆在使用前，必须充分搅拌，使整桶漆混合均匀。底漆和面漆必须按厂家规定的比例配制，配制时应先将底漆或面漆倒入容器，然后再缓慢加入固化剂，边加边搅拌，直至均匀。

b）刚开桶的面漆或底漆不得加入稀释剂，在施工过程中，当黏度过大不宜涂刷时，加入的稀释剂重量不得超过 5%。

c）配好的涂料需熟化 30min 后方可使用，常温下涂料的使用周期一般为 4～6h。

c. 涂刷底漆。钢管经表面处理后应尽快涂底漆，间隔时间不得超过 6h，如施工环境恶劣（如湿度过高、空气含盐雾）时，还应进一步缩短间隔时间。涂料涂刷要均匀，不得漏涂，每根管子的两端应留有 150mm 左右的长度，以便焊接。

d. 刮腻子。如焊缝高于管壁 2mm，用面漆和滑石粉调成稠度适宜的腻子，在底漆表干后抹在焊缝两侧，并刮平成为过渡曲面，避免缠玻璃布时出现空鼓。

e. 涂面漆和缠玻璃布。底漆表干或打腻子后，即可涂面漆。面漆涂刷要均匀，不得漏涂。在室温下，涂底漆与涂第一道面漆的间隔时间不应超过 24h。

a）普通级结构。普通级结构的防腐层，在第一道面漆实干后方可涂第二道面漆。

b）加强级结构。加强级结构防腐层，涂第一道面漆后即可缠绕玻璃布，玻璃布要拉紧，表面要平整，无褶皱和鼓包。压边宽度为 20～25mm；布头搭接长度为 100～150mm。缠玻璃布后即涂第二道面漆，面漆涂刷要饱满，玻璃布上的网眼应灌满涂料，第二道面漆实干后，方可涂第三道面漆。

c）特加强级防腐结构。特加强级的防腐层，依上述一道面漆一层玻璃布的顺序要求进行。在第三道面漆实干后，方可涂第四道面漆。两层玻璃布的缠绕方向相反。施工过程中，若发现玻璃布受潮，应将其烘干。否则，不能使用。

f. 检查防腐层干性的标准。

a）表干。用手指轻触防腐层不黏手。

b）实感。用手指推捻防腐层不移动。

c）固化。用手指甲力刻防腐层不留划痕。

4）补口及补伤。补口及补伤应在对口焊接后进行，对因连接、安装要求所裸露的部位或由于各种原因损坏的部位进行涂刷，称为补口及补伤。

a. 结构及材料。补口及补伤处的防腐层结构及所用材料应与管体的防腐层相同。

b. 除锈、除污。在钢管的补口及补伤处，必须对钢管进行表面处理，处理标准及要求与管体相同。

c. 补口要求。补口时首先对管端阶梯形接茬处的防潮层表面进行处理，去除油污、泥土等杂物，然后用砂纸将其打毛，补口处防腐层的施工顺序与管体防腐层相同。

d. 补伤的要求。补伤处的防腐层和管体的防腐层的搭接应成阶梯形接茬，其搭接长度不应小于100mm。若补伤处防腐层未露铁，应先对其表面进行处理，并用砂纸打毛后再补涂面漆和贴玻璃布；若补伤处已露铁，则应对裸露的金属表面进行除锈除污，然后按管体防腐层的施工顺序及方法补涂底漆、面漆和粘贴玻璃布。

复 习 思 考 题

1. 保温的作用是什么？在什么情况下要设置保温？
2. 在供热工程中，什么情况下可以不进行保温？
3. 常见的保温材料有哪些？各具有什么特点？
4. 常见的保温做法有哪些，分别应用于什么场所？
5. 供热工程中表现出管道腐蚀具有什么特点？
6. 常用的防腐涂料有哪些？
7. 常用的除锈方法有哪些？对于机械除锈的要求是什么？
8. 常见的涂料施工方法有哪些，分别应用于什么场所？

第10章 供热管网的运行与调节

10.1 供热管网系统的水力工况

供热系统中流量、压力的分布状况称为系统的水力工况。热水网路的水力工况取决于网路循环水泵与网路水力特性曲线的交点。供热系统中温度、供热量的分布状况称为系统的热力工况。供热系统供热效果的好坏，是由热力工况直接反映的，而热力工况的变化是由水力工况的变化来制约的，因此，供热系统普遍存在的冷热不均现象，其主要原因是由系统水力工况失调引起的。分析供热系统水力工况变化规律及其对水力失调的影响，研究改善水力失调的方法，对供热系统设计和运行管理实践都具有指导意义。

10.1.1 供热管网的水力失调

10.1.1.1 水力失调的概念

在热水供热系统运行过程中，往往由于多种原因，使网路中某些管段的流量分配不符合各热用户设计要求的设计流量，因而造成各热用户的供热量不符合要求。

按照设计情况绘制的供热系统水压图称为设计水压图，在设计水压图下运行的流量、压力分布情况称为设计水力工况。供热系统实际运行的流量、压力分布情况称为实际水力工况。供热系统的实际水力工况与设计水力工况的不一致性，即热水供热系统中各热用户的实际流量与设计要求的流量之间的不一致性，称为供热系统的水力失调。

水力失调度可用实际流量与设计流量的比值衡量，即

$$x = Q_s / Q_g \tag{10-1}$$

式中　x——供热系统的水力失调度；

$\quad\quad Q_s$——供热系统的实际流量，m^3/h；

$\quad\quad Q_g$——供热系统的设计流量（或供热调节时要求的流量），m^3/h。

水力失调度 x 可用来表示供热系统水力失调的程度。当 $x=1$ 时，即 $Q_s=Q_g$，供热系统处于正常水力工况。当 $x>1$ 或 $x<1$ 时，供热系统水力工况产生失调。

对于整个网路系统来说，各热用户的水力失调状况是多种多样的。

管网系统中所有管段的水力失调度 x 全部都大于 1，或全部都小于 1，称为一致失调。一致失调的各热用户流量或者全都增大或者全都减小。一致失调的各热用户的水力失调度若都相等，即 $x_1=x_2=\cdots=xn$，则称为等比一致失调，这些用户流量将按相同比例增加或减少。一致失调的各热用户的水力失调度若互不相等，则称为不等比一致失调，各热用户流量按不同比例增加或减少。

供热管网系统中所有管段的水力失调度有的大于 1，有的小于 1，称为不一致失调。不一致失调的各热用户流量，有的增大，有的减小。

10.1.1.2 产生水力失调的原因

管网系统水力失调的原因是多方面的，归纳起来主要有以下几方面：

（1）在设计上，网路各分支环路或用户系统各立管环路间，由于管径规格有限等因素，其压力损失未能在设计流量分配下达到平衡。

（2）网路开始运行时没有很好地进行初调节。

（3）运行过程中各热用户的实际流量发生变化。

（4）供热管网中热水流动的动力源（泵与重力差等）提供的能量与设计不符。例如，泵的型号、规格的变化及其性能参数的差异，动力电源电压的波动，热水自由液面差的变化等，导致管网中压头和流量偏离设计值。

（5）管网的流动阻力特性发生变化。例如，在管路安装中，管材实际粗糙度 K 的差别，焊接缝光滑程度的差别，存留于管道中的泥沙、焊渣多少的差别，管路走向改变而使管长度的变化，弯头、三通等局部阻力部件的增减等，均会导致管网实际阻力特性系数与设计计算值的偏离。尤其是一些在管网中设置的阀门，改变其开度即可能大大改变管网的阻力特性。

10.1.1.3　水力失调对管网系统的不利影响

事实上，供热系统中水力失调现象是难以避免的。由于供热管网系统是一个具有许多并联环路的管路系统，各并联环路之间的水力工况相互影响，系统中任何一个管段的流量发生变化，必然会引起其他管段的流量发生变化。如果某一管段的阀门关小或开大，必然导致各管段之间流量重新分配，即引起了水力失调。当某些环路因发生水力失调而流量过小，如锅炉循环系统中水冷壁管路流量分配不均，使部分管束水流停滞则有可能发生爆管事故。在供热系统中，流量的变化必然使其负担输配的热量改变，即其水力失调必然导致热力失调。

在水力失调发生的同时，管网系统中的压力分布也发生了变化。在一些特殊的情况下，局部管路和设备内的压力超过一定的限值，则可能使之破坏。

10.1.2　热水管网水力工况分析的基本原理

在城市热水网路中，水的流动状态大多处于阻力平方区。因此，流体的压降与流量关系服从二次幂规律。它可用式（10-2）表示为

$$\Delta p = R_m (l + l_d) = S Q^2 \tag{10-2}$$

式中　Δp——网路计算管段的压降，Pa；

　　　Q——网路计算管段的水流量，m^3/h；

　　　S——网路计算管段的阻力数，$Pa/(m^3/h)^2$，它表示管段通过 $1 m^3/h$ 水流量时的压降；

　　　R_m——网路计算管段的比摩阻，Pa/m；

　　l、l_d——网路计算管段的长度和局部阻力当量长度，m。

将式（4-4）代入式（10-2），可得

$$S = 6.88 \times 10^{-9} \frac{K^{0.25}}{d^{5.25}} (l + l_d) \rho \tag{10-3}$$

由式（10-3）可知，在已知水温参数下，网路各管段的阻力数 S 只和管段的管径 d、长度 l、管壁内壁当量绝对粗糙度 K 以及管段局部阻力当量长度 l_d 的大小有关，也即网路各管段的阻力数 S 与流量无关，仅取决于管段本身。

任何热水网路都是由许多管段串联和并联组成的。各管段的阻力数与管路总阻力数间的关系如下：

（1）对于串联管段，串联管段的总阻力数为各串联管段阻力数之和，即

$$S_{ch} = S_1 + S_2 + S_3 + \cdots \tag{10-4}$$

式中　　　S_{ch}——串联管段的总阻力数；

S_1、S_2、S_3——各串联管段的阻力数。

（2）对于并联管段，并联管段的总通导数为各并联管段通导数之和，即

$$a_b = a_1 + a_2 + a_3 + \cdots \tag{10-5}$$

即

$$\frac{1}{\sqrt{S_b}} = \frac{1}{\sqrt{S_1}} + \frac{1}{\sqrt{S_2}} + \frac{1}{\sqrt{S_3}} \cdots \tag{10-6}$$

在并联管段中，各分支管段中的流量分配关系为

$$Q_1 : Q_2 : Q_3 = \frac{1}{\sqrt{S_1}} : \frac{1}{\sqrt{S_2}} : \frac{1}{\sqrt{S_3}} = a_1 : a_2 : a_3 \tag{10-7}$$

式中　　a_b、S_b——并联管段的总通导数和总阻力数；

a_1、a_2、a_3——各并联管段的通导数；

S_1、S_2、S_3——各并联管段的阻力数；

Q_1、Q_2、Q_3——各并联管段的水流量。

由上述基本原理，可得出以下结论：

（1）供热系统总流量在各用户系统中分配的比例，仅仅取决于管网特性系数的大小。管网的阻力数一定，各用户流量之比值也一定，总流量增加或减少多少倍时，用户流量也随之增加或减少多少倍。

（2）当并联管段中任一分支管段阻力数变化时，管网总阻力数必然随之变化，且网路总流量在各分支管段中分配比例也相应发生变化。

（3）供热系统任一区段阻力数发生变化，则位于该区段之后的各区段（不含该区段）流量成等比一致失调。

根据上述并联管段和串联管段各阻力数的计算方法，可以逐步算出整个热水网路的总阻力数 S_{zh} 值。再利用图解法或计算法，可进一步确定循环水泵的工作点，求出热源输出的总流量。

图解法：根据 $\Delta p = S_{zh} Q^2$，可绘出热水网路的水力特性曲线。它表示出热水网路循环水泵流量 Q 及其压降 Δp 的相互关系，如图 10-1 所示的曲线 1。根据水泵样本，绘出水泵的特性曲线 Δp-G 曲线，如图 10-1 所示的曲线 2。这两条曲线的交点 A 即水泵的工作点，也即确定了网路的总流量和总压降。

计算法：将水泵的特性曲线用 $\Delta p = f(Q)$ 的函数式表示出来，然后根据已知的热水网路水力特性曲线 $\Delta p = S_{zh} Q^2$ 公式，两个公式联合求解，得出循环水泵工作点的 Δp 和 Q 值。

水泵的特性曲线，通常可用式（10-8）表示为

$$\Delta p = a + bQ + cQ^2 + dQ^3 + \cdots \tag{10-8}$$

式中　a、b、c、d——根据水泵的特性曲线数据拟合的函数式中的数值。

当热水网路的任一管段的阻力数在运行期间发生了变化（如调整用户阀门，接入新用户等），则必然使热水网路的总阻力 S 值改变，工作点 A 的位置随之改变，如图

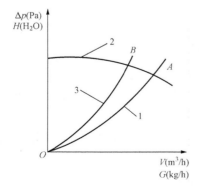

图 10-1　水泵与热水网路的
特性曲线

10-1所示曲线 3 的 B 点位置，热水网路的水力工况也就改变了。不仅网路总流量和总压降变化，而且由于分支管段的阻力数变化，也要引起流量分配的变化。

要定量地算出网路正常水力工况改变后的流量再分配，其计算步骤如下：

（1）根据正常水力工况下的流量和压降，求出网路各管段和用户系统的阻力数。

（2）根据热水网路中管段的连接方式，利用式（10-4）和式（10-6），逐步地求出正常水力工况改变后整个系统的总阻力数。

（3）整个系统的总阻力数确定后，可以利用上述图解法，画出网路的特性曲线，与网路循环水泵的特性曲线相交，求出新的工作点；或可利用上述计算法，求解确定新的工作点的 Δp 和 Q 值。当水泵特性曲线较平缓时，也可近似视为 Δp 不变，利用式（10-9）求出水力工况变化后的网路总流量 Q'，即

$$Q' = \sqrt{\frac{\Delta p}{S'_{zh}}} \tag{10-9}$$

式中　Q'——网路水力工况变化后的总流量，m^3/h；

　　　Δp——网路循环水泵的扬程，设水力工况变化前后的扬程不变，Pa；

　　　S'_{zh}——网路水力工况改变后的总阻力数，$Pa/(m^3/h)^2$。

（4）顺次按各并联管段流量分配的计算方法［式（10-7）］分配流量，求出网路各管段及各用户在正常工况改变后的流量。

10.1.3　热水管网水力工况的分析和计算

根据上述水力工况分析的基本原理，就可分析和计算热水网路的流量分配，研究它的水力失调状况。

当网路各管段和各热用户的阻力数已知时，可以用求出各用户占总流量的比例方法分析网路水力工况变化的规律。

如一热水网路系统有几个用户，如图 10-2 所示，干线各管段的阻力数以 S_I、S_{II}、S_{III}、$\cdots$、S_N 表示，支线与用户的阻力数以 S_1、S_2、S_3、$\cdots$、S_n 表示；网路总流量为 Q；用户流量以 Q_1、Q_2、Q_3、$\cdots$、Q_n 表示。

利用总阻力数的概念，用户 1 处的 Δp_{AA} 可用式（10-10）确定，即

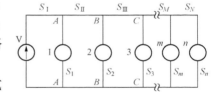

图 10-2　热水网路系统示意图

$$\Delta p_{AA} = S_1 Q_1^2 = S_{1-n} Q^2 \tag{10-10}$$

式中　S_{1-n}——热用户 1 分支点的网路总阻力数（用户 1 到用户 n 的总阻力数）。

由式（10-10）可得出用户 1 占总流量的比例，即相对流量比 $\overline{Q}_1$ 为

$$\overline{Q}_1 = Q_1/Q = \sqrt{\frac{S_{1-n}}{S_1}} \tag{10-11}$$

同理，对用户 2，Δp_{BB} 可用下式表示

$$\Delta p_{BB} = S_2 Q_2^2 = S_{2-n}(Q - Q_1)^2 \tag{10-12}$$

式中　S_{2-n}——热用户 2 分支点的网路总阻力数（用户 2 到用户 n 的总阻力数）。

从另一角度分析来看，用户 1 分支点处的 Δp_{AA} 也可写成

$$\Delta p_{AA} = S_{1-n} Q^2 = (S_{II} + S_{2-n})(Q - Q_1)^2$$

或

$$\Delta p_{AA} = S_1 Q_1^2 = S_{1-n}Q^2 = S_{\text{Ⅱ}-n}(Q-Q_1)^2 \qquad (10\text{-}13)$$

式中　$S_{\text{Ⅱ}-n} = S_{\text{Ⅱ}} + S_{2-n}$——热用户 1 之后的网路总阻力数（不包括用户 1 及其分支线）。

式（10-12）与式（10-13）相除，可得

$$\frac{S_2 Q_2^2}{S_{1-n}Q^2} = \frac{S_{2-n}}{S_{\text{Ⅱ}-n}}$$

则

$$\overline{Q}_2 = \frac{Q_2}{Q} = \sqrt{\frac{S_{1-n}S_{2-n}}{S_2 S_{\text{Ⅱ}-n}}} \qquad (10\text{-}14)$$

根据上述推算，可以得出第 m 个用户的相对流量比为

$$\overline{Q}_m = \frac{Q_m}{Q} = \sqrt{\frac{S_{1-n}S_{2-n}S_{3-n}\cdots S_{mn}}{S_m S_{\text{Ⅱ}-n}S_{\text{Ⅲ}-n}\cdots S_{Mn}}} \qquad (10\text{-}15)$$

由式（10-15）可以得出如下结论：

（1）各用户的相对流量比仅取决于网路各管段和用户的阻力数，而与网路流量无关。

（2）第 d 个用户与第 m 个用户（$m>d$）之间的流量比，仅取决于用户 d 和用户 d 以后（按水流动方向）各管段和用户的阻力数，而与用户 d 以前各管段和用户的阻力数无关。如 $d=4$，$m=7$，则有

$$\frac{Q_m}{Q_d} = \frac{Q_7}{Q_4} = \sqrt{\frac{S_{5-n}S_{6-n}S_{7-n}S_4}{S_{\text{Ⅴ}-n}S_{\text{Ⅵ}-n}S_{\text{Ⅶ}-n}S_7}} \qquad (10\text{-}16)$$

下面以几种常见的水力工况变化情况为例，利用水压图，定性地分析水力失调的规律。

如图 10-3（a）所示为一个带有五个热用户的热水网路。假定各热用户的流量已调整到规定的数值。如改变阀门 A、B、C 的开启度，网路中各热用户将产生水力失调。同时，水压图也将发生变化。

（1）循环水泵出口阀门关小。当水泵出口阀门 A 关小时，网路的总阻力数增大，总流量 Q 将减少（假定网路循环水泵的扬程是不变的），管网压力损失也减少。由于除水泵出口阀门 A 关小外，系统其余阀门均未调节，即热用户 1～5 的网路干管和用户分支管的阻力数无改变，因而根据式（10-16）的推论可以肯定，各热用户的流量分配比例也不变，即都按同一比例减少，网路产生等比一致失调。网路水力工况变动前后水压图如图 10-3（b）所示，图中实线为正常工况下的水压图，虚线为阀门 A 关小后的水压图。由于各管段流量均减少，因而虚线的水压曲线比原水压曲线变得较平缓一些。各热用户的流量按同一比例减少的。因而，各热用户的作用压差也按相同的比例减少。

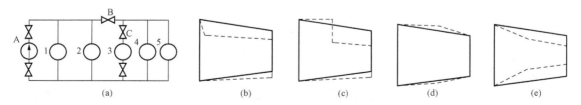

图 10-3　热水网路的水力工况变化示意图

（2）供水干管某处阀门关小。当供水干管阀门 B 关小时，网路的总阻力数增加，总流量 Q 将减少。管网压力损失除 B 点外也减少，供水管 B 点处出现一个急剧压力降。水力工

况变化后的水压图见图 10 - 3 (c) 中虚线,图中供水管和回水管水压线将变得平缓一些。

水力工况的这个变化,对于阀门 B 以后的用户 3、4、5,相当于本身阻力数未变而总的作用压力却减少了。根据式 (10 - 16) 的推论,它们的流量也按相同的比例减少,这些用户的作用压力也按同样比例减少,因此将出现等比一致失调。

对于阀门 B 以前的用户 1、2,根据式 (10-16) 推论,可以看出用户流量将按不同的比例增加,它们的作用压差都有增加但比例不同,这些用户将出现不等比一致失调。

对于全部用户,既然流量有增有减,那么整个网路的水力工况就发生了不一致失调。

(3) 用户阀门关闭。当用户 3 阀门 C 关闭后,网路的总阻力数将增加,总流量 Q 将减少。从热源到用户 3 之间的供水和回水管的水压线将变得平缓一些,但因假定网路水泵的扬程并无改变,所以在用户 3 处供回水管之间的压差将会增加,用户 3 处的作用压差增加相当于用户 4 和 5 的总作用压差增加,因而使用户 4 和 5 的流量按相同的比例增加,并使用户 3 以后的供水管和回水管的水压线变得陡峭一些。工况变动后的水压图如图 10 - 3 (d) 中虚线所示。

根据式 (10 - 16) 的推论,从图 10 - 3 (d) 的水压图中可见,在整个网路中,除用户 3 以外的所有热用户的作用压差和流量都会增加,出现一致失调。用户 3 前面的热用户 1 和 2,为不等比一致失调,而用户 3 后面的热用户 4 和 5,为等比一致失调。

(4) 热水网路未进行初调节的水力工况。由于网路近端热用户的作用压差很大,在选择用户分支管路的管径时,又受到管道内热媒流速和管径规格的限制,其剩余压头在用户分支管路上难以全部消除。如网路未进行初调节,近端热用户的实际阻力数远小于设计规定值,网路总阻力数比设计的总阻力数小,网路的总流量增加。位于网路近端的热用户,其实际流量比规定流量大得多,网路干管近端的水压曲线将变得较陡;而位于网路远端的热用户,其作用压头和流量将小于设计值,网路干管远端的水压曲线将变得平缓些。整个网路各用户产生不一致失调。工况变动后的水压图如图 10 - 3 (e) 所示。由此可见,热水网路投入运行时,必须很好地进行初调节。

在热水网路运行时,由于种种原因,有些热用户或热力站的作用压头会出现低于设计值,用户或热力站的流量不足。在此情况下,用户或热力站往往要求在供水管或回水管上增设加压泵。

下面定性地分析,在用户增设加压泵后,整个网路水力工况变化的状况。图 10 - 4 中的实线表示在用户 3 处未增设加压泵时的动水压曲线。假设用户 3 未增设回水加压泵 2 时作用压头为 Δp_{BE},低于设计要求。

在用户 3 回水管上增设的加压泵 2 运行时,可以视为在热用户 3 及其支线上(管段 BE)增加了一个阻力数为负值的管段,其负值的大小与水泵工作的扬程和流量有关。由于在热用户 3 上的阻力数减小,在所有其他管段和热用户未采用调节措施,阻力数不变的情况下,整个网路的总阻力数 S 值必然相应减少。为分析方便,假设网路循环水泵 1 的扬程为定值,则热网总流量必然适当增加。热用户 3 前的干线 AB 和 EF 的流量增

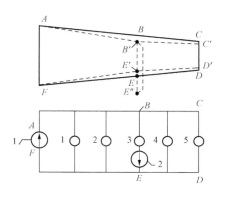

图 10 - 4　用户增设回水加压泵的网路
水力工况变化示意图

1—网路循环水泵；2—用户回水加压水泵

大，动水压曲线变陡，用户 1 和 2 的资用压头减少，呈非等比失调。热用户 3 后面的热用户 4 和 5 的作用压头减少，呈等比失调。整个网路干线的动水压曲线如图 10-4 的虚线 $AB'C'D'E'F$ 所示。热用户 3 由于回水加压泵的作用，其压力损失 $\Delta p_{BE''}$ 增加，流量增大。

由分析可知，在用户处装设加压泵，能够起到增加该用户流量的作用，但同时会加大热网总循环水量和前端干线的压力损失，而且其他热用户的资用压头和循环水量将相应减少，甚至使原来流量符合要求的用户反而流量不足。因此，在网路实际运行中，应有整体观念，必须在仔细分析整个网路水力工况的影响后，才能在用户处增设加压泵。

【例 10-1】 网路在正常工况时水压图和各热用户的流量如图 10-5 所示。如关闭热用户 3，试求其他各热用户的流量及其水力失调程度。

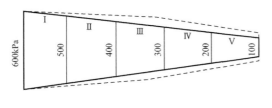

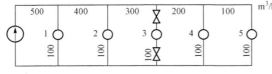

图 10-5 [例 10-1] 附图

解 (1) 根据正常工况下的流量和压降，计算网路供、回水干管和各热用户的阻力数 S。

对用户 5：已知其流量为 $100m^3/h$，压力损失为 10×10^4Pa，根据式（10-2）有

$$S = \frac{\Delta p}{Q^2} = \frac{10\times10^4}{100^2} = 10[Pa/(m^3/h)^2]$$

同理，可求得网路干管和各热用户的阻力数 S 值，见表 10-1。

表 10-1　　　　　　　　　　　　　[例 10-1] 计算结果（一）

网 路 干 管	I	II	III	IV	V
压力损失 Δp(Pa)	10×10^4	10×10^4	10×10^4	10×10^4	10×10^4
流量 Q(m³/h)	500	400	300	200	100
阻力数 S[Pa/(m³/h)²]	0.4	0.625	1.11	2.5	10
热用户	1	2	3	4	5
压力损失 Δp(Pa)	50×10^4	40×10^4	—	20×10^4	10×10^4
流量 (m³/h)	100	100	—	100	100
阻力数 S[Pa/(m³/h)²]	50	50	—	20	10

(2) 计算水力工况改变后网路的总阻力数 S。

1) 热用户 3 之后的网路总阻力数为

$$S_{\text{IV-5}} = \frac{30\times10^4}{200^2} = 7.5[Pa/(m^3/h)^2]$$

2) 热用户 2 之后的网路总阻力数（热用户 3 关闭，下同）为

$$S_{\text{III-5}} = S_{\text{IV-5}} + S_{\text{III}} = 7.5 + 1.11 = 8.61[Pa/(m^3/h)^2]$$

3) 热用户 2 分支点的网路总阻力数 S_{2-5}。热用户 2 与热用户 2 之后的网路并联，故总阻力数 S_{2-5} 可由式（10-6）求得

$$\frac{1}{\sqrt{S_{2-5}}} = \frac{1}{\sqrt{S_{\text{III-5}}}} + \frac{1}{\sqrt{S_2}} = \frac{1}{\sqrt{8.61}} + \frac{1}{\sqrt{40}} = 0.341 + 0.158 = 0.499$$

$$S_{2-5} = \frac{1}{0.499^2} = 4.016$$

4）热用户 1 之后的网路总阻力数 S_{II-5} 为

$$S_{II-5} = S_{2-5} + S_{II} = 4.016 + 0.625 = 4.641$$

5）热用户 1 分支点的网路总阻力数 S_{1-5} 为

$$\frac{1}{\sqrt{S_{1-5}}} = \frac{1}{\sqrt{S_{II-5}}} + \frac{1}{\sqrt{S_1}} = \frac{1}{\sqrt{4.641}} + \frac{1}{\sqrt{50}} = 0.464 + 0.141 = 0.605$$

$$S_{1-5} = \frac{1}{0.605^2} = 2.732$$

6）网路的总阻力数 S 为

$$S = S_{1-5} + S_I = 2.732 + 0.4 = 3.132$$

（3）计算网路在工况变动后的总流量 Q。假定网路循环水泵的扬程不变，则

$$Q = \sqrt{\frac{\Delta p}{S}} = \sqrt{\frac{60 \times 10^4}{3.132}} = 437.7 (\text{m}^3/\text{h})$$

（4）根据各并联管段流量分配比例的计算式（10-7），计算各热用户的流量。

1）热用户 1 的流量 Q_1 为

$$Q_1 = Q \frac{\dfrac{1}{\sqrt{S_1}}}{\dfrac{1}{\sqrt{S_{1-5}}}} = 437.7 \times \frac{0.141}{0.605} = 102 (\text{m}^3/\text{h})$$

2）热用户 2 的流量为

$$Q_2 = Q_{II} \frac{\dfrac{1}{\sqrt{S_2}}}{\dfrac{1}{\sqrt{S_{2-5}}}} = (437.7 - 102) \times \frac{0.158}{0.499} = 106.3 (\text{m}^3/\text{h})$$

3）热用户 4、5 的流量 Q_4、Q_5。热用户 3 之后的网路各管段阻力数不变。因此，在水力工况变化后各管段的流量均按同一比例变化。干管的水力失调度 x 值为

$$x = (437.7 - 102 - 106.3)/200 = 229.4/200 = 1.147$$

因此，热用户 4、5 的流量分别为

$$Q_4 = 1.147 \times 100 = 114.7 (\text{m}^3/\text{h})$$

$$Q_5 = 1.147 \times 100 = 114.7 (\text{m}^3/\text{h})$$

其计算结果列入表 10-2。

表 10-2　　　　　　　　　　［例 10-1］计算结果（二）

热　用　户	1	2	3	4	5
正常工况时流量（m³/h）	100	100	100	100	100
工况变动后流量（m³/h）	102	106.3	0	114.7	114.7
水力失调度 x	1.02	1.063	0	1.147	1.147
正常工况时用户的作用压头 Δp(Pa)	50×10^4	40×10^4	30×10^4	20×10^4	10×10^4
工况变动后用户的作用压头 Δp(Pa)	52.34×10^4	45.29×10^4	39.45×10^4	26.3×10^4	13.14×10^4

（5）确定工况变动后各用户的作用压差。

当网路水力工况变化后，热用户2的作用压差应等于热源出口的作用压差减去干线Ⅰ的压力损失，即

$$\Delta p_1 = \Delta p - \Delta p_{\mathrm{I}} = \Delta p - S_{\mathrm{I}} Q_{\mathrm{I}}^2 = 60 \times 10^4 - 0.4 \times 437.7^2 = 52.34 \times 10^4 (\mathrm{Pa})$$

同理，可计算出各热用户的作用压差，其计算结果列于表 10-2。图 10-5 中虚线表示水力工况变化后的各用户的作用压差变化图。

[例 10-1] 说明，只要热网各管段及各热用户的阻力数为已知值，则可以通过计算方法，确定网路的水力工况——各管段和各热用户的流量以及相应的作用压头，但计算极为繁琐。因此，可利用计算机分析热水网路水力工况，并以此指导网路进行初调节，甚至可配合微机监控系统，对热水网路实现遥控。

10.1.4　热水网路的水力稳定性

为避免或减小管网系统因水力失调产生的不利影响，在管网系统的设计中应考虑采取措施降低可能发生的水力失调度，特别是在管网系统的运行中，往往根据用户要求需对某管段的流量进行调整时，又不希望其他部分的流量因之发生较大的变化，也即希望其流量稳定在或接近原有的水平上。管网的这种性能，即在管网中各个管段或用户，在其他管段或用户的流量改变时，保持本身流量不变的能力，称其为管网的水力稳定性。

通常用管段或用户的规定流量 Q_{g} 和工况变动后可能达到的最大流量 $Q_{\max}$ 的比值 y 衡量网路的水力稳定性，即

$$y = \frac{Q_{\mathrm{g}}}{Q_{\max}} = \frac{1}{x_{\max}} \tag{10-17}$$

式中　y——管段或用户的水力稳定性系数；

　　Q_{g}——管段或用户的规定流量；

　$Q_{\max}$——管段或用户可能出现的最大流量；

　$x_{\max}$——工况变动后，管段或用户可能出现的最大水力失调度，按式（10-17）有

$$x_{\max} = \frac{Q_{\max}}{Q_{\mathrm{g}}}$$

管段或用户的规定流量按式（10-18）计算，即

$$Q_{\mathrm{g}} = \sqrt{\frac{\Delta p_y}{S_y}} \tag{10-18}$$

式中　Δp_y——管段或用户在正常工况下的作用压差，Pa；

　　S_y——管段或用户系统及用户支管的总阻力数，$\mathrm{Pa/(m^3/h)^2}$。

一个热用户可能的最大流量出现在其他用户全部关断时。此时，网路干管中的流量很小，阻力损失接近于零；因而管网的作用压差可认为是全部作用在这个用户上。由此可得

$$Q_{\max} = \sqrt{\frac{\Delta p_{\mathrm{r}}}{S_y}} \tag{10-19}$$

式中　Δp_{r}——管网的作用压差，Pa。

Δp_{r} 可以近似地认为等于网路正常工况下的网路干管的压力损失 Δp_{w} 和这个用户在正常工况下的压力损失 Δp_y 之和，即

$$\Delta p_{\mathrm{r}} = \Delta p_{\mathrm{w}} + \Delta p_y$$

则这个用户可能的最大流量计算式可改写为

$$Q_{max} = \sqrt{\frac{\Delta p_w + \Delta p_y}{S_y}} \tag{10-20}$$

因此，它的水力稳定性是

$$y = \frac{Q_g}{Q_{max}} = \sqrt{\frac{\Delta p_y}{\Delta p_w + \Delta p_y}} = \sqrt{\frac{1}{1 + \dfrac{\Delta p_w}{\Delta p_y}}} \tag{10-21}$$

由式（10-21）可知，$0 < y < 1$。

在 $\Delta p_w = 0$ 时（理论上，网路干管直径为无穷大），$y = 1$。此时，该热用户的水力失调度 $x_{max} = 1$，它的水力稳定性最好，无论工况如何变化都不会使它水力失调。同时，在这种情况下，任何热用户流量的变化，也都不会引起其他热用户流量的变化。

当 $\Delta p_y = 0$ 或 $\Delta p_w = \infty$ 时（理论上，用户系统管径无限大或网路干管管径无限小），$y = 0$。此时，热用户的最大水力失调度 $x_{max} = \infty$，水力稳定性最差，任何其他用户流量的改变，其改变的流量将全部转移到这个用户去。

实际上热水网路的管径不可能为无限小或无限大。热水网路的水力稳定性系数 y 总在 0 和 1 之间。因此，当水力工况变化时，任何热用户流量改变时，它的一部分流量将转移到其他热用户中去。以［例 10-1］为例，热用户 3 关闭后，其流量从 100 m^3/h 减到 0，其中一部分流量（37.7 m^3/h）转移到其他热用户去，而整个网路的流量减少了 62.3 m^3/h。

由上述分析可知，提高热水网路水力稳定性的主要途径是，相对地减少网路干管的压降，或相对地增大用户系统的压降，具体可采用下面的方法：

（1）为减少网路干管的压降，就需要适当增大网路干管的管径，特别是增大靠近热源的网路干管管径，即在进行网路水力计算时，选用较小的比摩阻 R_m 值。

（2）为增大用户系统的压降，可以在每个用户入口设节流装置，如水喷射器、调压板、高阻力小管径阀门等，消除每个用户剩余压头。

（3）在运行时应合理地进行网路的初调整和运行调节，应尽可能将网路干管上的所有阀门开大，并把剩余的作用压差消耗在各个用户系统上。

对于运行质量要求高的系统，可在各用户引入口处安置必要的自动调节装置（如流量调节器等），以保证各热用户的流量恒定，不受其他热用户的影响。安装流量调节器以保证流量恒定的方法，实质上就是改变用户系统总阻力数 S，以适应变化工况下用户作用压差的变化，从而保证流量恒定。

提高网路水力稳定性，使得管网系统正常运行，可以节约无效的热能和电能消耗，便于系统初调整和运行调节。因此，在管网系统设计中，必须对提高系统的水力稳定性问题给予充分重视。

10.2　热水管网的供热调节

一个供热系统在建成投入运行时，总会有些用户的流量不符合设计要求。在这种情况下，往往可以利用预先安装好的流量调节装置，对各管段的阻力特性和流量进行一次全面的调整，这种在系统投入运行初期进行的调节称为管网系统的初调节。

热水供热系统的热用户，主要有供暖、通风、热水供应和生产工艺用热系统等。在初调节进行完毕后，由于热水供热系统中热用户的热负荷并不是恒定的，如供暖通风热负荷随室外气象条件（主要是室外气温）变化，热水供应和生产工艺用热随使用条件等因素而不断地变化。要保证供热质量，满足各热用户的要求，并使热能制备和输送经济合理，就要对热水供热系统进行运行调节——供热调节。

在集中热水供热系统中，供暖热负荷是系统的最主要的热负荷，甚至是唯一的热负荷。因此，在供热系统中，通常按照供暖热负荷随室外温度的变化规律作为供热调节的依据。供热（暖）调节的目的，在于使供暖用户的散热设备的散热量与用户热负荷的变化规律相适应，以防止供暖热用户出现室温过高或过低的现象。

根据供热调节地点不同，供热调节可分为集中调节、局部调节和个体调节三种调节方式。集中调节在热源处进行，局部调节在热力站或用户引入口处进行，而个体调节直接在散热设备（如散热器、暖风机、风机盘管等）处进行。

城市供热调节容易实施，运行管理方便，是最主要的供热调节方法，但单独使用某种调节方式较难收到全面良好的效果（特别是有多种热用户时），因此，往往将这三种调节方式互相结合起来使用。即使对只有单一供暖热负荷的供热系统，也往往需要对个别热力站或用户进行局部调节，调整用户的用热量。对有多种热负荷的热水供热系统，通常根据供暖热负荷进行城市供热调节，而对于其他热负荷（如热水供应、通风等热负荷），由于其变化规律不同于供暖热负荷，则需要在热力站或用户处配以局部调节，以满足要求。对多种热用户的供热调节，通常也称为供热综合调节。

城市供热调节的方法主要有以下几种：

（1）质调节。只改变网路的供水温度。

（2）量调节。只改变网路的循环水流量。

（3）分阶段改变流量的质调节。将整个供热季节分为几个区段，在每个区段根据设计确定一流量，在相应的区段供热时再按照质调节的方法，随室外温度变化进行调节。

（4）间歇调节。改变每天的供暖小时数。

为使用方便，本章给出了城市供热调节的水温曲线图，供直接查用，如图 10 - 6～图 10 - 9。

10.2.1　运行调节的基本方程式

供暖热负荷供热调节的主要任务是维持供暖房屋的室内计算温度 t_n。

当热水网路在稳定状态下运行时，如不考虑管网沿途热损失，则在任一室外温度 t_w 下，网路的供热量应等于供暖用户系统散热设备的散热量，同时也应等于供暖热用户的热负荷。

根据这一热平衡原理，在供暖室外计算温度 t'_w 下，散热设备采用散热器时，热平衡方程式为

$$Q'_1 = Q'_2 = Q'_3 \tag{10 - 22}$$

$$Q'_1 = q'V(t_n - t'_w) \tag{10 - 23}$$

$$Q'_2 = K'F(t_{pj} - t_n) \tag{10 - 24}$$

$$Q'_3 = G'c(t'_g - t'_h)/3600 \tag{10 - 25}$$

式中　Q'_1——建筑物的供暖设计热负荷，W；

$\quad\quad$ Q'_2——在供暖室外计算温度 t'_w 下，散热器的散热量，W；

$\quad\quad$ Q'_3——在供暖室外计算温度 t'_w 下，热水网路供给供暖热用户的热量，W；

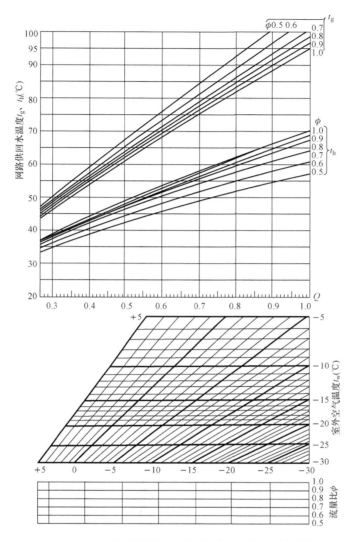

图 10-6　95℃/70℃质调节、阶式质—量综合调节曲线图

q'——建筑物的体积供暖热指标，即建筑物每 $1m^3$ 外部体积在室内外温度差为 $1℃$ 时的耗热量，$W/(m^3 \cdot ℃)$；

V——建筑物的外部体积，m^3；

t'_w——供暖室外计算温度，℃；

t_n——供暖室内计算温度，℃；

t'_g——进入供暖热用户的供水温度，℃；如用户与热网采用无混水装置的直接连接方式，则热网的供水温度 $t'_{g,w} = t'_g$；如用户与热网采用混水装置的直接连接方式，则热网的供水温度 $t'_{g,w} > t'_g$；

t'_h——供暖热用户的回水温度，℃；如供暖热用户与热网采用直接连接，则热网的回水温度与供暖系统的回水温度相等，即 $t'_{h,w} = t'_h$；

t_{pj}——散热器内的热媒平均温度，℃；

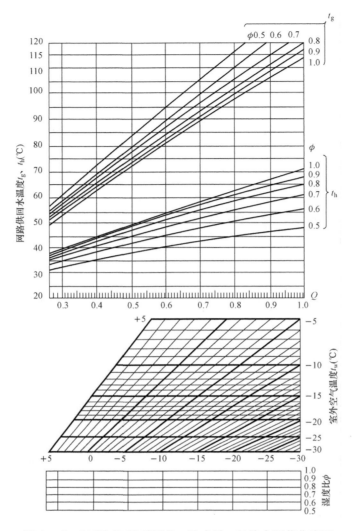

图 10-7　115℃/70℃质调节、阶式质—量综合调节曲线图

G'——供暖热用户的循环水量，kg/h；

　c——热水的质量比热容，$c=4187$J/(kg・℃)；

K'——散热器在设计工况下的传热系数，W/(m²・℃)；

　F——散热器的散热面积，m²。

散热器的散热方式属于自然对流放热，传热系数 $K=\alpha(t_{pj}-t_n)^b$。散热器传热系数 K 的公式中的指数 b 值，按用户选用的散热器形式确定。

对整个供暖系统，可近似地认为：$t_{pj}=(t'_g+t'_h)/2$，则式（10-24）可改写为

$$Q'_2=\alpha F\left(\frac{t'_g+t'_h}{2}-t_n\right)^{1+b} \tag{10-26}$$

若以带 "′" 上标符号表示在供暖室外计算温度 t'_w 下的各种参数，以无上标符号表示在某一室外温度 $t_w(t_w>t'_w)$ 下的各种参数，在保证室内计算温度 t_n 的条件下，同样可列出在 t_w 下，与式（10-22）相对应的热平衡方程式为

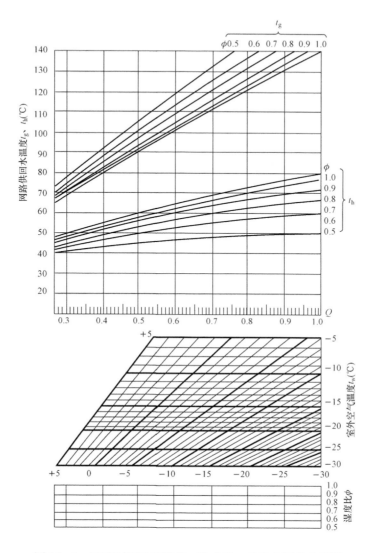

图 10 - 8　130℃/70℃质调节、阶式质—量综合调节曲线图

$$Q_1 = Q_2 = Q_3 \tag{10 - 27}$$

$$Q_1 = qV(t_n - t_w) \tag{10 - 28}$$

$$Q_2 = \alpha F \left(\frac{t_g + t_h}{2} - t_n \right)^{1+b} \tag{10 - 29}$$

$$Q_3 = Gc(t_g - t_h)/3600 \tag{10 - 30}$$

　　在运行调节时，相应 t_w 下的供暖热负荷与供暖设计热负荷之比，称为相对供暖热负荷比 $\overline{Q}$，而称其流量之比为相对流量比 $\overline{G}$，则

$$\overline{Q} = \frac{Q_1}{Q_1'} = \frac{Q_2}{Q_2'} = \frac{Q_3}{Q_3'} \tag{10 - 31}$$

$$\overline{G} = \frac{G}{G'} \tag{10 - 32}$$

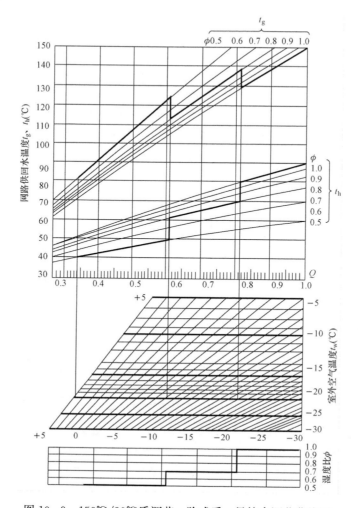

图 10 - 9　150℃/90℃ 质调节、阶式质、量综合调节曲线图

注：编制条件如下：

$t_g/t_h = 95℃/70℃、115℃/70℃、130℃/70℃、150℃/90℃$

$B = 0.25$

$\phi = 0.5、0.6、0.7、0.8、0.9、1.0$

$t' = -30 \sim -5℃$

　　为了便于分析计算，假设供暖热负荷与室内外温差的变化成正比，即把供暖热指标视为常数（$q = q'$）。但实际上，由于室外的风速和风向，特别是太阳辐射热的变化与室内外温差无关，假设会有一定的误差。如忽略这一误差影响，则

$$\overline{Q} = \frac{Q_1}{Q_1'} = \frac{t_n - t_w}{t_n - t_w'} \tag{10-33}$$

即相对供暖热负荷比 $\overline{Q}$ 等于相对的室内外温差比。

　　将各种热量表达式代入式（10-31），设 $q = q'$，并化简得

$$\overline{Q} = \frac{t_n - t_w}{t_n - t_w'} = \frac{(t_g + t_h - 2t_n)^{1+b}}{(t_g' + t_h' - 2t_n)^{1+b}} = \overline{G}\frac{t_g - t_h}{t_g' - t_h'} \tag{10-34}$$

式（10-34）为供暖热负荷供热调节的基本方程式。该方程式实质是热水网路在稳定运行时的热平衡关系式。式中分母的数值，均为设计工况下的已知参数。在某一室外温度 t_w 的运行工况下，如要保持室内温度 t_n 值不变，则应保证有相应的 t_g、t_h、$\overline{Q}(Q)$ 和 $\overline{G}(G)$ 的四个未知值。但只有三个联立方程式，因此需要引进补充条件，才能求出四个未知值的解。所谓引进补充条件，就是要选定某种调节方法。如采用质调节，即增加了补充条件 $\overline{G}=1$。此时即可确定相应 t_g、t_h 和 $\overline{Q}(Q)$ 的值了。

10.2.2　质调节

质调节只需在热源处改变供暖系统网路的供水温度，网路的循环水量保持不变，即 $\overline{G}=1$。该方法管理简单，操作方便，网路水力工况稳定，但消耗电能较多。集中质调节是目前应用最多的一种调节方法。

10.2.2.1　直接连接热水管网的质调节

（1）质调节计算公式。

将 $\overline{G}=1$ 代入式（10-34），可求出质调节时网路和用户供、回水温度计算公式。

1) 对无混合装置的直接连接的热水供暖系统有

$$t_{g,w} = t_g = t_n + 0.5(t'_g + t'_h - 2t_n)\overline{Q}^{\frac{1}{1+b}} + 0.5(t'_g - t'_h)\overline{Q} \tag{10-35}$$

$$t_{h,w} = t_h = t_n + 0.5(t'_g + t'_h - 2t_n)\overline{Q}^{\frac{1}{1+b}} - 0.5(t'_g - t'_h)\overline{Q} \tag{10-36}$$

式中　$t_{g,w}$——运行调节时，热网的供水温度，℃；

$t_{h,w}$——运行调节时，热网的回水温度，℃。

式（10-35）和式（10-36）还可缩写成

$$t_{g,w} = t_g = t_n + \Delta t'_S \overline{Q}^{\frac{1}{1+b}} + 0.5\Delta t'_j \overline{Q} \tag{10-37}$$

$$t_{h,w} = t_h = t_n + \Delta t'_S \overline{Q}^{\frac{1}{1+b}} - 0.5\Delta t'_j \overline{Q} \tag{10-38}$$

$$\Delta t'_S = 0.5(t'_g + t'_h - 2t_n)$$

$$\Delta t'_j = t'_g - t'_h$$

式中　$\Delta t'_S$——用户散热器设计平均计算温差，℃；

$\Delta t'_j$——用户设计供、回水温差，℃。

2) 对带混合装置的直接连接的热水供暖系统（如用户或热力站处设置水喷射器或混合水泵）。带混合装置的直接连接的热水供暖系统，网路的供水温度 $t_{g,w}$ 高于用户供水温度 t_g，网路回水温度 $t_{h,w}=t_h$。供暖用户供、回水温度计算公式仍为式（10-35）和式（10-36）。

因式（10-37）所求的 t_g 值是混水后进入供暖用户的供水温度，网路的供水温度 $t_{g,w}$ 还应根据混合比再进一步求出。

混合比（或喷射系数）μ，可用式（10-39）表示为

$$\mu = G_h/G_0 \tag{10-39}$$

式中　G_0——网路的循环水量，kg/h；

G_h——从供暖系统抽引的回水量，kg/h。

在设计工况下，如图 10-10 所示，根据热平衡方程式

$$cG'_0 t'_{g,w} + cG'_h t'_h = (G'_0 + G'_h)ct'_g$$

由此可得

$$\mu' = \frac{t'_{g,w} - t'_g}{t'_g - t'_h} \tag{10-40}$$

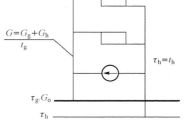

图 10-10　带混水装置的直接连接供暖系统与热水网路连接示意图

式中　$t'_{\mathrm{g,w}}$——网路的设计供水温度，℃。

在任意室外温度 t_{w} 下，只要没有改变供暖用户的总阻力数 S 值，则混合比 μ 不会改变，仍与设计工况下的混合比 μ' 相同，即

$$\mu = \mu' = \frac{t_{\mathrm{g,w}} - t_{\mathrm{g}}}{t_{\mathrm{g}} - t_{\mathrm{h}}} = \frac{t'_{\mathrm{g,w}} - t'_{\mathrm{g}}}{t'_{\mathrm{g}} - t'_{\mathrm{h}}} \qquad (10\text{-}41)$$

即

$$t_{\mathrm{g,w}} = t_{\mathrm{g}} + \mu(t_{\mathrm{g}} - t_{\mathrm{h}}) = t_{\mathrm{g}} + \mu\overline{Q}(t'_{\mathrm{g}} - t'_{\mathrm{h}}) \qquad (10\text{-}42)$$

根据式（10-42），即可求出在热源处进行质调节时，网路的供水温度 $t_{\mathrm{g,w}}$ 随室外温度 t_{w}（即 $\overline{Q}$）的变化关系式。

将式（10-37）的 t_{g} 值和式（10-41）的 $\mu = \dfrac{t'_{\mathrm{g,w}} - t'_{\mathrm{g}}}{t'_{\mathrm{g}} - t'_{\mathrm{h}}}$ 代入式（10-42）中，可得出对带混合装置的直接连接热水供暖系统的网路供、回水温度。

$$t_{\mathrm{g,w}} = t_{\mathrm{n}} + \Delta t'_{\mathrm{S}}\,\overline{Q}^{\frac{1}{1+b}} + (\Delta t'_{\mathrm{w}} + 0.5\Delta t'_{\mathrm{j}})\,\overline{Q} \qquad (10\text{-}43)$$

$$t_{\mathrm{h,w}} = t_{\mathrm{h}} = t_{\mathrm{n}} + \Delta t'_{\mathrm{S}}\,\overline{Q}^{\frac{1}{1+b}} - 0.5\Delta t'_{\mathrm{j}}\,\overline{Q} \qquad (10\text{-}44)$$

式中　$\Delta t'_{\mathrm{w}} = t'_{\mathrm{g,w}} - t'_{\mathrm{g}}$——网路与用户系统的设计供水温度差，℃。

根据式（10-37）、式（10-38）、式（10-43）和式（10-44），即可绘制出质调节水温曲线 $t_{\mathrm{g,w}} = f(\overline{Q})$，$t_{\mathrm{h,w}} = f(\overline{Q})$。若将 $\overline{Q} = \dfrac{t_{\mathrm{n}} - t_{\mathrm{w}}}{t_{\mathrm{n}} - t'_{\mathrm{w}}}$ 代入质调节水温计算公式中，便可以绘制出随室外温度 t_{w} 变化的质调节水温曲线 $t_{\mathrm{g,w}} = f(t_{\mathrm{w}})$，$t_{\mathrm{h,w}} = f(t_{\mathrm{w}})$。

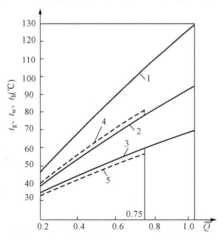

图 10-11　按供暖热负荷进行供热质调节的水温调节曲线图

1—130℃/95℃/70℃热水供暖系统，网路供水温度
τ_{g}曲线；2—130℃/95℃/70℃的系统，混水后的
供水温度 t_{g} 曲线；或 95℃/70℃的系统，网路和
用户的供水温度 $\tau_{\mathrm{g}}=t_{\mathrm{g}}$ 的曲线；3—130℃/95℃/
70℃和95℃/70℃的系统，网络和用户的回水温度，
$\tau_{\mathrm{h}}=t_{\mathrm{h}}$曲线；4、5—95℃/70℃的系统，按分阶段
改变流量的质调节的供水温度（曲线4）和
回水温度（曲线5）

（2）质调节例题。

【例 10-2】　北京市供暖室外计算温度 $t'_{\mathrm{w}} = -9℃$。某供暖建筑物要求室内温度 $t_{\mathrm{n}} = 18℃$，采用四柱型散热器，$b = 0.3$。试绘制在下列给定条件下的质调节水温曲线。

1）供暖建筑物的设计供、回水温度为 95℃/70℃。

2）网路的设计供、回水温度为 130℃/70℃，在进入建筑物前用混合装置将供水温度混合到 $t'_{\mathrm{g}} = 95℃$。

解　（1）对 95℃/70℃热水供暖系统有

$$\Delta t'_{\mathrm{S}} = 0.5(t'_{\mathrm{g}} + t'_{\mathrm{h}} - 2t_{\mathrm{n}})$$
$$= 0.5 \times (95 + 70 - 2 \times 18) = 64.5(℃)$$
$$\Delta t'_{\mathrm{j}} = t'_{\mathrm{g}} - t'_{\mathrm{h}} = 95 - 70 = 25(℃)$$
$$1/(1 + b) = 0.77$$

将以上数据代入式（10-37）、式（10-38）得

$$t_{\mathrm{g,w}} = t_{\mathrm{g}} = 18 + 64.5\,\overline{Q}^{0.77} + 12.5\,\overline{Q}$$
$$t_{\mathrm{h,w}} = t_{\mathrm{h}} = 18 + 64.5\,\overline{Q}^{0.77} - 12.5\,\overline{Q}$$

由上式可通过列表计算、描点方法，绘制出 $t_{\mathrm{g,w}} = f(\overline{Q})$，$t_{\mathrm{h,w}} = f(\overline{Q})$ 的质调节曲线。计算结果见表 10-3，水温曲线如图 10-11 所示。

（2）对带混水装置的热水供暖系统（130℃/95℃/70℃）

$$\Delta t_{\mathrm{w}}' = t_{\mathrm{g,w}}' - t_{\mathrm{g}}' = 130 - 95 = 35℃$$

根据式（10-43）、式（10-44），将数据代入得：

$$t_{\mathrm{g,w}} = 18 + 64.5\,\overline{Q}^{0.77} + 47.5\,\overline{Q}$$

$$t_{\mathrm{h,w}} = 18 + 64.5\,\overline{Q}^{0.77} - 12.5\,\overline{Q}$$

同理，计算结果见表 10-3，水温曲线如图 10-11 所示。

若将 $\overline{Q} = \dfrac{t_{\mathrm{n}} - t_{\mathrm{w}}}{t_{\mathrm{n}} - t_{\mathrm{w}}'} = \dfrac{18 - t_{\mathrm{w}}}{18 - (-9)}$ 代入质调节水温计算公式中，便可以绘制出随室外温度

t_{w} 变化的质调节水温曲线 $t_{\mathrm{g,w}} = f(t_{\mathrm{w}})$，$t_{\mathrm{h,w}} = f(t_{\mathrm{w}})$ 和 $t_{\mathrm{g}} = f(t_{\mathrm{w}})$，$t_{\mathrm{h}} = f(t_{\mathrm{w}})$。

表 10-3 给出不同设计供回水参数的系统的 $t_{\mathrm{g,w}} = f(\overline{Q})$，$t_{\mathrm{h,w}} = f(\overline{Q})$ 的值。

由上述供热质调节公式可知，热网的供、回水温度 $t_{\mathrm{g,w}}$、$t_{\mathrm{h,w}}$ 是相对供暖热负荷比 $\overline{Q}$ 的单值函数。

表 10-3　　　　　　直接连接热水供暖系统供热质调节的热网水温　　　　　　℃

系统形式与设计参数	带混水装置的供暖系统				无混水装置的供暖系统					
	110℃/95℃/70℃	130℃/95℃/70℃	150℃/95℃/70℃	$t_{\mathrm{g}}'/t_{\mathrm{h,w}}'=$ 95℃/70℃	95℃/70℃		110℃/70℃		130℃/80℃	
$\overline{Q}$	$t_{\mathrm{g,w}}$	$t_{\mathrm{g,w}}$	$t_{\mathrm{g,w}}$	$t_{\mathrm{h,w}}$	$t_{\mathrm{g,w}}$	$t_{\mathrm{h,w}}$	$t_{\mathrm{g,w}}$	$t_{\mathrm{h,w}}$	$t_{\mathrm{g,w}}$	$t_{\mathrm{h,w}}$
0.2	42.2	46.2	50.2	34.2	39.2	34.2	42.9	34.9	48.2	38.2
0.3	51.8	57.8	63.8	39.8	47.3	39.8	52.5	40.9	59.9	44.9
0.4	60.9	68.9	76.9	44.9	54.9	44.9	61.6	45.6	71.0	51.0
0.5	69.6	79.6	89.6	49.6	62.1	49.6	70.2	50.2	81.5	56.5
0.6	78.0	90.0	102.0	54.0	69.0	54.0	78.6	54.6	91.7	61.7
0.7	86.3	100.3	114.3	58.3	75.8	58.3	86.7	58.7	101.6	666.6
0.8	94.3	110.3	126.3	62.3	82.3	62.3	94.6	62.6	111.3	71.3
0.9	102.2	120.2	138.2	66.2	88.7	66.2	102.4	66.4	120.7	75.7
1.0	110	130	150	70	95	70	110	70	130	80

注　$b=0.3$，$t_{\mathrm{n}}=18℃$。

根据上述质调节基本公式、水温曲线以及例题分析，网路的供、回水温度随室外温度的变化规律如下：

1）随着室外温度 t_{w} 的升高，网路和供暖系统的供、回水温度随之降低，供、回水温度差也随之减少；其相对供、回水温差比等于该室外温度下的相对热负荷比，即

$$\overline{Q} = \Delta\bar{t}_{\mathrm{w}} = \Delta\bar{t}_{\mathrm{j}}$$

又即

$$\frac{t_{\mathrm{n}} - t_{\mathrm{w}}}{t_{\mathrm{n}} - t_{\mathrm{w}}'} = \frac{t_{\mathrm{g,w}} - t_{\mathrm{h,w}}}{t_{\mathrm{g,w}}' - t_{\mathrm{h,w}}'} = \frac{t_{\mathrm{g}} - t_{\mathrm{h}}}{t_{\mathrm{g}}' - t_{\mathrm{h}}'} \tag{10-45}$$

式中　$\Delta\bar{t}_{\mathrm{w}}$——网路的相对供回水温差比。

2）由于散热器传热系数 K 值的变化规律为 $K = \alpha(t_{\mathrm{pj}} - t_{\mathrm{n}})^{b}$，供回水温度呈一条向上凸的曲线。

3）随着室外温度 t_w 的升高，散热器的平均计算温差也随之降低。在某一室外温度 t_w 下，散热器的相对平均计算温差比与相对热负荷比，具有如下的关系式

$$\overline{Q}^{\frac{1}{1+b}} = \Delta \bar{t}_S$$

$$\left(\frac{t_n - t_w}{t_n - t'_w}\right)^{\frac{1}{1+b}} = \frac{t_g + t_h - 2t_n}{t'_g + t'_h - 2t_n} \tag{10-46}$$

$$\Delta \bar{t}_S = \Delta t_S / \Delta t'_S$$

式中　$\Delta \bar{t}_S$——在 t_w 温度下，散热器的计算温差与设计工况下的计算温差的比值。

由此可见，在给定散热器面积 F 的条件下，散热器的平均温差是散热器散热量的单值函数。因此，进行热水供暖系统的供热调节，实质上就是调节散热器的平均计算温差，即调节供、回水的平均温度，满足不同工况下散热器的散热量，它与采用质或量的调节无关。

对于热电厂供热系统，由于网路供水温度随室外温度升高而降低，可以充分利用供热汽轮机的低压抽汽，从而有利于提高热电厂的经济性，节约燃料。所以，集中质调节是目前最为广泛采用的供热调节方式。但由于在整个供暖期中，网路循环水量保持不变，消耗电能较多，造成能源及经济的较大浪费。同时，对于有多种热负荷的热水供热系统，在室外温度较高时，如仍按质调节供热，往往难以满足其他热负荷的要求。例如，对连接有热水供应用户的网路，供水温度就不应低于 70℃。热水网路中连接通风用户系统时，如网路供水温度过低，在实际运行中，通风系统的送风温度过低也会产生吹冷风的不舒适感。在这些情况下，就不能再采用质调节方式，用过低的供水温度进行供热，而是需要保持供水温度不再降低，用减少供热小时数的调节方法，即采用间歇调节，或其他调节方式进行供热调节。

10.2.2.2　间接连接热水管网的质调节

供暖用户系统与热水网路采用间接连接时，如图 10-12 所示，随着室外温度 t_w 的变化，需同时对热水网路和供暖热用户进行供热调节。通常，对供暖热用户按质调节方式进行供热调节，以保持供暖用户系统的水力工况稳定。

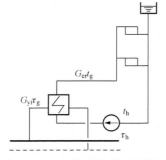

图 10-12　间接连接供暖系统与
热水网路连接的示意图

热水网路的供、回水温度 $t_{g,w}$ 和 $t_{h,w}$，取决于一级网路采取的调节方式和水-水换热器的热力特性。

当供暖热用户和热水网路均采用质调节时，可引进补充条件 $\overline{G}_{yi} = 1$。

根据网路供给热量的热平衡方程式，得出

$$\overline{Q}_{yi} = \overline{G}_{yi} \frac{t_{g,w} - t_{h,w}}{t'_{g,w} - t'_{h,w}} = \frac{t_{g,w} - t_{h,w}}{t'_{g,w} - t'_{h,w}} \tag{10-47}$$

根据用户系统入口水-水换热器放热的热平衡方程式，可得

$$\overline{Q} = \overline{K} \frac{\Delta t}{\Delta t'} \tag{10-48}$$

$$\Delta t' = \frac{(t'_{g,w} - t'_g) - (t'_{h,w} - t'_h)}{\ln \frac{t'_{g,w} - t'_g}{t'_{h,w} - t'_h}} \tag{10-49}$$

$$\Delta t = \frac{(t_{g,w} - t_g) - (t_{h,w} - t_h)}{\ln \frac{t_{g,w} - t_g}{t_{h,w} - t_h}} \tag{10-50}$$

式中　$\overline{Q}$——在室外温度 t_w 时的相对供暖热负荷比；

$t'_{g,w}$、$t'_{h,w}$——网路的设计供、回水温度，℃；

$t_{g,w}$、$t_{h,w}$——在室外温度 t_w 时的网路供、回水温度，℃；

$\overline{K}$——水—水换热器的相对传热系数比，即在运行工况 t_w 时水—水换热器的传热系数 K 值与设计工况时 K' 的比值；

$\Delta t'$——在设计工况下，水—水换热器的对数平均温差，℃；

Δt——在运行工况 t_w 时，水—水换热器的对数平均温差，℃。

水—水换热器的相对传热系数 $\overline{K}$ 值，取决于选用的水—水换热器的传热特性，由实验数据整理得出。对壳管式水—水换热器，$\overline{K}$ 值可近似地由式（10-51）计算，即

$$\overline{K} = \overline{G}_{yi}^{0.5}\,\overline{G}_{er}^{0.5} \tag{10-51}$$

式中　$\overline{G}_{yi}$——水—水换热器中，加热介质的相对流量比，此处也即热水网路的相对流量比；

$\overline{G}_{er}$——水—水换热器中，被加热介质的相对流量比，此处也即供暖用户系统的相对流量比。

当热水网路和供暖用户系统均采用质调节，$\overline{G}_{yi}=1$，$\overline{G}_{er}=1$ 时，可近似地认为两工况下水—水换热器的传热系数相等，即

$$\overline{K} = 1 \tag{10-52}$$

根据式（10-47）和将式（10-50）、式（10-52）值代入式（10-48）中，可得出供热质调节的基本方程式为

$$\overline{Q} = \frac{t_{g,w} - t_{h,w}}{t'_{g,w} - t'_{h,w}} = \frac{t_g - t_h}{t'_g - t'_h} \tag{10-53}$$

$$\overline{Q} = \frac{(t_{g,w} - t_g) - (t_{h,w} - t_h)}{\Delta t' \ln \dfrac{t_{g,w} - t_g}{t_{h,w} - t_h}} \tag{10-54}$$

在某一室外温度 t_w 下，式（10-53）和式（10-54）中 $\overline{Q}$、$\Delta t'$、$t'_{g,w}$、$t'_{h,w}$ 为已知值，t_g 及 t_h 值可由供暖系统质调节计算公式确定，未知数仅为 $t_{g,w}$、$t_{h,w}$。通过联立求解，即可确定热水网路采用质调节的相应供、回水温度 $t_{g,w}$、$t_{h,w}$ 值。

10.2.3　量调节

进行集中量调节时，随着室外温度 t_w 的变化，只在热源处改变网路循环水量，而网路供水温度保持不变。

将 $t_g = t'_g$ 代入供热基本方程式中，可得量调节时的基本计算公式为

$$t_h = 2t_n + (t'_g + t'_h - 2t_n)\,\overline{Q}^{\frac{1}{1+b}} - t'_g \tag{10-55}$$

$$\overline{G} = \frac{t'_g - t'_h}{t_g - t_h}\,\overline{Q} \tag{10-56}$$

$$\overline{Q} = \frac{t_n - t_w}{t_n - t'_w} \tag{10-57}$$

仍以［例 10-2］为例，热水供暖系统设计供、回水温度为 95℃/70℃，采用量调节，当室外温度为 -2℃ 时，相应地回水温度和相对流量 $\overline{G}$ 应为

$$t_h = 2 \times 18 + (95 + 70 - 2 \times 18)\left[\frac{18 - (-2)}{18 - (-9)}\right]^{0.77} - 95 = 43.4(℃)$$

$$\overline{G} = \frac{95-70}{95-43.4} \cdot \frac{18-(-2)}{18-(-9)} = 0.38$$

同理，可求出任意室外温度 t_w 下的 $\overline{G}$ 值。

由上可见，采用量调节时，随着室外温度 t_w 升高，网路循环水流量迅速减少，容易引起供暖系统垂直热力失调，而且在实际运行中，随着室外温度变化不断地改变网路流量，操作技术较复杂，采用传统操作技术难以进行管理，常需变速水泵实现该调节方式。

10.2.4　分阶段改变流量的质调节

（1）分阶段改变流量的质调节方法。分阶段改变流量的质调节，是指把整个供暖期，按室外温度的高低分成 2～3 个阶段，在室外温度较低的阶段中保持设计最大流量；在室外温度较高的阶段中，保持较小的流量。在每一个阶段中，网路采用一种流量并保持不变，随着室外温度变化，按采用改变供水温度的质调节进行供热调节。

在中小型热水供暖系统中，一般可分为两个阶段，选用两组不同规格的循环水泵。其中一组循环水泵的流量和扬程按设计值的 100% 选择，另一组循环水泵流量按设计值的 75% 选择，其扬程按设计值的 56% 选用，循环水泵的运行电耗可减少到 42% 左右。

在大型热水供暖系统中，整个供暖期可分为三个阶段，考虑选用三组不同规格的水泵。各阶段的流量可分别为设计值的 100%、80%、60%，扬程可分别为 100%、64%、36%，而循环水泵的耗电量相应地为 100%、51%、22%。

因为多种规格的循环水泵在一定程度上可以互为备用，因此，采用分阶段改变流量的质调节时，可不必再设备用泵。

分阶段改变流量的质调节方法，综合了质调节和量调节的优点。水泵扬程与流量的平方成正比，水泵的电功率 P 与流量的立方成正比，节约电能效果显著，是一种比较经济合理的调节方法，因此该方法在区域锅炉房热水供热系统中得到较多的应用。

（2）分阶段改变流量质调节的计算公式。设计分阶段后，每个阶段中循环水泵的流量和设计流量的百分比为 φ，即在这个阶段中相对流量 $\varphi = \overline{G} = \mathrm{const}$，将此补充条件代入供暖系统的供热调节基本方程式（10-34），可求出：

对无混水装置的供暖系统

$$t_{g,w} = t_g = t_n + \Delta t'_S \overline{Q}^{\frac{1}{1+b}} + 0.5 \frac{\Delta t'_j}{\varphi} \overline{Q} \tag{10-58}$$

$$t_{h,w} = t_h = t_n + \Delta t'_S \overline{Q}^{\frac{1}{1+b}} - 0.5 \frac{\Delta t'_j}{\varphi} \overline{Q} \tag{10-59}$$

对带混水装置的供暖系统

$$t_{g,w} = t_n + \Delta t'_S \overline{Q}^{\frac{1}{1+b}} + (\Delta t'_w + 0.5\Delta t'_j) \frac{\overline{Q}}{\varphi} \tag{10-60}$$

$$t_{h,w} = t_h = t_n + \Delta t'_S \overline{Q}^{\frac{1}{1+b}} - 0.5\Delta t'_j \frac{\overline{Q}}{\varphi} \tag{10-61}$$

（3）分阶段改变流量的质调节例题。

【例 10-3】　北京市某热水供暖系统，与网路采用无混合装置直接连接，设计供、回水温度为 95℃/70℃。采用分阶段改变流量的质调节。室外温度从 -2～-9℃ 为一阶段，水泵流量为 100% 的设计流量；从 +5～-2℃ 为另一阶段，水泵流量为 75% 的设计流量。试绘制水温调节曲线，并与采用质调节的水温曲线进行比较。

　　解　1）室外温度为 $t_w = -2℃$ 时，相应的相对供暖热负荷比为

$$\overline{Q} = \frac{18 - (-2)}{18 - (-9)} = 0.74$$

　　$\overline{G} = 100\%$ 阶段（$\varphi = 1$），室外温度变化范围是 $t_w = -2 \sim -9℃$，其相对供暖热负荷比变化范围是 $\overline{Q} = 0.74 \sim 1.0$。

　　从室外温度 $-2℃$（$\overline{Q} = 0.74$）到室外温度 $-9℃$（$\overline{Q} = 1$）的这个阶段，流量采用设计流量的 100%，即 $\varphi = \overline{G} = 1$。此阶段的水温调节是质调节。供回水温度数据与［例 10-2］完全相同，见表 10-3。

　　2）开始供暖的室外温度 $t_w = +5℃$，此时相应的相对供暖热负荷比为

$$\overline{Q} = \frac{18 - 5}{18 - (-9)} = 0.481$$

　　$\overline{G} = 75\%$ 阶段（$\varphi = 0.75$），室外温度变化范围是 $t_w = +5 \sim -2℃$，其相对供暖热负荷比变化范围是 $\overline{Q} = 0.481 \sim 0.74$。

　　从开始供暖的室外温度 $+5℃$（$\overline{Q} = 0.481$）到室外温度 $-2℃$（$\overline{Q} = 0.74$）的这个阶段，流量采用设计流量的 75%，即 $\varphi = \overline{G} = 0.75$。将 $\varphi = 0.75$ 代入式（10-58）、式（10-59），并将 $\Delta t'_s = 64.5℃$，$\Delta t'_j = 25℃$，$1/(1+b) = 0.77$ 等已知值代入，可得出此阶段公式为

$$t_{g,w} = 18 + 64.5\overline{Q}^{0.77} + 16.67\overline{Q}$$

$$t_{h,w} = t_h = 18 + 64.5\overline{Q}^{0.77} - 16.67\overline{Q}$$

　　3）列表计算不同 $\overline{Q}$（或 t_w）下的 $t_{g,w}$、$t_{h,w}$ 值，并根据此数据绘制调节曲线，见表 10-4 和图 10-11。

表 10-4　　　　　　　　　　　　［例 10-3］计算结果

调节方法	相对热负荷 $\overline{Q}$	0.481	0.6	0.74	0.8	1.0
	室外温度 t_w（℃）	+5	+1.8	-2	-3.6	-9
质调节 $\overline{G} = 1$	网户供水温度（℃）$t_{g,w} = t_g$	60.7	69.0	78.40	82.3	95
	网户回水温度（℃）$t_{h,w} = t_h$	48.7	54.0	59.9	62.3	70
分阶段改变流量的质调节	网户供水温度（℃）$t_{g,w} = t_g$	62.7	71.5	81.6	82.3	95
	网户回水温度（℃）$t_{h,w} = t_h$	46.7	51.5	56.8	62.3	70
	相对流量 $\overline{G}$	0.75			1.0	

　　4）通过上述分析可知，采用分阶段改变流量的质调节与单纯质调节相比，由于流量减少，网路供水温度升高，回水温度降低，网路供、回水温差增大，并且网路供水温度的升高与回水温度的降低值相等，保证了无论采用哪种调节方法，散热器的平均温度都保持一致，

从而保证了散热器的散热量。

（4）间接连接热水管网的质量—流量调节。供暖热用户与热水网路间接连接时，热水网路和用户的水力工况互不影响。此时，热水网路可考虑采用质量—流量调节，即同时改变供水温度和流量的供热调节方法。

随室外温度 t_w 的变化，如何选定流量变化的规律是一个优化调节方法的问题。目前采用的一种方法是调节流量使之随供暖热负荷的变化而变化，使热水网路的相对流量比等于供暖的相对热负荷比，即

$$\overline{G}_{yi} = \overline{Q} \tag{10-62}$$

根据网路和水—水换热器的供热和放热的热平衡方程式，可得出

$$\overline{Q} = \overline{G}_{yi}\frac{t_{g,w} - t_{h,w}}{t'_{g,w} - t'_{h,w}}$$

$$\overline{Q} = \overline{K}\frac{\Delta t}{\Delta t'}$$

根据式（10-51），在此调节方式下，相对传热系数比 $\overline{K}$ 值为

$$\overline{K} = \overline{G}_{yi}^{0.5}\ \overline{G}_{er}^{0.5} = \overline{Q}^{0.5} \tag{10-63}$$

将式（10-62）、式（10-63）代入上述两个热平衡方程式中，可得

$$t_{g,w} - t_{h,w} = t'_{g,w} - t'_{h,w} = const \tag{10-64}$$

$$\overline{Q}^{0.5} = \frac{(t_{g,w} - t_g) - (t_{h,w} - t_h)}{\Delta t'\ln\dfrac{t_{g,w} - t_g}{t_{h,w} - t_h}} \tag{10-65}$$

在某一室外温度 t_w 下，式（10-64）和式（10-65）中 $\overline{Q}$、$\Delta t'$、$t'_{g,w}$、$t'_{h,w}$ 为已知值，t_g 及 t_h 值可由供暖系统质调节计算公式确定。通过联立求解，即可确定热水网路采用按 $\overline{G}_{yi} = \overline{Q}$ 规律进行质量—流量调节时的相应供、回水温度 $t_{g,w}$、$t_{h,w}$ 值。

采用质量—流量调节方法，网路流量随供暖热负荷的减少而减小，可大大节省网路循环水泵的电能消耗。但在系统中需设置变速循环水泵和配置相应的自控设施（如控制网路供、回水温差为恒定值，控制变速水泵转速等），才能达到满意的运行效果。

分阶段改变流量的质调节和间歇调节，也可在间接连接的供暖系统上应用。

【例 10-4】　在一热水供热系统中，供暖用户系统与热水网路采用间接连接。热水网路和供暖用户系统的设计水温参数：$t'_{g,w} = 120℃$、$t'_{h,w} = 70℃$、$t'_g = 85℃$、$t'_h = 60℃$。试确定，当采用质调节或质量—流量调节方式时，在不同的供暖相对热负荷 $\overline{Q}$ 下的供、回水温度，并绘制水温调节曲线图。

解　（1）首先确定供暖用户系统的水温调节曲线。

采用直接连接质调节，根据式（10-37）和式（10-38），可列出 $t_g = f(\overline{Q})$ 和 $t_h = f(\overline{Q})$ 的关系式。

$$t_g = 18 + 0.5(85 + 60 - 2 \times 18)\overline{Q}^{0.77} + 0.5(85 - 60)\overline{Q}$$
$$= 18 + 54 - 5\overline{Q}^{0.77} + 12.5\overline{Q}$$
$$t_h = 18 + 54.5\overline{Q}^{0.77} - 12.5\overline{Q}$$

t_g 和 t_h 的计算结果列于表 10-5 中，水温调节曲线见图 10-13。

表 10 - 5				[例 10 - 5] 计算结果				
相对热负荷 $\overline{Q}$	0.3	0.4	0.5	0.6	0.7	0.8	0.9	1.0
供暖用户系统温度（℃）								
t_g	43.3	49.9	56.2	62.3	68.2	73.9	79.5	85.0
t_h	35.8	39.9	43.7	47.3	50.7	53.9	57.0	60.0
热水网路，质调节温度（℃）								
$t_{g,w}$	53.8	63.9	73.7	83.3	92.7	101.9	111.0	120.0
$t_{h,w}$	38.8	43.9	48.7	53.3	57.7	61.9	66.0	70.0
热水网路，质量—流量调节温度（℃）								
$t_{g,w}$	86.7	91.7	96.5	101.4	106.1	110.8	115.4	120.0
$t_{h,w}$	36.7	41.7	46.5	51.4	56.1	60.8	65.4	70.0
相对流量比 $\overline{G}_{yi}$	0.3	0.4	0.5	0.6	0.7	0.8	0.9	1.0

（2）热水网路采用间接连接质调节。

利用式（10 - 53）和式（10 - 54），联立求解。

由式（10 - 53）得

$$t_{g,w} - t_{h,w} = (t'_{g,w} - t'_{h,w})\overline{Q}$$

$$t_g - t_h = (t'_g - t'_h)\overline{Q}$$

将上式代入式（10 - 54）中经整理得出

$$\ln\frac{t_{g,w} - t_g}{t_{g,w} - (t'_{g,w} - t'_{h,w})\overline{Q} - t_h}$$

$$= \frac{(t'_{g,w} - t'_{h,w}) - (t'_g - t'_h)}{\Delta t'}$$

设

$$\frac{(t'_{g,w} - t'_{h,w}) - (t'_g - t'_h)}{\Delta t'} = D$$

则

$$\frac{t_{g,w} - t_g}{t_{g,w} - (t'_{g,w} - t'_{h,w})\overline{Q} - t_h} = e^D$$

由此得出：

$$t_{g,w} = \frac{[(t'_{g,w} - t'_{h,w})\overline{Q} + t_h]e^D - t_g}{e^D - 1}$$

$$(10 - 66)$$

$$t_{h,w} = t_{g,w} - (t'_{g,w} - t'_{h,w})\overline{Q} \qquad (10 - 67)$$

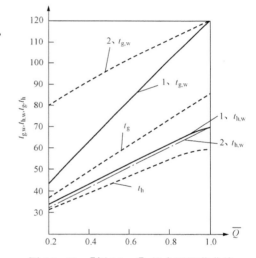

图 10 - 13　[例 10 - 4] 的水温调节曲线

曲线 1：$t_{g,w}$、1、$t_{h,w}$——一级网路按质量

调节的供、回水温曲线；

曲线 2：$t_{g,w}$、1、$t_{h,w}$——一级网路按质量—

流量调节的供、回水温曲线

试求 $\overline{Q}=0.8$ 时的 $t_{g,w}$ 和 $t_{h,w}$ 值。

首先计算在设计工况下水—水换热器的对数平均温差。

$$\Delta t' = \frac{[(t'_{g,w} - t'_g) - (t'_{h,w} - t'_h)]}{\ln\dfrac{t'_{g,w} - t'_g}{t'_{h,w} - t'_h}} = \frac{[(120-85) - (70-60)]}{\ln\dfrac{120-85}{70-60}} = 19.96(℃)$$

则常数 D 为

$$D = \frac{(t'_{g,w} - t'_{h,w}) - (t'_g - t'_h)}{\Delta t'} = \frac{(120-70)-(85-60)}{19.96} = 1.2525$$

根据式（10-66）和式（10-67），当 $\overline{Q} = 0.8$ 时，计算得出 $t_g = 73.9℃$，$t_h = 53.9℃$，则

$$t_{g,w} = \frac{[(120-70)\times0.8+53.9]e^{1.2525}-73.9}{e^{1.2525}-1} = 101.9(℃)$$

$$t_{h,w} = 101.9 - (120-70)\times0.8 = 61.9(℃)$$

计算结果列于表 10-5 中。水温调节曲线见图 10-13。

（3）热水网路采用质量—流量调节。

利用式（10-64）和式（10-65）联合求解，因

$$t_{g,w} - t_{h,w} = t'_{g,w} - t'_{h,w} = \text{const}, \quad t_g - t_h = (t'_g - t'_h)\overline{Q}$$

将上式代入式（10-65）中，经整理得出

$$\ln\frac{t_{g,w} - t_g}{t_{g,w} - (t'_{g,w} - t'_{h,w}) - t_h} = \frac{(t'_{g,w} - t'_{h,w}) - (t'_g - t'_h)\overline{Q}}{\Delta t'\,\overline{Q}^{0.5}}$$

在给定 $t_w(\overline{Q})$ 值下，上式右边为一已知值。

设

$$\frac{(t'_{g,w} - t'_{h,w}) - (t'_g - t'_h)\overline{Q}}{\Delta t'\,\overline{Q}^{0.5}} = C$$

则

$$\frac{t_{g,w} - t_g}{t_{g,w} - (t'_{g,w} - t'_{h,w}) - t_h} = e^C$$

由此得出

$$t_{g,w} = \frac{(t'_{g,w} - t'_{h,w} + t_h)e^C - t_g}{e^C - 1} \tag{10-68}$$

$$t_{h,w} = t_{g,w} - (t'_{g,w} - t'_{h,w}) \tag{10-69}$$

试求 $\overline{Q} = 0.8$ 时的 $t_{g,w}$ 和 $t_{h,w}$ 值。

根据上式

$$C = \frac{(120-70)-(85-60)\times0.8}{19.96\times0.8^{0.5}} = 1.6804$$

根据式（10-68）和式（10-69），当 $\overline{Q} = 0.8$ 时，$t_g = 73.9℃$，$t_h = 53.9℃$，得

$$t_{g,w} = \frac{(120-70+53.9)e^{1.6804}-73.9}{e^{1.6804}-1} = 110.8(℃)$$

$$t_{h,w} = 110.8 - (120-70) = 60.8(℃)$$

计算结果列于表 10-5 中，相应的水温调节曲线见图 10-13。

10.2.5　间歇调节

在室外温度升高时，不改变网路的循环水量和供水温度，而只改变每天供暖小时数，这种供热调节方式称为间歇调节。

间歇调节，一般在室外温度较高的供暖初期和末期，是作为一种辅助的调节措施。

采用间歇调节时，每次启动水泵投入运行后，网路远端用户的水升温时间总比近端用户滞后，为了使近端和远端的热用户通过热水的小时数接近，在锅炉压火后，网路循环水泵应继续运转一段时间，这段时间的长短要相当于热水从离热源最近的热用户流到最远的热用户

所需的时间。因此，循环水泵的实际工作小时数，应比公式计算出的数值大一些，以保证远端热用户供暖小时数。

当采用间歇调节时，网路的流量和供水温度保持不变，网路每天工作总时数 n 随室外温度的升高而减少，可按式（10-70）计算，即

$$n = 24 \frac{t_n - t_w}{t_n - t''_w} \tag{10-70}$$

式中　n——供热网路每天运行总时数，h/d；

　　　t_w——间歇运行时的某一室外温度，℃；

　　　t''_w——开始间歇调节时的室外温度（相当于网路保持的最低供水温度），℃。

【例 10-5】　对于［例 10-2］的 95℃/70℃ 的热水网路，网路上连接有供暖热用户和热水供应热用户。热源拟按供暖热用户质调节水温曲线进行供热调节，但热水供应热用户要求的供水温度不得低于 70℃，因此当供水温度达到 70℃ 时，即转为间歇调节。试确定室外温度 $t_w = 5$℃ 时，网路的每日工作小时数。

解　（1）求出开始间歇调节时室外温度 t''_w（质调节结束时 t_w）。

由［例 10-2］可知，质调节时网路供水温度计算公式为

$$t_{g,w} = 18 + 64.5\,\overline{Q}^{0.77} + 12.5\,\overline{Q} = 18 + 64.5\left(\frac{t_n - t_w}{t_n - t'_w}\right)^{0.77} + 12.5\frac{t_n - t_w}{t_n - t'_w}$$

将 $t_{g,w} = 70$℃ 代入上式，可求出 $\overline{Q} = 0.61$，$t_w = t''_w = 1.53$℃。

（2）间歇调节时，每日工作小时数。

当 $t_w = 5$℃ 时，$n = 24 \times \dfrac{18-5}{18-1.53} \approx 19$（h/d）。

10.3　蒸汽管网的供热调节

对于蒸汽供热系统在建成投入运行时，与热水供热系统一样，也总会有些用户的流量不符合设计要求。在这种情况下，往往也可以利用预先安装好的流量调节装置，对管网系统进行初调节。

另外，要保证供热质量，满足各热用户要求，并使热能制备和输送经济合理，也要对蒸汽供热系统进行运行调节——供热调节。

蒸汽管网城市供热调节的方法，通常有两种：

一种是进行量调节。只改变网路的输送蒸汽流量，调节方法与热水管网的调节方法基本相同，不再详细介绍。

另一种是进行压力调节。利用减压阀将蒸汽压力降低到所要求的压力。减压阀通过开启阀孔大小，对蒸汽进行节流而达到减压目的，并能自动地将阀后压力维持在一定范围内。

蒸汽管网运行调节中应注意以下事项：

（1）一般情况下，活塞式减压阀减压后的压力不应小于 0.1MPa，如需减至 0.07MPa以下，可采用后面设置的波纹管式减压阀或截止阀二次减压。

（2）当所需降压差只有 0.1～0.2MPa，且蒸汽压力及负荷变化不大时，可采用串联安装的两个截止阀进行减压。

（3）当减压阀前后压力之比大于 5～7Pa 时，应串联两个减压阀减压。

（4）如减压阀后蒸汽压力较小，通常采用两级减压。如采用了两级减压阀减压，其热负荷波动频繁而剧烈时，可采用距离比较远的两级减压阀减压，这样可使第一级减压阀工作稳定。

10.4　调节阀原理及应用

10.4.1　调节阀的节流原理与流量特性

在管网系统中，各分支中的流量分配要满足要求，可依靠对管路管径的正确选取实现。但工程管材的管径不是连续变化的，以及其他实际原因，流量的分配还往往需要设置调节阀进行调节。当管网系统根据用户的要求（如用户负荷发生变化），需改变流量时，可依靠调节阀完成，尤其是在具有自动控制功能的系统中。因而，调节阀是流体输配管网的重要调节装置。

10.4.1.1　调节阀的节流原理

由流体力学知，调节阀是一个局部阻力可以变化的节流元件。对不可压缩流体，由

$$\Delta p_Z = p_1 - p_2 = \zeta \frac{\rho v^2}{2}$$

$$Q = Fv$$

得

$$Q = \frac{F}{\sqrt{\zeta}} \sqrt{\frac{2(p_1 - p_2)}{\rho}} \qquad (10\text{-}71)$$

式中　p_1、p_2、Δp_Z——调节阀前后压力及其压差，Pa；

　　　　　ζ——调节阀阻力系数；

　　　　　ρ——流体密度，kg/m³；

　　　　　F——调节阀接管截面积，m²；

　　　　　v——调节阀接管内流体流速，m/s；

　　　　　Q——调节阀接管内流体流量，m³/s。

令

$$C = \frac{F}{\sqrt{\zeta}} \sqrt{2} \qquad (10\text{-}72)$$

则

$$Q = C \sqrt{\frac{(p_1 - p_2)}{\rho}}$$

即

$$C = \frac{Q}{\sqrt{\dfrac{(p_1 - p_2)}{\rho}}} \qquad (10\text{-}73)$$

式中　C——调节阀的流通能力。

式（10-72）和式（10-73）表明，对于某一规格的调节阀，其流通能力随开度而变化；在某一开度下，流通能力为定值，通过的流量取决于阀前后的作用压差。

若以阻力数的方式表达阀门的阻力特性，即由 $\Delta p = p_1 - p_2 = SQ^2$，可知其流通能力 C 与阻力数 S 有如下关系

$$C = \sqrt{\frac{\rho}{S}} \tag{10-74}$$

10.4.1.2　调节阀的理想流量特性

（1）流量特性的定义。调节阀的流量特性，是指流体介质流过调节阀的相对流量与调节阀的相对开度之间的特定关系，即

$$\frac{Q}{Q_{max}} = f\left(\frac{l}{l_{max}}\right) \tag{10-75}$$

式中　Q——调节阀在某一开度时的流量，m^3/s；

　　　Q_{max}——调节阀全开时的流量，m^3/s；

　　　l——调节阀某一开度时阀芯的行程，mm；

　　　l_{max}——调节阀全开时阀芯的行程，mm。

调节阀所能控制的最大流量与最小流量之比称为可调比 R，即 $R = Q_{max}/Q_{min}$。

Q_{min} 是调节阀可调流量的下限值，并不等于调节阀全关时的泄漏量。一般最小可调流量为最大流量的 $2\%\sim4\%$，而泄漏量仅为最大流量的 $0.1\%\sim0.01\%$。

改变调节阀的阀芯与阀座之间的节流面积便可调节流量，但实际上由于种种因素的影响，在节流面积变化的同时，还发生阀前后的压差变化，而压差的变化也会引起流量的变化。因此，流量特性有理想流量特性和工作流量特性两个概念。

（2）理想流量特性。当调节阀前后压差固定不变时（$\Delta p =$ const），所得到的流量特性称为理想流量特性（或称固有流量特性）。如图 10-14 所示，典型的理想流量特性有直线流量特性、等百分比（对数）流量特性、快开流量特性和抛物线流量特性四种类型。

而调节阀自身所具备的固有流量特性取决于阀芯形状，如图 10-15 所示。

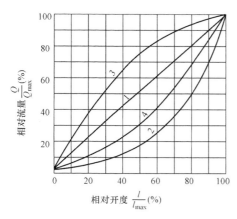

图 10-14　调节阀的理想流量特性

1—直线；2—等百分比；3—快开；4—抛物线

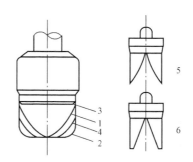

图 10-15　阀芯形状

1—直线特性阀芯；2—等百分比特性阀芯；

3—快开特性阀芯；4—抛物线特性阀芯；

5—等百分比特性阀芯（开口行）；

6—抛物线特性阀芯（开口行）

1）直线流量特性。直线流量特性是指调节阀的相对流量与相对开度成直线关系，即单位行程变化所引起的流量变化是一个常数。

由图 10-14 知，直线流量特性调节阀的单位行程变化所引起的流量变化是相等的，也

就是在调节阀的全行程内其放大系数（曲线斜率）是一个定值。直线流量特性的调节阀在变化相同行程的情况下，流量小时，流量相对值变化大，即 $\Delta Q/Q$ 大；而流量大时，流量相对值变化小。

2）等百分比流量特性。等百分比流量特性又称对数流量特性，它是指单位相对行程的变化所引起的相对流量变化与此点的相对流量成正比关系。

对于 $R=30$ 的等百分比流量特性的调节阀，其开度每变化 1% 所引起的流量变化百分比总是 4%。由图 10-14 可知，等百分比流量特性调节阀的放大系数（曲线斜率）是随行程的增大而递增的。同样的行程，在低负荷（小开度）时流量变化小；在高负荷（大开度）时流量变化大。因此，这种调节阀在接近全关时工作缓和平稳，而在接近全开时放大作用大，工作灵敏有效。它适用于负荷变化大的系统中。

3）抛物线流量特性。抛物线流量特性是指单位相对行程的变化所引起的相对流量变化与此点的相对流量值的平方根成正比关系。它的流量特性曲线是一条二次抛物线，介于直线特性曲线和等百分比特性曲线之间。

4）快开流量特性。快开流量特性是在调节阀的行程比较小时，流量就比较大，随着行程的增大，流量很快就达到最大，故称快开特性。

快开流量特性调节阀的阀芯形状为平板式，阀的有效行程在 $d_{\mathrm{g}}/4$（d_{g} 为阀座直径）以内，当行程再增大，阀的流通面积不再增大，即不起调节作用了。快开特性的调节阀主要用于双位调节或程序控制中。

以上四种理想流量特性的数学表达式和计算公式见表 10-6。

表 10-6　　　　　　　　　　　流量特性的数学表达式和计算公式

流 量 特 性	数 学 表 达 式	计 算 公 式
直线流量特性	$\dfrac{\mathrm{d}(Q/Q_{\max})}{\mathrm{d}(l/l_{\max})}=k$	$\dfrac{Q}{Q_{\max}}=\dfrac{1}{R}\left[1+(R-1)\dfrac{l}{l_{\max}}\right]$
等百分比流量特性	$\dfrac{\mathrm{d}(Q/Q_{\max})}{\mathrm{d}(l/l_{\max})}=k(Q/Q_{\max})$	$\dfrac{Q}{Q_{\max}}=R^{\left(\frac{l}{l_{\max}}-1\right)}$
快开流量特性	$\dfrac{\mathrm{d}(Q/Q_{\max})}{\mathrm{d}(l/l_{\max})}=k(Q/Q_{\max})^{-1}$	$\dfrac{Q}{Q_{\max}}=\dfrac{1}{R}\left[1+(R^2-1)\dfrac{l}{l_{\max}}\right]^{\frac{1}{2}}$
抛物线流量特性	$\dfrac{\mathrm{d}(Q/Q_{\max})}{\mathrm{d}(l/l_{\max})}=k(Q/Q_{\max})^{\frac{1}{2}}$	$\dfrac{Q}{Q_{\max}}=\dfrac{1}{R}\left[1+(\sqrt{R}-1)\dfrac{l}{l_{\max}}\right]^2$

当 $R=30$ 时，各种流量特性下的相对开度和相对流量见表 10-7。

表 10-7　　　　　　　　　各种流量特性下的相对开度和相对流量表

相对流量 $\dfrac{Q}{Q_{\max}}$（%）	相对开度 $\dfrac{l}{l_{\max}}$（%）										
	0	10	20	30	40	50	60	70	80	90	100
直线流量特性	3.3	13	22.7	32.3	42	51.7	61.3	71	80.6	90.4	100
等百分比流量特性	3.3	4.67	6.58	9.26	13	18.3	25.6	36.2	50.8	71.2	100
快开流量特性	3.3	21.7	38.1	52.6	65.2	75.8	84.5	91.3	96.1	99	100
抛物线流量特性	3.3	7.3	12	18	26	35	45	57	70	84	100

（3）三通调节阀的理想流量特性。三通调节阀的理想流量特性及数学表达式均符合前述

理想特性的一般规律。直线流量特性的三通调节阀在任何开度时流过上下两阀芯流量之和，即总流量不变，得到一平行于横轴的直线，如图 10 - 16 所示的直线 1。而抛物线流量特性三通调节阀的总流量是变化的，如图 10 - 16 所示的曲线 3，在开度 50％处总流量最小，向两边逐渐增大直至最大。当可调节范围相同时，直线特性的三通调节阀比抛物线特性三通阀的总流量大，而等百分比特性三通阀的总流量最小，如图 10 - 16 所示的曲线 2。它们在开度 50％时上下阀芯通过的流量相等。

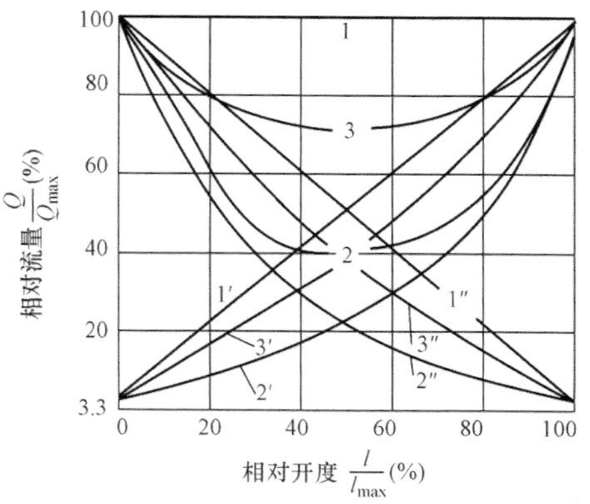

图 10 - 16 中曲线 1、2、3 分别为总流量特性线；曲线 1′、2′、3′ 和 1″、2″、3″ 分别为各分支流量特性线。

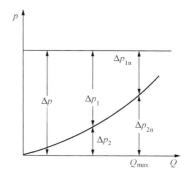

图 10 - 16　三通调节阀的理想流量特性曲线（$R=30$，阀芯开口方向相反）

1—直线；2—等百分比；3—抛物线

10.4.1.3　调节阀的工作流量特性

所谓调节阀的工作流量特性是指调节阀在前后压差随负荷变化的工作条件下，调节阀的相对开度与相对流量之间的关系。

（1）直通调节阀有串联管道时的工作流量特性。调节阀有串联管道时的情况如图 10 - 17 所示，串联管道存在的压力损失与通过管道的流量成平方关系。因此，当系统两端总压差 Δp 一定时，随着通过管道流量的增大，串联管道的压力损失也增大，这样就使调节阀前后压差减小，如图 10 - 18 所示。串联管道的阻力特性和调节阀的理想流量特性共同表现为调节阀的工作流量特性。

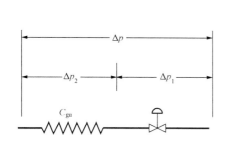

图 10 - 17　串联管道的情况

图 10 - 18　串联管道时调节阀压差的变化情况

由式（10 - 73）可知

$$Q = C\sqrt{\frac{\Delta p_1}{\rho}} \tag{10 - 76}$$

式中　Q——流过调节阀的流量，m^3/s；

　　　C——调节阀的流通能力；

　　　Δp_1——调节阀前后的压差，Pa；

　　　ρ——介质密度，kg/m^3。

若调节阀压差恒定，即 $\Delta p_1 =$ const，则

$$\frac{Q}{Q_{max}} = \frac{C}{C_{qk}} \tag{10-77}$$

式中 Q_{max}——流过调节阀的最大流量；

       C_{qk}——阀全开时的流通能力。

由式（10-75）和式（10-77）可求得

$$C = C_{qk} f\left(\frac{l}{l_{max}}\right) \tag{10-78}$$

将式（10-78）代入式（10-76）后，可得

$$Q = C_{qk} f\left(\frac{l}{l_{max}}\right) \sqrt{\frac{\Delta p_1}{\rho}} \tag{10-79}$$

从管道阻力来看，有

$$Q = C_{gu} \sqrt{\frac{\Delta p_2}{\rho}} \tag{10-80}$$

式中 C_{gu}——管道的流量系数；

       Δp_2——管道上的压降。

据串联关系得

$$\Delta p = \Delta p_1 + \Delta p_2 \tag{10-81}$$

由式（10-79）～式（10-81）可求得

$$\Delta p_1 = \frac{\Delta p}{\left(\frac{C_{qk}}{C_{gu}}\right)^2 \left[f\left(\frac{l}{l_{max}}\right)\right]^2 + 1} = \frac{\Delta p}{\left(\frac{1}{S_V} - 1\right)\left[f\left(\frac{l}{l_{max}}\right)\right]^2 + 1} \tag{10-82}$$

$$S_V = \frac{C_{gu}^2}{C_{gu}^2 + C_{qk}^2} = \frac{S_{qk}}{S_{qk} + S_{gu}} \tag{10-83}$$

式中 S_{qk}——阀全开时的阻力数；

       S_{gu}——串联管道的阻力数。

当调节阀全开时，

$$\left[f\left(\frac{l}{l_{max}}\right)\right]^2 = \left[f\left(\frac{l_{max}}{l_{max}}\right)\right]^2 = \left(\frac{Q_{max}}{Q_{max}}\right)^2 = 1$$

阀前后压差

$$\Delta p_{1m} = S_V \Delta p$$

即

$$S_V = \frac{\Delta p_{1m}}{\Delta p} \tag{10-84}$$

S_V 表示调节阀全开时阀前后压差与系统总压差的比值，称为阀权度，或称为阀门能力。

若以 Q_{max} 表示管道阻力等于零时调节阀的全开流量，而以 Q_{100} 表示存在管道阻力时调节阀的全开流量，则由式（10-79）可得

$$\frac{Q}{Q_{max}} = f\left(\frac{l}{l_{max}}\right) \sqrt{\frac{\Delta p_1}{\Delta p}} = f\left(\frac{l}{l_{max}}\right) \sqrt{\frac{1}{\left(\frac{1}{S_V} - 1\right)\left[f\left(\frac{l}{l_{max}}\right)\right]^2 + 1}} \tag{10-85}$$

$$\frac{Q}{Q_{100}} = f\left(\frac{l}{l_{max}}\right) \sqrt{\frac{\Delta p_1}{\Delta p_{1m}}} = f\left(\frac{l}{l_{max}}\right) \sqrt{\frac{1}{(1 - S_V)\left[f\left(\frac{l}{l_{max}}\right)\right]^2 + S_V}} \tag{10-86}$$

式（10-85）和式（10-86）分别为串联管道时以 Q_{max} 及 Q_{100} 作参比值的工作流量特性。对于理想流量特性为直线和等百分比特性的调节阀，在不同的 S_v 值下，工作流量特性的变化情况如图 10-19 和图 10-20 所示。

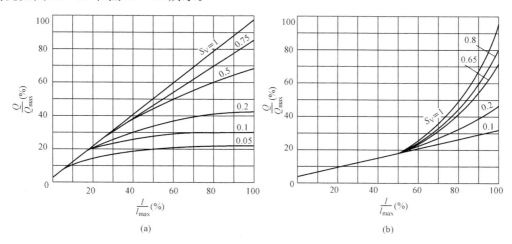

图 10-19　串联管道时调节阀的工作特性（以 Q/Q_{max} 作参比值）

（a）直线流量特性；（b）等百分比流量特性

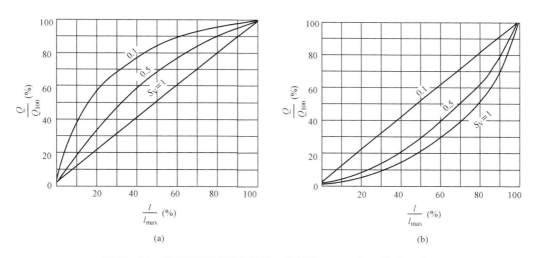

图 10-20　串联管道时调节阀的工作特性（以 Q/Q_{100} 作参比值）

（a）直线流量特性；（b）等百分比流量特性

（2）阀权度对调节阀工作特性的影响分析。由图 10-19 和图 10-20 并结合式（10-83），可知：

1）当管道阻力数为零时，$S_v=1$，系统的总压差全部降落在调节阀上，调节阀的工作特性与理想特性是一致的。

2）随着管道阻力数增大，S_v 值减小，管道压力损失增加，使系统的总压差降落在调节阀上的部分减小，调节阀全开时的流量减小。

3）随着 S_v 值的减小，当以 Q/Q_{100} 作参比值时，流量特性成为一系列向上拱的曲线。

理想的直线特性趋向于快开特性，理想的等百分比特性趋向于直线特性，使小开度时放大系数增大，大开度时放大系数减小，S_v 值太小时将严重影响自动调节系统的调节质量。

在实际中，S_v 值一般不宜小于 0.3，即 $S_{qk} \geqslant 0.43 S_{gu}$。在管网中的分支末端需设置全开时阻力数 S_{qk} 相对较大的调节阀，才能较好地实现对其流量的调节控制。

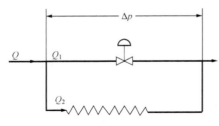

图 10-21　并联管道的情况

（3）直通调节阀有并联管道时的工作流量特性。调节阀有并联管道时的情况如图 10-21 所示。当调节系统失灵时可通过并联管道实现手动控制，或者当调节阀的流量不满足工艺要求时，把装在并联管道上旁路阀打开一些。由于使用并联管路，理想流量特性变为工作流量特性。有并联管道时，流过总管的流量 Q 等于调节阀的流量 Q_1 和旁路流量 Q_2 之和，即 $Q = Q_1 + Q_2$，则有

$$Q = C_{qk} f\left(\frac{l}{l_{max}}\right) \sqrt{\frac{\Delta p}{\rho}} + C_{pa} \sqrt{\frac{\Delta p}{\rho}} \qquad (10-87)$$

式中　C_{pa}——旁路的流量系数。

设 Q_{1max} 为调节阀全开时流过阀的流量，且

$$Q_{1max} = C_{qk} \sqrt{\frac{\Delta p}{\rho}}$$

χ 为并联管道时，阀全开流量与总管最大流量之比，即

$$\chi = \frac{Q_{1max}}{Q_{max}} = \frac{1}{1 + \sqrt{\dfrac{S_{qk}}{S_{pa}}}}$$

式中　S_{pa}——并联管道的阻力数。

则

$$\frac{Q}{Q_{max}} = \frac{Q_1 + Q_2}{\dfrac{Q_{1max}}{\chi}} = \frac{C_{qk} f\left(\dfrac{l}{l_{max}}\right) \sqrt{\dfrac{\Delta p}{\rho}} + C_{pa} \sqrt{\dfrac{\Delta p}{\rho}}}{C_{qk} \sqrt{\dfrac{\Delta p}{\rho}}} \chi$$

$$= \chi f\left(\frac{l}{l_{max}}\right) + \chi \frac{C_{pa}}{C_{qk}} = \chi f\left(\frac{l}{l_{max}}\right) + \chi\left(\frac{1}{\chi} - 1\right)$$

即

$$\frac{Q}{Q_{max}} = \chi f\left(\frac{l}{l_{max}}\right) + (1 - \chi) \qquad (10-88)$$

式（10-88）为并联管道时的工作流量特性，对于理想流量特性为直线及等百分比的调节阀在不同的 χ 值，工作流量特性如图 10-22 所示。

由图 10-22 可知：

1）当旁路关闭时，$S_{pa} \to \infty$，$\chi = 1$，调节阀的工作流量特性与理想流量特性是一致的。

2）随着旁路阀逐步打开，S_{pa} 减小，χ 减小，调节阀本身的流量特性没有变化，系统的实际可调比 R 大大下降。

（4）直通调节阀的实际可调比。调节阀实际所能控制的最大流量与最小流量的比值称为实际可调比。下面分析直通调节阀在串联管道和并联管道时的实际可调比变化情况。

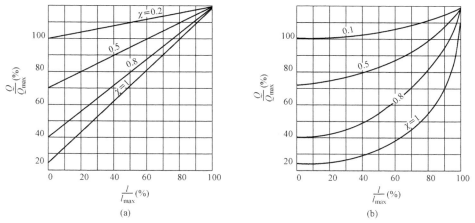

图 10 - 22　有并联管道时调节阀的工作特性（以 $Q/Q_{\max}$ 作参比值）

(a) 直线流量特性；(b) 等百分比流量特性

1）串联管道时。调节阀有串联管道时（如图 10 - 17 所示），其实际可调比为

$$R_S = \frac{Q_{\max}}{Q_{\min}} = \frac{C_{\max}\sqrt{\dfrac{\Delta p_{1\min}}{\rho}}}{C_{\min}\sqrt{\dfrac{\Delta p_{1\max}}{\rho}}} = \frac{C_{\max}}{C_{\min}}\frac{\sqrt{\Delta p_{1\min}}}{\sqrt{\Delta p_{1\max}}} \qquad (10 - 89)$$

当调节阀上压差一定（$\Delta p_2 = 0$）时，有

$$R = \frac{Q_{\max}}{Q_{\min}} = \frac{C_{\max}\sqrt{\dfrac{\Delta p}{\rho}}}{C_{\min}\sqrt{\dfrac{\Delta p}{\rho}}} = \frac{C_{\max}}{C_{\min}} \qquad (10 - 90)$$

由式（10 - 89）、式（10 - 90）得

$$R_S = R\sqrt{\frac{\Delta p_{1\min}}{\Delta p_{1\max}}} \qquad (10 - 91)$$

式中　$\Delta p_{1\min}$——调节阀全开时的压差，即 Δp_{1m}；

　　　$\Delta p_{1\max}$——调节阀全关时的压差。

由于调节阀全关时，阀压差近似于系统总压差，$\Delta p_{1\max} = \Delta p$，故有

$$\frac{\Delta p_{1\min}}{\Delta p_{1\max}} = \frac{\Delta p_{1m}}{\Delta p} = S_V$$

即

$$R_S = R\sqrt{S_V} \qquad (10 - 92)$$

由式（10 - 92）可知，S_V 越小，实际可调比就越小，如图 10 - 23 所示。

在实际使用中，为保证调节阀有一定的可调比，应考虑调节阀上有一定的压差，即调节阀具有相当的阻力数值，使之在管道中保持一定的阀权度。

2）并联管道时。由于旁路流量的存在，相当于调节阀最小流量 $Q_{\min}$ 提高，因此有并联管道时调节阀的实际可调比为

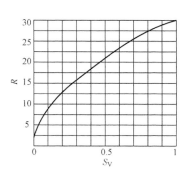

图 10 - 23　串联管道时的实际
可调比（$R = 30$）

$$R_{\mathrm{S}} = \frac{总管最大流量}{调节阀最小流量 + 旁路流量} = \frac{Q_{\max}}{Q_{1\min} + Q_2} \qquad (10\text{-}93)$$

又因

$$\chi = \frac{Q_{1\max}}{Q_{\max}}, \quad R = \frac{Q_{1\max}}{Q_{1\min}}$$

所以

$$Q_{1\min} = \frac{\chi}{R} Q_{\max} \qquad (10\text{-}94)$$

$$Q_2 = Q_{\max} - Q_{1\max} = (1 - \chi) Q_{\max} \qquad (10\text{-}95)$$

将式（10-94）和式（10-95）代入式（10-93）后

$$R_{\mathrm{S}} = \frac{Q_{\max}}{\dfrac{\chi}{R} Q_{\max} + (1 - \chi) Q_{\max}} = \frac{R}{R - (R-1)\chi} = \frac{1}{1 - \left(1 - \dfrac{1}{R}\right)\chi}$$

当 $R = 30$ 时

$$R_{\mathrm{S}} \approx \frac{1}{1 - \chi} = \frac{1}{1 - \dfrac{Q_{1\max}}{Q_{\max}}} = \frac{Q_{\max}}{Q_2} \qquad (10\text{-}96)$$

由式（10-96）可知，调节阀在并联管道时的实际可调比近似为总管最大流量与旁路流量的比值。如图 10-24 所示，随着 χ 的减小，实际可调比迅速降低，它比串联管道时的情况更为严重。因此在使用中应尽量避免打开旁路，一般认为旁路流量最多只能是总流量的百分之十几，χ 值不宜低于 0.8。

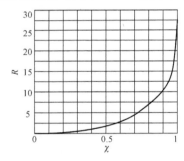

图 10-24　并联管道时的实际
可调比（$R = 30$）

（5）三通调节阀的工作流量特性。三通调节阀当每一分路中存在压力降（如设备、管道、阀门）时，其工作流量特性与直通调节阀串联管道时一样。一般三通调节阀在工作过程中流过三通阀的总流量不变，三通调节阀仅起流量分配作用。在实际使用中，三通调节阀上的压降比管路系统总压降小，总流量基本上取决于管路系统的阻力，而三通调节阀动作的影响很小，一般情况下可以认为总流量是基本不变的。

10.4.2　调节阀的应用

10.4.2.1　调节阀流量特性的选择

对于直通调节阀，常用等百分比流量特性代替抛物线流量特性，通常考虑选择直线和等百分比流量特性。选择流量特性时，要考虑调节阀所在的管路系统的条件，通常要考虑以下因素。

（1）调节系统的特性。调节阀是整个调节系统的一个环节。调节阀的最终目的主要是通过流量的调节，来控制热交换器的换热量。图 10-25 所示为室温自动控制系统原理，通过改变调节阀的开度，来改变通过热交换器的流量，进而改变热交换器的换热量，达到稳定室内设定温度的目的。对整个控制系统而言，希望保持系统的总放大系数为一个常数，使输入量和输出量成线性关系，从而获得较好的调节质量。这个系统中，总放大系数等于各个环节的放大系数的乘积。在一定范围内，可认为调节器、传感器、执行器及房间的放大系数不变，则系统的调节阀和热交换器的综合放大系数应保持常数，即热交换器的换热量的相对变化与阀门相对开度的变化成线性关系。这样，选择调节阀的流量特性时，就必须结合热交换器的换热量随流量变化的特性（称为热交换器的静特性）一起考虑。

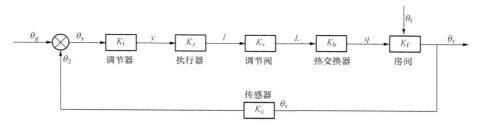

图 10-25　室温自动控制系统原理

由图 10-26 可知，以蒸汽为加热介质的空气加热器的换热量随蒸汽流量变化的关系是线性的。图中，q 表示相对换热量，即实际换热量与最大换热量的比值，L 表示相对流量，即实际流量与最大流量的比值。

图 10-27 所示为水—空气表面式换热器（热水—空气加热器）静特性。表面式冷却器的静特性与此相似。

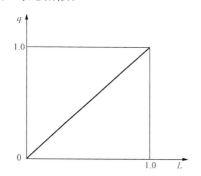

图 10-26　蒸汽—空气加热器静特性

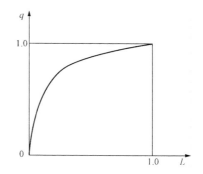

图 10-27　热水—空气加热器静特性

当热交换器的静特性为直线时，应选择工作流量特性为直线特性的调节阀。当热交换器的静特性如图 10-27 所示时，应选择工作流量特性为等百分比特性的调节阀。

图 10-28 所示为调节阀工作流量特性与热交换器静特性的综合。图中，曲线 a 为直通调节阀的工作流量特性，其横坐标为 $\dfrac{l}{l_{max}}$，纵坐标为相对流量 L；曲线 b 为热交换器的静特性，其横坐标为相对流量 L，纵坐标为相对换热量 q。曲线 c 是曲线 a 和 b 的综合，其横坐标为阀门的相对开度，纵坐标为热交换器的相对换热量，反映了热交换器的相对换热量随阀门相对开度的变化关系。为确定曲线 c，由曲线 a 上的点 1 作平行于横轴的直线交对角线上的点 2，点 2 的 L 横坐标值等于点 1 的相对流量；通过点 2 作平行于纵轴的直线交曲线 b 于点 3，点 3 的 q 纵坐标值即为点 1 对应的阀门相对开度下

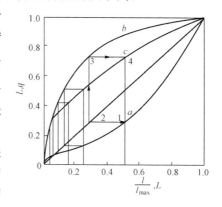

图 10-28　调节阀流量特性与热交换器静特性的综合

换热器的相对换热量；过点 3 作平行于横轴的直线、过点 1 作平行于纵轴的直线，交点 4 即为曲线 c 上的点。连接若干这样的点，即得曲线 c。由综合后的曲线 c 可知，热交换器的相对换热量随阀门相对开度的变化关系近似为线性。

（2）阀权度的确定。由于阀权度 S_V 值的不同，使用于液体介质中的调节阀的工作流量特性也不同，所以在选择调节阀特性时必须结合调节阀与管网的连接情况考虑。

理想流量特性为直线特性的调节阀，当 $S_V < 0.3$ 时，其工作流量特性曲线近似快开特性。而对于等百分比流量特性，当 $S_V < 0.3$ 时，其工作流量特性近似直线特性，虽仍有较好的调节作用，但此时可调范围已显著减小，因此一般不希望 $S_V < 0.3$。在实际工程中，可以根据表 10 - 8 选择直通调节阀的理想流量特性。

表 10 - 8 　　　　　　　　S_V 值与直通调节阀的理想流量特性选择

S_V	0.6~1		0.3~0.6		<0.3
工作流量特性	直线	等百分比	直线	等百分比	不适宜调节
理想流量特性	直线	等百分比	等百分比	等百分比	不适宜调节

对于 S_V 值的确定，应从经济观点出发，调节阀全开时的压降尽可能小一些，这样可以减小管网压力损失，节省运行能耗。由工作特性分析可知，还必须使调节阀压降在系统压降中占有一定的比例，才能保证调节阀具有较好的调节性能。一般在设计中 $S_V = 0.3 \sim 0.5$ 是较合适的。

10. 4. 2. 2　调节阀口径选择计算

（1）流通能力计算。目前，国产调节阀的流通能力的计算条件和单位如下：当调节阀全开时，阀两端压差为 $10^5 Pa$，流体密度为 $1 g/cm^3$，流量单位为 m^3/h，接管面积单位为 cm^2。

根据式（10 - 71），按上述条件代入整理后得

$$Q = 5.09 \frac{F}{\sqrt{\zeta}} \sqrt{\frac{\Delta p}{\rho}} = C \sqrt{\frac{\Delta p}{\rho}} \qquad (10 - 97)$$

式中　Δp——调节阀前后压差，$10^5 Pa$；

ρ——流体的密度，g/cm^3。

当 Δp 的单位采用 Pa 时，式（10 - 97）可写成

$$Q = \frac{C}{316} \sqrt{\frac{\Delta p}{\rho}}$$

即

$$C = \frac{316Q}{\sqrt{\dfrac{\Delta p}{\rho}}} \qquad (10 - 98)$$

式（10 - 98）是计算 C 值的基本公式，式中 Δp 以 Pa 为单位，ρ 以 g/cm^3 为单位。

1）一般液体的 C 值计算。液体调节阀的流通能力用式（10 - 98）计算或用式（10 - 99）计算，即

$$C = \frac{316G}{\sqrt{\rho \Delta p}} \qquad (10 - 99)$$

式中　G——质量流量，t/h。

【**例 10 - 6**】　已知 $Q=18\text{m}^3/\text{h}$，$\rho=1\text{g/cm}^3$，$p_1=2.5\times10^5\text{Pa}$，$p_2=1.5\times10^5\text{Pa}$，求 C 值。

解　根据式（10 - 98）可得

$$C=\frac{316Q}{\sqrt{\dfrac{\Delta p}{\rho}}}=\frac{316\times18}{\sqrt{\dfrac{(2.5-1.5)\times10^5}{1}}}=18$$

由式（10 - 99）可知，**液体的密度如变化20%，C 值改变约为10%**，由于液体的密度相差不大，在实际计算中，如果实际密度不确切，合理假设就可以了。仅当水的温度超过100℃时，才要求采用工作状态下的密度和流量。

2）蒸汽的 C 值计算。蒸汽要考虑被压缩后所引起的密度变化。关于蒸汽 C 值的计算方法，有阀前密度法、阀后密度法、平均密度法和压缩系数法四种。蒸汽 C 值计算的阀后密度法比压缩系数法的相对误差更小，下面仅介绍阀后密度法。

当 $p_2/p_1>0.5$ 时，蒸汽调节阀流通能力的计算公式为

$$C=\frac{10G_\text{D}}{\sqrt{\rho_2\Delta p}}\tag{10 - 100}$$

式中　G_D——蒸汽流量，kg/h；

　　　Δp——阀前后蒸汽绝对压力差，Pa；

　　　ρ_2——阀后蒸汽的密度，kg/m³，根据阀后压力和温度在蒸汽密度表中查取，近似地按阀后温度等于阀前温度计算。

当 $p_2/p_1<0.5$ 时，蒸汽处于超临界流动状态，不管阀后蒸汽压力 p_2 多小，调节阀出口截面上的蒸气绝对压力 p_2' 保持不变，$p_2'=p_\text{2kp}=p_1/2$，调节阀出口截面上蒸汽密度 $\rho_2'=\rho_\text{2kp}$ 也保持不变，C 值按式（10 - 101）计算，即

$$C=\frac{10G_\text{D}}{\sqrt{\rho_\text{2kp}(p_1-p_\text{2kp})}}=\frac{10G_\text{D}}{\sqrt{\rho_\text{2kp}\left(p_1-\dfrac{p_1}{2}\right)}}=\frac{14.14G_\text{D}}{\sqrt{\rho_\text{2kp}p_1}}\tag{10 - 101}$$

式中　ρ_2kp——阀出口截面上蒸汽密度，kg/m³，根据 $p_\text{2kp}=p_1/2$ 和蒸气温度查蒸汽性质表求得。

【**例 10 - 7**】　饱和蒸汽流量 $G_\text{D}=350\text{kg/h}$，阀前蒸汽绝对压力 $p_1=2.5\times10^5\text{Pa}$，阀后蒸汽绝对压力 $p_2=1.5\times10^5\text{Pa}$，求 C 值。

解　由阀前蒸汽绝对压力 $p_1=2.5\times10^5\text{Pa}$，可查蒸汽性质表得饱和温度 $t_\text{b1}=127℃$。

设饱和蒸汽流过调节阀后的温度也为 $t_\text{b2}=127℃$，而压力降至 $p_2=1.5\times10^5\text{Pa}$，则阀后蒸汽密度查表的 $\rho_2=0.81\text{kg/m}^3$。

$$\frac{p_2}{p_1}=\frac{1.5\times10^5}{2.5\times10^5}=0.6>0.5$$

由式（10 - 100）得

$$C=\frac{10G_\text{D}}{\sqrt{\rho_2\Delta p}}=\frac{10\times350}{\sqrt{0.81\times(2.5-1.5)\times10^5}}=12.3$$

【**例 10 - 8**】　饱和蒸汽流量 $G_\text{D}=515\text{kg/h}$，阀前蒸汽绝对压力 $p_1=5\times10^5\text{Pa}$，调节阀后蒸汽绝对压力 $p_2=2\times10^5\text{Pa}$，求 C 值。

解　由阀前蒸汽绝对压力 $p_1=5\times10^5\text{Pa}$，可查蒸汽性质表得饱和温度 $t_\text{b1}=151℃$。

$p_2/p_1 = 2 \times 10^5 / 5 \times 10^5 = 0.4 < 0.5$，应按式（10-101）计算 C 值。此时，$p_2' = p_{2kp} = p_1/2 = 5 \times 10^5 / 2 = 2.5 \times 10^5$，查表得 $\rho_{2kp} = 1.279 \text{kg/m}^3$，则

$$C = \frac{14.14 G_D}{\sqrt{\rho_{2kp} p_1}} = \frac{14.14 \times 515}{\sqrt{1.279 \times 5 \times 10^5}} = 9.1$$

对于过热蒸汽，仍可用式（10-101）计算 C 值，但需给出阀前过热蒸汽的压力 p_1 和温度 θ_1 以及阀后的压力 p_2。

（2）调节阀口径选择。调节阀口径即调节阀的公称直径。一般情况下，一个公称直径对应一个流通能力。VN 型直通双座调节阀的参数见表 10-9。

调节阀口径选择时，先根据流经调节阀的设计流量和两端压差，计算要求的调节阀流通能力 C，然后选择调节阀的口径（阀门的流通能力应大于且接近要求流通能力）。

表 10-9   VN 型直通双座调节阀的参数

公称直径 DN(mm)	阀座直径 d_0 (mm)		流通能力 C	最大行程 l(mm)	薄膜有效面积 A_e (cm²)	流量特性	公称压力 PN (MPa)	允许压差 (MPa)	工作温度 t(℃)
	下阀座	上阀座							
25	24	26	10	16	280				普通型 −20~200 （铸铁） 散热型 −40~450 （铸钢） −60~450 （铸不锈钢） 长颈型 −250~−60
32	30	32	16						
40	38	40	25	25	400	直线等百分比	1.6 4.0 6.4	≥1.7	
50	48	50	40						
65	64	66	63	40	630				
80	78	80	100						
100	98	100	160						
125	123	125	250	60	1000				
150	148	150	400						
200	198	200	630						
250	247	250	1000	100	1600				
300	297	300	1600						

【例 10-9】 有一台直通双座调节阀，根据工艺要求，其最小流量是 13m³/h，最大流量是 65m³/h；最大压差是 0.975×10^5Pa，最小压差是 0.5×10^5Pa，阀门为直线流量特性，$S_V = 0.5$，被调介质为水。试选择调节阀口径。

解 计算要求的阀门流通能力

$$C = \frac{316 Q}{\sqrt{\dfrac{\Delta p}{\rho}}} = \frac{316 \times 65}{\sqrt{\dfrac{0.5 \times 10^5}{1}}} = 92$$

根据 $C = 92$，查表 10-9，选择调节阀公称直径为 80mm，阀门流通能力为 100。

10.4.2.3 调节阀开度和可调比验算

（1）开度验算。调节阀工作时，一般最大开度在 90% 左右。最大开度选的小了，会使实际可调比下降，这时阀门口径选的偏大，不但影响调节性能，而且也不经济。如 $R = 30$ 的等百分比流量特性调节阀，当最大开度为 80% 时，其实际流通能力仅为该阀流通能力的

50％，可调比也下降为 15。

最小流量工作时，一般最小开度不小于 10％，因为小开度时流体对阀芯、阀座的冲蚀较为严重，容易损坏阀芯而使流量特性变坏，严重的甚至使调节阀失灵。

将式（10 - 86）变换后，可得

$$f\Big(\frac{l}{l_{\max}}\Big)=\sqrt{\frac{S_V}{\Big(\dfrac{Q_{100}}{Q}\Big)^2+S_V-1}}$$

$Q_{100}=\dfrac{1}{316}C\sqrt{\dfrac{\Delta p}{\rho}}$，当流过调节阀的流量 $Q=Q_i$ 时，有

$$f\Big(\frac{l}{l_{\max}}\Big)=\sqrt{\frac{S_V}{\dfrac{C^2\Delta p/\rho}{10^5 Q_i^2}+S_V-1}} \tag{10 - 102}$$

式中　Δp——调节阀全开时的压差，Pa；

C——所选调节阀的流通能力；

ρ——介质密度，g/cm^3；

Q_i——被验算开度处阀的流量，m^3/h。

对于理想直线流量特性的调节阀，当 $R=30$ 时，有

$$f\Big(\frac{l}{l_{\max}}\Big)=\frac{Q}{Q_{\max}}=\frac{1}{30}\Big[1+(30-1)\frac{l}{l_{\max}}\Big]=\frac{1}{30}+\frac{29}{30}\frac{l}{l_{\max}} \tag{10 - 103}$$

对于理想等百分比特性的调节阀，当 $R=30$ 时，有

$$f\Big(\frac{l}{l_{\max}}\Big)=\frac{Q}{Q_{\max}}=30^{\frac{l}{l_{\max}}-1} \tag{10 - 104}$$

把式（10 - 103）和式（10 - 104）分别代入式（10 - 102）后可得调节阀的开度验算公式：

直线流量特性调节阀

$$K=\left(1.03\times\sqrt{\frac{S_V}{\dfrac{C^2\Delta p/\rho}{10^5 Q_i^2}+S_V-1}}-0.03\right)\times100\% \tag{10 - 105}$$

等百分比流量特性调节阀

$$K=\left(\frac{1}{1.48}\lg\sqrt{\frac{S_V}{\dfrac{C^2\Delta p/\rho}{10^5 Q_i^2}+S_V-1}}+1\right)\times100\% \tag{10 - 106}$$

式中　K——流量 Q_i 处的阀门开度。

（2）可调比验算。由于受流量特性变化、最大开度和最小开度的限制，以及选用调节阀口径时的取整放大，使 R 减小。国产调节阀的理想可调比为 $R=30$，实际只能达到 10 左右。在验算可调比时，一般按 $R=10$ 进行。由式（10 - 92）可得当调节阀有串联管道时，$R=10$ 的可调比验算公式为

$$R_S=10\sqrt{S_V} \tag{10 - 107}$$

由式（10 - 107）可知，当 $S_V\geqslant0.3$ 时，$R_S\geqslant5.5$，此时调节阀实际可调的最大流量大于或等于最小可调流量的 5.5 倍，实际工程中，一般这一比值大于 3 已能满足要求。因此，当

$S_v \geqslant 0.3$ 时，调节阀的可调比一般可不作验算。

【例 10 - 10】 验算 [例 10 - 9] 所选阀门的开度和可调比。

解 (1) 开度验算。由式 (10 - 105) 可得：

最大流量时阀门的开度为

$$K = \left[1.03 \times \sqrt{\dfrac{0.5}{\dfrac{100^2 \times 0.5 \times 10^5/1}{10^5 \times 65^2} + 0.5 - 1}} - 0.03 \right] \times 100\% = 85.1\%$$

最小流量时阀门的开度为

$$K = \left[1.03 \times \sqrt{\dfrac{0.5}{\dfrac{100^2 \times 0.5 \times 10^5/1}{10^5 \times 13^2} + 0.5 - 1}} - 0.03 \right] \times 100\% = 10.5\%$$

可知满足要求。

(2) 验算可调比。$R_s = 10 \sqrt{S_v} = 10 \sqrt{0.5} = 7$，最大流量与最小流量之比为 $65/13 = 5$，可知可调比满足要求。

三通调节阀选择时也需要经历确定阀门的流量特性、阀权度、计算阀门口径等几个步骤。其中，阀权度是三通调节阀选择的关键。它影响工作流量特性、实际可调范围，影响总流量的波动，具体选择方法可参见有关资料。

10.5 供热管网的控制与检测

城市供热系统应进行控制与检测，其内容包括参数检测、参数与设备状态显示，自动调节与控制、工况自动转换，能量计量以及中央监控与管理等，具体内容应根据建筑功能、相关标准、系统类型等通过技术经济比较确定。

城市供热管网可以分成两部分：热源至各热力站间的一次网及热力站至各用户建筑的二次网。

10.5.1 面积收费体制下的控制方法

10.5.1.1 控制方法的分类

热源至热力站的一次网调节，其热网调节方案在现有的按面积收费体制下，调节方法可分为以下几种：

(1) 质调节。

(2) 量调节。

(3) 分阶段改变流量的质调节。

(4) 间歇调节。

上述的控制调节已在前面讨论，本节不再详细讨论。

10.5.1.2 正常供热的技术措施

从技术角度看，一个热网运行做到正常供热，要保证以下两点：

(1) 流量分配均匀。在初调节时把整个热网的水流量分配调整到用户所要求的设计流量，即热量按工作面积分配均匀即可。

(2) 保证合适的供水温度。对于一次网，由热源处根据室外温度的高低控制热源出口的供水温度；对于二次网，只要热力站设计及初调节合理，在一次网供水温度调节适当的情况下即可保证二次网有合适的供水温度。

　　按供热面积收费体制下热网和热源的调节方案，用户不能自主地调节自己的供热量，因此在正常供热的情况下，热源的总供热量仅和室外温度有关。热源调节主动权在供热公司，它可以主动地调节、控制热网的流量和供水温度，即供热量，其调节的原则就是流量按供热面积均匀分配，控制手段是根据室外温度控制好供水温度，其总供热量是可以预先知道并且由其控制。控制算法可以采用 PI 算法，也可以采用预测控制或智能控制方法。

10.5.2　热计量体制下的控制方法

　　随着我国供热与用热制度改革和人们用热观念的改变，热量由用户自行调控和使用，更能体现节约能源，更好地实现按需供给的供热理念，并且按实际用热量进行收费，已成为我国供热/用热的发展趋势。同时，为了实现建筑节能目标和用热量的合理收费，调动供热/用热两方面的积极性，也要求采用依据热量计量收费这一新的收费体制。

10.5.2.1　热量计量下用户的控制方法和特点

　　每一户都安装热量计和温控阀，用户将根据自己的需求调节温控阀控制室内温度。为了节能及降低供热费用，用户可对夜间的客厅、无人居住的房间调低温度。这种调节本质上是通过调节散热器的流量大小调节散热器的供热量，从而控制室温。当用户需要调节室温时开大或关小温控阀，这时通过该用户散热器的热水流量就要发生变化。当众多用户调节自己的流量后，整个热网的流量和供热量也将随之变化，而这个流量和供热量的变化是供热公司和热源处无法控制和预知的，也就是说，调节的主动权掌握在分散的众多用户手中，而供热公司和热源处变为被动的适从者。

10.5.2.2　依据热量计量收费后热网控制方案

　　热网调节的原则是在保证充分供应的基础上尽量降低运行成本。为保证充分供应，就要保证无论何时用户都要有足够的资用压头。通常可以采用以下两种控制方法：

　　（1）供回水定压差控制。把供热管网某一处管路上的供回水压差作为压差控制点，保持该点的供回水压差始终不变。当用户调节导致热网流量增大后，压差控制点的压差必然下降，调高热网循环水泵的转速，使该点的压差又恢复到原来的设定值，从而保持压差控制点的压差不变。

　　（2）供水定压控制。把热网供水管路上的某点选为压力控制点，在运行时使该点的压力保持不变——压力控制点（该点并不是热网的恒压点）。当用户调节导致热网流量增大后，压力控制点的压力必然下降，调高热网循环水泵的转速，使该点的压力又恢复到原来的设定值，从而保持压力控制点的压力不变。

　　无论采取哪种控制方法，都需做到：

　　（1）正确选择控制点的位置和设定值。控制点位置及设定值大小的选择主要是考虑降低运行能耗和保证热网调节性能的综合效果。在设定值大小相同的条件下，控制点位置离热源循环泵出口越近，滞后越小，调节能力越强，但越不利于节约运行费用；反之，情况正好相反。在控制点位置确定的条件下，控制点的压力（压差）设定值取得越大，越能保证用户在任何工况下都有足够的资用压头，但运行能耗及费用越大；反之，如取值过低，运行费用及能耗虽然较低，但有可能在某些工况下保证不了用户的要求。

　　（2）供水温度的调节方法、供水温度和控制点的设定值根据具体工程确定。

10.5.2.3　直接连接管网的控制

（1）供水压力控制。供水采用定压的控制方法。该方法的关键是选择压力控制点及设定值。

供水压力的控制方法有资用压头相同和资用压头不同两种情况。

1）如图 10-29 所示，各个用户所要求的资用压头相同，其特点是为保证在任何时候都能满足所有用户的调节要求，把压力控制点确定在最远用户 n 的供水入口处。该用户供水入口处的压力设定值 p_n 为

$$p_n = p_0 + \Delta p_r + \Delta p_y \qquad (10-108)$$

式中　p_0——热源恒压点的压力值，设恒压点在循环泵的入口，Pa；

　　　Δp_r——设计工况下，从用户 n 到热源恒压点的回水干管压降 Pa；

　　　Δp_y——用户的资用压头，Pa。

2）各个用户所要求的资用压头不同，此时压力控制点的选择比较复杂。原则上应根据式（10-108）计算出所有用户的 p_n，然后取其中具有最大 p_n 的用户供水入口处为压力控制点。图 10-30 所示为在设计工况下的水压图，用户 2 要求资用压头最大，用户 3 最小。应选最远用户 4 的入口压力为控制压力点（p_n 最大）。但实际上比较难以确定哪一个用户的 p_n 最大。从设计数据中可以知道各用户的设计流量、热网管径及长度，从而算出各用户的 p_n 值，但由于供热管网施工安装、阀门开度大小等实际因素的影响，管网水压图的实际阻力系数并不等于设计值，导致最大的 p_n 并非实际上的最大。一般情况下，如果最远用户所要求的资用压头最大，则把最远用户供水入口处作为压力控制点；否则可以把压力控制点设置在主干管上离循环泵出口约 2/3 处附近的用户供水入口处，其设定值大小为设计工况下该点的供水压力值，这种确定方法是经验法。

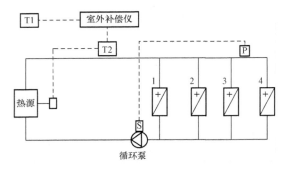

图 10-29　直接连接管网压力控制原理图
T1—室外温度传感器；T2—供水温度传感器

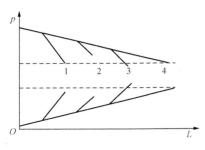

图 10-30　水压图
p—压力；L—距离

（2）压差控制方法。压差控制方法的原理如图 10-31 所示。同供水压力控制的原理一样，当各个用户所要求的资用压头相同时，压差控制点可以选在最远用户处；当各个用户所要求的资用压头不同时，压差控制点选在要求资用压头最大的用户处，其压差设定值为所要求的最大资用压头，如图 10-30 所示，可取资用压头最大用户 2 作为压差控制点，其资用压头即为压差设定值。

（3）热源供水温度。计量供热条件下，热源供水温度的调节方案是热源的供水温度仍随室外温度变化而变化，相当于质调节。当室外温度升高时，控制热源的加热量以降低供水温

度。当室外温度较高时，为满足生活热水用户对热水的要求，应保证热网的供水温度不低于 60℃。

（4）热源总流量的调节。热源总流量的控制系统也就是供水压力（或压差）控制系统。热源处循环泵的总流量用变频控制，根据压力控制点的压力变化而控制变频泵的转速。例如，调小用户 1、2 的流量，将导致压力控制

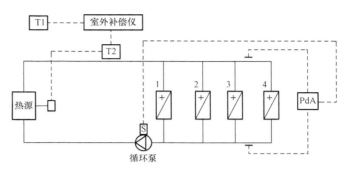

图 10 - 31　直接连接管网压差控制原理

点的供水压力升高，该压力值的升高反馈给循环泵，使泵的转速降低，直到压力控制点的压力值降到设定值为止，从而保证压力控制点的供水压力值不变。

10.5.2.4　间接连接管网的控制

间接连接管网不同于直接连接管网，其一次网和二次网的控制方案不同。

（1）二次网的调节。压力控制和压差控制的原理相似，下面仅介绍压力控制方法。如图 10 - 32 所示，把间接连接管网的换热站看作一个热源，间接连接管网的每一个二次网就相当于一个独立的直接连接管网。二次网的调节中关于控制点位置及设定值大小的选取和直接连接管网相同，两者的差别在于换热站二次网供水温度控制。假定换热站的换热面积不变，当换热站所带的其中一个用户调节流量时，换热器的二次侧流量就发生变化，但换热器的一次侧流量、供水温度并没有发生变化，若换热器没有温度调节装置，换热器的二次侧供水温度就要随之发生变化。当二次网的供水温度发生变化，对没有进行调节的用户，虽然其散热器的流量没有发生变化，但室内温度也要发生变化。因此，二次网供水温度只能与室外温度有关，而不应随用户调节流量而有所变化。这样，换热站二次网的供水温度由该站的一次网调节阀 V1 控制，通过调节该站一次网阀门 V1 使二次网的供水温度保持在所需值，如图 10 - 33 所示。

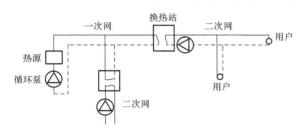

图 10 - 32　间接连接管网示意图

（2）一次网的调节。把换热站看作一次网的一个用户，由上述二次网供水温度的调节要求知，一次网调节阀 V1 的调节，使一次网也成为变流量运行。这样一次网的调节、热源的调节方案完全与直接连接管网相同。需特别指出，间接连接管网的一次、二次网在水力工况上是相互独立的，因此需分别在一次、二次网上设置控制点和变频泵，以便分别进行调节控制。

间接连接管网的现场控制器控制原理如图 10 - 34 所示。它由三个控制系统组成，监控内容如下：

1）二级管网的流量控制。二级管网侧的循环水泵采用变频水泵。在二级管网侧选一压力或压差控制点，在此点装一压力或压差传感器，此传感器将压力或压差数值 P1 转变为电信号，通过模拟量输入通道 AI 输入现场控制器，再根据此数值与设定值的偏差及转速公式计算出转速，并通过模拟量输出通道 A0 控制变频水泵的转速。

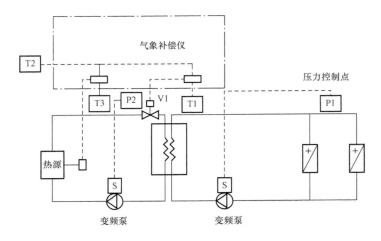

图 10-33　间接连接管网压力控制原理
T1—二次网供水温度；P1—二次网定压点
P2—一次网定压点；T2—一次网供水温度

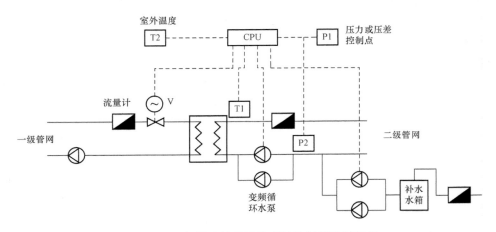

图 10-34　间接连接管网的现场控制器控制原理

2）供水温度的控制。根据室外温度设定二级管网侧的供水温度，通过调节一级管网侧的流量来控制。室外温度传感器将室外温度转变成电信号，通过模拟量输入通道 AI 输入现场控制器，根据预先设置好的算法算出二级管网侧的供水温度 T1，并将控制信号通过模拟量输出通道 AO 传递给一级管网侧的流量调节阀 V，调整其开度，从而达到控制二级管网供水温度的目的。

3）系统定压控制。由于系统循环水量是变流量，补水水泵宜采用变频泵，补水水泵的定压点设置在循环水泵的入口处，由压力传感器测得的数值 P2 传送给现场控制器，将其与设定值比较，根据此数值与设定值的偏差及转速公式，缓慢改变补水水泵的转速，使定压点的数值恢复到设定值，保证系统的稳定运行。

10.5.2.5　混连管网的调节

图 10-35 所示为混连管网的压力控制原理图。

（1）控制点的位置及设定值。因混连管网的一次、二次网水力工况互相不独立，故混连管网的压力控制点及设定值的选取不能像间接连接管网那样在一、二次网分别设置，而应只设置一套压力控制点和控制值。此时可以不考虑混连管网中的混连站而与直接连接管网一样设置一套压力控制点和控制值。

（2）混连站出水温度及其流量的调节。混连站出水温度与混水比有关，当某一用户调节流量，混连

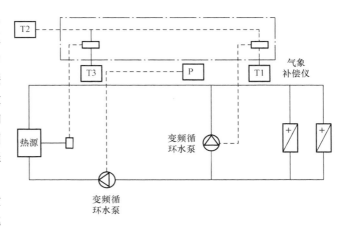

图 10-35　混连管网的压力控制原理

站的出水温度 T1 即发生变化，为保证出水温度仅与室外温度有关而不随用户的调节而变化，此时调节混水泵的转速，使出水温度达到要求。总之，混连管网的压力控制点 P 的压力值由热源处变频循环泵的转速所控制，而混连站的出水温度由变频混水泵的转速调整。

10.5.3　换热器的监控

换热器的作用是将一次蒸汽或高温水的热量交换给二次网的低温水，供采暖空调和生活用。热交换站计算机监控系统的主要任务是保证系统的安全性，对运行参数进行计量和统计，根据要求调整运行工况。

10.5.3.1　蒸汽—水换热器的监控

图 10-36 所示为蒸汽—水换热器的监控原理。热换热站的监控对象有换热器、供热水泵、分水器和集水器。蒸汽—水换热器的监控功能包括换热器一次侧、二次侧热媒（蒸汽和循环热水）的温度、流量、压力的实时检测及二次侧出水温度的自动控制。

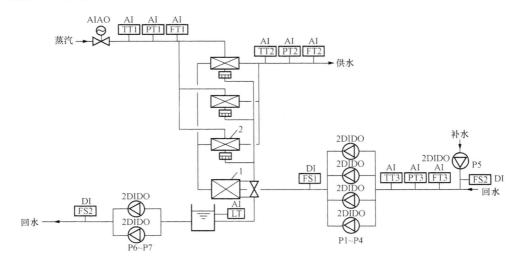

图 10-36　蒸汽—水换热器的监控原理

TT—温度变送器；PT—压力变送器；FT—流量变送器；1—热水换热器；2—蒸汽—热水换热器

（1）检测内容。

1）换热器的蒸汽温度 TT1、流量 FT1 及压力 PT1。

2）供水温度 TT2、流量 FT2 及压力 PT2。

3）采暖回水温度 TT3、流量 FT3 及压力 PT3。

4）凝结水水箱的水位监测 LT。

（2）控制内容。

1）供水温度的自动控制。根据装设在热水出水管处的温度传感器 TT2 检测的温度值与设定值之偏差，以比例积分控制规律自动调节蒸汽侧电动阀的开度。蒸汽电动阀实际上是控制进入换热器的蒸汽压力，从而决定了冷凝温度，也就确定了传热量。

2）换热器与循环水泵的台数控制。通过实时检测循环热水流量和供、回水温度，确定实际的供热量。

根据室外温度（前 24h）的平均值，利用供热系统的运行曲线图，得到以下的指标：

a. 实际运行所需要的供水温度。

b. 循环热水流量值。

c. 蒸汽换热器以及循环水泵运行台数。

d. 供水温度的设定值。可由调整后测出的循环水量、要求的热量及实测回水温度确定。

3）补水泵的控制。实时检测回水压力 PT3 的大小，自动控制补水泵的启/停，及时对热水循环系统进行补水。

4）水泵运行状态显示及故障报警。采用流量开关 FS1、FS2、FS3 分别作为热水水泵、凝结循环水泵与补水泵的运行状态显示，水泵停止时电动阀自动关闭。采用泵的主电路热继电器辅助触点作故障报警信号，当水泵有故障时，自动启动备用泵。

10.5.3.2　水—水换热器的监控

水—水换热器的监测原理如图 10-37 所示。热交换站的监控对象为换热器、供热水泵、分水器和集水器。

（1）主要检测内容。一次热媒侧供水温度 t_1（T1）、回水温度 t_5（T5）；二次侧热水供水温度 t_2（T2）、回水温度 t_3（T3）、流量 q_{m2}（F1）；供回水压差（PdT）；供热水泵工作、故障及手/自动状态。

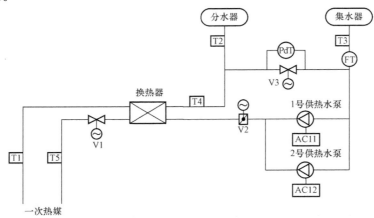

图 10-37　水—水换热器的监控原理

（2）控制内容。

1）根据装设在热水出水管处的温度传感器 T3 检测的温度值与设定值之偏差，以比例积分控制方式自动调节一次热媒侧电动阀的开度 V1。

2）根据二次侧供水温度、回水温度和流量（F1）计算用户侧实际耗热量。根据室外温度（前 24h）的平均值，利用供热系统的运行曲线图，得到实际运行所要求的供水温度的大小，计算出实际的循环水流量，并进行供水温度的再设定。

3）测量供、回水压差 PdT，控制其旁通阀的开度 V3，以维持压差设定值。

4）供热泵停止运行，一次热媒电动调节阀关闭。

5）根据排定的工作序表，按时起停设备。

复 习 思 考 题

1. 何谓水力失调？水力失调的原因主要有哪些？

2. 提高热水网路水力稳定性的主要途径有哪些？

3. 热水网路集中调节的方法有哪些，具体如何调节？

4. 哈尔滨市供暖室外计算温度 $t_{w}'=-26℃$。某供暖建筑物要求室内温度 $t_{n}=18℃$，$b=0.3$。若室外温度为 $-15℃$，当采用质调节时，试求在下列给定条件下的供、回水温度。

（1）供暖建筑物的设计供、回水温度为 95℃/70℃；

（2）网路的设计供、回水温度为 130℃/70℃，在进入建筑物前用混合装置将供水温度混合到 $t_{g}'=95℃$。

5. 哈尔滨市一热水供暖系统，与网路采用无混合装置直接连接，设计供、回水温度为 95℃/70℃。采用分阶段改变流量的质调节。室外温度从 $-15\sim-26℃$ 为一阶段，水泵流量为 100% 的设计流量；从 $+5\sim-15℃$ 为另一阶段，水泵流量为 75% 的设计流量。试绘制水温调节曲线，并与采用质调节的水温曲线进行比较。

6. 过热蒸汽流量 $G_{D}=405kg/h$，阀前蒸汽绝对压力 $p_{1}=5.6\times10^{5}Pa$，$\theta_{1}=200℃$（过热 52℃），阀后蒸汽绝对压力 $p_{2}=2.8\times10^{5}Pa$，求 C 值。

7. 按热量计收费体制下的热网控制方法有哪些？简述控制原理。

8. 结合图 10-34，简述现场控制器的控制原理。

9. 简述按供热面积收费体制下的热网控制方法与按热计量收费体制下的热网控制方法的异同点。

附 录

附表 1-1 　　　　　　　　各种单位制常用单位换算及常用物理常数

长度	1 m＝3.2808ft＝39.37in 1 ft＝12in＝0.304m 1 in＝2.54cm 1 mile＝5280ft＝1.6093×10³ m
质量	1 kg＝1000 g＝2.2046 lb＝6.8521×10⁻² slug 1 lb＝0.453 59 kg＝3.108 01×10⁻² slug 1 slug＝1lbf・s²/ft＝32.174 lb＝14.594 kg
时间	1 h ＝3600 s＝60 min 1 ms＝10⁻³ s 1 μs＝10⁻⁶ s
力	1 N＝1 kg・m/s²＝0.102kgf＝0.2248 lbf 1 dyn＝1 g・cm/s²＝10⁻⁵ N 1 lbf＝4.448×105 dyn＝4.448 N＝0.4536 kgf 1 kgf＝9.8 N＝2.2046 lbf ＝9.8×10⁵ dyn＝9.8kg・m/s²
能量	1 J＝1 kg・m²/s²＝0.102 kgf・m＝0.2389×10⁻³ kcal＝1 N・m 1 Btu＝778.16 ft・lbf＝252cal＝1055.0 J 1 kcal＝4186 J＝427.2kgf・m＝3.09ft・lbf 1 ft・lbf＝1.3558 J＝3.24×10⁻⁴kcal＝0.1383 kgf・m 1 erg＝1 g・cm²/s²＝10⁻⁷ J 1 eV＝1.602×10⁻¹⁹ J 1 kJ＝0.9478 Btu＝0.2388 kcal
功率	1 W＝1 kg・m²/s²＝1 J/s＝0.9478 Btu/s＝0.2388 kcal/s 1 kW＝1000 W＝3412 Btu/h＝859.9 kcal/h＝1 kJ/s 1 hp＝0.746 kW＝2545 Btu/h＝550 ft・lbf/s 1 马力＝75 kgf・m/s＝735.5 W＝2509 Btu/h＝542.3 ft・lbf/s
压力	1 atm ＝760 mmHg＝101325 N/m²＝1.0333 kgf/cm² 　　　＝14.6959 lbf/in2＝1.03323 at 1 bar＝105 N/m²＝1.0197 kgf/cm²＝750.06 mmHg＝14.5038 lbf/in² 1 kgf/cm²＝735.6 mmHg＝9.806 65×104N/m²＝14.2233 lbf/in² 1 Pa＝1 N/m²＝10⁻⁵ bar＝750.06×10⁻⁵ mmHg 　　　＝10.1974×10⁻⁵mH₂O＝1.019 72×10⁻⁵ at＝0.986 92×10⁻⁵ atm 1 mmHg＝1.3595×10⁻³ kgf/cm²＝0.019 34 lbf/in²＝1Torr＝133.3 Pa 1 mmH₂O＝1 kgf/m²＝9.81Pa
比热容	1kJ/(kg・k)＝0.238 85 kcal/(kg・k)＝0.2388 Btu/(lb・°R) 1 kcal/(kg・k)＝4.1868kJ/(kg・k)＝1 Btu/(lb・°R) 1 Btu/(lb・°R)＝4.1868 kJ/(kg・k)＝1 kcal/(kg・k)

比体积	1 m³/kg＝16.0185 ft³/lb 1 ft³/lb＝0.062 428 m³/kg
温度	$t(℃)=T(K)-273.15$ $t_F(℉)=\dfrac{9}{5}t(℃)+32=\dfrac{9}{5}T(K)-459.67$ $1\ ℉R=\dfrac{5}{9}K$
常用物理常数 阿伏加德罗数	$NA=6.022×10^{23}\ mol^{-1}$
波尔兹曼常数	$k=1.380×10^{-23}\ J/K$
普朗克常数	$h=6.626×10^{-23}\ J·S$
摩尔气体常数	$R=8.314\ J/(mol·k)=1.9858\ Btu/(lbmol·℉R)=1.9858\ cal/(mol·k)$
1kg 干空气的气体常数	$R_a=287.05\ J/(kg·k)=29.23\ kgf·m/(kg·k)$
1kg 水蒸气的气体常数	$R_{H_2O}=461.5\ J/(kg·k)$
重力加速度	$g=9.806\ 65\ m/s^2$
水的比热	$c=4.1868\ kJ/(kg·k)$
1 物理大气压	1atm＝760mmHg＝101.325 kPa

附表 1－2　　　　　　　**我国各地区城市集中供热情况（2005 年）**

地区	供热能力		供热总量		管道长度（km）		供热面积（万 m²）	
	蒸汽 (t/h)	热水 (MW)	蒸汽 (万 GJ)	热水 (万 GJ)	蒸汽	热水	供热总 面积	住宅
全国	106 723	197 976	71 493	138 542	14 772	71 338	252 056.2	175 054.2
北京	2297	30 115	812	15 142	173	6272	31 736.2	22 218.1
天津	3294	10 563	1966	7572	415	8290	14 040.9	10 976.5
河北	9290	13 917	7825	8796	1080	5388	18 552.2	13 885.4
山西	3133	8578	1868	5945	674	2364	12 708.1	8539.4
内蒙古	844	10 887	528	9330	96	3445	11 253.9	7762.9
辽宁	12 583	36 051	6435	22 508	2312	14 093	47 620.7	36 280.8
吉林	4749	18 925	1813	13 518	444	4904	19 585.2	14 571.0
黑龙江	5937	23 952	2496	24 076	603	10 064	24 397.4	17 201.9
江苏	19 744	200	14 499	20	1896		9396.6	234.1
浙江	4569	233	4923	93	650	59	3942.0	611.5
安徽	2006	135	1013	35	223	22	313.4	96.0
福建		286		57		19	272.0	248.0
山东	22 770	16 744	14 326	10 338	4353	7867	26 197.8	19 890.4

续表

地区	供热能力		供热总量		管道长度（km）		供热面积（万 m²）	
	蒸汽（t/h）	热水（MW）	蒸汽（万 GJ）	热水（万 GJ）	蒸汽	热水	供热总面积	住宅
河南	4698	2118	2454	1248	857	1252	5361.4	3446.1
湖北	1410	78	741	16	100	10	849.0	683.0
湖南	105		6		8		250.0	5.5
四川	160		134		42		15.0	
陕西	2240	1806	1682	1402	377	505	3317.9	2778.3
甘肃	4813	5791	6636	5586	200	2743	6844.0	4862.8
青海		173		236		72	110.6	71.4
宁夏	646	5115	241	5437	132	1151	4327.7	3133.3
新疆	1441	12 309	1059	8187	137	2818	10 964.4	7566.8

注 本表摘自赵玉甫著《城市供热模式优选及可持续性发展研究》。

附表 2-1 卫生器具的一次和小时热水用水定额及水温

序号	卫生器具名称	一次用水量（L）	小时用水量（L）	使用水温（℃）
1	住宅、旅馆、别墅、宾馆			
	带有淋浴器的浴盆	150	300	40
	无淋浴器的浴盆	125	250	40
	淋浴器	70～100	140～200	37～40
	洗脸盆、盥洗槽水嘴	3	30	30
	洗涤盆（池）		180	50
2	集体宿舍、招待所、培训中心淋浴器			
	有淋浴小间	70～100	210～300	37～40
	无淋浴小间		450	37～40
	盥洗槽水嘴	3～5	50～80	30
3	餐饮业			
	洗涤盆（池）		250	50
	洗脸盆：工作人员用	3	60	30
	顾客用		120	30
	淋浴器	40	400	37～40
4	幼儿园、托儿所			
	浴盆：幼儿园	100	400	35
	托儿所	30	120	35
	淋浴器：幼儿园	30	180	35
	托儿所	15	90	35
	盥洗槽水嘴	15	25	30
	洗涤盆（池）		180	50

序号	卫生器具名称	一次用水量 （L）	小时用水量 （L）	使用水温 （℃）
5	医院、疗养院、休养所 　洗手盆 　洗涤盆（池） 　浴盆	 125～150	 15～25 300 250～300	 35 50 40
6	公共浴室 　浴盆 　淋浴器：有淋浴小间 　　　　　无淋浴小间 　洗脸盆	 125 100～150 5	 250 200～300 450～540 50～80	 40 37～40 37～40 35
7	办公楼 洗手盆		50～100	35
8	理发室 美容院 洗脸盆		35	35
9	实验室 　洗脸盆 　洗手盆	 	 60 15～25	 50 30
10	剧场 　淋浴器 　演员用洗脸盆	 60 5	 200～400 80	 37～40 35
11	体育场馆 淋浴器	30	300	35
12	工业企业生活间 　淋浴器：一般车间 　　　　　脏车间 　洗脸盆或盥洗槽水嘴： 　　　一般车间 　　　脏车间	 40 60 3 5	 360～540 180～480 90～120 100～150	 37～40 40 30 35
13	净身器	10～15	120～180	30

注　一般车间指 GBZ 1—2002《工业企业设计卫生标准》中规定的 3、4 级卫生特征的车间，脏车间指该标准中规定的 1、2 级卫生特征的车间。

附表 2-2　　　　　　　　　　　　冷 水 计 算 温 度

地　　区	地面水温度（℃）	地下水温度（℃）
黑龙江、吉林、内蒙古的全部，辽宁的大部分，河北、山西、陕西偏北部分，宁夏偏东部分	4	6～10
北京、天津、山东全部，河北、山西、陕西的大部分，河北北部、甘肃、宁夏、辽宁的南部，青海偏东和江苏偏北的一小部分	4	10～15
上海、浙江全部，江西、安徽、江苏的大部分，福建北部，湖南、湖北东部，河南南部	5	15～20
广东、台湾全部，广西大部分，福建、云南的南部	10～15	20
重庆、贵州全部，四川、云南的大部分，湖南、湖北的西部，陕西和甘肃秦岭以南地区，广西偏北的一小部分	7	15～20

附表 4 - 1　　　　　　　　　室外热水管道水力计算表

$K_d = 0.5\text{mm}$, $\rho = 958.4\text{kg/m}^3$

$D \times \delta$	32×2.5		38×2.5		45×2.5		57×2.5		73×3.5	
G	ω	R	ω	R	ω	R	ω	R	ω	R
(t/h)	(m/s)	(Pa/m)	(m/s)	(Pa/m)	(m/s)	(Pa/m)	(m/s)	(Pa/m)	(m/s)	(Pa/m)
0.2	0.10	9.23								
0.22	0.11	11.2								
0.24	0.12	13.2								
0.26	0.13	15.6								
0.28	0.14	17.9								
0.30	0.15	20.4	0.10	7.06						
0.32	0.16	23.2	0.11	7.94						
0.34	0.17	26.6	0.12	9.02						
0.36	0.18	29.1	0.12	10.1						
0.38	0.19	32.4	0.13	11.3						
0.40	0.20	35.8	0.14	12.4						
0.42	0.21	39.2	0.14	13.4						
0.44	0.22	43.0	0.15	14.9	0.10	5.40				
0.46	0.23	46.6	0.16	16.3	0.11	5.90				
0.48	0.24	50.5	0.16	17.9	0.11	6.40				
0.50	0.25	54.4	0.17	19.1	0.12	6.90				
0.55	0.28	65.3	0.19	23.1	0.13	8.30				
0.60	0.30	77.0	0.20	27.5	0.14	9.90				
0.65	0.33	80.3	0.22	32.0	0.15	11.6				
0.70	0.35	104.9	0.24	37.0	0.16	13.4	0.10	4.3		
0.75	0.38	120.6	0.25	42.3	0.17	15.4	0.11	4.9		
0.80	0.41	137.3	0.27	47.7	0.18	17.4	0.12	5.6		
0.85	0.43	155.0	0.29	53.5	0.20	19.6	0.13	6.4		
0.90	0.46	173.6	0.31	59.6	0.21	21.8	0.13	7.1		
0.95	0.48	193.2	0.32	66.0	0.22	24.3	0.14	7.9		
1.00	0.51	214.8	0.34	73.1	0.23	26.7	0.15	8.6		
1.05	0.53	236.4	0.36	80.5	0.24	29.3	0.16	9.9		
1.10	0.56	259.9	0.37	88.4	0.25	32.3	0.16	10.3		
1.15	0.58	283.4	0.39	96.6	0.27	35.1	0.17	11.2		
1.20	0.61	319.8	0.41	105.0	0.28	38.0	0.18	12.2		
1.25	0.63	335.4	0.42	113.8	0.29	41.2	0.18	13.1		
1.30	0.66	362.9	0.44	123.6	0.30	44.2	0.19	14.1	0.11	3.33
1.35	0.68	391.3	0.46	133.4	0.31	47.7	0.20	15.2	0.11	3.63
1.40	0.71	420.7	0.47	143.2	0.32	51.1	0.21	16.4	0.12	3.83
1.45	0.73	451.1	0.49	154.0	0.33	54.8	0.21	17.5	0.12	4.12
1.50	0.76	482.5	0.51	164.8	0.35	58.6	0.22	18.7	0.13	4.41
1.55	0.79	515.8	0.53	175.5	0.36	62.6	0.23	19.8	0.13	4.71
1.60	0.81	549.2	0.54	187.3	0.37	66.7	0.24	21.0	0.13	4.90
1.65	0.84	548.5	0.56	199.1	0.38	70.9	0.24	22.2	0.14	5.39
1.70	0.86	619.8	0.58	210.8	0.39	75.3	0.25	23.5	0.14	5.70
1.75	0.89	657.1	0.59	223.6	0.40	79.8	0.26	24.8	0.15	5.98
1.80	0.91	695.3	0.61	236.3	0.42	84.4	0.27	26.1	0.15	6.28

附表 4-2　　室外热水管道附件局部阻力当量长度 L_d(m)（K_d=0.5mm）

名称		图例	阻力系数 ζ	管子公称直径 DN（mm）														
				25	32	40	50	65	80	100	125	150	175	200	250	300	350	400
闸阀			0.5~0.1	—	—	—	0.65	1	1.28	1.65	2.2	2.24	2.9	3.36	3.38	4.17	4.3	4.5
截止阀	直杆		9~4	5.1	6	7.8	8.4	9	10.2	13.5	18.5	24.6	33.4	39.5	—	—	—	—
	斜杆		2	1.12	1.47	1.92	2.6	3.8	5	6.5	—	—	—	—	—	—	—	—
止回阀	旋启式		1.3~3	0.74	0.98	1.26	1.7	2.8	3.6	4.95	7	9.52	13	16	22.2	29.2	33.9	46
	升降式		7.5	4.2	5.5	7.2	9.8	14.2	18.9	24.4	33	42	53.3	63	—	—	—	—
套筒补偿器	单向		0.2~0.5	—	—	—	—	—	—	0.66	0.88	1.68	2.17	2.52	3.33	4.17	5	10
	双向		0.6	—	—	—	—	—	—	1.98	2.64	3.36	4.34	5.04	6.66	8.34	10.1	12
除污器			10	—	—	—	—	—	—	—	—	56	72.4	84	111	139	168	200
单缝焊接弯头	30°		0.2	—	—	—	—	—	—	—	—	1.12	1.45	1.68	2.22	2.78	3.36	4
	45°		0.3	—	—	—	—	—	—	—	—	1.68	2.17	2.52	3.33	4.17	5	6
	60°		0.7	—	—	—	—	—	—	—	—	3.92	5.06	5.9	7.8	9.71	11.8	14
	90°		1.3	—	—	—	—	—	—	—	—	7.28	9.4	10.9	14.4	18.1	21.8	26
焊接弯头	双缝 R=1D		0.7	—	—	—	—	—	—	—	—	3.92	5.06	5.9	7.8	9.7	11.8	14
	三缝 R=1.5D		0.5	—	—	—	—	—	—	—	—	2.8	3.56	4.2	5.6	7	8.05	9.9
	四缝 R=1D		0.5	—	—	—	—	—	—	—	—	2.8	3.56	4.2	5.6	7	8.05	9.9
锻压弯头 R=1.5~2D			0.5	0.29	0.38	0.48	0.65	1	1.28	1.65	2.2	2.8	3.65	4.2	5.6	7	8.05	9.9

附表 4 - 3　　　　　　　蒸 汽 密 度 表

p (MPa)	t_b (℃)	蒸汽密度（kg/m³）										
		t_b	160	170	180	190	200	220	240	260	280	300
0.1	99.64	0.59										
0.15	111.38	0.86										
0.2	120.23	1.13										
0.25	127.43	1.39										
0.3	133.54	1.65										
0.35	138.88	1.91										
0.4	143.62	2.16										
0.45	147.92	2.42										
0.5	151.84	2.67										
0.6	158.84	3.17	3.09	3.01	2.93	2.85	2.78	2.66	2.54	2.44	2.35	2.26
0.65	161.90	3.42		3.27	3.19	3.11	3.03	2.89	2.76	2.65	2.55	2.45
0.7	164.96	3.67		3.54	3.44	3.35	3.27	3.12	2.98	2.86	2.74	2.64
0.75	167.69	3.92		3.81	3.70	3.60	3.51	3.35	3.20	3.07	2.95	2.84
0.8	170.42	4.16			3.96	3.86	3.76	3.58	3.42	3.28	3.15	3.03
0.85	172.89	4.41			4.23	4.12	4.00	3.81	3.64	3.49	3.35	3.22
0.9	175.35	4.65			4.49	4.37	4.25	4.05	3.86	3.70	3.56	3.42
0.95	177.62	4.90			4.77	4.63	4.50	4.28	4.08	3.91	3.75	3.61
1.0	179.88	5.14				4.89	4.75	4.51	4.30	4.12	3.96	3.80
1.1	184.05	5.63				5.42	5.26	5.00	4.76	4.55	4.36	4.19
1.2	187.95	6.12				5.96	5.80	5.48	5.22	4.98	4.78	4.58
1.3	191.60	6.61					6.31	5.97	5.68	5.42	5.20	4.98
1.4	195.04	7.10					6.85	6.48	6.15	5.85	5.60	5.39

注　p 为绝对压力；t_b 为饱和蒸汽的温度。

附表 4-4　　　　　　　　　　　　室外蒸汽管道水力计算表

$K_d = 0.2mm$，$\rho = 1kg/m^3$

$D \times \delta$	32×2.5		38×2.5		45×2.5		57×3.5		73×3.5		89×3.5	
G (t/h)	ω (m/s)	R (Pa/m)	ω (m/s)	R (Pa/m)	ω (m/s)	R (Pa/m)	ω (m/s)	R (Pa/m)	ω (m/s)	R (Pa/m)	ω (m/s)	R (Pa/m)
0.02	9.71	68.7										
0.03	14.6	149.1	9.75	51								
0.04	19.4	255	13	97.1	8.85	34.3						
0.05	24.3	392.3	16.3	150	11.1	60						
0.06	29.1	559	19.5	214.8	13.3	73.6						
0.07	34	755.1	22.8	284.4	15.5	99.1						
0.08	38.8	970.9	26	362.9	17.7	128.5						
0.09	43.7	1245.5	29.3	451.1	19.9	161.8	12.7	51				
0.10	48.6	1500.4	32.5	568.8	22.1	199.1	14.2	62.8				
0.11	53.4	1814.2	35.8	657	24.3	240.3	15.6	75.5				
0.12	58.3	2157.5	39	784.5	26.6	282.4	17	89.2	9.8	20.8		
0.13	63.1	2530.1	42.3	921.8	28.8	333.4	18.4	101	10.6	24.7		
0.14	68	2932.2	45.5	1059.1	31	382.5	19.8	118.7	11.4	28.1		
0.15	72.1	3363.7	48.8	1176.8	33.2	441.3	21.2	137.3	12.3	29.4		
0.16	77.7	3824.6	52	1323.9	35.4	490.3	22.7	156	13.1	32.2		
0.17	82.6	4324.7	55.3	1490.6	37.6	559	24.1	176.5	13.9	40.8	8.95	13.7
0.18	87.4	4844.5	58.5	1667.1	39.8	627.6	25.5	196.1	14.7	45.1	9.48	15.4
0.19	92.3	5393.7	61.8	1853.5	42	686.5	26.9	215.8	15.5	49.4	10	16.2
0.20	97.1	5982.1	65	2059.4	44.3	764.9	28.3	235.4	16.4	55.6	10.5	19.3
0.22	107	7237.3	71.5	2490.9	48.7	921.8	31.2	284.4	18	65.5	11.6	22.1
0.24	117	8610.2	78	2961.6	53.1	1098.4	34	343.2	19.6	79	12.6	26.7
0.26	126	10 110.7	84.5	3481.4	57.5	1255.3	36.8	392.3	21.2	92.7	13.7	30.9
0.28	136	11 228.6	91	4030.5	62	1451.4	39.6	452.1	22.9	110.8	14.7	36.1
0.30	146	13 454.7	97.5	4628.7	66.4	1667.1	42.5	529.6	24.5	121.6	15.8	40.5
0.32	155	15 308.2	104	5266.2	70.8	1902.5	45.3	598.2	26.2	126.5	16.8	46.1
0.34	165	17 297.3	111	5942.8	75.2	2137.8	48.1	667	27.8	157.9	17.9	51
0.36	175	19 377.9	117	6668.5	79.7	2402.6	51	735.5	29.4	175.5	19	56.9
0.38	185	21 584.4	124	7423.6	84.1	2677.2	53.8	823.8	31.2	198.1	20	63.7
0.40	194	23 918	130	8227.8	88.5	2961.6	56.6	909.1	32.6	219.7	21.1	69.6
0.42	204	26 370	137	9071.2	93	3255.8	59.5	1000.3	34.3	241	22.1	76.5

$D×δ$	45×2.5		57×3.5		73×3.5		89×3.5		108×4		133×4		159×4.5	
G (t/h)	ω (m/s)	R (Pa/m)	ω (m/s)	R (Pa/m)	ω (m/s)	R (Pa/m)	ω (m/s)	R (Pa/m)	ω (m/s)	R (Pa/m)	ω (m/s)	R (Pa/m)	ω (m/s)	R (Pa/m)
0.44	94.7	3589.2	62.3	1098.6	36	265.8	23.2	86.3						
0.46	102	3922.7	65.1	1206.2	37.6	284.4	24.2	93.2	16.3	33.5				
0.48	106	4265.9	68	1314.1	39.2	308.9	25.3	99.1	17	37.3				
0.50	111	4628.7	70.8	1422	40.8	333.4	26.3	107.9	17.7	39.2				
0.55	122	5609.4	77.9	1716.2	45	408	29	129	19.5	47.1				
0.60	133	6668.5	85	2049.6	49	481.5	31.6	150	21.2	56				
0.65	144	6943.1	92	2402.6	53.1	597.2	34.3	179.5	23	65.7				
0.70	155	9081	99.1	2785.1	57.2	655.1	36.9	205.9	24.8	75.5				
0.75	166	10424.5	106	3197	61.4	760	39.5	235.4	26.6	88.3				
0.80	177	11856.2	113	3638.3	65.5	835.5	42.1	266.7	28.3	96.1	18.1	31.4		
0.85	188	13386.1	120	4109	69.5	942.4	44.8	301.1	30.1	109.8	19.3	35.4		
0.90			127	4599.3	73.6	1056.2	47.4	338.3	32	124.6	20.4	39.2		
0.95			135	5128.9	77.7	1176.8	50	375.6	33.6	137.3	21.5	43.3		
1.00			142	5678.1	81.8	1310.2	52.6	416.8	35.4	148.1	22.7	48.1		
1.05			149	6266.5	85.9	1433.7	55.3	451.1	37.2	166.7	23.8	52.2		
1.10			156	6874.5	90	1581.8	57.9	504.1	38.9	181.4	24.9	57.9		
1.15			163	7512	94	1729.9	60.5	551.1	40.7	197.1	26.1	62.8		
1.20			171.7	8179	98.1	1878	63.2	600.2	42.5	215.8	27.2	68.7	18.9	26.5
1.25			177	8875	102.1	2039.8	65.8	651.2	44.3	235.4	28.3	73.6	19.7	28.7
1.30			184	9601	106.4	2199.6	68.4	704.1	46	255	29.5	81.4	20.5	31.3
1.35			191	10356	110	2372.2	71.1	759	47.8	274.6	30.6	88.3	21.2	33.2

附表 4 - 5　室外热水管道附件局部阻力当量长度 L_d (m)　(K_d＝0.2mm)

名　称		图　例	阻力系数 ζ	管子公称直径 DN (mm)														
				25	32	40	50	65	80	100	125	150	175	200	250	300	350	400
闸阀			0.5~0.1	—	—	—	0.88	1.33	1.67	2.12	2.32	2.76	3.66	4.2	4.2	5.2	6.3	7.36
截止阀	直杆		9~4	7.1	8.2	10.6	11.4	12	13.3	17.4	23.8	30.4	42	49.3	—	—	—	—
	斜杆		2	1.57	2.05	2.64	3.54	5.03	6.65	8.55	11.3	14.2	—	—	—	—	—	—
止回阀	旋启式		1.3~3	1.03	1.33	1.7	2.29	3.72	4.64	6.36	9.05	11.7	16.5	20	28	36.5	46	57.2
	升降式		7.5	5.9	7.7	9.9	13.3	18.9	24.9	32.1	42.4	53.3	68	79.9	—	—	—	—
套筒补偿器	单向		0.2~0.5	—	—	—	—	—	—	0.85	1.13	2.07	2.74	3.15	4.2	5.2	6.3	12.5
	双向		0.6	—	—	—	—	—	—	2.55	3.4	4.14	5.5	6.3	8.4	10.4	12.6	15
除污器			10	—	—	—	—	—	—	—	—	69	91.5	105	140	174	209	249
单缝焊接弯头	30°		0.2	—	—	—	—	—	—	—	—	1.38	1.83	2.1	2.8	3.48	4.2	5
	45°		0.3	—	—	—	—	—	—	—	—	2.07	2.74	3.15	4.2	5.2	6.3	7.46
	60°		0.7	—	—	—	—	—	—	—	—	4.83	6.4	7.35	9.8	12.2	14.6	17.5
	90°		1.3	—	—	—	—	—	—	—	—	9	11.9	13.7	18.2	22.6	27.2	32.4

续表

名称		图例	阻力系数 ζ	管子公称直径 DN (mm)														
				25	32	40	50	65	80	100	125	150	175	200	250	300	350	400
焊接弯头	双缝 R=1DN		0.7	—	—	—	—	—	—	—	—	4.83	6.4	7.35	9.8	12.2	14.6	17.5
	三缝 R=1DN		0.5	—	—	—	—	—	—	—	—	3.45	4.6	5.25	7	8.7	10.5	12.5
	四缝 R=1DN		0.5	—	—	—	—	—	—	—	—	3.45	4.6	5.25	7	8.7	10.5	12.5
煨弯	R=3DN		0.3	0.24	0.31	0.39	0.53	0.76	1	1.27	1.7	2.07	2.74	3.2	4.2	5.2	6.3	7.8
	R≥4DN		0.1	0.08	0.1	0.13	0.18	0.25	0.33	0.43	0.57	0.69	0.92	1.05	1.4	1.74	2.1	2.5
方形补偿器	三缝焊弯 R=1.5DN		3.4~2.7	—	—	—	—	—	—	—	—	24	30.8	34.6	44.6	53.2	63.2	74.2
	锻压弯头 R=1.5DN		6.5~2.3	5.1	5.6	6.6	8.1	10.5	12.9	14.9	19.4	21.2	27.2	30.4	40	46.2	55	64.2
	煨弯 R=3DN		5~1.8	3.9	4.2	4.7	6	7.9	9.4	10.8	13.2	15.6	20	22	28	33	39	45.2
	煨弯 R=4DN		4.3~1.3	3.4	3.6	3.9	4.9	6	7.4	8.3	10	11.7	15	16.2	20.4	24	28	32
锻压弯头 R=1.5~2D			0.5	0.4	0.51	0.66	0.88	1.26	1.27	2.12	2.82	3.45	4.6	5.25	7	8.7	10.6	12.5

附表 4 - 6　　　　　　　　　　　　室外凝结水管道水力计算表

$K_d = 1mm$, $\rho = 958.4kg/m^3$

$D \times \delta$	32×2.5		38×2.5		45×2.5		57×2.5		73×3.5	
G	ω	R	ω	R	ω	R	ω	R	ω	R
(t/h)	(m/s)	(Pa/m)	(m/s)	(Pa/m)	(m/s)	(Pa/m)	(m/s)	(Pa/m)	(m/s)	(Pa/m)
0.2	0.1	11.8								
0.22	0.11	14.5								
0.24	0.12	17.3								
0.26	0.13	20.0								
0.28	0.14	23.1								
0.30	0.15	26.5	0.1	8.92						
0.32	0.16	29.9	0.11	10.3						
0.34	0.17	32.9	0.12	11.5						
0.36	0.18	36.8	0.12	13.0						
0.38	0.19	41.0	0.13	14.3						
0.40	0.20	45.6	0.14	15.6	0.092	5.7				
0.42	0.21	50.1	0.14	17.5	0.097	6.3				
0.44	0.22	55.0	0.15	18.9	0.1	7.0				
0.46	0.23	60.1	0.16	20.3	0.11	7.6				
0.48	0.24	65.4	0.16	22.1	0.11	8.2				
0.50	0.25	71.0	0.17	23.9	0.12	8.7				
0.55	0.28	85.9	0.19	28.9	0.13	10.5				
0.60	0.30	102.0	0.20	34.4	0.14	12.4				
0.65	0.33	120.0	0.22	40.4	0.15	14.3				
0.70	0.35	139.3	0.24	46.8	0.16	16.6	0.1	5.2		
0.75	0.38	159.9	0.25	53.7	0.17	19.0	0.11	6.0		
0.80	0.41	181.4	0.27	61.2	0.18	21.6	0.12	6.9		
0.85	0.43	205.0	0.29	69.0	0.2	24.4	0.13	7.6		
0.90	0.46	230.5	0.31	77.5	0.21	27.4	0.13	8.5		
0.95	0.48	256.0	0.32	86.3	0.22	30.5	0.14	9.5		
1.0	0.51	284.4	0.34	95.6	0.23	33.7	0.15	10.4		
1.05	0.53	312.8	0.36	104.9	0.24	37.3	0.16	11.4		
1.10	0.56	343.2	0.37	115.7	0.25	40.9	0.16	12.4		
1.15	0.58	375.6	0.39	126.5	0.27	44.7	0.17	13.4		
1.20	0.61	408.9	0.41	137.3	0.28	48.6	0.18	14.6		
1.25			0.42	149.1	0.29	52.8	0.18	15.9		
1.30			0.44	161.8	0.30	57.1	0.19	17.2		
1.35			0.46	174.6	0.31	61.6	0.20	18.5		
1.40			0.47	187.3	0.32	66.2	0.21	19.9		
1.45			0.49	201.0	0.33	71.0	0.21	21.3		
1.50			0.51	214.8	0.35	76.0	0.22	22.9	0.13	5.3
1.55			0.53	229.5	0.36	81.2	0.23	24.4	0.13	5.8
1.60			0.54	245.2	0.37	86.5	0.24	26.0	0.13	6.2
1.65			0.56	259.9	0.38	92.0	0.24	27.7	0.14	6.5
1.70			0.58	276.6	0.39	97.7	0.25	29.3	0.14	6.8
1.75			0.59	293.2	0.40	103	0.26	31.1	0.15	7.2
1.80			0.61	309.9	0.42	109.8	0.27	32.9	0.15	7.7

附表 5－1　碳素钢、合金钢制品的公称压力与最大工作压力

材料	介质工作温度 (℃)															
Q235A, Q235A·F	≤200	250	275	300	325	350	375	400	425	435	450					
10, 20, 25, 35, 20g	≤200	250	275	300	325	350	375	400	415	425	435	450				
16Mn, ZG20Mn	≤200	300	325	350	375	400	410	420	430	440	450					
15MnV	≤250	300	350	375	400	410	420	430	440	450						
12-15MnMoV, 16Mo	≤250	350	400	425	450	460	470	480	490	500	510	520				
12CrMo, 15CrMo	≤250	350	400	425	450	460	470	480	490	500	510	520	525	530	535	540
Cr5Mo	≤250	350	400	425	450	475	480	490	500	505	515	525	535	540	545	550
12Cr1MoV, 12MoVWBSiRe	≤250	350	400	425	450	475	500	510	520	530	540	550	560	570	580	
12CrMoWVB	≤250	350	400	425	450	475	500	520	540	560	570	580	590	595	600	
1Cr18Ni9Ti, Cr18Ni12Mo2N	≤250	350	400	425	450	475	500	525	545	560	580	600	610	620	630	635
0Cr13, 1Cr13, 2Cr13	≤250	300	375	400												
公称压力 PN (MPa)	**最大工作压力 (MPa)**															
0.1	0.1	0.09	0.09	0.08	0.08	0.07	0.07	0.06	0.06	0.06	0.05	0.04	0.04	0.04	0.03	0.03
0.25	0.25	0.23	0.21	0.2	0.19	0.18	0.17	0.16	0.15	0.14	0.12	0.11	0.1	0.09	0.08	0.07
0.6	0.6	0.55	0.51	0.48	0.45	0.43	0.4	0.38	0.36	0.33	0.3	0.27	0.24	0.21	0.19	0.18
1.0	1.0	0.92	0.86	0.81	0.75	0.71	0.67	0.61	0.60	0.55	0.5	0.45	0.40	0.36	0.32	0.3
1.6	1.6	1.5	1.4	1.3	1.2	1.1	1.05	1.0	0.95	0.9	0.8	0.7	0.64	0.60	0.50	0.48
2.5	2.5	2.3	2.1	2.0	1.9	1.8	1.7	1.6	1.5	1.4	1.2	1.1	1.0	0.90	0.80	0.75
4.0	4.0	3.7	3.4	3.2	3.0	2.8	2.7	2.5	2.4	2.2	2.0	1.8	1.6	1.4	1.3	1.2
6.4	6.4	5.9	5.5	5.2	4.9	4.6	4.4	4.1	3.8	3.5	3.2	2.8	2.5	2.3	2.0	1.9
10.0	10.0	9.2	8.6	8.1	7.6	7.2	6.8	6.4	6.0	5.6	5.0	4.5	4.0	3.6	3.2	3.0
16.0	16.0	14.7	13.7	13.0	12.1	11.5	10.8	10.2	9.6	9.0	8.0	7.2	6.4	5.7	5.1	4.8
20.0	20.0	18.4	17.2	16.2	15.2	14.4	13.6	12.8	12.0	11.2	10.0	9.0	8.0	7.2	6.4	6.0
22.0	22.0	20.2	18.9	17.8	16.7	15.8	15.0	14.0	13.2	12.3	11.0	9.9	8.8	7.9	7.0	6.6
25.0	25.0	23.0	21.5	20.2	19.0	18.0	17.0	16.0	15.0	14.0	12.5	11.2	10.0	9.0	8.0	7.5
32.0	32.0	29.4	27.5	25.9	24.3	23.0	21.7	20.5	19.2	17.9	16.0	14.4	12.8	11.5	10.2	9.6

附表 5 - 2　　　　　　　铸铁制品的公称压力和最大工作压力

材料名称	介　质　工　作　温　度（℃）					
灰铸铁及可锻铸铁	≤120	200	250	300		
耐酸硅铸铁	≤120					
球墨铸铁	≤120	200	250	300	350	375
公称压力 PN（MPa）	最　大　工　作　压　力（MPa）					
0.1	0.1	0.1	0.1	0.1	0.08	0.07
0.25	0.25	0.25	0.2	0.2	0.19	0.16
0.6	0.6	0.55	0.5	0.5	0.45	0.42
1.0	1.0	0.9	0.8	0.8	0.75	0.7
1.6	1.6	1.5	1.4	1.3	1.2	1.0
2.5	2.5	2.3	2.1	2.0	1.8	1.6
4.0	4.0	3.6	3.4	3.2	3.2	2.8

附表 5 - 3　　　　　　　铜制品的公称压力与最大工作压力

公称压力 PN（MPa）	介　质　工　作　温　度（℃）				公称压力 PN（MPa）	介质工作温度（℃）
	≤120	160	200	250		≤120
	最　大　工　作　压　力（MPa）					最大工作压力（MPa）
0.1	0.1	0.1	0.1	0.07	6.4	6.4
0.25	0.25	0.22	0.2	0.17	10.0	10.0
0.6	0.6	0.55	0.5	0.4	16.0	16.0
1.0	1.0	0.9	0.8	0.7	20.0	20.0
1.6	1.6	1.4	1.3	1.1	25.0	25.0
2.5	2.5	2.2	2.0	1.7		
4.0	4.0	3.6	3.2	2.7		

附表 5-4　常用无缝钢管规格尺寸及单位长度理论质量（GB/T 17395—2008）

外径 (mm) 系列1	系列2	系列3	3.0	3.2	3.5	4.0	4.5	5.0	5.5	6.0	6.5	7.0	7.5	8.0	8.5	9.0	9.5	10
		30	2.00	2.12	2.29	2.56	2.83	3.08	3.32	3.55	3.77	3.97	4.16	4.34				
	32		2.15	2.27	2.46	2.76	3.05	3.33	3.59	3.85	4.09	4.32	4.53	4.74				
34			2.29	2.43	2.63	2.96	3.27	3.58	3.87	4.14	4.41	4.66	4.90	5.13				
		35	2.37	2.51	2.72	3.06	3.38	3.70	4.00	4.29	4.57	4.83	5.09	5.33	5.56	5.77		
	38		2.59	2.75	2.98	3.35	3.72	4.07	4.41	4.74	5.05	5.35	5.64	5.92	6.18	6.44	6.68	6.91
	40		2.74	2.90	3.15	3.55	3.94	4.32	4.68	5.03	5.37	5.70	6.01	6.31	6.60	6.88	7.15	7.40
42			2.89	3.06	3.32	3.75	4.16	4.56	4.95	5.33	5.69	6.04	6.38	6.71	7.02	7.32	7.61	7.89
		45	3.11	3.30	3.58	4.04	4.49	4.93	5.36	5.77	6.17	6.56	6.94	7.30	7.65	7.99	8.32	8.63
	48		3.33	3.54	3.84	4.34	4.83	5.30	5.76	6.21	6.65	7.08	7.49	7.89	8.28	8.66	9.02	9.37
	51		3.55	3.77	4.10	4.64	5.16	5.67	6.17	6.66	7.13	7.60	8.05	8.48	8.91	9.32	9.72	10.11
		54	3.77	4.01	4.36	4.93	5.49	6.04	6.58	7.10	7.61	8.11	8.60	9.08	9.54	9.99	10.43	10.85
57			4.00	4.25	4.62	5.23	5.83	6.41	6.99	7.55	8.10	8.63	9.16	9.67	10.17	10.65	11.13	11.59
	60		4.22	4.48	4.88	5.52	6.16	6.78	7.39	7.99	8.58	9.15	9.71	10.26	10.80	11.32	11.83	12.33
	63		4.44	4.72	5.14	5.82	6.49	7.15	7.80	8.43	9.06	9.67	10.26	10.85	11.42	11.98	12.53	13.07
		65	4.59	4.88	5.31	6.02	6.71	7.40	8.07	8.73	9.38	10.01	10.63	11.25	11.84	12.43	13.00	13.56
	68		4.81	5.11	5.57	6.31	7.05	7.77	8.48	9.17	9.86	10.53	11.19	11.84	12.47	13.10	13.71	14.30
	70		4.96	5.27	5.74	6.51	7.27	8.01	8.75	9.47	10.18	10.88	11.56	12.23	12.89	13.54	14.17	14.80
		73	5.18	5.51	6.00	6.81	7.60	8.38	9.16	9.91	10.66	11.39	12.11	12.82	13.52	14.20	14.88	15.54
76			5.40	5.75	6.26	7.10	7.93	8.75	9.56	10.36	11.14	11.91	12.67	13.42	14.15	14.87	15.58	16.28
	77		5.47	5.82	6.34	7.20	8.05	8.88	9.70	10.50	11.30	12.08	12.85	13.61	14.36	15.09	15.81	16.52
	80		5.70	6.06	6.60	7.50	8.38	9.25	10.10	10.95	11.78	12.60	13.41	14.20	14.99	15.76	16.52	17.26

壁厚 (mm)　　单位长度理论质量 (kg/m)

续表

外径 (mm) 系列1	系列2	系列3	壁厚 (mm) 单位长度质量 (kg/m) 3.0 (2.9)	3.2	3.5 (3.6)	4.0	4.5	5.0	5.5 (5.4)	6.0	6.5 (6.3)	7.0 (7.1)	7.5	8.0	8.5	9.0 (8.8)	9.5	10
		83	5.92	6.30	6.86	7.79	8.71	9.62	10.51	11.39	12.26	13.12	13.96	14.80	15.62	16.42	17.22	18.00
	85		6.07	6.46	7.04	7.99	8.93	9.86	10.78	11.69	12.58	13.46	14.33	15.19	16.04	16.87	17.69	18.49
89			6.36	6.77	7.38	8.38	9.38	10.36	11.33	12.28	13.22	14.16	15.07	15.98	16.87	17.76	18.63	19.48
	95		6.81	7.24	7.90	8.98	10.04	11.10	12.14	13.17	14.19	15.19	16.18	17.16	18.13	19.09	20.03	20.96
	102		7.32	7.80	8.50	9.67	10.82	11.96	13.09	14.21	15.31	16.40	17.48	18.55	19.60	20.64	21.67	22.69
		108	7.77	8.27	9.02	10.26	11.49	12.70	13.90	15.09	16.27	17.44	18.59	19.73	20.86	21.97	23.08	24.17
114			8.21	8.74	9.54	10.85	12.15	13.44	14.72	15.98	17.23	18.47	19.70	20.91	22.11	23.30	24.48	25.65
	121		8.73	9.30	10.14	11.54	12.93	14.30	15.67	17.02	18.35	19.68	20.99	22.29	23.58	24.86	26.12	27.37
	127		9.19	9.77	10.66	12.13	13.59	15.04	16.48	17.90	19.31	20.71	22.10	23.48	24.84	26.19	27.53	28.85
	133		9.62	10.24	11.18	12.72	14.26	15.78	17.29	18.79	20.28	21.75	23.21	24.66	26.10	27.52	28.93	30.33
140			10.14	10.80	11.78	13.42	15.04	16.65	18.24	19.83	21.40	22.96	24.51	26.04	27.56	29.08	30.57	32.06
		142	10.28	10.95	11.95	13.61	15.26	16.89	18.51	20.12	21.72	23.30	24.88	26.44	27.98	29.52	31.04	32.55
	146		10.58	11.27	12.30	14.01	15.70	17.39	19.06	20.72	22.36	23.99	25.62	27.22	28.82	30.41	31.98	33.54
		152	11.02	11.74	12.82	14.60	16.37	18.13	19.87	21.60	23.32	25.03	26.73	28.41	30.08	31.74	33.39	35.02
		159			13.42	15.29	17.14	18.99	20.82	22.64	24.44	26.24	28.02	29.79	31.55	33.29	35.02	36.75
168					14.20	16.18	18.14	20.10	22.04	23.97	25.89	27.79	29.68	31.56	33.44	35.29	37.13	38.97
		180			15.23	17.36	19.48	21.58	23.67	25.74	27.81	29.86	31.90	33.93	35.95	37.95	39.94	41.92
		194			16.44	18.74	21.03	23.30	25.60	27.82	30.05	32.28	34.49	36.69	38.88	41.06	43.22	45.38
	203				17.22	19.63	22.03	24.41	26.79	29.15	31.50	33.83	36.16	38.47	40.77	43.06	45.33	47.59
219										31.52	34.06	36.60	39.12	41.63	44.12	46.61	49.08	51.54
		245								35.36	38.23	41.08	43.93	46.76	49.57	52.38	55.17	57.95

续表

外径 系列1	外径 系列2	外径 系列3	11	12 (12.5)	13	14 (14.2)	15	16	17 (17.5)	18	19	20	22 (22.2)	24	25	26	28	30
									壁　厚（mm）单位长度理论质量（kg/m）									
		83	19.53	21.01	22.44	23.82	25.15	26.44	27.67	28.85	29.99	31.07	33.10					
	85		20.07	21.60	23.08	24.51	25.89	27.23	28.51	29.74	30.92	32.06	34.18					
89			21.16	22.79	24.36	25.89	27.37	28.80	30.18	31.52	32.80	34.03	36.35	38.47				
	95		22.79	24.56	26.29	27.96	29.59	31.17	32.70	34.18	35.61	36.99	39.60	42.02				
	102		24.69	26.63	28.53	30.38	32.18	33.93	35.63	37.29	38.89	40.44	43.40	46.16	47.47	48.73	51.10	
		108	26.31	28.41	30.46	32.45	34.40	36.30	38.15	39.95	41.70	43.40	46.66	49.71	51.17	52.58	55.24	57.71
114			27.94	30.19	32.38	34.52	36.62	38.67	40.66	42.61	44.51	46.36	49.91	53.27	54.87	56.42	59.38	62.15
	121		29.84	32.26	34.62	36.94	39.21	41.43	43.60	45.72	47.79	49.81	53.71	57.41	59.18	60.91	64.21	67.83
	127		31.47	34.03	36.55	39.01	41.43	43.80	46.12	48.38	50.60	52.77	56.96	60.96	62.88	64.76	68.36	71.76
	133		33.10	35.81	38.47	41.08	43.65	46.16	48.63	51.05	53.41	55.73	60.22	64.51	66.58	68.60	72.50	76.20
140			34.99	37.88	40.71	43.50	46.24	48.93	51.56	54.15	56.69	59.18	64.02	68.65	70.90	73.09	77.33	81.38
		142	35.54	38.47	41.36	44.19	46.98	49.72	52.41	55.04	57.63	60.17	65.11	69.84	72.13	74.38	78.72	82.86
	146		36.62	39.66	42.64	45.57	48.46	51.29	54.08	56.82	59.50	62.14	67.27	72.20	74.60	76.94	81.48	85.82
		152	38.25	41.43	44.56	47.64	50.68	53.66	56.59	59.48	62.32	65.10	70.53	75.76	78.30	80.79	85.62	90.26
159			40.15	43.50	46.80	50.06	53.27	56.42	59.53	62.59	65.60	68.55	74.33	79.90	82.61	85.27	90.45	95.43
168			42.59	46.17	49.69	53.17	56.59	59.97	63.30	66.58	69.81	72.99	79.21	85.22	88.16	91.04	96.67	102.09
	180		45.84	49.72	53.54	57.31	61.03	64.71	68.33	71.91	75.43	78.91	85.72	92.33	95.56	98.74	104.95	110.97
	194		49.64	53.86	58.02	62.14	66.21	70.23	74.20	78.12	81.99	85.82	93.31	100.61	104.19	107.71	114.62	121.33
	203		52.08	56.52	60.91	65.25	69.54	73.78	77.97	82.12	86.21	90.26	98.20	105.94	109.74	113.49	120.83	127.99
219			56.42	61.26	66.04	70.77	75.46	80.10	84.68	89.22	93.71	98.15	106.88	115.41	119.60	123.74	131.88	139.82
245			63.48	68.95	74.37	79.75	83.08	90.35	95.58	100.76	105.89	110.97	120.98	130.80	135.63	140.41	149.83	159.06

续表

单位长度理论质量（kg/m）

外径 (mm) 系列1	系列2	系列3	壁厚 (mm) 11	12 (12.5)	13	14 (14.2)	15	16	17 (17.5)	18	19	20	22 (22.2)	24	25	26	28	30
273			71.07	77.24	83.35	89.42	95.43	101.40	107.32	113.19	119.01	124.78	136.17	147.37	152.89	158.37	169.17	179.77
	299		78.13	84.93	91.69	98.39	105.05	111.68	118.22	124.73	131.19	137.60	150.28	162.76	168.92	175.04	187.12	199.01
325			85.18	92.63	100.02	107.37	114.67	121.92	129.12	136.27	143.37	150.43	164.38	178.14	184.95	191.71	205.07	218.24
	340		89.25	97.07	104.84	112.56	120.22	127.85	135.42	142.94	150.41	157.83	172.53	187.03	194.21	201.34	215.44	229.35
	351		92.23	100.32	108.36	116.35	124.29	132.18	140.02	147.81	155.56	163.25	178.49	193.53	200.98	208.38	223.04	237.48
356			93.59	101.80	109.97	118.08	126.14	134.16	142.12	150.04	157.91	165.72	181.21	196.50	204.07	211.60	226.49	241.19
	377		99.28	108.02	116.69	125.32	133.90	142.44	150.92	159.35	167.74	176.07	192.59	208.92	217.01	225.05	240.98	256.71
	402		106.06	115.41	124.71	133.95	143.15	152.30	161.40	170.45	179.45	188.40	206.16	223.72	232.42	241.08	258.24	275.21
406			107.15	116.60	126.00	135.34	144.64	153.89	163.09	172.24	181.34	190.39	208.34	226.10	234.90	243.66	261.02	278.18
	426		112.58	122.52	132.40	142.24	152.03	161.77	171.46	181.10	190.70	200.24	219.18	237.92	247.22	256.46	274.81	292.96
	450		119.08	130.61	140.09	150.52	160.91	171.24	181.52	191.76	201.94	212.08	232.20	252.12	262.01	271.85	291.38	310.72
457			120.99	131.69	142.35	152.95	163.51	174.01	184.47	194.88	205.23	215.54	236.01	256.28	266.34	276.36	296.23	315.91
	480		127.22	139.49	149.71	160.88	172.00	183.08	194.10	205.07	216.00	226.37	248.47	269.88	280.51	291.09	312.10	332.91
	500		132.65	145.41	156.12	167.79	179.40	190.97	202.48	213.95	225.37	236.74	259.32	281.72	292.84	303.91	325.91	347.91
508			134.82	146.79	158.70	170.56	182.37	194.13	205.85	217.51	229.13	240.70	263.68	286.47	297.79	309.06	331.45	353.65
	530		140.78	153.29	165.74	178.14	190.50	202.80	215.06	227.27	239.42	251.53	275.60	299.47	311.33	323.14	346.62	369.90
		560	148.92	163.16	175.36	188.50	201.60	214.64	227.64	240.58	253.48	266.33	291.88	317.23	329.85	342.40	367.36	392.12
610			162.49	176.97	191.40	205.78	220.10	234.38	248.61	262.79	276.92	291.01	319.02	346.84	360.67	374.46	401.88	429.11
	630		167.91	183.88	197.80	212.67	227.49	242.26	256.98	271.65	286.28	300.85	329.85	358.66	373.00	387.28	415.69	443.91
		660	176.06	191.77	207.43	223.04	238.60	254.11	269.57	284.99	300.35	315.67	346.15	376.43	391.50	406.52	436.41	466.10

注　系列1是标准化钢管，系列2为非标准化钢管，系列3为特殊用途钢管。

附表 5-5

低压流体输送管道用螺旋缝埋弧焊钢管的常用规格

公称外径 (mm)	公称壁厚 (mm) — 理论质量 (kg/m)														
	5	5.4	5.6	6	6.3	7.1	8	8.8	10	11	12.5	14.2	16	17.5	20
273	33.05	35.64	36.93	39.51	41.44	46.56	52.28	57.34	64.86						
323.9	39.32	42.42	43.96	47.04	49.34	55.47	62.32	68.38	77.41						
355.6	43.23	46.64	48.34	51.73	54.27	61.02	68.58	75.26	85.23						
(377)	45.87	49.49	51.29	54.90	57.59	64.77	72.80	79.91	90.51						
406.4	49.50	53.40	55.35	59.25	62.16	69.92	78.60	86.29	97.76	107.26					
(426)	51.91	56.01	58.06	62.15	65.21	73.35	82.47	90.54	102.59	112.58					
457	55.73	60.14	62.34	66.73	70.02	78.78	88.58	97.27	110.24	120.99	137.03				
508			69.38	74.28	77.95	87.71	98.65	108.34	122.81	134.82	152.75				
(529)			72.28	77.39	81.21	91.38	102.79	112.89	127.99	140.52	159.22				
559			76.43	81.83	85.87	96.64	108.71	119.41	135.39	148.66	168.47				
610				89.37	93.80	105.57	118.77	130.47	147.97	162.49	184.19				
(630)				92.33	96.90	109.07	122.72	134.81	152.90	167.92	190.36				
660				96.77	101.56	114.32	128.63	141.32	160.30	176.06	199.6	226.15			
711					109.49	123.25	138.70	152.39	172.88	189.89	215.33	244.01			
(720)					110.89	124.83	140.47	154.35	175.10	192.34	218.10	247.17			
762					117.41	132.18	148.76	163.46	185.45	203.73	231.05	261.87			
813					125.33	141.11	158.82	174.53	198.03	217.56	246.77	279.73			

续表

公称外径 (mm)	公称壁厚 (mm) 理论质量 (kg/m)														
	5	5.4	5.6	6	6.3	7.1	8	8.8	10	11	12.5	14.2	16	17.5	20
864					133.26	150.04	168.88	185.60	210.61	231.40	262.49	297.59	334.61		
914							178.75	196.45	222.94	244.96	277.90	315.10	354.34		
1016							198.87	218.58	248.09	272.63	309.35	350.82	394.58		
1067								229.65	260.67	286.47	325.07	368.68	414.71		
1118								240.72	273.25	300.30	340.79	386.54	434.83	474.95	541.57
1168								251.57	285.58	313.87	356.20	404.05	454.56	496.53	566.23
1219								262.64	298.16	327.70	371.93	421.91	474.68	518.54	591.38
1321									323.31	355.37	403.37	457.63	514.93	562.56	641.69
1422									348.22	382.77	434.50	493.00	554.79	606.15	691.51
1524									373.38	410.44	465.95	528.72	595.03	650.17	741.82
1626									398.53	438.11	497.39	564.44	635.28	694.19	741.82
1727											528.53	599.81	675.13	737.78	841.94
1829											559.97	635.53	715.38	781.80	892.25
1930											591.11	670.90	755.23	825.39	942.07
2032												706.62	795.48	869.41	992.38
2134													835.73	913.43	1042.69

注　本表摘自 SY/T 5037—2000《低压流体输送管道用螺旋缝埋弧焊钢管》。

附表 6 - 1　　　　　　　　　不保温管道活动支架最大允许间距表

公称直径	外径×壁厚	活动支架最大间距					
		蒸汽管道			热水管道		
		单位荷载	按强度	按刚度	单位荷载	按强度	按刚度
mm	mm	N/m	m	m	N/m	m	m
25	32×2.5	22.4	9.19	4.86	26.8	8.40	4.61
32	38×2.5	28.3	9.90	5.49	34.9	8.92	5.17
40	45×2.5	34.4	10.80	6.24	44.0	9.55	5.81
50	57×3.5	60.1	12.04	7.36	75.0	10.86	6.90
65	73×3.5	80.2	13.57	8.80	106.2	11.80	8.21
80	89×3.5	101.7	15.01	10.11	141.4	12.73	9.20
100	108×4	137.3	16.83	11.77	201.6	13.89	10.55
125	133×4	174.8	18.49	13.63	275.5	14.73	11.98
150	159×4.5	237.6	20.13	15.48	382.5	15.86	13.53
200	219×6	438.8	23.57	19.37	714.7	18.47	16.89
250	273×7	645.8	26.17	22.65	1078.0	20.26	19.63
300	325×8	885.5	28.45	25.68	1499.4	21.87	22.17
350	377×9	1162.6	31.37	28.57	1992.2	23.96	24.60
400	426×9	1346.4	32.07	30.94	2417.6	23.94	26.31

附表 6-2

各种保温管道活动支架最大允许间距表（p＝1.3MPa，t＝200℃）

管子规格 $D_w \times S$ (mm)	项　目	管子单位长度计算荷载分类											
		1	2	3	4	5	6	7	8	9	10	11	12
32×2.5	管子计算荷载 (N/m)	70	100	130	160	190	220	250	280	310	340	370	400
	按强度计算的间距 (m)	5.20	4.39	3.81	3.43	3.15	2.93	2.75	2.59	2.46	2.35	2.26	2.17
	按刚度计算的间距 (m)	3.49	3.15	2.92	2.75	2.63	2.52	2.43	2.35	2.28	2.22	2.17	2.13
38×2.5	管子计算荷载 (N/m)	80	115	150	185	220	255	290	325	360	395	430	465
	按强度计算的间距 (m)	5.89	4.91	4.30	3.87	3.55	3.30	3.09	2.92	2.77	2.66	2.54	2.44
	按刚度计算的间距 (m)	4.07	3.67	3.40	3.21	3.05	2.93	2.82	2.74	2.66	2.59	2.53	2.48
45×2.5	管子计算荷载 (N/m)	90	125	160	195	230	265	300	335	370	405	440	475
	按强度计算的间距 (m)	6.68	5.66	5.00	4.53	4.17	3.89	3.65	3.46	3.29	3.14	3.02	2.91
	按刚度计算的间距 (m)	4.74	4.32	4.03	3.81	3.63	3.49	3.37	3.27	3.18	3.10	3.03	2.97
57×3.5	管子计算荷载 (N/m)	125	170	215	260	305	350	395	440	485	530	575	620
	按强度计算的间距 (m)	8.41	7.21	6.41	5.83	5.38	5.02	4.73	4.48	4.26	4.08	3.92	3.78
	按刚度计算的间距 (m)	5.98	5.48	5.12	4.86	4.64	4.47	4.32	4.19	4.08	3.98	3.89	3.81
73×3.5	管子计算荷载 (N/m)	150	200	250	300	350	400	450	500	550	600	650	700
	按强度计算的间距 (m)	9.92	8.59	7.69	7.02	6.50	6.08	5.73	5.43	5.18	4.96	4.77	4.59
	按刚度计算的间距 (m)	7.38	6.80	6.38	6.06	5.80	5.59	5.41	5.25	5.11	4.99	4.88	4.78
89×3.5	管子计算荷载 (N/m)	190	250	310	370	430	490	550	610	670	730	790	850
	按强度计算的间距 (m)	10.98	9.56	8.59	7.86	7.30	6.83	6.45	6.13	5.85	5.59	5.38	5.18
	按刚度计算的间距 (m)	8.48	7.85	7.38	7.03	6.74	6.49	6.29	6.11	5.95	5.81	5.69	5.57
108×4	管子计算荷载 (N/m)	245	320	395	470	545	620	695	770	845	920	995	1070
	按强度计算的间距 (m)	12.60	11.02	9.92	9.09	8.45	7.92	7.48	7.10	6.78	6.50	6.25	6.03
	按刚度计算的间距 (m)	10.01	9.29	8.75	8.34	8.00	7.72	7.47	7.26	7.08	6.92	6.77	6.63

管子规格 $D_w \times S$ (mm)	项　目	管子单位长度计算荷载分类											
		1	2	3	4	5	6	7	8	9	10	11	12
133×4	管子计算荷载 (N/m)	300	390	480	570	660	750	840	930	1020	1110	1200	1290
	按强度计算的间距 (m)	14.11	12.38	11.16	10.24	9.52	8.93	8.44	8.02	7.66	7.34	7.06	6.81
	按刚度计算的间距 (m)	11.74	10.90	10.29	9.80	9.41	9.08	8.80	8.56	8.34	8.15	7.98	7.82
159×4.5	管子计算荷载 (N/m)	370	485	600	715	830	945	1060	1175	1290	1405	1520	1635
	按强度计算的间距 (m)	16.13	14.09	12.66	11.60	10.77	10.09	9.53	9.05	8.64	8.28	7.96	7.67
	按刚度计算的间距 (m)	13.71	12.70	11.97	11.40	10.94	10.55	10.22	9.93	9.68	9.46	9.26	9.07
219×6	管子计算荷载 (N/m)	620	770	920	1070	1220	1370	1520	1670	1820	1970	2120	2270
	按强度计算的间距 (m)	19.69	17.66	16.16	14.99	14.04	13.24	12.57	11.99	11.49	11.04	10.65	10.29
	按刚度计算的间距 (m)	17.63	16.59	15.79	15.14	14.60	14.14	13.74	13.38	13.07	12.79	12.53	12.30
273×7	管子计算荷载 (N/m)	880	1060	1240	1420	1600	1780	1960	2140	2320	2500	2680	2860
	按强度计算的间距 (m)	22.23	20.25	18.72	17.50	16.49	15.63	14.89	14.26	13.69	13.19	12.74	12.33
	按刚度计算的间距 (m)	20.85	19.79	18.94	18.24	17.65	17.14	16.69	16.29	15.93	15.61	15.31	15.04
325×8	管子计算荷载 (N/m)	1150	1370	1590	1810	2030	2250	2470	2690	2910	3130	3350	3570
	按强度计算的间距 (m)	24.75	22.67	21.04	19.73	18.63	17.69	16.88	16.18	15.56	15.00	14.50	14.05
	按刚度计算的间距 (m)	13.95	22.82	21.89	21.12	20.46	19.89	19.38	18.93	18.53	18.16	17.83	17.52
377×9	管子计算荷载 (N/m)	1470	1740	2010	2280	2550	2820	3090	3360	3630	3900	4170	4440
	按强度计算的间距 (m)	27.62	25.39	23.62	22.18	20.97	19.95	19.05	18.27	18.58	16.96	16.40	15.90
	按刚度计算的间距 (m)	26.86	25.63	24.63	23.78	23.06	22.43	21.87	21.38	20.93	20.52	20.15	19.80
426×9	管子计算荷载 (N/m)	1690	2010	2330	2650	2970	3290	3610	3930	4250	4570	4890	5210
	按强度计算的间距 (m)	28.27	25.92	24.08	22.58	21.33	20.26	19.34	18.54	17.83	17.19	16.62	16.10
	按刚度计算的间距 (m)	29.15	27.78	26.67	25.74	24.95	24.26	23.65	23.11	22.62	22.17	21.77	21.39

附表 6-3　　　各种保温管道活动支架最大允许间距表（$p=1.3MPa$，$t=350℃$）

管子规格 $D_w \times S$ (mm)	项　目	管子单位长度计算荷载分类											
		1	2	3	4	5	6	7	8	9	10	11	12
32×2.5	管子计算荷载（N/m）	80	125	170	215	260	305	350	395	440	485	530	575
	按强度计算的间距（m）	3.96	3.17	2.71	2.41	2.20	2.03	1.89	1.78	1.69	1.60	1.50	1.48
	按刚度计算的间距（m）	3.26	2.87	2.63	2.46	2.33	2.23	2.14	2.07	2.01	1.96	1.91	1.87
38×2.5	管子计算荷载（N/m）	100	155	210	265	320	375	430	485	540	595	650	705
	按强度计算的间距（m）	4.29	3.44	2.96	2.63	2.39	2.21	2.07	1.94	1.84	1.76	1.68	1.61
	按刚度计算的间距（m）	3.71	3.28	3.01	2.82	2.67	2.56	2.46	2.38	2.31	2.25	2.19	2.14
45×2.5	管子计算荷载（N/m）	110	165	220	275	330	385	440	495	550	605	660	715
	按强度计算的间距（m）	4.91	4.01	3.48	3.10	2.83	2.63	2.45	2.32	2.20	2.10	2.01	1.93
	按刚度计算的间距（m）	4.35	3.88	3.58	3.36	3.19	3.06	2.95	2.85	2.77	2.7	2.63	2.58
57×3.5	管子计算荷载（N/m）	150	215	280	345	410	475	540	605	670	735	800	865
	按强度计算的间距（m）	6.25	5.22	4.58	4.12	3.78	3.51	3.29	3.11	2.96	2.8	2.71	2.60
	按刚度计算的间距（m）	5.52	4.98	4.62	4.36	4.15	3.98	3.84	3.73	3.62	3.53	3.45	3.37
73×3.5	管子计算荷载（N/m）	190	270	350	430	510	590	670	750	830	910	990	1070
	按强度计算的间距（m）	7.16	6.01	5.28	4.76	4.37	4.06	3.81	3.60	3.42	3.27	3.13	3.02
	按刚度计算的间距（m）	6.70	6.07	5.64	5.33	5.08	4.88	4.71	4.56	4.44	4.32	4.22	4.14
89×3.5	管子计算荷载（N/m）	220	315	410	505	600	695	790	885	980	1075	1170	1265
	按强度计算的间距（m）	8.27	6.91	6.05	5.45	5.01	4.65	4.36	4.12	3.91	3.74	3.58	3.44
	按刚度计算的间距（m）	7.91	7.15	6.64	6.26	5.97	5.73	5.53	5.36	5.21	5.08	4.96	4.86
108×4	管子计算荷载（N/m）	270	380	490	600	710	820	930	1040	1150	1260	1370	1480
	按强度计算的间距（m）	9.71	8.18	7.21	6.51	5.99	5.57	5.23	4.94	4.70	4.49	4.31	4.15
	按刚度计算的间距（m）	9.47	8.60	8.01	7.57	7.23	6.94	6.71	6.50	6.32	6.17	6.03	5.90

续表

管子单位长度计算荷载分类

管子规格 $D_w \times S$ (mm)	项目	1	2	3	4	5	6	7	8	9	10	11	12
133×4	管子计算荷载 (N/m)	350	485	620	755	890	1025	1160	1295	1430	1565	1700	1835
	按强度计算的间距 (m)	10.53	8.95	7.91	7.17	6.60	6.15	5.78	5.47	5.21	4.98	4.78	4.60
	按刚度计算的间距 (m)	10.92	9.97	9.31	8.82	8.43	8.10	7.83	7.60	7.39	7.21	7.05	6.91
159×4.5	管子计算荷载 (N/m)	420	575	730	885	1040	1195	1350	1505	1660	1815	1970	2125
	按强度计算的间距 (m)	12.17	10.40	9.23	8.38	7.73	7.21	6.78	6.42	6.12	5.85	5.62	5.41
	按刚度计算的间距 (m)	12.86	11.78	11.02	10.45	9.99	9.62	9.30	9.03	8.79	8.58	8.39	8.21
219×6	管子计算荷载 (N/m)	700	900	1100	1300	1500	1700	1900	2100	2300	2500	2700	2900
	按强度计算的间距 (m)	14.73	12.99	11.75	10.81	10.06	9.45	8.94	8.50	8.12	7.80	7.50	7.24
	按刚度计算的间距 (m)	16.57	15.45	14.61	13.95	13.41	12.95	12.56	12.22	11.92	11.65	11.41	11.19
273×7	管子计算荷载 (N/m)	940	1190	1440	1690	1940	2190	2440	2690	2940	3190	3440	3690
	按强度计算的间距 (m)	17.03	15.13	13.75	12.70	11.85	11.15	10.57	10.06	9.62	9.24	8.90	8.60
	按刚度计算的间距 (m)	19.90	18.63	17.67	16.91	16.28	15.74	15.28	14.88	14.55	14.20	13.91	13.65
325×8	管子计算荷载 (N/m)	1210	1480	1750	2020	2290	2560	2830	3100	3370	3640	3910	4180
	按强度计算的间距 (m)	19.03	17.21	15.83	14.73	13.84	13.09	12.44	11.89	11.40	10.97	10.59	10.24
	按刚度计算的间距 (m)	22.96	21.71	20.73	19.92	19.25	18.67	18.16	17.71	17.31	16.95	16.62	16.32
377×9	管子计算荷载 (N/m)	1580	1890	2200	2510	2820	3130	3440	3750	4060	4370	4680	4990
	按强度计算的间距 (m)	20.44	18.68	17.31	16.21	15.30	14.52	13.84	13.26	12.74	12.28	11.87	11.50
	按刚度计算的间距 (m)	25.60	24.36	23.36	22.53	21.82	21.20	20.66	20.18	19.74	19.35	18.99	18.66
426×9	管子计算荷载 (N/m)	1800	2140	2480	2820	3160	3500	3840	4180	4520	4860	5200	5540
	按强度计算的间距 (m)	21.28	19.51	18.13	17.00	16.06	15.26	14.57	13.96	13.42	12.95	12.52	12.13
	按刚度计算的间距 (m)	27.86	26.56	25.50	24.61	23.86	23.20	22.62	22.10	21.63	21.21	20.82	20.47

附表 6 - 4　　　　　　　套管补偿器尺寸及摩擦力数值表

公称直径 DN	D	D_1	D_2	D_3	L	ΔL	质量	摩擦力 p_c(10^4N)	
				mm			kg	由拉紧螺栓产生的	当工作压力 p= 0.1MPa 产生的
100	108	190	133	100	830	250	18.66	0.958	0.059
125	133	215	159	125	840	250	23.82	0.990	0.080
150	159	250	194	150	905	250	34.78	1.320	0.122
200	219	345	273	205	1170	300	79.87	1.300	0.284
250	273	395	325	259	1170	300	101.24	1.990	0.336
300	325	450	377	311	1275	350	142.26	2.030	0.360
350	377	500	426	363	1285	350	163.00	2.060	0.367
400	426	560	478	412	1360	400	206.35	2.760	0.450
450	478	610	529	464	1360	400	231.68	2.780	0.465
500	529	675	594	515	1370	400	309.08	3.680	0.730
600	630	780	704	614	1375	400	380.00	4.400	0.880
700	720	875	794	704	1380	400	454.33	5.000	1.000

注　1. D、D_1、D_2、D_3 为套管补偿器的芯管、法兰、本体、出口管等的直径。

　　2. L 为套管补偿器的最大伸长量时的最大长度，m。

附表 6 - 5　供热管道固定支架最大允许间距

m

公称直径 DN (mm)		25	32	40	50	65	80	100	125	150	200	250	300	350	400	450	500	600
方形补偿器	地沟或架空敷设	30	35	45	50	55	60	65	70	80	90	100	115	130	145	160	180	200
	直埋			45	50	55	60	65	70	80	90	90	110	110	110	125	125	125
套管补偿器	通行地沟或架空敷设	24		25	25	35	40	40	50	55	60	70	80	90	100	120	120	140
	直埋		30	36	36	48	56	56	72	72	108	120	144	144	144	144	168	192
波形补偿器	地沟或架空敷设						8	10	12	12	18	18	18	25	25	30	30	30
	直埋		30	36	36	48	56	56	72	72	108	120	144					
球形补偿器	地沟或架空敷设							100～500（一般取 400～500）										
L形补偿器	地沟或架空敷设　长边	≤15	18	20	24	24	30	30	30	30								
	地沟或架空敷设　短边	≥2	2.5	3.0	3.5	4.0	5.0	5.5	6.0	6.0								
	直埋　长边	≤6	11.5	12	12	13	13	14	15	15	16.5	16.5	17	17	18	18	20.5	21
	直埋　短边	≥2	2.5	3	3	3.5	4	4	5	5	6.5	7.5	8.5	9	10	10.5	11.5	13

注　套管补偿器、波形补偿器直埋时的固定支架最大允许间距为直埋一次性补偿，并采用浮动式布置时的数值。

附表 8-1　　　　　　供暖系统各种设备供给每 1kW 热量的水容量 V_c (L)

供暖系统设备和附件	V_c	供暖系统设备和附件	V_c
长翼型散热器（60 大）	16	四柱 640 型	10.2
长翼型散热器（60 小）	14.6	二柱 700 型	12.7
四柱 813 型	8.4	M-132 型	10.6
四柱 760 型	8.0	圆翼型散热器（d50）	4.0
钢制柱型散热器（600×120×45）(mm)	12.0	扁管散热器（带对流片）	
钢制柱型散热器（640×120×35）(mm)	8.2	（416～614）×1000	4.1
钢制柱型散热器（620×135×40）(mm)	12.4	扁管散热器（不带对流片）	
钢串片闭式对流散热器		（416～614）×1000	4.4
150×80(mm)	1.15	空气加热器、暖风机	0.4
240×100(mm)	1.13	室内机械循环管路	6.9
300×80(mm)	1.25	室内重力循环管路	13.8
板式散热器（带对流片）		室外管网机械循环	5.2
600×（400～1800）	2.4	有鼓风设备的火管锅炉	13.8
板式散热器（不带对流片）		无鼓风设备的火管锅炉	25.8
600×（400～1800）	2.6		

注　1. 本表部分摘自《供暖通风设计手册》，1987 年。
　　2. 该表是按低温水热水供暖系统估算的。
　　3. 室外管网与锅炉的水容量，最好按实际设计情况确定总水容量。

附表 8-2　　　　　　　　　　卧式容积式换热器性能表

换热器型号	容积 (L)	直径 (mm)	总长度 (mm)	接管管径（mm）			
				蒸汽（热水）	回水	进水	出水
1	500	600	2100	50	50	80	80
2	700	700	2150	50	50	80	80
3	1000	800	2400	50	50	80	80
4	1500	900	3107	80	80	100	100
5	2000	1000	3344	80	80	100	100
6	3000	1200	3602	80	80	100	100
7	5000	1400	4123	80	80	100	100
8	8000	1800	4679	80	80	100	100
9	10 000	2000	4995	100	100	125	125
10	15 000	2200	5883	125	125	150	150

附表 8 - 3
 卧式容积式换热器换热面积

换热器型号	U 形 管 束			换热面积（m²）
	型 号	管径×长度（mm）	根 数	
1、2、3		φ42×1620	2	0.86
			3	1.29
			4	1.72
			5	2.15
			6	2.58
2、3		φ42×1620	7	3.01
3		φ42×1870	5	2.50
			6	3.00
			7	3.50
			8	4.00
4	甲	φ38×2360	11	6.50
	乙		6	3.50
5	甲	φ38×2360	11	7.00
	乙		6	3.80
6	甲	φ38×2730	16	11.00
	乙		13	8.90
	丙		7	4.80
7	甲	φ38×3190	19	15.20
	乙		15	11.90
	丙		8	6.30
8	甲	φ38×3400	16	24.72
	乙		13	19.94
	丙		7	10.62
9	甲	φ38×3400	22	34.74
	乙		17	26.62
	丙		9	13.94
10	甲	φ45×4100	22	50.82
	乙		17	38.96
	丙		9	20.40

附表 8 - 4　　　　　　　　　**LL1 型螺旋板汽—水换热器性能表**

型号	适用范围	循环水温差（℃）$t_进，t_出$	蒸汽的饱和压力 p_s（MPa）	计算换热面积 f（m²）	换热量 Q（kW）	蒸汽量 q_z（t/h）	循环水量 q（t/h）	汽侧压力降 ΔP_1（MPa）	水侧压力降 P_2（MPa）
LL1-6-3				3.3	299	0.5	10.3	0.004	0.009
LL1-6-6				6.8	598	1.0	20.5	0.008	0.010
LL1-6-12			$0.25<$ $p_s\leqslant0.6$	13.0	1196	2.0	41	0.011	0.012
LL1-6-25				26.7	2392	4.0	82	0.013	0.015
LL1-6-40				44.0	3587	6.0	123	0.029	0.032
LL1-6-60		70～95℃		59.5	4784	8.0	164	0.039	0.049
LL1-10-3				3.3	288	0.5	9.9	0.004	0.009
LL1-10-6			$0.6<$ $p_s\leqslant1.0$	6.7	575	1.0	19.7	0.004	0.011
LL1-10-10				11.9	1150	2.0	39.4	0.005	0.012
LL1-10-20				18.8	2300	4.0	78.8	0.005	0.012
LL1-10-25				26.3	3452	6.0	115.5	0.009	0.024
LL1-16-15				15.0	2228	4.0	47.5	0.008	0.012
LL1-16-25				24.5	3342	6.0	71.3	0.009	0.012
LL1-16-30		70～110℃	$1.0<$ $p_s\leqslant1.6$	30.7	4456	8.0	95.3	0.014	0.029
LL1-16-40				40.8	5569	10.0	119.1	0.023	0.039
LL1-16-50				49.0	6684	12.0	143	0.059	0.069

附表 8 - 5　　　　　　　　　**SS 型螺旋板水—水换热器性能表**

型　号	换热面积 F（m²）	换热量 Q（kW）	设计压力 p（MPa）	一次水（130～80℃）		二次水（70～95℃）	
				流量 V_1（m³/h）	阻力降 Δp_1（MPa）	流量 V_2（m³/h）	阻力降 Δp_2（MPa）
SS 50-10	11.3	581.5	1.0	10.4	0.02	20.6	0.03
SS 100-10	24.5	1163	1.0	20.8	0.02	41.2	0.035
SS 150-10	36.6	1744.5	1.0	31.0	0.03	62.0	0.045
SS 200-10	50.4	2326	1.0	41.5	0.035	82.0	0.055
SS 250-10	61.0	2907.5	1.0	52.0	0.04	103.0	0.065
SS 50-16	11.3	581.5	1.6	10.4	0.02	20.6	0.035
SS 100-16	24.5	1163	1.6	20.8	0.02	41.2	0.040
SS 150-16	36.6	1744.5	1.6	31.0	0.03	62.0	0.055
SS 200-16	50.4	2326	1.6	41.5	0.04	82.0	0.065
SS 250-16	61.1	2907.5	1.6	52.0	0.04	103.0	0.07

附表 8-6　　　　　　　　　　**RR 型螺旋板卫生热水换热器性能表**

型　　号	设计压力 （MPa）	浴水（10～50℃）		热水（90～50℃）	
		流量（t/h）	阻力降	流量（t/h）	阻力降
RR5	1.0	5	0.015	4.4	0.10
RR10	1.0	10	0.025	8.9	0.015
RR20	1.0	20	0.035	17.9	0.020

附表 8-7　　　　　　　**空调专用 KH 型螺旋板水—水换热器性能表**

型　　号	换热面积 $F(m^2)$	换热量 $Q(kW)$	设计压力 $p(MPa)$	一次水（95～70℃）		二次水（50～60℃）	
				流量 $V_1(m^3/h)$	阻力降 $\Delta p_1(MPa)$	流量 $V_2(m^3/h)$	阻力降 $\Delta p_2(MPa)$
KH 50-10	581.5	13	1.0	20	0.015	50	0.035
KH 100-10	1163	26	1.0	40	0.025	100	0.045
KH 50-15	581.5	13	1.5	20	0.015	50	0.035
KH 100-15	1163	26	1.5	40	0.025	100	0.045

附表 8-8　　　　　　　　　　**板式换热器技术性能表**

参数 型号	换热面积 （m²）	传热系数 [W/(m²·℃)]	设计温度 （℃）	设计压力 （MPa）	最大水处 理流量 （m³/h）
BR 002	0.1～1.5	200～5000	≤120、150	1.6	4
BR 005	1～6	2800～6800	150	1.6	20
BR 01	1～8	3500～5800	204	1.6	35
BR 02	3～30	3500～5500	180	1.6	60
BR 035	10～50	3500～6100	150	1.6	110
BR 05	20～70	300～600	150	1.6	250
BR 08	80～200	2500～6200	150	1.6	450
BR 10	60～250	3500～5500	150	1.6	850
BR 20	200～360	3500～5500	150	1.6	1500

附表 8-9　　　　SFQ 卧式储存式浮动盘管换热器技术性能表

参　数 型　号	总容积 (m³)	设计压力		筒体 直径 ϕ	总高 H(mm)	质量 (kg)	传热面 积（m²） 蒸汽/ 高温水	相应面积产水量 蒸汽/高温水	
		壳程 (MPa)	管程 (MPa) 蒸汽/ 高温水					热媒为饱和 蒸汽产水 量 Q_1(kg/h)	热媒为高 温水产水 量 Q_2(kg/h)
SFQ-1.5-0.6		0.6	0.6/0.6		1580				
SFQ-1.5-1.0	1.5	1.0	0.6/1.0	1200	1584	1896	4.15/ 6.64	3000/ 4800	1700/ 2800
SFQ-1.5-1.6		1.6	0.6/1.6		1586				
SFQ-2-0.6		0.6	0.6/0.6		1580				
SFQ-2-1.0	2	1.0	0.6/1.0	1200	1584	2079	4.98/ 8.3	3600/ 6400	1500/ 3500
SFQ-2-1.6		1.6	0.6/1.6		1586				
SFQ-3-0.6		0.6	0.6/0.6		1580				
SFQ-3-1.0	3	1.0	0.6/1.0	1200	1584	2442	5.81/ 9.96	4200/ 7250	2400/ 4200
SFQ-3-1.6		1.6	0.6/1.6		1586				
SFQ-4-0.6		0.6	0.6/0.6		1950				
SFQ-4-1.0	4	1.0	0.6/1.0	1600	1954	3204	6.64/ 9.96	4800/ 7250	2800/ 4200
SFQ-4-1.6		1.6	0.6/1.6		1956				
SFQ-5-0.6		0.6	0.6/0.6		1950				
SFQ-5-1.0	5	1.0	0.6/1.0	1600	1954	3215	8.3/ 11.62	6400/ 8200	3500/ 4900
SFQ-5-1.6		1.6	0.6/1.6		1956				
SFQ-6-0.6		0.6	0.6/0.6		2150				
SFQ-6-1.0	6	1.0	0.6/1.0	1800	2154	3962	9.96/ 13.28	7250/ 9700	4200/ 5500
SFQ-6-1.6		1.6	0.6/1.6		2156				
SFQ-8-0.6		0.6	0.6/0.6		2150				
SFQ-8-1.0	8	1.0	0.6/1.0	1800	2154	3970	11.62/ 16.60	8200/ 12 080	4900/ 6900
SFQ-8-1.6		1.6	0.6/1.6		2156				

附表 8 - 10　　　　　　　　　**SFL 立式储存式浮动盘管换热器技术性能表**

参　数　　型　号	总容积 (m³)	设计压力		筒体直径 φ	总高 H(mm)	质量 (kg)	传热面积 (m²)	相应面积产水量 蒸汽/高温水	
		壳程 (MPa)	管程 (MPa) 蒸汽/高温水					热媒为饱和蒸汽产水量 Q₁(kg/h)	热媒为高温水产水量 Q₂(kg/h)
SFL-1.5-0.6		0.6	0.6/0.6		1870	962			
SFL-1.5-1.0	1.5	1.0	0.6/1.0	1200	1874	1075	(5.81) 8.3	4200/ 6400	2700/ 3100
SFL-1.5-1.6		1.6	0.6/1.6		1878	1150			
SFL-2-0.6		0.6	0.6/0.6		2220	1120			
SFL-2-1.0	2	1.0	0.6/1.0	1200	2224	1166	(6.64) 9.96	4650/ 7250	2760/ 4143
SFL-2-1.6		1.6	0.6/1.6		2228	1197			
SFL-3-0.6		0.6	0.6/0.6		3027	1299			
SFL-3-1.0	3	1.0	0.6/1.0	1200	3031	1344	(8.3) 12.45	6400/ 9060	3100/ 5200
SFL-3-1.6		1.6	0.6/1.6		3035	1396			
SFL-4-0.6		0.6	0.6/0.6		2670	1596			
SFL-4-1.0	4	1.0	0.6/1.0	1600	2674	1677	(8.3) 12.45	6400/ 8300	3500/ 4800
SFL-4-1.6		1.6	0.6/1.6		2678	1709			
SFL-5-0.6		0.6	0.6/0.6		3070	1807			
SFL-5-1.0	5	1.0	0.6/1.0	1600	3074	1892	(9.96) 15.77	7300/ 11 480	4100/ 6500
SFL-5-1.6		1.6	0.6/1.6		3078	1973			
SFL-6-0.6		0.6	0.6/0.6		3370	2229			
SFL-6-1.0	6	1.0	0.6/1.0	1800	3374	2346	(12.45) 18.26	9060/ 13 290	5200/ 7600
SFL-6-1.6		1.6	0.6/1.6		3378	2422			
SFL-8-0.6		0.6	0.6/0.6		4200	2669			
SFL-8-1.0	8	1.0	0.6/1.0	1800	4204	2996	(14.44) 20.75	10 500/ 15 100	6000/ 8600
SFL-8-1.6		1.6	0.6/1.6		4208	3460			

附表 8 - 11　　　　　　　　　　　**饱和水的热物理性质**

t (℃)	$p \times 10^{-5}$ (Pa)	ρ (kg/m³)	H' (kJ/kg)	c_p(kJ/ kg·K)	λ[W/ (m·k)]	$a \times 10^8$ (m²/s)	$\mu \times 10^6$ (N·s/m²)	$\nu \times 10^6$ (m²/s)	$\alpha \times 10^4$ (K⁻¹)	$\sigma \times 10^4$ (N/m)	Pr
0	0.00611	999.9	0	4.212	55.1	13.1	1788	1.789	−0.81	756.4	13.67
10	0.01227	999.7	42.04	4.191	57.4	13.7	1306	1.306	+0.87	741.6	9.52
20	0.02338	998.2	83.91	4.183	59.9	14.3	1004	1.006	2.09	726.9	7.02
30	0.04241	995.7	125.7	4.174	61.8	14.9	801.5	0.805	3.05	712.2	5.42
40	0.07375	992.2	167.5	4.174	63.5	15.3	653.3	0.659	3.86	696.5	4.31
50	0.12335	998.1	209.3	4.174	64.8	15.7	549.4	0.556	4.57	676.9	3.54
60	0.19920	983.1	251.1	4.179	65.9	16.0	469.9	0.478	5.22	662.2	2.99
70	0.3116	977.8	293.0	4.187	66.8	16.3	406.1	0.415	5.83	643.5	2.55
80	0.4736	971.8	355.0	4.195	67.4	16.6	355.1	0.365	6.40	625.9	2.21
90	0.7011	965.3	377.0	4.208	68.0	16.8	314.9	0.326	6.96	607.2	1.95
100	1.013	958.4	419.1	4.220	68.3	16.9	282.5	0.295	7.50	588.6	1.75
110	1.43	951.0	461.4	4.233	68.5	17.0	259.0	0.272	8.04	569.0	1.60
120	1.98	943.1	503.7	4.250	68.6	17.1	237.4	0.252	8.58	548.4	1.47
130	2.70	934.8	546.4	4.266	68.6	17.2	217.8	0.233	9.12	528.8	1.36
140	3.61	926.1	589.1	4.287	68.5	17.2	201.1	0.217	9.68	507.2	1.26
150	4.76	917.0	632.2	4.313	68.4	17.3	186.4	0.203	10.26	486.6	1.17
160	6.18	907.0	675.4	4.346	68.3	17.3	173.6	0.191	10.87	466.0	1.10
170	7.92	897.3	719.3	4.380	67.9	17.3	162.8	0.181	11.52	443.4	1.05
180	10.03	886.9	763.3	4.417	67.4	17.2	153.0	0.173	12.21	422.8	1.00
190	12.55	876.0	807.8	4.459	67.0	17.1	144.2	0.165	12.96	400.2	0.96
200	15.55	863.0	852.8	4.505	66.3	17.0	136.4	0.158	13.77	376.7	0.93
210	19.08	852.3	897.7	4.555	65.5	16.9	130.5	0.153	14.67	354.1	0.91
220	23.20	840.3	943.7	4.614	64.5	16.6	124.6	0.148	15.67	331.6	0.89
230	27.98	827.3	990.2	4.681	63.7	16.4	119.7	0.145	16.80	310.0	0.88
240	33.48	813.6	1037.5	4.756	62.8	16.2	114.8	0.141	18.08	285.5	0.87
250	39.78	799.0	1085.7	4.884	61.8	15.9	109.9	0.137	19.55	261.9	0.86
260	46.94	784.0	1135.7	4.949	60.5	15.6	105.9	0.135	21.27	237.4	0.87
270	55.05	767.9	1185.7	5.070	59.0	15.1	102.0	0.133	23.31	214.8	0.88
280	64.19	750.7	1236.8	5.230	57.4	14.6	98.1	0.131	25.79	191.3	0.90
290	74.45	732.3	1290.0	5.485	55.8	13.9	94.2	0.129	28.84	168.7	0.93
300	85.92	712.5	1344.9	5.736	54.0	13.2	91.2	0.128	32.73	144.2	0.97
310	98.70	691.1	1402.2	6.071	52.3	12.5	88.3	0.128	37.85	120.7	1.03
320	112.90	667.1	1462.1	6.574	50.6	11.5	85.3	0.128	44.91	98.10	1.11
330	128.65	640.2	1526.2	6.244	48.4	10.4	81.4	0.127	55.31	76.71	1.22
340	146.08	610.1	1594.8	8.165	45.7	9.17	77.5	0.127	72.10	56.70	1.39
350	165.37	574.4	1671.4	9.504	43.0	7.88	72.6	0.126	103.7	38.16	1.60
360	186.74	528.0	1761.5	13.984	39.5	5.36	66.7	0.126	182.9	20.21	2.35
370	210.53	450.5	1892.5	40.321	33.7	1.86	56.9	0.126	76.7	4.709	6.79

参 考 文 献

[1] 赵玉甫. 城市供热模式优化及可持续性发展研究. 北京：科学出版社，2008.

[2] 黄文，管昌生. 城市集中供热研究现状及发展趋势 [J]. 国外建材科技，2004，(5).

[3] 曾享麟. 欧洲集中供热的发展 [J]. 区域供热，2002，(1).

[4] 辛坦. 欧盟各国先进国家经验，正确制定热价管理及定价政策 [J]. 区域供热，2002，(1).

[5] 李岱森. 简明供热设计手册. 北京：中国建筑工业出版社，1998.

[6] 贺平，孙刚. 供热工程（第三版）. 北京：中国建筑工业出版社，1993.

[7] 刘锦梁等. 简明建筑设备设计手册. 北京：中国建筑工业出版社，1991.

[8] 陆耀庆等. 供热通风设计手册. 北京：中国建筑工业出版社，1987.

[9] 陆耀庆等. 实用供热空调设计手册. 北京：中国建筑工业出版社，1993.

[10] 付祥钊等. 流体输配管网. 北京：中国建筑工业出版社，2005.

[11] 李玉云等. 建筑设备自动化. 北京：机械工业出版社，2006.

[12] 哈尔滨建筑工程学院等. 供热工程（第二版）. 北京：中国建筑工业出版社，1985.

[13] 刘学来，宋永军，金洪文. 热工学理论基础（第二版）. 北京：中国电力出版社，2008.

[14] 章熙民，任泽霈，梅飞鸣等. 传热学（第四版）. 北京：中国建筑工业出版社，2001.

[15] 杨世铭等. 传热学（第三版）. 北京：高等教育出版社，1998.

[16] 廉乐明，李力能，吴家正等. 工程热力学（第四版）. 北京：中国建筑工业出版社，1999.

[17] 徐伟，邹瑜等. 供暖系统温控与热计量技术. 北京：中国计划出版社，2000.

[18] 洪向道，舒世安，徐振国等. 锅炉房实用设计手册. 2版. 北京：机械工业出版社，2001.

[19] 范季贤，汤惠芬，张伏生等. 供热制冷设备手册. 天津：天津科学技术出版社，1996.

[20] 建筑给水排水工程设计实例编委会. 建筑给水排水工程设计实例 2. 北京：中国建筑工业出版社，2001.

[21] 石兆玉. 供热系统调节与控制. 北京：清华大学出版社，1994.